物理难题150例

150^例

邱为钢 /主编

清华大学出版社

北 京

内 容 简 介

本书精选了150道物理难题,这些题目一是来自生活中有趣的物理现象,如嵌合圆环在地面上的滚动;二是来自物理学的专业顶级期刊,如套在大拇指上的橡皮筋释放后的运动;三是来自以往难题的再次凝练升华,如相框摆的完整周期运动和小角度扰动模式。

这些难题,叙述简练,短小精悍。解决这些题目并不避讳所需的数学,数学不是分析理解物理模型的束缚和障碍,反而是随心所欲的利器,无论是解析推导还是近似估计,数值计算还是动画模拟,数学工具的使用都必不可少。

本书适合物理高级玩家打发闲余时间,也欢迎物理竞赛教练和物理师范专业学生阅读。

图书在版编目(CIP)数据

物理难题 150 例/邱为钢主编. —北京:清华大学出版社,2023.5(2025.1重印)
ISBN 978-7-302-60320-7

Ⅰ. ①物… Ⅱ. ①邱… Ⅲ. ①物理学-青少年读物 Ⅳ. ①O4-49

中国版本图书馆 CIP 数据核字(2022)第 041377 号

责任编辑:朱红莲　赵从棉
封面设计:傅瑞学
责任校对:赵丽敏
责任印制:宋　林

出版发行:清华大学出版社
　　　网　　　址:https://www.tup.com.cn, https://www.wqxuetang.com
　　　地　　　址:北京清华大学学研大厦 A 座　　　**邮　　编:**100084
　　　社 总 机:010-83470000　　　**邮　　购:**010-62786544
　　　投稿与读者服务:010-62776969, c-service@tup.tsinghua.edu.cn
　　　质量反馈:010-62772015, zhiliang@tup.tsinghua.edu.cn

印　装　者:三河市君旺印务有限公司
经　　销:全国新华书店
开　　本:185mm×260mm　　　**印　张:**17.75　　　　　**字　数:**428 千字
版　　次:2023 年 5 月第 1 版　　　　　　　　　　　**印　次:**2025 年 1 月第 2 次印刷
定　　价:58.00 元

产品编号:086890-01

前　言

之前笔者曾写过一本物理科普书《奇妙的物理世界》，书中没有任何公式，只有精美的图片和文字描述，试图给中学生带来不一样的体验，从而引起他们学习物理的兴趣。这次的高级物理科普书，是第一本书的进阶，书中有大量的公式。看懂、看透这些公式是怎么来的，如何处理，你会欣赏到不一样的物理世界之美。

这本书和中学生学习奥赛的两本特色读物《200道物理学难题》和《俄罗斯中学物理赛题新解500例》有相似之处，也有不同之处。相似之处是所给的题目都短小精悍，直入主题，一般不超过50个字。不同之处：一是本书所用的数学方法很广泛。数学方法是为物理服务的，不能为了在规定时间内用笔算解题，硬逼着自己只局限于能手算的数学，自缚手脚。所以本书所用的数学，上不封顶（其实也高不到哪儿去），而且还大量借用数学软件，如Mathematica、Maple、Mathcad、MATLAB，求得数值解并进行动画模拟。二是选题不同，除了一些经典（陈旧）的奥赛题外，一部分来自生活中的平常物理现象，如镶嵌的圆环是怎么在地面上滚动的，正方体的肥皂泡到底是什么形状，跳绳时水平转动的绳子是什么形状，竖直转动的绳子可以转出泪滴形吗，弯曲的薄板为何能呈现出心形，超市鱼缸玻璃板处的气泡是什么形状，方轮是唯一的吗。还有一部分选题来自最新的物理研究论文，选自物理学的专业期刊（PRL等）和教育期刊（AJP、EJP等）。囿于个人兴趣，本文收录的题目大部分是力学（包括弹性力学和流体力学）问题，少部分是热学和电磁学问题。

编写这本书的过程中，最大的疑惑是要不要写自己不完全明白或者根本不懂的东西。以前看一些高级的数学或者物理科普书时，想要找超出这本书之外的东西，可是作者并没有给出任何指示，只得自己去摸索。就算完全把这些书看明白了，也只是达到原作者写书时候的状态和水平。虚幻的武侠世界中有这样的黑色幽默，每代师傅都会自己留一手，不会完全把自己所学教给徒弟，导致这个门派的弟子是一代不如一代，不用其他门派围攻，自己就灭亡了。笔者写这本书的目的就是分享自己的发现，看，这儿有个好东西，我们一起欣赏吧。有些风景虽然直觉感到很好看，但理解不多，不过总会有读者比我强，能深刻理解。所以这本书中我会给出自己不能解决的难题，尽我所能给出自己的解释和尝试途径，希望有读者能够解决这些问题。曹则贤曾说过"教育的主要矛盾，永远是学习者无限强烈的求知欲同教育者少得可怜的知识储备之间的矛盾"，他希望教育者能带学生去看珠穆朗玛峰。其实，太阳系中除了地球上的最高峰外，还有火星上的奥林帕斯山，木卫一(Io)上的火山，海卫一(Triton)上的冰火山，另外，银河系甚至河外星系中还有很多未知行星或卫星上的神秘山峰。我们的征途是星辰大海。

在本书的筹备过程中，我在物理通报 QQ 群和慕理书屋微信群中与一些老师讨论了些相关问题，特别致谢以下几位老师：黄陂一中姜付锦，学军中学黄晶，山东实验中学慕亚楠，重庆十一中学郎军，江西师大附中涂德新，北理工附中邓峰。

如何使用本书

建议方式是随便翻，如果有哪个图片、公式、叙述或评注能抓住你的眼球，引起你的兴趣，就开始读下去。请注意，本书问题的解答不一定完全正确，不要以对待教科书的态度来读，越是篇幅长的，说明我理解越透彻，你想少花点儿时间，跳着看也可以；越是篇幅短小的，说明我还没完全理解这个问题，你反而要多花点儿时间，争取超过我。如果有题目能够成为你的本科(硕士)学位论文(的一部分)、物理辩论赛题目或者丘成桐科学奖的选题，那是我的荣幸，能在致谢引用时提一下本书，作者将不胜感激。

目 录

CONTENTS

第一乐章　平衡 ⋯⋯⋯⋯⋯⋯⋯⋯⋯⋯⋯⋯⋯ 1

001　悬链线的几何特征 ⋯⋯⋯⋯⋯⋯ 1

002　越过光滑钉子的悬链线 ⋯⋯⋯ 2

003　跳绳的形状 ⋯⋯⋯⋯⋯⋯⋯⋯⋯ 4

004　泪滴状旋转悬链线 ⋯⋯⋯⋯⋯ 6

005　倒放的心形旋转悬链线 ⋯⋯⋯ 7

006　竖直悬挂转动的链条 ⋯⋯⋯⋯ 9

007　表面张力作用下的悬链线 ⋯⋯ 10

008　匀强磁场中的通电悬链线 ⋯⋯ 11

009　圆锥面上的悬链线 ⋯⋯⋯⋯⋯ 14

010　球面上的悬链线 ⋯⋯⋯⋯⋯⋯ 16

011　光滑旋转圆锥面上的链条 ⋯⋯ 18

012　粗糙圆锥面内的静止链条 ⋯⋯ 19

013　球面上的转动链条 ⋯⋯⋯⋯⋯ 20

014　旋转抛物面内杆的平衡位形 ⋯ 21

015　转动多边形杆的平衡位形 ⋯⋯ 22

016　转动绳杆体系的平衡位形 ⋯⋯ 25

017　相框的平衡位形 ⋯⋯⋯⋯⋯⋯ 26

018　正三角形杆插进圆孔柱的平衡位形 ⋯ 28

019　两端固定彩虹圈的平衡位形 ⋯ 29

020　弯曲的丝带 ⋯⋯⋯⋯⋯⋯⋯⋯ 31

021　光纤台灯的包络面 ⋯⋯⋯⋯⋯ 33

022　匀速转动仙女棒的平衡位形 ⋯ 35

023　橡皮膜上下沉的球 ⋯⋯⋯⋯⋯ 36

024　弯曲成心形的弹性薄板 ⋯⋯⋯ 37

025　两端水平夹持的弹性板 ⋯⋯⋯ 40

026　稳定漂浮的木桩 ⋯⋯⋯⋯⋯⋯ 41

027　漂浮正方体的平衡位形 ⋯⋯⋯ 43

028　充气纸袋的形状 ⋯⋯⋯⋯⋯⋯ 46

029   注水气球的形状 ···································· 47

030   平行圆环之间的肥皂膜 ······················ 48

031   正三棱柱中的极小曲面 ······················ 50

032   正三棱柱框架内的极小曲面（Ⅰ） ········ 51

033   正三棱柱框架内的极小曲面（Ⅱ） ········ 52

034   正方体框架内的极小曲面 ·················· 53

035   正方体肥皂泡 ··································· 54

036   漂浮水面的气泡 ································ 57

037   液面上巨大的肥皂泡 ························· 59

038   水缸底部的气泡 ································ 61

039   无重力下转动液滴的形状 ·················· 61

040   球体的引力自能 ································ 63

041   摩擦力锁定的圆柱 ···························· 64

042   四叠砖的最大悬出距离 ······················ 65

043   转动惯量的坐标表示 ························· 66

044   牟合方盖的转动惯量 ························· 68

045   分形物体的转动惯量 ························· 70

046   Mobius 环状体的转动惯量 ················· 72

第二乐章   运动 ·································· 74

一、轨迹 ·· 74

047   等时摆线的逆问题 ···························· 74

048   追击问题的极限性质 ························· 75

049   椭圆函数的李萨如图形 ······················ 77

050   莱洛三角形的滚动 ···························· 79

051   椭圆旋轮线 ····································· 80

052   方轮之外 ·· 81

053   交错圆盘的滚动轨迹 ························· 83

054   镶嵌雪花片的滚动模式 ······················ 85

055   球体的拓印滚动 ································ 87

二、启动,突变,终态 ······························· 90

056   三铰链杆的启动 ································ 90

057   正方形铰链杆的启动 ························· 92

058   拉动一个杆所需的外力 ······················ 93

059   拉动一个圆盘所需的外力 ·················· 95

060   平面上绳子的启动 ···························· 96

061   球面上链条释放后的张力突变 ············· 99

062   剪断悬链线两端张力的突变 ··············· 100

063   三角形板顶点悬线上的张力突变 ·········· 101

064   粗糙碗内滑块通过最低点的次数 ·········· 104

065　镜像轨道上的滑动时间 ···105

三、质点和摆的运动 ···106
066　三体问题的初等解 ···106
067　斜面上滚动圆木的极限跳跃 ···································109
068　球面摆的闭合轨迹 ···111
069　曲面上质点的运动特性 ···112
070　飞跃水平线的弹簧摆 ···113
071　转动圆锥面内甩出的滑块 ·····································115

四、绳子(链条)的运动 ···116
072　自由下落绳子端点的运动是自由落体吗? ···········116
073　下落链条的视重 ···119
074　绳子绕圆盘问题 ···120
075　绳球体系在圆柱面上的滑动 ·································123
076　光滑水平桌面上滑落的链条 ·································124
077　三维绳子绕圆柱问题 ···126
078　牛仔套圈的秘密 ···130
079　飞起的转动链条 ···132

五、杆的运动 ···133
080　杆的滑动模式 ···133
081　杆绕圆盘问题 ···135
082　倾倒杆端点的移动 ···136
083　杆在桌面边缘的掉落 ···138
084　杆在圆柱顶点的掉落 ···140

六、圆环的运动 ···141
085　平面上滑动的旋转圆环 ···141
086　电线杆上的自行车外胎 ···143
087　呼啦圈的秘密 ···144

七、盘和板的运动 ···145
088　球碗内三角形板的运动模式 ·································145
089　倾倒转动硬币的死亡机制 ·····································147
090　高速自转圆盘的颤抖 ···149

八、圆锥(柱)的运动 ···150
091　圆锥体在斜面上的滚动模式 ·································150
092　桌面上五号电池的旋转起立 ·································151
093　旋转起立的鸡蛋 ···154

九、球的运动 ···156
094　球在桌面边缘的滚落 ···156
095　台球的滚动模式 ···157
096　高尔夫球的旋进出洞 ···160

097　大唐不倒翁半球的滚动模式 ……………………………………… 161

098　半球之间的引力 ………………………………………………… 164

十、振动和波动 ……………………………………………………… 165

099　两端燃烧蜡烛的晃动模式 ……………………………………… 165

100　两端铰接弹性杆的平衡位形和振动模式 ……………………… 168

101　对称振子链的共振模式 ………………………………………… 171

102　悬挂（上压）网球彩虹圈的下落 ………………………………… 172

103　旋转弹簧的释放 ………………………………………………… 175

104　圆形平板上的克拉尼图形 ……………………………………… 177

105　正三角形平板上的克拉尼图形 ………………………………… 179

106　肥皂泡破裂的声音 ……………………………………………… 181

107　推杆为何不产生声音 …………………………………………… 184

第三乐章　电磁 ……………………………………………………… 187

108　带电绳子的平衡位形 …………………………………………… 187

109　匀强磁场中的异号双电荷运动 ………………………………… 189

110　正三角形线圈在磁场中的转动 ………………………………… 190

111　转动的磁棒小球双棱锥 ………………………………………… 192

112　三角形杆电荷体系的电势分布 ………………………………… 194

113　带电正多边形盘轴线上的电（磁）场 …………………………… 195

114　分形线圈轴线上的磁场 ………………………………………… 197

115　三角形截面上的感生电场线 …………………………………… 200

116　两维电流的分布 ………………………………………………… 202

117　无限迭代分形正三角形网络电阻 ……………………………… 204

118　正四面体对称性的等势面和电场线 …………………………… 207

119　带电半球面之间的库仑吸引力 ………………………………… 209

120　两个金属圆盘的电容 …………………………………………… 212

第四乐章　热学 ……………………………………………………… 215

121　水中墨水液滴的扩散 …………………………………………… 215

122　密封罐内水结冰时产生的压强 ………………………………… 217

123　冰棱锥的形状 …………………………………………………… 218

124　冰棱锥上的特征波长 …………………………………………… 220

125　低温平板上水滴冰水分界面的演化 …………………………… 222

126　水滴结冰时分界面的推进速度 ………………………………… 223

第五乐章　弹性 ……………………………………………………… 226

127　肥皂膜中泪滴状鱼线 …………………………………………… 226

128　甩（响）鞭的形状 ……………………………………………… 228

129　饲进长弹性绳子的空间位形 …………………………………… 230

130　头发的自我卷曲 ………………………………………………… 232

131　橡皮筋释放后的运动模式 ……………………………………… 234

132　卷曲滚动的弹性钢条 ···················· 236

133　压缩弹性环的起跳 ······················ 238

134　平板之间的圆形弹性板的形变 ·········· 239

135　自行车轮胎的形变 ······················ 242

136　摇晃的乐高塔 ··························· 244

137　眼镜蛇波的波形和速度 ················· 246

138　斜面上弓状滑动的地毯 ················· 248

139　晴雯撕扇中的物理 ······················ 250

140　两个钢球碰撞形变 ······················ 252

第六乐章　流体力学 ·························· 254

141　硬币下压下的水面形状 ················· 254

142　喷泉上旋转的大理石球 ················· 255

143　滚动水瓶的撞墙反弹 ··················· 258

144　旋转双层液体分界面 ··················· 259

145　下落黏性液柱的形状 ··················· 260

146　下落蜂蜜尾部旋转的物理机制 ·········· 262

147　对称水钟的形状 ························ 264

148　天花板上的水幕 ························ 266

149　匀速行驶的船引起的水面波动 ·········· 267

150　流水中溶化变形的糖果 ················· 269

参考书目 ····································· 271

后记 ······································· 272

平　　衡

001　悬链线的几何特征

问题：拿出一根蛇骨链，两手捻住两端，使其处在同一高度，你会看到一个神奇的曲线。这个曲线是什么曲线，有没有解析表达式？你可以移动双手改变蛇骨链两端的水平距离。在做这个实验的过程中，你会发现，水平距离 $2D$ 缩短，链条的高度 H 就加长，反之亦然（参照题图）。那么，这两个几何特征长度到底满足什么样的关系？

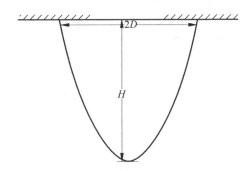

解析：首先利用微元分析法来推导悬链线方程。设悬链线的长度是 $2l$，线密度是 ρ。由对称性，设悬链线的最低点（通常为中点）为原点，最低点悬挂重物，质量为 m。弧长坐标为 $s\sim s+ds$ 的绳子微元受到三个力：两端的张力，大小分别为 $T(s)$ 和 $T(s+ds)$，重力 $G=\rho g\,ds$，如图 1 所示。

绳子微元受力平衡，将其在水平和竖直方向进行分解，得

$$d(T(s)\cos\theta(s))=0 \tag{1}$$
$$d(T(s)\sin\theta(s))=\rho g\,ds \tag{2}$$

其中 $\theta(s)$ 为弧长坐标 s 处悬链线切线与水平方向的夹角，且有

$$dx(s)=\cos\theta(s)ds, \quad dy(s)=\sin\theta(s)ds \tag{3}$$

悬链线最低点重物受力平衡，有

$$2T_0\sin\theta_0=mg \tag{4}$$

其中 T_0 为悬链线最低端的张力，θ_0 为悬链线最低端切线与水平方向的夹角。由式（1）、式（2）和式（4）解得

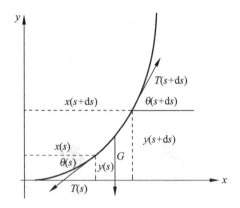

图 1 绳子微元受力分析示意图

$$T_0 \cos\theta_0 (\tan\theta(s) - \tan\theta_0) = \rho g s \tag{5}$$

作变量代换 $\tan\theta = \sinh\tau$，则有 $\cos\theta = 1/\cosh\tau$，$\sin\theta = \tanh\tau$。设 τ_0 为绳子最低端对应的参数，τ_1 为绳子其中一个端点（不妨设为右端）对应的参数。将式(5)代入式(3)，计算得到悬链线形状的参数方程：

$$x(\tau) = \frac{kl}{\sinh\tau_0}(\tau - \tau_0) \tag{6}$$

$$y(\tau) = \frac{kl}{\sinh\tau_0}(\cosh\tau - \cosh\tau_0) \tag{7}$$

其中比例系数 k 为重物质量 m 与悬链线质量 $2\rho l$ 的比值，它与参数 τ_1、τ_0 的关系式为

$$\frac{1}{k} = \frac{2\rho l}{m} = \frac{\sinh\tau_1 - \sinh\tau_0}{\sinh\tau_0} \tag{8}$$

由式(6)和式(7)得到悬链线的半宽度 D 和高度 H 分别为

$$D = x(\tau_1) = \frac{kl}{\sinh\tau_0}(\tau_1 - \tau_0) \tag{9}$$

$$H = y(\tau_1) = \frac{kl}{\sinh\tau_0}(\cosh\tau_1 - \cosh\tau_0) \tag{10}$$

式(8)中，两个参数 τ_0 和 τ_1 是有约束关系的，不是独立的。所以式(9)和式(10)实际上只是一个独立参数的表达式，也就是悬链线半宽度 D 和高度 H 的参数方程。

练习：实际做实验，验证式(9)和式(10)。

注解：以上推导最关键的一步是变量替换，即 $\tan\theta = \sinh\tau$。这样做的好处是几乎所有的物理（数学）量都有初等函数的解析表达式，便于物理上的表示和求解。

002 越过光滑钉子的悬链线

问题：把两个光滑钉子并排钉在墙壁上，链条的总长度超过两个钉子的水平距离，把链条轻轻搭放在两个钉子上。或者把链条的一端固定在一个钉子上，其余部分搭在另一个钉子上。满足什么条件时这个链条才能不滑落？

解析：利用上一题的结论，当链条底端（中点部分）不挂重物时，$k = 0$ 和 $\tau_0 = 0$，悬链线

形状方程为

$$x(\tau)=\frac{l}{\sinh\tau_1}\tau\,,\quad y(\tau)=\frac{l}{\sinh\tau_1}(\cosh\tau-1)$$

τ_0、τ_1 等参数含义同上题，最低端处的张力为

$$T_0=\frac{\rho g l}{\sinh\tau_1}$$

端点上的张力 T_{end} 为

$$T_{\text{end}}=T_0\cosh\tau_1=\rho g l\coth\tau_1$$

如果两个钉子间距离 $2d$ 固定，那么链条在两个钉子之间的半长度 l 和两个端点上的张力 T_{end} 表达式为

$$l=d\,\frac{\sinh\tau_1}{\tau_1}\,,\quad T_{\text{end}}=d\rho g\,\frac{\cosh\tau_1}{\tau_1}$$

平衡时端点上的张力 T_{end} 等于端点处下垂链条的重力，由此得到下垂长度为

$$l_{\text{down}}=\frac{T_{\text{end}}}{\rho g}=d\,\frac{\cosh\tau_1}{\tau_1}$$

先考虑搭在两个钉子上的链条，由对称性，链条总长度的一半 L 等于两个钉子之间悬链长度的一半 l 加上下垂长度 l_{down}，即

$$d\,\frac{\cosh\tau_1}{\tau_1}+d\,\frac{\sinh\tau_1}{\tau_1}=L$$

继续化简得到

$$\frac{\exp\tau_1}{\tau_1}=\frac{L}{d} \tag{1}$$

令 $f(\tau)=\exp(\tau)/\tau$，分析发现函数 $f(\tau)$ 在 $\tau=1$ 处有极小值 $\exp(1)$。这意味着当链条总长度与钉子间距离比值大于 $\exp(1)=2.72$ 时，式(1)才有解，且有两个解。譬如取 $\tau_1=0.5$，那么另一个解为 1.75，相应的链条平衡位形如图1(比例不同)所示。

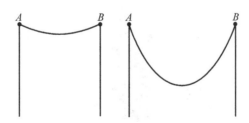

图1　链条轻搭两钉上超过极限长度时链条的两个平衡位形

再考虑一端固定，其余部分搭放在另一钉子上的链条。此时链条的总长度 $2L$ 等于两个钉子之间悬链长度的 $2l$ 加上下垂长度 l_{down}：

$$d\,\frac{\cosh\tau_1}{\tau_1}+2d\,\frac{\sinh\tau_1}{\tau_1}=2L$$

继续化简得到

$$\frac{1}{2}\,\frac{\cosh\tau_1}{\tau_1}+\frac{\sinh\tau_1}{\tau_1}=\frac{L}{d} \tag{2}$$

令 $g(\tau)=(2\sinh\tau+\cosh\tau)/2\tau$,分析发现函数 $g(\tau)$ 在 $\tau=0.89$ 处有极小值 1.94。这意味着当链条总长度与钉子间距离的比值大于 1.94 时,式(2)才有解,且有两个解。譬如,取 $\tau_1=0.3$,那么另一个解为 2.00,相应的链条平衡位形如图 2(比例不同)所示。

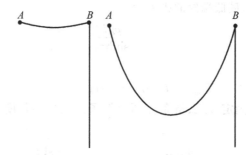

图 2　一端固定情况超过极限长度时链条的两个平衡位形

练习:实验上如何使钉子光滑?使链条能摆放成图 1 和图 2 中的理论图形?

注解:图 1 和图 2 中链条的两个平衡位形,哪个更稳定?

003　跳绳的形状

问题:现在让链条动起来,绕着两端连线的水平轴匀速转动起来,这就是我们所熟悉的跳绳。那么跳绳的形状是什么样的?

解析:为简单起见,先不考虑重力的影响,这样不同角度(界面)的跳绳形状都一样。以绳子两个固定端点的连线为 x 轴,设转动绳子中的张力(分布)为 T,绳子微元的坐标为 (x,y),并采用弧长 s 和切角 θ 坐标,如图 1 所示。

由微分几何知识可知

$$\mathrm{d}x=\cos\theta\mathrm{d}s,\quad \mathrm{d}y=\sin\theta\mathrm{d}s$$

绳子微元水平方向受力为零,张力垂直分量之差提供向心力,由此得

$$\mathrm{d}(T\sin\theta)=-\omega^2\rho y\mathrm{d}s,\quad \mathrm{d}(T\cos\theta)=0 \tag{1}$$

由式(1)中第二个方程很容易积分得

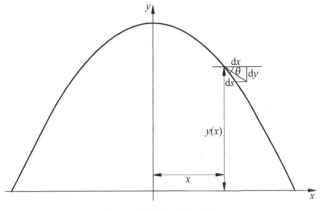

图 1　跳绳模型示意图

$$T\cos\theta = T_0$$

其中 T_0 为绳子中点部分的张力,代入式(1)中的第一个方程,得到

$$T_0\mathrm{d}(\tan\theta) = -\omega^2\rho y\,\mathrm{d}s \qquad (2)$$

再设

$$p = \tan\theta = \mathrm{d}y/\mathrm{d}x$$

式(2)化为

$$T_0\mathrm{d}p = -\omega^2\rho y\,\frac{\sqrt{p^2+1}}{p}\mathrm{d}y$$

继续化简得

$$\frac{p\,\mathrm{d}p}{\sqrt{p^2+1}} = -\frac{\omega^2\rho}{T_0}y\,\mathrm{d}y$$

积分得

$$\sqrt{p^2+1} - 1 = \frac{\omega^2\rho}{T_0}(h^2 - y^2)$$

其中 h 为绳子中点到两端水平连线的垂直距离,长度以 h 为单位,并设 $\lambda = \omega^2 h^2 \rho / T_0$,则有

$$\frac{\mathrm{d}x}{\mathrm{d}y} = \frac{1}{p} = \frac{1}{\sqrt{(1+\lambda-\lambda y^2)^2 - 1}} \qquad (3)$$

令 $k^2 = \lambda/(\lambda+2)$,则式(3)化为

$$\sqrt{\lambda(\lambda+2)}\,\mathrm{d}x = \frac{\mathrm{d}y}{\sqrt{(1-y^2)(1-k^2 y^2)}} \qquad (4)$$

对上式积分,并定义 a 为绳子两端距离的一半,则有

$$\sqrt{\lambda(\lambda+2)}\,a = \int_0^1 \frac{\mathrm{d}y}{\sqrt{(1-y^2)(1-k^2 y^2)}} = K(k)$$

由椭圆函数的定义,可得式(4)的解

$$y = \mathrm{sn}(\sqrt{\lambda(\lambda+2)}(a-x), k)$$

其中 sn 为雅可比椭圆函数,这就是无重力环境下两端固定转动绳子时绳子的形状方程。

注解 1：按以上的模型，跳绳的形状与转速没有关系，转速越大，最高处（中心）的张力也越大，使参数 $\lambda = \omega^2 h^2 \rho / T_0$ 保持为常数。

注解 2：跳绳是最常见的健身运动，没想到绳子运动时的形状居然与特殊函数——椭圆函数有关。图 1 就是按照椭圆函数画出来的，它与真实的跳绳形状有多大区别？

004　泪滴状旋转悬链线

问题：用工字钉把蛇骨链的两端穿在塑料饮料管（直径）两侧，然后用双手掌心搓动饮料管。调节转速，你看到的转起来的链条轮廓线是什么形状？能看到泪滴状吗？（参考下图）

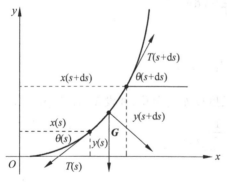

图 1　悬链线微元的受力分析

解析：设链条质量均匀分布，线密度为 ρ，长度为 $2l$。利用微元分析法来推导转动悬链线方程，设弧长坐标 s 处的绳子张力为 $T(s)$。弧长坐标为 $(s, s+\mathrm{d}s)$ 的绳子微元受到三个力，重力 $G = \rho g \mathrm{d}s$，两端的绳子张力，大小分别为 $T(s)$ 和 $T(s+\mathrm{d}s)$，如图 1 所示。

绳子微元竖直方向受力平衡，有

$$T(s+\mathrm{d}s)\sin(\theta(s+\mathrm{d}s)) - T(s)\sin(\theta(s)) = \rho g \mathrm{d}s$$

绳子张力水平方向分力的合力等于绳子微元的向心力，即

$$T(s+\mathrm{d}s)\cos(\theta(s+\mathrm{d}s)) - T(s)\cos(\theta(s)) = -\omega^2 x(s)\rho \mathrm{d}s$$

频率以 $\omega_0 = \sqrt{g/l}$ 为单位，长度以 l 为单位，力以 $\rho g l$ 为单位，忽略上式中 $\mathrm{d}s$ 的高阶小量，计算得到量纲归一化后的旋转悬链线方程为

$$\mathrm{d}(T(s)\cos\theta(s)) = -\omega^2 x(s)\mathrm{d}s \tag{1}$$

$$\mathrm{d}(T(s)\sin\theta(s)) = \mathrm{d}s \tag{2}$$

加上几何约束方程

$$\mathrm{d}x = \cos\theta\mathrm{d}s, \quad \mathrm{d}y = \sin\theta\mathrm{d}s \tag{3}$$

这组微分方程没有解析解,只能通过数学软件数值求解。未知量有四个,分别为 x、y、θ、T,都是弧长 s 的隐函数。初始条件为

$$x(0) = 0, \quad y(0) = 0, \quad \theta(0) = 0, \quad T(0) = T_0 \tag{4}$$

数值求解以上方程,悬链的最上端横坐标 $a = x(1)$ 是悬链最低端的张力 T_0 和转速平方 ω^2 的数值函数。实验中通过测量确定转速,当最上端横坐标 a 为零时,可以确定最低端的张力 T_0 的值。把这个张力值反代回原来的微分方程组中,得到 x、y 的数值解,以及泪滴状的旋转悬链,如图 2 所示。

练习:做实验让折线状的蛇骨链转起来,看看什么参数下,转动链条的侧面轮廓线最像一个泪滴。

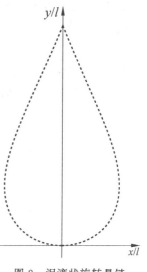

图 2　泪滴状旋转悬链

005　倒放的心形旋转悬链线

问题:用工字钉把蛇骨链的两端穿在塑料饮料管同一侧的上下两处,然后用双手掌心搓动饮料管。调节转速,你看到的转起来的链条轮廓线会呈现什么样的奇怪曲线?能看到倒放裂开的心形吗?

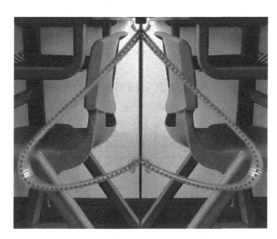

解析:链条的形状方程与上一问题中一样,为解答完整,把形状方程重新写一下:

$$\mathrm{d}(T(s)\cos\theta(s)) = -\omega^2 x(s)\mathrm{d}s \tag{1}$$

$$\mathrm{d}(T(s)\sin\theta(s)) = \mathrm{d}s \tag{2}$$

$$\mathrm{d}x = \cos\theta\mathrm{d}s, \quad \mathrm{d}y = \sin\theta\mathrm{d}s \tag{3}$$

但是初始条件不同:

$$x(0) = 0, \quad y(0) = 0, \quad \theta(0) = \theta_0, \quad T(0) = T_0$$

数值求解以上微分方程组,得到悬链最上端横坐标和纵坐标的数值函数:

$$x(1) = F(\omega^2, \theta_0, T_0), \quad y(1) = G(\omega^2, \theta_0, T_0)$$

其中 F 和 G 是张力 T_0、切角 θ_0 和转速平方 ω^2 的数值隐函数。当角速度平方确定时,由链条上端的边界条件 $x(1)=0$,$y(1)=h$,就能确定剩下两个初始条件,即张力 T_0 和切角 θ_0。把这三个初始值反代回原来的方程组,得到链条曲线坐标的数值解和形状。

旋转链条形状非常敏感地依赖于转速平方 ω^2 和上下两端的距离 h,如果这两个参数选取不好,会得到蝴蝶状和瓜子状,如图 1 和图 2 所示。

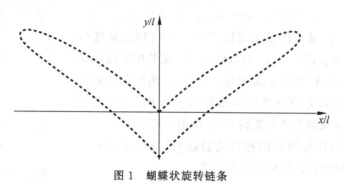

图 1　蝴蝶状旋转链条

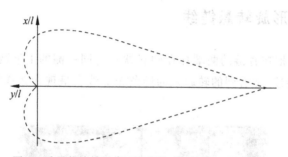

图 2　瓜子状旋转链条(图形逆时针旋转 $90°$ 得到的)

只有选择合适的初始条件,才能在理论上得到最像心形的转动链条,如图 3 所示。

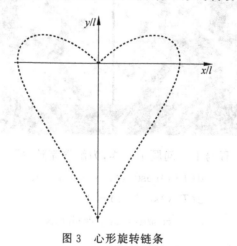

图 3　心形旋转链条

练习:实际做实验,调节转速和链条上下两端距离,看看什么参数下链条的轮廓线最像一颗破裂的心。

注解：这两个题目(004,005)中,匀速转动链条的形状方程,利用微元分析法很容易推导出来,但是这些微分方程组一般是没有解析解的(与跳绳形状不一样,跳绳的形状方程有解析解)。所以题目的难点在于如何借助数学软件,把满足边界条件的微分方程组解出来。

006 竖直悬挂转动的链条

问题：用工字钉把蛇骨链的一端穿在塑料饮料管最下面,然后用双手掌心搓动饮料管,带动链条旋转。或者直接用食指和大拇指捻住蛇骨链的上端,旋转链条。调节转速,你看到的转起来的链条是什么曲线?

解析：假设链条底端还挂着一个重物(视为质点),质量为 m。链条长度为 L,单位长度的质量为 ρ,转动频率为 ω。稳定旋转时绳上的坐标为 $(x(s), y(s))$,y 轴向下,其中 s 为弧长参数,$x(s)$ 为绳上一点到转轴的距离,角度 θ 为绳子线元与 y 轴的夹角,$T(s)$ 为绳子线元在弧长 s 处的张力,如图 1 所示。

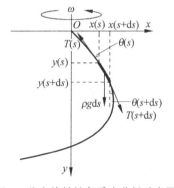

图 1 稳定旋转链条受力分析示意图

由微分几何知识,可得坐标对弧长的参数方程是

$$\mathrm{d}x(s) = \sin\theta(s)\mathrm{d}s, \quad \mathrm{d}y(s) = \cos\theta(s)\mathrm{d}s \qquad (1)$$

稳定旋转时,绳子线元的竖直坐标不变,在竖直方向上受力平衡：

$$T(s)\cos\theta(s) = T(s+\mathrm{d}s)\cos\theta(s+\mathrm{d}s) + \rho g\,\mathrm{d}s \qquad (2)$$

绳子线元两端张力水平方向的合力充当向心力,即

$$T(s)\sin\theta(s) - T(s+\mathrm{d}s)\sin\theta(s+\mathrm{d}s) = \omega^2\rho x\,\mathrm{d}s \qquad (3)$$

当线元长度趋向于零时,忽略高阶小量,将式(2)和式(3)化简得

$$\mathrm{d}(T\cos\theta) = -\rho g\,\mathrm{d}s, \quad \mathrm{d}(T\sin\theta) = -\omega^2 x\rho\,\mathrm{d}s \qquad (4)$$

以"0"标记原点,"1"标记端点,在端点 1 处绳子张力的竖直分量与重物重力平衡,水平分量充当向心力,所以边界条件为

$$T_1 \cos\theta_1 = mg, \quad T_1 \sin\theta_1 = m\omega^2 x_1 \tag{5}$$

在原点的边界条件为

$$x(0) = y(0) = 0, \quad \theta(0) = \theta_0$$

为了方便数值求解,先把绳长参数 s、绳中的张力 T 无量纲化: $s \to s/L$, $T \to T/\rho gL$。再定义两个无量纲的数: $k_1 = \omega^2 L/g$ 和 $k_2 = m/\rho L$。无量纲化后,式(4)中的第一个方程可以直接积分出来:

$$T \cos\theta = 1 - s + k_2 \tag{6}$$

将式(6)代入式(4)中的第二个方程,得到

$$\mathrm{d}((1 + k_2 - s)\tan\theta(s)) = -k_1 x(s)\mathrm{d}s \tag{7}$$

由式(5),得端点 $s = 1$ 的边界条件为

$$F(k_1, k_2, \theta_0) = \tan\theta_1 - k_1 x_1 = 0 \tag{8}$$

数值求解联立方程式(1)和式(7),其中共有三个未知函数 $x(s)$、$y(s)$、$\theta(s)$。数值求解得到 $F(k_1, k_2, \theta_0)$ 为关于 θ_0 的函数,它与 θ_0 横轴有多个交点,每个交点理论上对应于一个稳定旋转位形的起始倾角。数值计算发现,当重物与链条质量比 k_2 固定时,只有当转速参数 k_1 超过某个极限(临界)值(第一激发角速度)时,数值函数与什么概念才有交点(有解)。数值计算还发现,重物越重,第一激发角速度越小,越容易转起来。就算不挂重物,从理论上讲,只有驱动角速度超过特定值时,链条才能转(弯)起来。

练习: 实际做实验,测量转速和所有相关物理量,把转起来弯曲链条的实际形状(曲线)和数值求解微分方程得到的理论曲线进行对比,看看多大程度上能符合。

注解: 临界转速的精确值是多少? 有没有近似(解析)方法来得到该值,并对照?

007　表面张力作用下的悬链线

问题: 把柔软纤细的棉线两端系在一个杆上,将整个体系浸没在肥皂水中,然后小心提出使杆水平,棉线和内部的肥皂膜在竖直平面上。调节棉线两端距离,你会看到棉线呈现什么样的形状?

解析: 物理模型还是质量均匀分布的棉线(链条),不过除了重力外,棉线还受到内部肥皂膜的表面张力作用,受力分析示意图如图 1 所示。

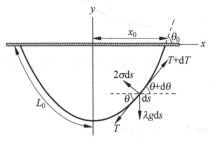

图 1　表面张力作用下的棉线

由微元分析法,可得切向方向的张力之差等于微元重力的切向分量,即

$$\mathrm{d}T = \lambda g \sin\theta \mathrm{d}s \tag{1}$$

其中 λ 为链条的线质量密度。微元法向方向的受力为表面张力、法向方向的张力之差和重力的法向分量,由此得

$$2\sigma \mathrm{d}s + T\mathrm{d}\theta = \lambda g \cos\theta \mathrm{d}s \tag{2}$$

其中 σ 为表面张力系数。式(2)也可以写为

$$T\mathrm{d}\theta = \lambda g(\cos\theta - \alpha)\mathrm{d}s, \quad \alpha = 2\sigma/\lambda g \tag{3}$$

式(1)除以式(3),并化简得

$$\frac{\mathrm{d}T}{T} = \frac{\sin\theta}{\cos\theta - \alpha}\mathrm{d}\theta \qquad (4)$$

式(4)可以直接积分,得

$$T = \frac{\lambda g C}{\cos\theta - \alpha} \qquad (5)$$

将式(5)代入式(3),得

$$\mathrm{d}s = \frac{C}{(\cos\theta - \alpha)^2}\mathrm{d}\theta \qquad (6)$$

由微分几何知识,得到直角坐标满足的微分方程:

$$\mathrm{d}x = \cos\theta \mathrm{d}s = \frac{C\cos\theta}{(\cos\theta - \alpha)^2}\mathrm{d}\theta \qquad (7)$$

$$\mathrm{d}y = \sin\theta \mathrm{d}s = \frac{C\sin\theta}{(\cos\theta - \alpha)^2}\mathrm{d}\theta \qquad (8)$$

链条的形状依赖于参数 α 和链条两端的宽度与链条长度之比,具体形式可以参照文献。文献给出了一组变化图,如图 2 所示。

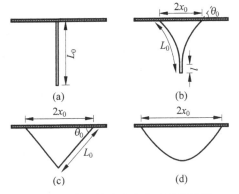

图 2 链条两端距离变化时的形状图

练习:实际做实验,看看能不能得到图 2 中的各种形状。

注解:对于表面张力和重力作用下棉线(链条)的形状方程,利用微元分析法,不难得到式(7)和式(8),其实这已成功了一大半了。式(7)和式(8)也有解析解,但麻烦的是积分需要按条件分类讨论,文献用了很大篇幅来处理这个数学问题。我们也可以直接数值求解微分方程组(7)和(8),对比一下解析和数值两种方法的区别。

文献:BEHROOZI F. Remarkable shapes of a catenary under the effect of gravity and surface tension[J]. Am. J. Phys. ,1994,62(12):1121-1128.

008 匀强磁场中的通电悬链线

问题:使链条通电,匀强磁场垂直穿过链条所在平面,那么两端固定的链条形状是什么曲线?

解析:这种情况下,除了重力外,链条还受到安培力,其方向垂直于链条。各力共同作用下,微元受力分析示意图如图 1 所示。

为简单起见,将通电链条对称放置。设磁感应强度为 B,电流为 I。悬链线长度为 $2l$,线密度为 ρ。忽略电流元之间的相互作用,弧长坐标为 $s \sim s + \mathrm{d}s$ 的悬链线微元在重力 G,两端张力 $T(s)$、$T(s+\mathrm{d}s)$ 和安培力 F 作用下平衡,如图 1 所示。通电悬链线微元在 x、y 轴方向受力平衡,有

$$\mathrm{d}(T\cos\theta) = -BI\sin\theta \mathrm{d}s \qquad (1)$$

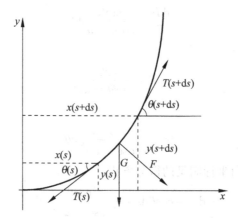

图 1 磁场中通电链条微元受力分析示意图

$$d(T\sin\theta) = \rho g\,ds + BI\cos\theta\,ds \tag{2}$$

通电悬链线上弧长微元满足：

$$dx = \cos\theta\,ds, \quad dy = \sin\theta\,ds \tag{3}$$

将式(1)~式(3)无量纲化，张力以 $\rho g l$ 为单位，长度以 l 为单位，比例参数 $\lambda = BI/\rho g$，则式(1)和式(2)转化为

$$d(T\cos\theta) = -\lambda\sin\theta\,ds \tag{4}$$

$$d(T\sin\theta) = ds + \lambda\cos\theta\,ds \tag{5}$$

由式(4)和式(5)可以化简得

$$dT = \sin\theta\,ds \tag{6}$$

$$Td\theta = (\lambda + \cos\theta)\,ds \tag{7}$$

以链条最低点为原点，在原点处切角为 θ_0，张力为 T_0。将式(4)和式(5)积分，并利用原点的边界条件，得

$$T\cos\theta - T_0\cos\theta_0 = -\lambda y \tag{8}$$

$$T\sin\theta - T_0\sin\theta_0 = s + \lambda x \tag{9}$$

将式(6)直接积分得

$$T - T_0 = y \tag{10}$$

联立式(8)和式(10)，得

$$T = T_0\frac{\cos\theta_0 + \lambda}{\cos\theta + \lambda} \tag{11}$$

$$y = T_0\frac{\cos\theta_0 - \cos\theta}{\cos\theta + \lambda} \tag{12}$$

把式(11)代入式(6)，积分得

$$s = T_0(\cos\theta_0 + \lambda)(F(\lambda,\theta) - F(\lambda,\theta_0)) \tag{13}$$

其中

$$F(k,\theta) = \frac{k}{(1-k^2)^{3/2}}\ln\left(\frac{\sqrt{(1+k)/(1-k)} - \tan(\theta/2)}{\sqrt{(1+k)/(1-k)} + \tan(\theta/2)}\right) + \frac{\sin\theta}{(1-k^2)(k+\cos\theta)} \tag{14}$$

当 $|k| > 1$ 时，$F(k,\theta)$ 取式(14)的实部。当 $k = \pm 1$ 时，有

$$F(1,\theta)=\frac{\sin\theta(\cos\theta+2)}{3(\cos\theta+1)^2},\quad F(-1,\theta)=\frac{\sin\theta(\cos\theta-2)}{3(\cos\theta-1)^2}\tag{15}$$

x 的参数表示由式(9)、式(13)和式(14)给出。悬链线端点切角值 θ_1 由 $a=x(\theta_1)/s(\theta_1)$ 确定，其中 a 是悬链线的半宽度。

通电链条的形状由比例参数 λ 和悬链线半宽度 a 确定，分为多种情况。我们以 $a=3/\sinh3=0.30$ 为例来讨论。第一种情形是 $\lambda>-a$，$\theta_0=0$。当 $\lambda=1$ 时，链条形状的参数方程为

$$\frac{x}{T_0}=\frac{2\sin\theta}{1+\cos\theta}-\frac{2(2+\cos\theta)\sin\theta}{3(1+\cos\theta)^2}\tag{16}$$

$$\frac{y}{T_0}=\frac{1-\cos\theta}{1+\cos\theta}\tag{17}$$

其形状如图 2 所示，其中虚线为未通电时悬链线的形状。

第二种情形是 $\lambda=-a$，$\theta=\arccos a$，此时链条的形状就是"V"字形。

第三种情形是 $\lambda<-a$，$\theta_0=\pi$，此时链条形状类似扭结形。当 $\lambda=-1$ 时，链条形状的参数方程为

$$\frac{x}{T_0}=\frac{2(2-\cos\theta)\sin\theta}{3(1-\cos\theta)^2}-\frac{2\sin\theta}{1-\cos\theta}\tag{18}$$

$$\frac{y}{T_0}=\frac{1+\cos\theta}{1-\cos\theta}\tag{19}$$

其形状如图 3 所示，其中虚线为未通电时悬链线的形状。

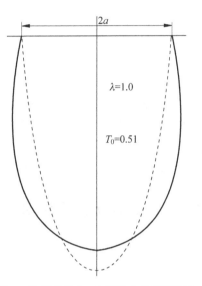

图 2　比例参数 $\lambda=1$ 时通电悬链线形状

第四种情形是 $\lambda<-a$，$\theta_0=\pi/2$，此时链条底下部分重合，设重合部分长度为 s_0，分叉点处张力与底下部分重力平衡，即 $T_0=s_0$，切角为 $\theta_0=\pi/2$。仿照以上推导，得到分叉部分的参数方程为

$$\frac{y}{s_0}=\frac{\lambda}{\cos\theta+\lambda}\tag{20}$$

$$\frac{x}{s_0}=\frac{\sin\theta}{\cos\theta+\lambda}-(F(\lambda,\theta)-F(\lambda,\pi/2))-\frac{1}{\lambda}\tag{21}$$

当 $\lambda=-1$ 时，链条分叉部分形状的参数方程为

$$\frac{y}{s_0}=\frac{1}{1-\cos\theta}\tag{22}$$

$$\frac{x}{s_0}=\frac{1}{3}-\frac{\sin\theta}{1-\cos\theta}+\frac{\sin\theta(2-\cos\theta)}{3(\cos\theta-1)^2}\tag{23}$$

其形状如图 4 所示，其中虚线为未通电时悬链线的形状。

注解 1：比例参数 λ 的正负表示安培力是向外(拉)还是向内(推)，与上个题目中肥皂膜表面张力只能向内相比，这个理论模型有更多的解。

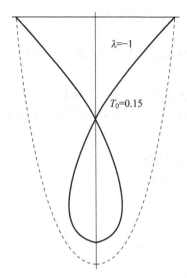

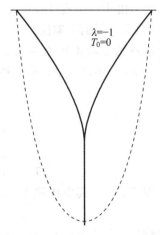

图 3   比例参数 $\lambda = -1$ 时通电悬链线形状（一）   图 4   比例参数 $\lambda = -1$ 时通电悬链线形状（二）

注解 2：这个理论模型也有致命的缺陷，就是它在实验中是无法得到的，而上个题目中的模型很容易在实验中得到。所以，一个好的模型不仅理论公式优美，而且实验上也要容易操作。

注解 3：当然，这个模型也有优点，譬如，图 3 中细线的形状，肥皂膜的实验就无法实现。

009   圆锥面上的悬链线

问题：把首尾相连的蛇骨链套在光滑的圆锥面上，其平衡位形除了常见的圆环状外，理论上还有什么形状？

解析：这种情况下，除了重力外，还有圆锥面的支持力起作用。这种情况仍可以用微元分析法，但是很麻烦，我们改用极小重力势能法。设圆锥母线长度为 L，母线与对称轴线的夹角为 β，那么底面圆的半径 $R = L\sin\beta$。圆锥面完全展开为扇形时，扇形的夹角为 2α，扇形弧长等于底面圆周长，于是 $2\alpha L = 2\pi L\sin\beta$，如图 1 所示。

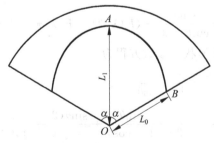

图 1   圆锥面及圆锥面上悬链线展开示意图

以 O 点为极点，OA 方向为极轴，扇形区域上任意一点的极坐标为 (ρ, θ)，那么相应圆锥面上一点的三维直角坐标为

$$x = \rho\sin\beta\sin(\pi\theta/\alpha)$$
$$y = \rho\sin\beta\cos(\pi\theta/\alpha)$$
$$z = \rho\cos\beta$$

圆锥面上悬链线的重力势能为

$$V = -\tau g\cos\beta\int\rho(\theta)\,\mathrm{d}s$$

其中 τ 是悬链线的线密度，线元长度为

$$\mathrm{d}s = \sqrt{(\mathrm{d}\rho/\mathrm{d}\theta)^2 + \rho^2}\,\mathrm{d}\theta \tag{1}$$

悬链的总长度不变，取拉氏乘积因子为 $\tau g\cos\beta\times\lambda$，系统的作用量 I 为

$$I = -\tau g\cos\beta\int(\rho-\lambda)\sqrt{(\mathrm{d}\rho/\mathrm{d}\theta)^2 + \rho^2}\,\mathrm{d}\theta \tag{2}$$

其中 λ 具有长度量纲。式(2)中作用量 I 的积分因子 $f(\rho,\rho',\theta)$ 不显含 θ，由推论

$$\rho'\frac{\partial f}{\partial\rho'} - f = \text{const}$$

计算得到

$$c(\rho-\lambda)\rho^2 = \sqrt{(\mathrm{d}\rho/\mathrm{d}\theta)^2 + \rho^2} \tag{3}$$

其中 c 是积分常数，由边界条件确定。由式(3)得

$$\frac{\mathrm{d}\rho}{\mathrm{d}\theta} = -\rho\sqrt{c^2\rho^2(\rho-\lambda)^2 - 1} \tag{4}$$

在最低点 A 处，链条切线是水平的，边界条件为

$$\theta = 0, \quad \rho = L_1, \quad \mathrm{d}\rho/\mathrm{d}\theta = 0$$

式(4)转化为

$$\frac{\mathrm{d}\rho}{\mathrm{d}\theta} = -\rho\sqrt{\frac{\rho^2(\rho-\lambda)^2}{L_1^2(L_1-\lambda)^2} - 1} \tag{5}$$

接下来考虑闭合周期性的悬链线。由式(5)可知，如长度参数 λ 确定，则以 λ 为长度单位，并设 $L_1(L_1-1) = 1/4 - k^2$，那么极坐标参数 ρ 的取值范围为 $1/2 - k < \rho < 1/2 + k$。在这个区间，角度参数 θ 转过的范围为

$$\Delta\theta = \left(\frac{1}{4} - k^2\right)\int_{1/2-k}^{1/2+k}\frac{1}{\sqrt{\rho^2(\rho-1)^2 - (1/4-k^2)^2}}\frac{\mathrm{d}\rho}{\rho} \tag{6}$$

数学软件 Maple 给出的结果为

$$\Delta\theta = 2\frac{(1-4k^2)}{\sqrt{2-4k^2}}\Pi\left(4k^2, \frac{2k^2}{1-2k^2}\right)$$

其中第三类完全椭圆积分定义为

$$\Pi(\alpha,\beta) = \int_0^{\pi/2}\frac{1}{1-\alpha\sin^2\theta}\frac{\mathrm{d}\theta}{\sqrt{1-\beta\sin^2\theta}}$$

如果极坐标从极小到极大，转过的角度 $\Delta\theta$ 是 2π 的有理分数倍，那么对应圆锥面上的悬链线是周期闭合的。举一个例子，取长度参数 $\lambda = 3$，转过的角度为 $2\pi/3$，那么对应的 $k = 0.31$。这种情况下，直接数值求解式(5)，利用数学软件是算不出来的，它会报错，说碰到奇点，提示无法继续计算下去。我们可以绕过这个难关，把式(5)两边取平方，继续求导，得到

两阶微分方程,所含的项不再出现奇点。数值计算得到的圆锥面上闭合周期悬链线如图 2 所示。

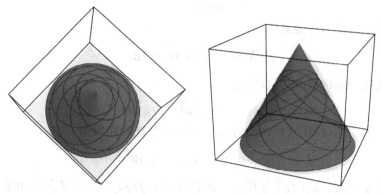

图 2　光滑圆锥面上三重对称性的闭合链条

注解:这个问题的关键之一是写出系统加上总长度约束的重力势能,然后利用变分公式得到形状方程;关键之二是当极坐标下的矢径从极小变化到极大时,转过的角度可以表达出来,既可以解析表示,也能数值求解。

010　球面上的悬链线

问题:把首尾相连的蛇骨链套在光滑的球面上,其平衡位形除了常见的圆环状外,理论上还有什么形状?

解析:设球面上悬链线的参数坐标是 $\left(\sqrt{1-z^2}\cos\theta,\sqrt{1-z^2}\sin\theta,z\right)$,则曲线线元为

$$ds = \sqrt{\frac{(dz)^2}{1-z^2}+(1-z^2)(d\theta)^2}$$

球面上悬链线的重力势能为

$$V = \tau g \int z(\theta)\,ds$$

悬链的总长度不变,取拉氏乘积因子为 $\tau g\lambda$,系统的作用量 I 为

$$I = \tau g \int \frac{z+\lambda}{\sqrt{1-z^2}}\sqrt{(dz/d\theta)^2+(1-z^2)^2}\,d\theta$$

其中 λ 具有长度量纲。作用量 I 的积分因子 $f(z,z',\theta)$ 不显含 θ,由推论

$$z'\frac{\partial f}{\partial z'}-f = \text{const}$$

在最低点处,链条切线是水平的,边界条件为

$$\theta=0,\quad z=z_0,\quad dz/d\theta=0$$

计算得到球面上链条的形状方程为

$$\frac{z+\lambda}{\sqrt{1-z^2}}\frac{(1-z^2)^2}{\sqrt{z'^2+(1-z^2)^2}}=(z_0+\lambda)\sqrt{1-z_0^2}$$

继续化简得

$$\left(\frac{\mathrm{d}z}{\mathrm{d}\theta}\right)^2 = \frac{(1-z^2)^2}{(z_0+\lambda)^2(1-z_0^2)}\left[(z+\lambda)^2(1-z^2)-(z_0+\lambda)^2(1-z_0^2)\right] \tag{1}$$

令

$$H(z,z_0,\lambda)=(z+\lambda)^2(1-z^2)-(z_0+\lambda)^2(1-z_0^2)$$

举一个特例：$z_0=1/2,\lambda=-0.4$，$H(z,z_0,\lambda)$ 随 z 变化的图形如图 1 所示。

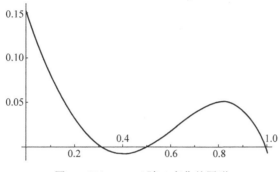

图 1 $H(z,z_0,\lambda)$ 随 z 变化的图形

由图 1 可以看出，z 的取值范围为 $z_0<z<0.99$，这个区间依赖于参数 λ。在这个区间范围转过的角度为

$$\Delta\theta=(z_0+\lambda)\sqrt{1-z_0^2}\int_{z_0}^{z_1}\frac{1}{1-z^2}\frac{\mathrm{d}z}{\sqrt{H(z,z_0,\lambda)}}$$

这个角度也依赖于参数 λ。如果这个角度是 2π 的有理分数倍，那么对应球面上的链条是周期闭合的。譬如，取转过角度为 $2\pi/3$，数值计算得到对应的长度参数为 $\lambda=-0.14$。同样，我们要对形状方程(1)继续求导，化为两阶微分方程，避免出现奇点，方便数值计算。计算结果显示球面上对称闭合链条如图 2 所示。

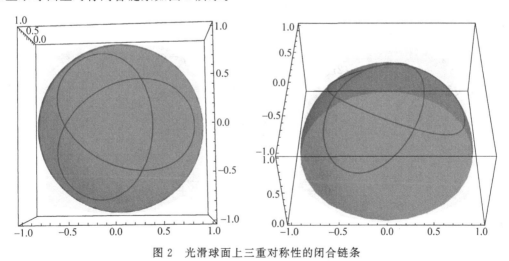

图 2 光滑球面上三重对称性的闭合链条

注解：以上两个问题，如果要用微元分析法，那么分析过程是非常麻烦的，要设球面对链条的支持力，由三个方向的平衡得到三个方程，所以我们改用整体变分法，只给出一个方程。

011 光滑旋转圆锥面上的链条

问题：在匀速旋转的圆锥面（内部），链条的一端固定，稳定后是什么形状？

解析：我们仍采用整体法，即考虑链条的重力势能和转动"势能"。设圆锥面的方程为 $x^2 + y^2 - z^2 = 0$。在转动参考系下，链条的一端固定，链条的参数方程为

$$x = r\cos\phi, \quad y = r\sin\phi, \quad z = r$$

链条曲线的线元（平方）为

$$ds^2 = dx^2 + dy^2 + dz^2 = [2(dr/d\phi)^2 + r^2]\,d\phi^2$$

链条的重力势能为

$$\Phi_1 = \rho g \int z\,ds = \rho g \int r\,ds$$

转动参考系下离心势能为

$$\Phi_2 = -\frac{1}{2}\rho\omega^2 \int (x^2 + y^2)\,ds = -\frac{1}{2}\rho\omega^2 \int r^2\,ds$$

加上链条长度约束，总的拉氏量为

$$L = \rho \int \left(gr - \frac{1}{2}\omega^2 r^2 + g\lambda\right)\sqrt{2r'^2 + r^2}\,d\phi$$

长度以 λ 为单位，角速度以 $\sqrt{\lambda/g}$ 为单位，拉氏量可以写为

$$L = \rho g\lambda^2 \int \left(r - \frac{1}{2}\omega^2 r^2 + 1\right)\sqrt{2r'^2 + r^2}\,d\phi$$

作用量 I 的积分因子 $f(r, r', \phi)$ 不显含 ϕ，由推论

$$r'\frac{\partial f}{\partial r'} - f = \text{const}$$

计算得到

$$\frac{r^2}{\sqrt{2r'^2 + r^2}}\left(r - \frac{1}{2}\omega^2 r^2 + 1\right) = c$$

结合线元关系式

$$2\left(\frac{dr}{ds}\right)^2 + \left(\frac{d\phi}{ds}\right)^2 = 1$$

计算得到

$$\frac{d\phi}{ds} = \frac{c}{\left(r - \frac{1}{2}\omega^2 r^2 + 1\right)r^2}$$

以及

$$2\left(\frac{dr}{ds}\right)^2 + \frac{c^2}{\left(r - \frac{1}{2}\omega^2 r^2 + 1\right)^2 r^4} = 1$$

以上方程没有解析解，只能数值求解。一个特解为

$$c = 0, \quad \phi = \phi_0, \quad r = r_0 + s/\sqrt{2}$$

这时链条是圆锥母线上的一段,和圆锥一起以相同的角速度旋转。

注解:这个题目原来的出发点是看看有没有螺旋线的稳定位形。笔者反复尝试各种起始条件,一直没有找到这种位形。

012　粗糙圆锥面内的静止链条

问题:假设圆锥面固定,内部粗糙,可否把链条呈螺旋状盘起来而不向下滑动(静止)?

解析:假设圆锥顶角是 45°,先考虑一个简单的位形,即左右两部分线段贴在圆锥面上,剩下部分悬空,呈悬链线状。以最低点为原点,悬链线形状方程为

$$x(\tau) = \frac{l}{\sinh\tau_1}\tau, \quad y(\tau) = \frac{l}{\sinh\tau_1}(\cosh\tau - 1)$$

端点上的张力 T_{end} 为

$$T_{\mathrm{end}} = T_0\cosh\tau_1 = \rho g l\coth\tau_1$$

端点处的切线斜率为

$$\tan(\pi/4) = \frac{\mathrm{d}y}{\mathrm{d}x}\bigg|_{\tau=\tau_1} = \sinh\tau_1 = 1$$

贴在圆锥面上部分,重力、支持力、底端拉力和摩擦力平衡,由此得到

$$\mu N = \rho g l\coth\tau_1 + \frac{\sqrt{2}}{2}\rho g(L - l)$$

$$N = \frac{\sqrt{2}}{2}\rho g(L - l)$$

化简得

$$\sqrt{2} = \coth\tau_1 = \frac{\mu - 1}{\sqrt{2}}(L/l - 1)$$

由此得到悬空部分长度与整个长度的比值为

$$\frac{l}{L} = \frac{\mu - 1}{\mu + 1}$$

假设圆锥顶角为 45°,且链条以如下所示的螺旋曲线盘起来:

$$x = \theta\cos3\theta, \quad y = \theta\sin3\theta, \quad z = \theta$$

如图 1 所示。

摩擦力的方向与微元的运动趋势相反,难点是确定微元的运动趋势。不妨假设链条微元的摩擦力沿锥面向下,即

$$\mathrm{d}\boldsymbol{f} = a(x, y, z)\,\mathrm{d}s$$

圆锥面对微元的支持力为

$$\mathrm{d}\boldsymbol{N} = b(-x, -y, z)\,\mathrm{d}s$$

微元处链条中的张力为

$$\mathrm{d}\boldsymbol{T} = c(\mathrm{d}x, \mathrm{d}y, \mathrm{d}z)$$

微元的重力为

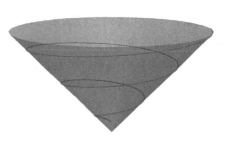

图 1　粗糙圆锥面上假想静止的螺旋状链条

$$G = \rho g (0,0,-1)\,\mathrm{d}s$$

这四个力平衡,即

$$\mathrm{d}f + \mathrm{d}N + \mathrm{d}T + G = 0$$

由此得到三个方程

$$(a-b)x + \frac{\mathrm{d}}{\mathrm{d}s}\left(c\,\frac{\mathrm{d}x}{\mathrm{d}s}\right) = 0$$

$$(a-b)y + \frac{\mathrm{d}}{\mathrm{d}s}\left(c\,\frac{\mathrm{d}y}{\mathrm{d}s}\right) = 0$$

$$(a+b)z + \frac{\mathrm{d}}{\mathrm{d}s}\left(c\,\frac{\mathrm{d}z}{\mathrm{d}s}\right) - \rho g = 0$$

上面 3 个式子可以化简得

$$\frac{\mathrm{d}c}{\mathrm{d}s} = (\rho g - 2az)\frac{\mathrm{d}z}{\mathrm{d}s}$$

$$c\left(x\,\frac{\mathrm{d}^2 x}{\mathrm{d}s^2} + y\,\frac{\mathrm{d}^2 y}{\mathrm{d}s^2} - z\,\frac{\mathrm{d}^2 z}{\mathrm{d}s^2}\right) = -(\rho g - 2bz)z$$

对于图 1 中的螺旋线,有

$$\mathrm{d}s^2 = \mathrm{d}x^2 + \mathrm{d}y^2 + \mathrm{d}z^2 = (2 + 9\theta^2)\mathrm{d}\theta^2$$

如果链条的起始端张力为零,那么以上方程的解为

$$a = b = \rho g / 2z, \quad c = 0$$

这与实际物理模型不符合,最大可能是摩擦力方向的假设是错的。

注解 1:这个理想模型的数学结构很好看,但是物理的基础之一是理论必须与实验相符合,即使再漂亮的数学结构,假如其结果与实验违背,物理也不需要。

注解 2:实际链条微元的摩擦力方向怎么判断?实验中能摆放出两个线段加悬链线之外的平衡位形吗?

013　球面上的转动链条

问题:一个链条,其长度小于球大圆周长的 1/4。链条一端固定在球的最高点,球面是光滑的,让整个链条绕着竖直轴贴着球面转动起来,链条中的张力是怎么分布的?转速大于多少时,链条尾部开始飞起来?

解析:我们用微元分析法来处理这个问题,以球的垂直对称轴为 z 轴,链条微元与球心连线与 z 轴的夹角是 θ。设链条中张力分布是 $T(\theta)$,球面支持力分布是 $N(\theta)$,在转动参考系下,链条微元在两端张力之差、支持力、重力和离心力下平衡,即有

$$\mathrm{d}T(\cos\theta, -\sin\theta) + \mathrm{d}N(\sin\theta, \cos\theta) + \rho g R\,\mathrm{d}\theta(0,-1) + \rho R\,\mathrm{d}\theta\omega^2 R\sin\theta(1,0) = 0 \quad (1)$$

化简得

$$\mathrm{d}T + \rho g R\sin\theta\,\mathrm{d}\theta + \rho R\omega^2 R\sin\theta\cos\theta\,\mathrm{d}\theta = 0$$

积分得

$$T = T(0) - \rho g R(1-\cos\theta) - \rho R\omega^2 R\sin^2\theta/2$$

设链条端点对应的角度为 $\theta_1 < \pi/2$,端点处的张力为零,力以 $\rho g R$ 为单位,并定义一个无量

纲参数 $k = \omega^2 R/g$，那么旋转链条中的张力分布为

$$T = \cos\theta - \cos\theta_1 + \frac{k}{2}(\sin^2\theta_1 - \sin^2\theta)$$

将上式反代回式（1），得到球面对链条的支持力分布为

$$\frac{\mathrm{d}N}{\mathrm{d}\theta} = \cos\theta - k\sin^2\theta$$

这是个减函数，在链条末端微元受到的支持力为

$$\left.\frac{\mathrm{d}N}{\mathrm{d}\theta}\right|_{\theta=\theta_1} = \cos\theta_1 - k\sin^2\theta_1$$

一旦

$$k = \omega^2 R/g > \frac{\cos\theta_1}{\sin^2\theta_1}$$

末端的支持力就小于零，说明末端即将脱离球面飞起来。

注解：当角速度超过这个临界值，链条有多少部分是飞起来的，能不能完全脱离球面飞起来？脱离球面部分的旋转链条是什么形状？

014　旋转抛物面内杆的平衡位形

问题：一个杆，两端靠在光滑旋转抛物面上，除了水平位形外，还有哪些平衡位形？

解析：设杆的长度为 l，质心（中心）坐标为 (x_C, y_C)，倾斜角为 θ。杆两端的坐标分别为

$$x_1 = x_C + l\cos\theta/2, \quad y_1 = y_C + l\sin\theta/2 \tag{1}$$

$$x_2 = x_C - l\cos\theta/2, \quad y_2 = y_C - l\sin\theta/2 \tag{2}$$

其中 θ 为杆的倾斜角度。设抛物线（二次曲线）的方程是 $y = kx^2$，杆两端都在抛物线上，得

$$y_C + l\sin\theta/2 = k(x_C + l\cos\theta/2)^2 \tag{3}$$

$$y_C - l\sin\theta/2 = k(x_C - l\cos\theta/2)^2 \tag{4}$$

式（3）和式（4）分别相加或相减，得

$$y_C = k(x_C^2 + l^2\cos^2\theta/4) \tag{5}$$

$$l\sin\theta = 2kx_C l\cos\theta \tag{6}$$

将式（6）代入式（5），得

$$y_C = \frac{1}{4k}\left[\tan^2\theta + (kl)^2\cos^2\theta\right]$$

杆的重力势能正比于质心纵坐标 y_C，定义一个无量纲的参数 $\lambda = (kl)^2$，那么重力势能为

$$E_{\mathrm{p}} = \frac{mg}{4k}\left(\frac{1}{\cos^2\theta} + \lambda\cos^2\theta - 1\right)$$

由基本不等式可知，当 $\lambda > 1$ 且 $\cos\theta = \lambda^{-1/4}$ 时，势能有稳定的极小值，此时势能随杆的倾斜角度 θ 的变化关系如图 1 所示。

由图 1 可以看出，水平位形（对应 $\theta = 0$）是不稳定平衡。那么，什么情况下水平位置的

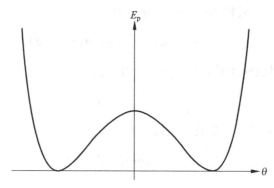

图 1 杆重力势能与倾斜角的关系

杆是稳定平衡呢? 考虑旋转的杆, 其转动离心势能为

$$\Phi = -\frac{1}{6}m\omega^2(x_1^2 + x_2^2 + x_1 x_2)$$

其中 x_1 和 x_2 为杆两个端点的横坐标。代入杆两点坐标的表达式(1)和式(2), 定义转速参数为 $\omega^2 k/g = \tau$, 以 $mg/4k$ 为单位, 总的势能为

$$E_p = \frac{1}{\cos^2\theta} + \lambda\cos^2\theta - 1 - \frac{\tau}{6}(3\tan^2\theta + \lambda\cos^2\theta)$$

数值计算并画图发现, 大部分情况下, 水平旋转的杆, 还是不稳定平衡位形。

注解: 如果旋转面的基准线不是二次曲线(抛物线), 而是四次或者更高次的曲线, 是否还有类似的结论?

文献: 尤明庆. 均匀细杆在光滑圆锥曲线壁内的稳定平衡分析[J]. 力学与实践, 2016, 38(2): 186-188.

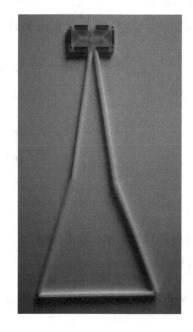

015 转动多边形杆的平衡位形

问题: 用一根细线穿过 5(或 6)根饮料管, 首尾相连, 然后在某个顶点(两根饮料管的连接处)拎起来, 你会看到什么样的形状? 再让整个体系绕着对称轴转起来, 你又会看到什么样的形状?

解析: 把饮料管看作质量均匀分布的杆, 杆与杆之间通过假想的光滑铰链连接。我们看到的位形就是杆体系重力势能和转动离心势能取极小值的位形。

先推导以 z 轴为转轴的转动参考系下, 任意放置理想木杆的离心势能与端点坐标的表达式。设木杆两端坐标为 (x_1, z_1) 和 (x_2, z_2), 长度为 L, 杆上任意一点的坐标矢量为

$$\boldsymbol{r}(s) = (1-s)(x_1\boldsymbol{i} + z_1\boldsymbol{k}) + s(x_2\boldsymbol{i} + z_2\boldsymbol{k}) \quad (1)$$

其中参数 s 的取值范围为 $0 < s < 1$。杆的质量微元为 $\mathrm{d}m =$

$m\,\mathrm{d}s$，该质量微元相对转轴 z 轴的离心势能为

$$\mathrm{d}\Phi = -\frac{1}{2}\omega^2\left\{\left[(1-s)x_1 + sx_2\right]^2\right\}m\,\mathrm{d}s \tag{2}$$

积分计算得到整个杆的离心势能为

$$\Phi = -\frac{1}{6}m\omega^2(x_1^2 + x_1x_2 + x_2^2) \tag{3}$$

为方便讨论，将物理量纲归一化。长度以杆的长度 L 为单位，能量以 mgL 为单位，角速度以 $\omega_0 = \sqrt{g/L}$ 为单位。定义一个无量纲转速参数为 $k = (\omega/\omega_0)^2$。设悬挂点为原点，并设第 i 个杆与竖直轴向下的夹角为 θ_i，向右为正，那么五边形杆右边两个杆三个顶点坐标分别为 $(0,0)$，$(\sin\theta_1, -\cos\theta_1)$ 和 $(\sin\theta_1 + \sin\theta_2, -\cos\theta_1 - \cos\theta_2)$。由左右对称性，最底下杆右端横坐标为 $1/2$，这样得到一个几何约束条件

$$\sin\theta_1 + \sin\theta_2 = 1/2 \tag{4}$$

把杆端点坐标代入式(3)计算离心势能，再加上重力势能，得到五边形杆的总势能为

$$\Phi_5 = -4\cos\theta_1 - 2\cos\theta_2 - \frac{k}{3}\left(2\sin^2\theta_1 + \frac{1}{2}\sin\theta_1 + \frac{3}{8}\right) \tag{5}$$

匀速转动达到平衡时，木杆倾角变化引起总势能的变化为零：

$$\delta\Phi_5 = 4\sin\theta_1\delta\theta_1 + 2\sin\theta_2\delta\theta_1 - \frac{k}{3}\left(4\sin\theta_1\cos\theta_1\delta\theta_1 + \frac{1}{2}\cos\theta_1\delta\theta_1\right) = 0 \tag{6}$$

几何约束条件式(4)的变化也是零：

$$\cos\theta_1\delta\theta_1 + \cos\theta_2\delta\theta_2 = 0 \tag{7}$$

两个角度的变化不是独立的，由式(6)和式(7)计算得到

$$4\tan\theta_1 - \frac{k}{3}\left(4\sin\theta_1 + \frac{1}{2}\right) = 2\tan\theta_2 \tag{8}$$

当转速参数 $k = 0$ 时，式(8)就退化到文献中的结论。依据式(4)，把 θ_2 消去，得到转速参数 k 与倾斜角 θ_1 的关系式

$$k = 12 \times \frac{2\tan\theta_1 - \tan[\arcsin(1/2 - \sin\theta_1)]}{8\sin\theta_1 + 1} \tag{9}$$

角速度为零时，倾角 θ_1 为 $0.17\,\mathrm{rad}$[①]。随着角速度的增大，倾角 θ_1 逐渐增大。角速度趋向无穷大时，倾角 θ_1 趋向于 $\pi/2$，所以倾角 θ_1 的取值范围是 $0.17 < \theta_1 < \pi/2$。由式(9)，取 $\theta_1 = \arcsin(1/4)$，此时角速度 $\omega = (2/\sqrt[4]{15})\omega_0$，平衡位形是等腰三角形。取 $\theta_1 = 3\pi/10$，此时角速度 $\omega = 2\sqrt{3/11}\sqrt[4]{25 - 2\sqrt{5}}\,\omega_0$，平衡位形是正五边形。

再考虑六边形杆，设六边形右边三个杆从上往下与竖直对称轴的夹角分别为 θ_1、θ_2 和 θ_3，几何约束条件为

$$\sin\theta_1 + \sin\theta_2 + \sin\theta_3 = 0 \tag{10}$$

六边形杆右边三个杆四个顶点坐标分别为
$(0,0)$，$(\sin\theta_1, -\cos\theta_1)$，$(\sin\theta_1 + \sin\theta_2, -\cos\theta_1 - \cos\theta_2)$，$(0, -\cos\theta_1 - \cos\theta_2 - \cos\theta_3)$
由此计算得到体系的总势能为

---

① 以后文中不指明角度单位时，默认均为 rad。

$$\Phi_6 = -5\cos\theta_1 - 3\cos\theta_2 - \cos\theta_3 - \frac{k}{3}(5\sin^2\theta_1 + 5\sin\theta_1\sin\theta_2 + 2\sin^2\theta_2) \tag{11}$$

仿照以上做法,当达到转动平衡态时,总势能取值极小,加上几何约束条件式(10)的式(11),变分为零,计算得到转速参数 k 与两个倾角的关系式为

$$5\tan\theta_1 - \tan\theta_3 = \frac{k}{3}(10\sin\theta_1 + 5\sin\theta_2) \tag{12}$$

$$3\tan\theta_2 - \tan\theta_3 = \frac{k}{3}(4\sin\theta_2 + 5\sin\theta_1) \tag{13}$$

给定转速参数,理论上数值求解式(10)、式(12)和式(13),就能得到三个倾角的值,进而得到此时六边形木杆的平衡位形。六边形杆同样存在临界转速,在临界转速附近,三个杆的倾角都是小量,近似线性化后的式(10)、式(12)和式(13)可以写成矩阵形式:

$$\begin{pmatrix} 1 & 1 & 1 \\ 5 - 10k/3 & -5k/3 & -1 \\ 5k/3 & 4k/3 - 3 & 1 \end{pmatrix} \begin{pmatrix} \theta_1 \\ \theta_2 \\ \theta_3 \end{pmatrix} = 0 \tag{14}$$

式(14)存在非零解的必要条件是系数行列式为零,即

$$\frac{5}{3}k^2 - 18k + 23 = 0 \tag{15}$$

由此解得临界转速参数为 $k_{\min} = (27 - 8\sqrt{6})/5 = 1.48$,临界转速 $\omega_{\min} = 1.22\omega_0$。我们给出三个具体例子的平衡位形,分别对应单位转速的 1.5、1.75、2.0 倍,如图 1 所示。

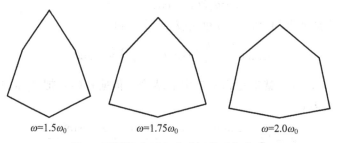

$\omega = 1.5\omega_0$ 　　　　 $\omega = 1.75\omega_0$ 　　　　 $\omega = 2.0\omega_0$

图 1　不同转速下六边形杆的平衡位形

计算还发现,六边形杆有两种平衡位形是达不到的,一种是筝形,即 $\theta_1 = \theta_2$ 或者 $\theta_2 = \theta_3$;另一种是右边第二根杆是竖直的,即 $\theta_2 = 0$,其中包括正六边形。

注解 1:这个题目的来源是文献,看到时就想到两个问题:一是如何实现这个理论模型?二是什么情况下能使这 5 根杆组成等腰三角形或正五边形?

注解 2:要让原来向内的两根杆向外,需要一个离开竖直轴的力。这个力一般是"离心力",所以想到让体系转起来。

注解 3:不考虑转动,把问题中的 5 根塑料管先摆放成正五边形,稳定静止后释放,经过多长时间收缩为平衡位形?

注解 4:同样不考虑转动,平衡位形时,给最下面的水平杆一个向上的初始速度。这个速度多大时,杆的整体位形可以成正五边形?

文献:舒幼生.奥赛物理题选[M].3 版.北京:北京大学出版社,2017:153-154.

016 转动绳杆体系的平衡位形

问题：一条绳子一端固定在天花板上，另一端系在一根杆的上端，杆的下端搭在光滑地面上。让绳杆体系绕着竖直轴转动起来，稳定后是什么位形？

解析：为简单起见，设上图中绳子和杆的长度一样，都为 L。绳子与通过悬挂点 O 点竖直转轴的夹角为 α，杆 BA 与竖直转轴的夹角为 β，这个夹角可正也可负。这两个夹角有几何约束

$$\cos\alpha + \cos\beta = h/L \qquad (1)$$

其中 h 为地面与天花板之间的垂直距离（高度）。B 点的坐标为 $(L\sin\alpha, -L\cos\alpha)$，$A$ 点的坐标为 $(L\sin\alpha + L\sin\beta, -L\cos\alpha - L\cos\beta)$。杆的离心势能一般表达式为

$$\Phi = -\frac{1}{6}m\omega^2(x_1^2 + x_2^2 + x_1 x_2)$$

其中 x_1 和 x_2 为杆两端的横坐标。把 A 点和 B 点的横坐标代入上式，得

$$\Phi_1 = -\frac{1}{6}m\omega^2 L^2(3\sin^2\alpha + 3\sin\alpha\sin\beta + \sin^2\beta)$$

杆的重力势能为

$$\Phi_2 = -\frac{1}{2}mgL(\cos\alpha + h)$$

所以加上几何约束后总的势能为

$$\Phi = -\frac{1}{6}m\omega^2 L^2(3\sin^2\alpha + 3\sin\alpha\sin\beta + \sin^2\beta) - \frac{1}{2}mgL(\cos\alpha + h) + \lambda(\cos\alpha + \cos\beta - h)$$

势能以 mgL 为单位，并定义转速无量纲参数 $k = \omega^2 L/g$，那么无量纲的总势能为

$$\Phi = -\frac{1}{6}k(3\sin^2\alpha + 3\sin\alpha\sin\beta + \sin^2\beta) - \frac{1}{2}(\cos\alpha + h) + \lambda(\cos\alpha + \cos\beta - h)$$

这个势能对绳子和杆与竖直轴夹角 α、β 的偏导数为

$$\frac{\partial\Phi}{\partial\alpha} = -\frac{1}{6}k(6\sin\alpha\cos\alpha + 3\cos\alpha\sin\beta) + \frac{1}{2}\sin\alpha - \lambda\sin\alpha$$

$$\frac{\partial\Phi}{\partial\beta} = -\frac{1}{6}k(3\sin\alpha\cos\beta + 2\sin\beta\cos\beta) - \lambda\sin\beta$$

体系的稳定位形一般在总势能的极（小）点上，即上式偏导数为零的点上，由此得

$$F(\alpha, \beta) = \cos\alpha - \frac{1}{3}\cos\beta + \frac{1}{2}(\cot\alpha\sin\beta - \sin\alpha\cot\beta) = \frac{1}{2k} \qquad (2)$$

联立式（1）和式（2），就能得到两个角度的值。如果式（1）写为

$$\cos\alpha + \cos\beta = 2\cos\theta \qquad (3)$$

我们发现有以下等式：

$$F(\theta, \theta) = F(\theta, -\theta) = \frac{2}{3}\cos\theta$$

即对高度 $h = 2L\cos\theta$，转速参数 $k = 3/(4\cos\theta)$ 时，有两个平衡位形 $\alpha = \beta = \theta$，绳子和杆在同

一条直线上。或者 $\alpha=-\beta=\theta$,绳子和杆是等腰三角形的两个腰。哪个位形更稳定呢?

如取 $\alpha=\theta+t_1,\beta=\theta+t_2$,其中 t_1 和 t_2 为小量,展开到两阶,约束方程(3)为

$$2\sin\theta(t_1+t_2)+\cos\theta(t_1^2+t_2^2)=0$$

展开到两阶,有

$$t_2=-t_1-\cot\theta t_1^2 \tag{4}$$

体系的总势能为

$$\Phi=-\frac{1}{6}k(3\sin^2\alpha+3\sin\alpha\sin\beta+\sin^2\beta)-\frac{1}{2}\cos\alpha \tag{5}$$

令 $t_1=t$,把式(4)代入式(5),展开到两阶的总势能为

$$\Phi=\left(-\frac{\cos\theta}{2}-\frac{7}{8}\sin\theta\tan\theta\right)+\frac{1}{8}(6\cos\theta+7\sin\theta\tan\theta)t^2$$

其中 t^2 的系数是大于零的,所以这个位形是稳定的。

如取 $\alpha=\theta+t_1,\beta=-\theta+t_2$,那么展开到两阶,约束方程(3)为

$$2\sin\theta(t_1-t_2)+\cos\theta(t_1^2+t_2^2)=0$$

展开到两阶,有

$$t_2=t_1+\cot\theta t_1^2$$

令 $t_1=t$,展开到两阶的总势能为

$$\Phi=\left(-\frac{\cos\theta}{2}-\frac{1}{8}\sin\theta\tan\theta\right)+\frac{1}{8}(-6\cos\theta+\sin\theta\tan\theta)t^2$$

其中 t^2 的系数为

$$A_2=\frac{7}{8}\frac{1/7-\cos^2\theta}{\cos\theta}$$

当 $\theta<\arccos\sqrt{1/7}$ 时,二次项系数小于零,是不稳定平衡;当 $\theta=\arccos\sqrt{1/7}$ 时,二次项系数等于零,是随遇平衡;当 $\theta>\arccos\sqrt{1/7}$ 时,二次项系数大于零,是稳定平衡。

017 相框的平衡位形

问题:一条绳子两端系在一个相框的两个顶点,然后竖直搭在墙上的两个同一高度的光滑钉子上,理论上可以摆放出多少种平衡位形?

解析:设相框两个顶点为 A 和 B,平衡时,这两个点并不一定在同一高度。E、F 为两个搭靠点(钉子),D 为 EF 的中点,设为原点,如图 1 所示。E、F 的坐标分别为 $(-s,0)$ 和 $(s,0)$,$2s$ 为两个钉子之间的距离,折线 $AEFB$ 为绳子(链条)。质心 C 的坐标为 $(0,-h)$。设质心 C 到 AB 的距离为 b,AB 的长度为 $2a$,AB 与水平线的夹角为 θ。

A、B 两点的坐标分别为

A：$(-a\cos\theta-b\sin\theta,-a\sin\theta+b\cos\theta-h)$　　(1)

B：$(a\cos\theta-b\sin\theta,a\sin\theta+b\cos\theta-h)$　　(2)

EA 段绳子长度为

$$EA=[a^2+b^2+s^2+h^2+2h(a\sin\theta-b\cos\theta)-$$
$$2s(a\cos\theta+b\sin\theta)]^{1/2}\qquad(3)$$

FB 段绳子长度为

$$FB=[a^2+b^2+s^2+h^2-2h(a\sin\theta+b\cos\theta)-$$
$$2s(a\cos\theta-b\sin\theta)]^{1/2}\qquad(4)$$

几何约束方程为

$$EA+FB=2l\qquad(5)$$

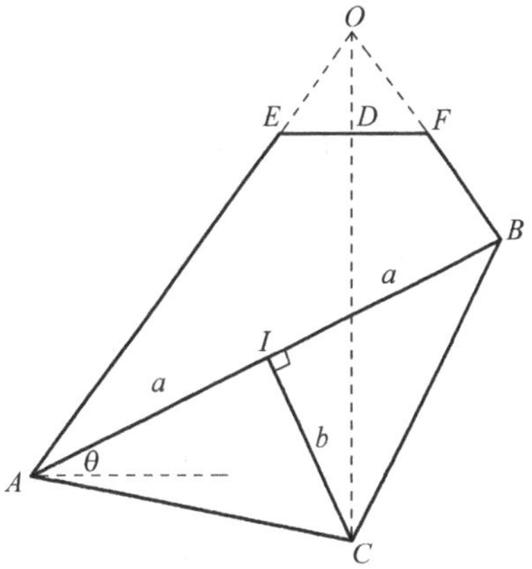

图 1　双悬点相框的平衡位形

式(3)的平方减去式(4)的平方,得

$$EA^2-FB^2=4(ha-sb)\sin\theta\qquad(6)$$

式(6)除以式(5),得

$$EA-FB=\frac{2(ha-sb)\sin\theta}{l}\qquad(7)$$

式(5)的平方加上式(7)的平方,得

$$EA^2+FB^2=2[l^2+(ha-sb)^2\sin^2\theta/l^2]\qquad(8)$$

式(3)的平方加上式(4)的平方,得

$$EA^2+FB^2=2[a^2+b^2+s^2+h^2-2(hb+sa)\cos\theta]\qquad(9)$$

由式(8)和式(9),得

$$l^2+(ha-sb)^2\sin^2\theta/l^2=a^2+b^2+s^2+h^2-2(hb+sa)\cos\theta\qquad(10)$$

体系平衡时相对质心 C 点力矩平衡,EA 段绳子张力和 FB 段绳子张力相等,所以质心 C 到线段 EA 和线段 FB 的距离相等,即 $\angle COA=\angle COB$。于是直线 EA 和 FB 的斜率相反,即

$$\frac{-a\sin\theta+b\cos\theta-h}{-a\cos\theta-b\sin\theta+s}+\frac{a\sin\theta+b\cos\theta-h}{a\cos\theta-b\sin\theta-s}=0\qquad(11)$$

式(11)化简得

$$\sin\theta[(a^2+b^2)\cos\theta-hb-sa]=0\qquad(12)$$

由式(10)和式(12)解出 h 和 θ,就能得到双悬点相框的平衡位形。

式(10)和式(12)有对称解 0,对应的质心距离 h_0 和倾角 θ_0 为

$$h_0=b+\sqrt{l^2-(a-s)^2},\quad\theta_0=0\qquad(13)$$

式(10)和式(12)也有非对称解 1,对应的质心距离 h_1 和倾角 θ_1 满足以下关系

$$h_1=\frac{\sqrt{a^2+b^2}}{a}l+\frac{bs}{a}\qquad(14)$$

$$\cos\theta_1=\frac{bl}{a\sqrt{a^2+b^2}}+\frac{s}{a}\qquad(15)$$

式(10)和式(12)也有非对称解 2,对应的质心距离 h_2 和倾角 θ_2 的余弦为

$$h_2=\frac{\sqrt{(a^2+b^2)(a^2+b^2-l^2)}}{b}-\frac{as}{b}\qquad(16)$$

$$\cos\theta_2 = \frac{\sqrt{a^2+b^2-l^2}}{\sqrt{a^2+b^2}} \tag{17}$$

非对称解式(14)~式(17)是必要条件,再加上 $h>0$ 和 $|\cos\theta|\leqslant 1$,才构成非对称解的充要条件。

下面我们给出几个特例的平衡位形,如图 2、图 3 所示。

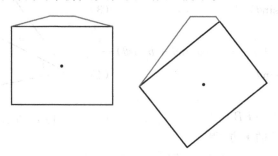

图 2　$l=3.1, a=4, b=3, s=1$ 时相框的平衡位形

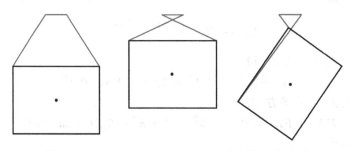

图 3　$l=5.5, a=4, b=3, s=-1$ 时相框的平衡位形

注解 1:图 2 和图 3 中,哪些位形是稳定平衡位形?哪些位形是不稳定平衡位形?

注解 2:以上推导过程利用了受力平衡和力矩平衡,可否利用体系重力势能极小原理来推导?这两种方法哪个简单,哪个可以判断平衡的稳定性?

018　正三角形杆插进圆孔柱的平衡位形

问题:把一个正三角形杆插进竖直圆柱孔的上部,其平衡位形是什么?

解析：假设所有的接触点(面)是光滑的。以圆柱上部圆的中心为原点,由对称性,设三角形两个边与圆的交点坐标为

$$(r\cos\theta, r\sin\theta, 0), \quad (r\cos\theta, -r\sin\theta, 0)$$

这两个边的交点与圆柱内表面接触,其坐标为

$$(-r, 0, -kr)$$

这三个点组成一个小的正三角形,边长相等,由此得

$$r^2(1+\cos\theta)^2 + r^2\sin^2\theta + k^2r^2 = 4r^2\sin^2\theta$$

计算得

$$k^2 = (1+\cos\theta)(1-3\cos\theta)$$

设圆柱之外三角形顶点的坐标为

$$(-r, 0, -kr) + \lambda((r\cos\theta, r\sin\theta, 0) - (-r, 0, -kr))$$

则三角形的边长为

$$a = 2\lambda r\sin\theta$$

于是体系的重力势能为

$$\Phi = mgr(-k + 2(-k+\lambda k))$$

其中 m 是一个杆的质量,势能以 mgr 为单位,计算得

$$\Phi = (2\lambda - 3)k = \left(\frac{a}{r\sin\theta} - 3\right)\sqrt{(1+\cos\theta)(1-3\cos\theta)}$$

以题图中的玩具为例子,圆柱直径为 $3.6\,\mathrm{cm}$,三角形边长 $5.5\,\mathrm{cm}$,画出重力势能与参数 θ 的函数图,数值计算发现在参数角 $\theta = 1.55 < \pi/2$ 时势能取得极小值。

练习：实际做这个实验,测量平衡位形的参数角,与理论结果进行对比,看看误差有多大。

019　两端固定彩虹圈的平衡位形

问题：把彩虹圈两端固定,调节两端水平和垂直间距,你会看到什么样的曲线?

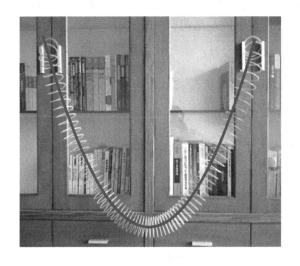
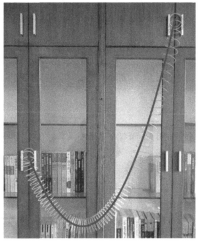

解析：设未拉伸时弹簧的质量是均匀分布的。采用量纲归一化，弹簧某处的弹性力等于弹簧曲线弧长的偏移量对弧长的一次导数。弹簧的原长坐标（变量）为 l，长度的偏移量为 $u(l)$，那么此处的弹性力，也是张力 T 为 $T = du/dl$。此处微元在两端张力和重力作用下平衡，由此得

$$d(T\cos\theta) = 0, \quad d(T\sin\theta) = g\,dl$$

其中第一式为微元张力的水平分量之差，始终等于零；第二式为微元张力的竖直分量之差，始终与重力相等。直接积分，计算得

$$T\cos\theta = T_1, \quad T\sin\theta = T_2 + gl$$

其中 T_1、T_2 分别是起始端 $l = 0$ 处张力的水平和竖直分量。上面两个分式分别平方相加，得到弹簧中的张力

$$T = \sqrt{T_1^2 + (T_2 + gl)^2}$$

拉伸后弹簧曲线的弧长是弹簧长度加上长度的偏移量，即 $s = l + u$，两边微分，得到 $ds = dl + du$。由于长度偏移量为 $du = T\,dl$，由此得到拉伸后曲线弧长的微分表达式

$$ds = (1 + T)\,dl = \left[1 + \sqrt{T_1^2 + (T_2 + gl)^2}\right]dl$$

由微分几何知识可知曲线上直角坐标 (x, y) 微分的表达式 (dx, dy) 为

$$dx = \cos\theta\,ds = \frac{T_1}{T}(1 + T)\,dl = T_1\left[1 + \frac{1}{\sqrt{T_1^2 + (T_2 + gl)^2}}\right]dl$$

$$dy = \sin\theta\,ds = \frac{T_2}{T}(1 + T)\,dl = \left[T_2 + gl + \frac{T_2 + gl}{\sqrt{T_1^2 + (T_2 + gl)^2}}\right]dl$$

直接积分得到曲线上的直角坐标为

$$x = T_1\left\{l + \frac{1}{g}\ln\left[\frac{T_2 + gl + \sqrt{T_1^2 + (T_2 + gl)^2}}{T_2 + \sqrt{T_1^2 + T_2^2}}\right]\right\}$$

$$y = T_2 l + \frac{1}{2}gl^2 + \frac{1}{g}\left[\sqrt{T_1^2 + (T_2 + gl)^2} - \sqrt{T_1^2 + T_2^2}\right]$$

其中 g 是重力加速度，量纲归一化后其值为 $m_0 g/kl_0$，即弹簧重量与弹簧中弹力的比值。在重力作用下竖直悬挂弹簧的总长度 l_g 与弹簧原长 l_0 之间有关系式

$$l_g - l_0 = \frac{1}{2}m_0 g/kl_0$$

所以无量纲重力加速度 g 和重力拉伸总长度 l_g 与原长 l_0 之比间有关系式

$$g = 2\left(\frac{l_g}{l_0} - 1\right)$$

对于软的塑料弹簧（彩虹圈）来说，这个值远大于1，曲线上直角坐标可以近似为（计算过程作为练习）

$$x \approx T_1 l, \quad y \approx (T_2 + 1)l + \frac{1}{2}gl^2$$

这正是抛物线的参数表达式。如果另一端 $l = 1$ 处的坐标为 (x_1, y_1)，那么曲线直角坐标为

$$x = x_1 l, \quad y = y_1 l + \frac{1}{2}g(l^2 - l)$$

这个抛物线最低点的纵坐标为

$$y_{\min} = -\frac{1}{2}g\left(\frac{y_1}{g} - \frac{1}{2}\right)^2$$

这个值只与另一端的纵坐标 y_1 有关,与横坐标 x_1 无关。这意味着如果另一端水平移动,那么弹簧曲线的底部高度不变。特别是另一端与起始端处于同一高度,即 $y_1 = 0$ 时,底部就是弹簧的中点,在水平拉伸过程中保持不动。

020　弯曲的丝带

问题:在宴会桌上水果拼盘处,经常会看到这样一种东西,细长的木杆底部,绑着很多细细的丝带。竖起来,丝带散开;旋转起来,丝带倾向于水平展开。竖直倒放,丝带几乎成一直线;再旋转时,丝带也散开。为何呈现以下图形?

竖直正放　　　　　　竖直正放旋转

竖直倒放　　　　　　竖直倒放旋转

解析:把丝带看作一维细弹性杆,具有三部分势能:一是重力场中的重力势能;二是单位长度上的弹性势能,与杆曲率 $\mathrm{d}\theta/\mathrm{d}s$ 的平方成正比,比例系数是 k;三是转动参考系下的势能。总的势能为

$$V = \int_0^l \left[\rho g y + \frac{1}{2}k\left(\frac{\mathrm{d}\theta}{\mathrm{d}s}\right)^2 - \frac{1}{2}\rho\omega^2 x^2\right]\mathrm{d}s \tag{1}$$

其中 s 为弧长的坐标,θ 为曲线上一点切线与纵轴的夹角,ρ 为杆的质量密度,ω 为转速,l 为丝带的长度。若物理量可以相加,其量纲必定相同。式(1)中的前三项量纲相同,得到 $\rho g l_0 = k/l_0^2 = \rho\omega_0^2 l_0^2$,于是得到长度单位 $l_0 = (k/\rho g)^{1/3}$,频率单位 $\omega_0 = \sqrt{g/l_0}$。令转速比例系数为 $\lambda = \omega^2/\omega_0^2$,量纲归一化后的总势能为

$$V' = \frac{V}{\rho g l_0} = \int_0^{s_1}\left[y + \frac{1}{2}\left(\frac{\mathrm{d}\theta}{\mathrm{d}s}\right)^2 - \frac{\lambda}{2}x^2\right]\mathrm{d}s \tag{2}$$

其中 $s_1 = l/l_0$。假设切角 $\theta(s)$ 有变化 $\theta(s) \to \theta(s) + \eta(s)$,变分 $\eta(s)$ 满足边界条件 $\eta(0) = 0$。忽略高阶小量,总势能即式(2)有以下变化:

$$\delta V' = \int_0^{s_1}\left(\delta y + \frac{\mathrm{d}\theta}{\mathrm{d}s}\frac{\mathrm{d}\eta}{\mathrm{d}s} - \lambda x\,\delta x\right)\mathrm{d}s \tag{3}$$

由解析几何知识可知

$$dx = \sin\theta ds, \quad dy = \cos\theta ds \tag{4}$$

由此得

$$d\delta x = \eta(s)\cos\theta ds, \quad d\delta y = -\eta(s)\sin\theta ds \tag{5}$$

设

$$dG(s) = ds, \quad dH(s) = \lambda x ds \tag{6}$$

进行分部积分,并利用式(5)和式(6),式(3)中的积分项化为

$$\delta V' = \int_0^{s_1} \left(-\frac{d^2\theta}{ds^2} + G(s)\sin\theta + H(s)\cos\theta \right) \eta(s)ds \tag{7}$$

式(3)中的边界项包含 $G(s_1)$、$H(s_1)$、$\theta'(s_1)$ 等项。对任意的 $\eta(s)$,式(7)为零,于是得到弯曲丝带的形状方程

$$\frac{d^2\theta}{ds^2} = G(s)\sin\theta + H(s)\cos\theta \tag{8}$$

及边界条件

$$\theta'(s_1) = 0, \quad H(s_1) = 0, \quad G(s_1) = 0 \tag{9}$$

数值计算中,丝带下端固定为原点,起始条件为

$$\theta(0) = 0, \quad \theta'(0) = \alpha, \quad G(0) = G_0, \quad H(0) = H_0 \tag{10}$$

数值求解式(4)、式(6)和式(8),由边界条件式(10)反过来确定式(9)中的参数 α、G_0、H_0,就能确定丝带的形状。

数值计算发现,丝带竖直正放,长度超过临界长度 l_c 时,丝带才开始弯曲。临界长度定量结果为 $l_c = 1.99 l_0$。当丝带竖直正放且长度小于临界长度 l_c,转速超过临界转速 ω_c 时,丝带才开始弯曲。这个临界值依赖于丝带的长度,以 $s_1 = 1.5$ 为例,数值计算得这个临界转速为 $\omega_c^2(1.5) = 1.39\omega_0^2$。

当丝带长度为 $l = 1.5 l_0$ 时,竖直正放、不同转速下的丝带形状如图 1 所示。

当丝带长度为 $l = 2.5 l_0$ 时,竖直正放、不同转速下的丝带形状如图 2 所示。

图 1　竖直正放、长度为 $l = 1.5 l_0$ 的丝带在不同转速下的形状　　　　图 2　竖直正放、长度为 $l = 2.5 l_0$ 的丝带在不同转速下的形状

当丝带长度为 $l = 1.5 l_0$ 时,竖直倒放、不同转速下的丝带形状如图 3 所示。

当丝带长度为 $l = 2.5 l_0$ 时,竖直倒放、不同转速下的丝带形状如图 4 所示。

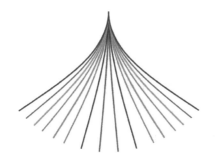

图 3 竖直倒放、长度为 $l=1.5l_0$ 的丝带 在不同转速下的形状

图 4 竖直倒放、长度为 $l=2.5l_0$ 的丝带 在不同转速下的形状

注解 1：正放和倒放的丝带转起来后，理论曲线与实际形状定性拟合，说明这个简化模型还是有一定道理的。

注解 2：这个问题的关键是具体写出转动杆的重力势能、离心势能和弹性势能。平衡位形是总势能取极小值的位形，所以要用变分法。

021 光纤台灯的包络面

问题：晚上当你关上其他灯，点亮光纤台灯时，会看到下图所示的景象，图中的包络线是什么曲线？

解析：假定光纤是一维弹性细杆，质量均匀分布。弹性杆有两部分势能：一是重力场中的重力势能，二是弯曲弹性势能。单位长度上的弹性势能与杆的曲率 $d\theta/ds$ 平方成正比，弹性（比例）系数为 k，弯曲光纤的总势能为

$$V = \int_0^l \left[\rho g y + \frac{1}{2} k \left(\frac{d\theta}{ds} \right)^2 \right] ds \tag{1}$$

其中 s 为弧长，θ 为杆上一点切线与纵轴的夹角，ρ 为质量密度，l 为光纤总长度。由上一个题目，定义长度单位 $l_0 = (k/\rho g)^{1/3}$。以 l_0 为长度单位，并作分部积分，式(1)化为

$$\frac{V}{\rho g l_0} = \int_0^{s_1} \frac{1}{2} \left(\frac{d\theta}{ds} \right)^2 ds - \int_0^{s_1} (s - s_1) dy \tag{2}$$

其中 $s_1 = l/l_0$。由解析几何知识可知

$$\mathrm{d}x = \sin\theta \mathrm{d}s, \quad \mathrm{d}y = \cos\theta \mathrm{d}s \tag{3}$$

于是量纲归一化后的总势能 V' 为

$$V' = \frac{V}{\rho g l_0} = \int_0^{s_1} \left[\frac{1}{2} \left(\frac{\mathrm{d}\theta}{\mathrm{d}s} \right)^2 - (s - s_1)\cos\theta \right] \mathrm{d}s \tag{4}$$

假设切角 $\theta(s)$ 有变化 $\theta(s) \rightarrow \theta(s) + \eta(s)$,其中变分 $\eta(s)$ 满足边界条件 $\eta(0) = 0$。忽略高阶小量,总势能即式(4)有以下变化:

$$\delta V' = \int_0^{s_1} \left[(s - s_1)\sin\theta \eta \mathrm{d}s + \frac{\mathrm{d}\theta}{\mathrm{d}s}\mathrm{d}\eta \right] \tag{5}$$

式(5)再进行分部积分,得到

$$\delta V' = \theta'(s_1)\eta(s_1) - \theta'(0)\eta(0) + \int_0^{s_1} \left[-\frac{\mathrm{d}^2\theta}{\mathrm{d}s^2} + (s - s_1)\sin\theta \right]\eta \mathrm{d}s \tag{6}$$

对于任意的 $\eta(s)$,式(6)为零,于是得到弯曲光纤的形状方程

$$\frac{\mathrm{d}^2\theta}{\mathrm{d}s^2} = (s - s_1)\sin\theta \tag{7}$$

及边界条件 $\theta'(s_1) = 0$。数值计算中,以光纤固定下端点为原点,起始条件为

$$\theta(0) = \theta_0, \quad \theta'(0) = \alpha \tag{8}$$

给定光纤长度 s_1,由起始条件式(8),数值求解式(3)和式(7),再由边界条件 $\theta'(s_1) = 0$ 反过来确定式(8)中的参数 θ_0、α,就能确定光纤的形状。

当光纤斜放时,即 θ_0 取不同的值,光线的末端组成一个包络面。当光纤长度 $s_1 = 2.5$ 时,不同起始角光纤弯曲曲线族如图 1 所示。

图 1 $s_1 = 2.5$ 时,不同起始角光纤末端的包络面侧视图

当光纤长度 $s_1 = 1.5$ 时,不同起始角光纤弯曲曲线族如图 2 所示。

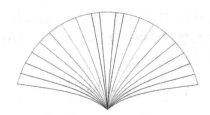

图 2 $s_1 = 1.5$ 时,不同起始角光纤末端的包络面侧视图

由图 1 可以看出,当光纤的长度大于临界值时,重力因素大于弹性因素,光纤在重力作用下大幅度下弯,包络面分为两支;由图 2 可以看出,当光纤的长度小于临界值时,重力因素小于弹性因素,光纤在重力作用下小幅度下弯,包络面为一个整体曲面。

022　匀速转动仙女棒的平衡位形

问题：仙女棒由一个转轴（棒）和一圈弹性塑料薄片组成，转起来后，为何侧面轮廓线呈图中所示形状？

解析：从物理模型角度看，仙女棒可以简化为有质量的弹性杆，上端固定在转轴上，下端固定在一个直径稍微比转轴直径大的圆环上，圆环有质量，与转轴之间没有摩擦力。起始时的体系中，杆和圆环（看作质点）的弹性势能和重力势能之和取极小值。转动仙女棒，稳定以后，要加上一项离心势能，平衡位形就是总势能取极小值的位形。

设转轴为 y 轴，向下为正，水平方向的轴为 x 轴，弹性杆曲线上一点的切线与 x 轴的夹角为 θ，则由微分几何知识可知

$$\mathrm{d}x = \cos\theta \mathrm{d}s, \quad \mathrm{d}y = \sin\theta \mathrm{d}s$$

长度以弹性杆的长度 l 为单位，体系总的势能可以写成

$$\Phi = -\rho g l^2 \int_0^1 y \mathrm{d}s - \frac{1}{2}\rho \omega_0^2 l^3 \left(\frac{\omega}{\omega_0}\right)^2 \int_0^1 x^2 \mathrm{d}s + \frac{1}{2}\frac{\kappa}{l}\int_0^1 \left(\frac{\mathrm{d}\theta}{\mathrm{d}s}\right)^2 \mathrm{d}s - \frac{m}{N}g l \int_0^1 \sin\theta \mathrm{d}s$$

其中第一项是杆的重力势能，第二项是杆的离心势能，第三项是杆的弹性势能，第四项是圆环的重力势能。参数 $\omega_0^2 = g/l$，N 为弹性杆（薄片）总数，m 为圆环的质量。令 $\beta = m/(N\rho l)$，即圆环质量与所有弹性薄片质量之比，$(\omega/\omega_0)^2 = \alpha$，$k = \kappa/(\rho g l^3)$，那么加上几何约束（杆的另一端点在圆环上），量纲归一化后的总势能为

$$\Phi' = -\int_0^1 y \mathrm{d}s - \frac{1}{2}\alpha \int_0^1 x^2 \mathrm{d}s + \frac{1}{2}k\int_0^1 \left(\frac{\mathrm{d}\theta}{\mathrm{d}s}\right)^2 \mathrm{d}s - \beta \int_0^1 \sin\theta \mathrm{d}s + \lambda \int_0^1 \cos\theta \mathrm{d}s$$

第一项积分，利用分部积分，可以改写为

$$I_1 = \int_0^1 y \mathrm{d}(s-1) = y(s-1)\Big|_0^1 - \int_0^1 (s-1)\sin\theta \mathrm{d}s = -\int_0^1 (s-1)\sin\theta \mathrm{d}s$$

令

$$\mathrm{d}h(s) = x(s)\mathrm{d}s, \quad h(1) = 0$$

第二项积分，利用分部积分，可以改写为

$$I_2 = \int_0^1 x \mathrm{d}h = xh\Big|_0^1 - \int_0^1 h\cos\theta \mathrm{d}s = -\int_0^1 h\cos\theta \mathrm{d}s$$

总势能取极小值的条件是对 $\theta(s)$ 的变分为零,由此得到仙女棒的形状方程

$$(s-1)\cos\theta - \frac{\alpha}{2}h(s)\sin\theta - k\,\frac{\mathrm{d}^2\theta}{\mathrm{d}s^2} - \beta\cos\theta - \lambda\sin\theta = 0$$

未知参数有三个:辅助函数 $h(s)$ 的初始值 $h(0)$,角度 $\theta(s)$ 在起始端的一阶导数 $\theta'(0)$,以及末端几何约束力(参数)λ。对应的约束方程也是三个:$h(1)=0$,$x(1)=0$,以及 $\theta(1)=\pi$。为讨论方便,假设杆末端圆环的质量为零,即 $\beta=0$,并估算 $k=1/27$。数值求解以上微分方程,得到不同转速参数下旋转弹性杆的形状如图 1 所示。

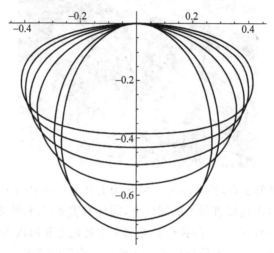

图 1　不同转速下,仙女棒的侧面轮廓曲线

练习:如果考虑杆末端圆环质量,求旋转弹性杆的形状曲线。

023　橡皮膜上下沉的球

问题:把小钢球放在紧绷的橡皮膜上,橡皮膜会被压成一个有尖点的曲面。这个曲面的轮廓线是什么形状?

解析:可以把橡皮膜看作用无质量弹簧串起来的不同大小的无质量同心圆环,如图 1 所示。

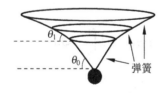

图 1　橡皮膜圆环-弹簧理论模型

假设每个环下的弹簧数目 n 正比于环的半径 R,由小球受力平衡,有

$$n_0 F_0 \sin\theta_0 = Mg$$

其中 n_0 为第一个圆环下的弹簧数目,F_0 为每个弹簧上的弹力,M 为小球的质量。对于任意一个圆环,竖直方向受力平衡,得

$$n_i F_i \sin\theta_i = n_{i+1} F_{i+1} \sin\theta_{i+1}$$

由此得到(连续形式)

$$nF\sin\theta = Mg \tag{1}$$

假定没放小球时,环与环之间的径向(间隔)距离为 $\mathrm{d}R$,也是弹簧的原长。随后在拉力

作用下伸长 δs，那么由图 2 中的几何关系得到弹簧伸长 δs 的表达式

$$\delta s = \mathrm{d}R\left(\frac{1}{\cos\theta} - 1\right)$$

所以弹簧弹力为

$$F = k\,\delta s = k\left(\frac{1}{\cos\theta} - 1\right)\mathrm{d}R \tag{2}$$

由于弹簧数目正比于半径：

$$n = \lambda R \tag{3}$$

把式(2)和式(3)代入平衡条件式(1)，得

$$\lambda R k\,\mathrm{d}R\left(\frac{1}{\cos\theta} - 1\right)\sin\theta = Mg \tag{4}$$

式(4)可以继续简化为

$$R(\tan\theta - \sin\theta) = BM \tag{5}$$

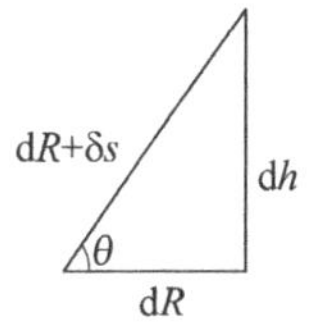

其中系数 B 为

$$B = g/(2\lambda k\,\mathrm{d}R)$$

图 2　环之间弹簧形变
（伸长）示意图

由图 2 可以看出，倾斜角 θ 的表达式为

$$\tan\theta = \frac{\mathrm{d}h}{\mathrm{d}R}$$

当远离小球时，倾斜角 θ 比较小，由以下近似展开式：

$$\theta \approx \tan\theta, \quad \tan\theta - \sin\theta \approx \frac{1}{2}\theta^3$$

式(5)可以近似转化为

$$R(\mathrm{d}h/\mathrm{d}R)^3 = 2BM \tag{6}$$

假设远离小球处，高度 h 与半径 R 之间有以下幂级数关系式：

$$h = AR^\alpha \tag{7}$$

代入式(6)，得

$$A = 3(2B)^{1/3}/2, \quad \alpha = 2/3$$

　　文献中的实验数据也验证了这个近似关系式(7)，即下陷深度 h 与半径 R 的 2/3 次方成正比。

　　练习：实际做这个实验，验证或否定凹陷橡皮膜高度与半径的关系式。

　　注解：文献是假设的圆环-弹簧离散模型，那么，连续模型的假设是什么？在这个假设下，凹陷橡皮膜侧面的理论曲线是怎样的？

　　文献：WHITE G D, WALKER M. The shape of "the Spandex" and orbits upon its surface[J]. American Journal of Physics，2002，70(1)：48-52.

024　弯曲成心形的弹性薄板

　　问题：把两个弹性塑料片（或 A4 纸）两端钉在一起，另两端扳过来，碰在一起，你会看到一个美丽的心形，为什么？

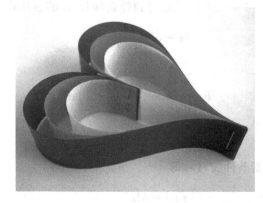

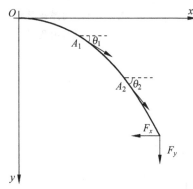

图 1　弯曲薄板受力分析示意图

解析：假定单位长度上的弯曲弹性势能正比于曲率的平方，比例系数是 λ。设板的一端固定，外力作用在另一端点，板向下弯曲。取水平方向为 x 方向，向下方向为 y 方向，如图 1 所示。

薄板在外力作用下处于平衡位形，外力加一个小的扰动后，薄板处于新的平衡位形。在这个虚拟扰动中，外力做的功等于薄板弹性势能之差：

$$F_x \delta x_1 + F_y \delta y_1 = \delta \int_0^{s_1} \frac{1}{2} \lambda \left(\frac{d\theta}{ds} \right)^2 ds \tag{1}$$

其中 θ 是曲线上一点切线与 x 轴的夹角，F_x、F_y 是作用于端点的力，(x_1, y_1) 是端点坐标，且有

$$x_1 = \int_0^{s_1} \cos(\theta(s)) ds, \quad y_1 = \int_0^{s_1} \sin(\theta(s)) ds \tag{2}$$

把式（2）代入式（1）左边，式（1）右边分部积分，得

$$\int_0^{s_1} (-F_x \sin\theta + F_y \cos\theta) \delta\theta ds = \int_0^{s_1} \left(-\lambda \frac{d\theta^2}{ds^2} \right) \delta\theta ds + \lambda \frac{d\theta}{ds} \delta\theta \Big|_0^{s_1} \tag{3}$$

式（3）右边第二项为两个边界项之差，正比于边界处的角度变分和曲率的乘积。在原点处，角度变分为零。由弹性理论，自由端处弯矩为零，而弯矩正比于曲率，即曲率在自由端处为零，于是式（3）右边第二项的贡献为零。对比式（3）的左右两边，得到弯曲薄板的微分方程为

$$\lambda \frac{d^2\theta}{ds^2} = F_x \sin\theta - F_y \cos\theta \tag{4}$$

先考虑水平方向沿 x 轴反方向的外力，大小为 F，式（4）化为

$$\lambda \frac{d\theta}{ds} d\left(\frac{d\theta}{ds} \right) = -F \sin\theta d\theta \tag{5}$$

由边界条件，曲率在外力作用点为零，计算得

$$\frac{d\theta}{ds} = \sqrt{2F(\cos\theta - \cos\theta_1)/\lambda} \tag{6}$$

其中 θ_1 为端点处的切角。于是

$$x(\theta) = \int_{\theta_0}^{\theta} \cos\theta (ds/d\theta) d\theta = \sqrt{\frac{\lambda}{2F}} \int_{\theta_0}^{\theta} \frac{\cos\theta d\theta}{\sqrt{\cos\theta - \cos\theta_1}} \tag{7}$$

$$y(\theta) = \int_{\theta_0}^{\theta} \sin\theta (\mathrm{d}s/\mathrm{d}\theta)\mathrm{d}\theta = \sqrt{\frac{2\lambda}{F}} \left(\sqrt{\cos\theta_0 - \cos\theta_1} - \sqrt{\cos\theta - \cos\theta_1}\right) \tag{8}$$

其中 θ_0 为起点处的切角。不同外力作用下弯曲薄板形状如图 2 所示。

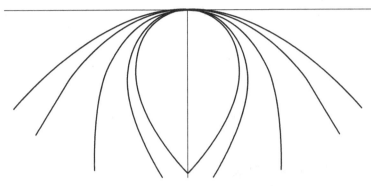

图 2 不同外力作用下弯曲薄板形状

数值求解发现，当 $\theta_0 = 0$，$\theta_1 = 2.28$ 时，由式(7)和式(8)给出的薄板形状与水滴类似，如图 3 所示。

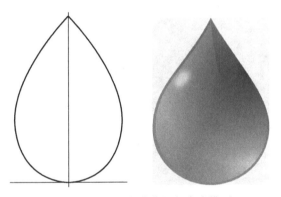

图 3 水滴状的弯曲薄板与水滴模型

当外力的水平和垂直方向都有分量时，式(4)可以写为

$$\lambda \frac{\mathrm{d}\theta}{\mathrm{d}s}\mathrm{d}\left(\frac{\mathrm{d}\theta}{\mathrm{d}s}\right) = -F\sin(\theta_2 - \theta)\mathrm{d}\theta \tag{9}$$

其中 θ_2 为外力的方向角。式(9)可以直接积分，由端点处的边界条件，计算得

$$\frac{\mathrm{d}\theta}{\mathrm{d}s} = \sqrt{\frac{2F}{\lambda}} \sqrt{\cos(\theta_2 - \theta_1) - \cos(\theta_2 - \theta)} \tag{10}$$

其中 θ_1 为端点处切角，由此解得坐标参数表示为

$$x(\theta) = \int_0^{\theta} \cos\theta \mathrm{d}s = \sqrt{\frac{\lambda}{2F}} \int_0^{\theta} \frac{\cos\theta \mathrm{d}\theta}{\sqrt{\cos(\theta_2 - \theta_1) - \cos(\theta_2 - \theta)}} \tag{11}$$

$$y(\theta) = \int_0^{\theta} \sin\theta \mathrm{d}s = \sqrt{\frac{\lambda}{2F}} \int_0^{\theta} \frac{\sin\theta \mathrm{d}\theta}{\sqrt{\cos(\theta_2 - \theta_1) - \cos(\theta_2 - \theta)}} \tag{12}$$

取外力方向角 $\theta_2 = 1.3\pi$ 和端点切角 $\theta_1 = 3.89$，得到心形图，如图 4 所示。

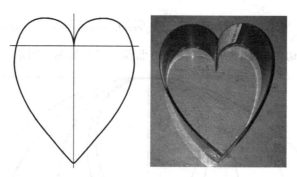

图 4　心形图的弯曲薄板理论曲线和实际模型

025　两端水平夹持的弹性板

问题：把弹性塑料片（或 A4 纸）两端平放在桌面上（压两支笔），再往里挤一下，你会看到一个弓起物？为什么？

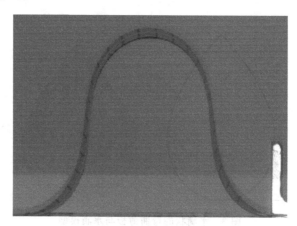

解析：先暂时不考虑重力影响，单位长度的弯曲弹性势能正比于曲率的平方，所以整个板的弹性势能为

$$E = \frac{\kappa}{2} \int_0^1 \left(\frac{\mathrm{d}\theta}{\mathrm{d}s}\right)^2 \mathrm{d}s$$

其中长度单位为整个板的长度。体系还有两个约束，选一个端点为原点，那么另一个端点的坐标是固定的，即

$$x_1 = \int_0^1 \cos\theta \, \mathrm{d}s, \quad y_1 = \int_0^1 \sin\theta \, \mathrm{d}s$$

取合适的拉氏因子，加上这两个约束的拉氏量为

$$L = \frac{1}{2} \int_0^1 \left[\left(\frac{\mathrm{d}\theta}{\mathrm{d}s}\right)^2 + a\cos\theta + b\sin\theta\right] \mathrm{d}s$$

由此得拉氏方程

$$\frac{\mathrm{d}^2\theta}{\mathrm{d}s^2} = -a\sin\theta + b\cos\theta \tag{1}$$

边界条件为

$$\theta(0) = \theta(1) = 0 \tag{2}$$

对左右对称的弯板，$b=0$。虽然式(1)有解析解，表达为角度 θ 的函数，但是某些情况下角度不是单调变化的，所以我们仍数值求解式(1)和下面的几何约束方程：

$$\mathrm{d}x = \cos\theta\,\mathrm{d}s, \quad \mathrm{d}y = \sin\theta\,\mathrm{d}s \tag{3}$$

待定参数是拉氏因子 a 和起始端角度对弧长的导数 $c = \theta'(0)$。不同参数下，弯曲板的形状如图1～图3所示。

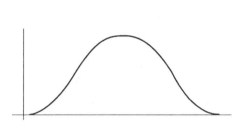

图1　参数 $a=44, c=5.5$ 时两端水平的弯曲板

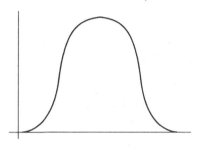

图2　参数 $a=52, c=9.35$ 时两端水平的弯曲板

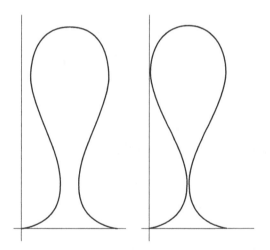

图3　参数 $a=67, c=13.5$ 和 $a=71.4, c=14.4$ 时两端水平的弯曲板

026　稳定漂浮的木桩

问题：假设木桩的密度是水密度的一半，除了圆形截面之外，还有什么样的截面，使木桩在水面上是随遇平衡的？

解析：为讨论方便，设木桩纵向（垂直纸面）长度为一个长度单位，水的密度为一个密度单位，重力加速度 g 为一个加速度单位。木桩的横截面面积为 A，水面以上部分标号为1，以下标号为2，如图1所示。

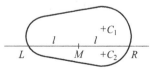

图1　漂浮木桩横截面示意图

水面上下木桩的横截面面积分别为

$$A_1 = (1-\rho)A, \quad A_2 = \rho A$$

水面以上部分质心为 C_1,质量为 m_1,到水面的垂直距离为 h_1;水面以下部分质心为 C_2,质量为 m_2,到水面的垂直距离为 h_2;浮体平衡时,没有力矩,上下两部分质心的连线垂直于水面。排出水的质量为 $m = m_1 + m_2$,这部分水的质心也为 C_2。系统的总势能是木桩的重力势能加上排出水的重力势能,即

$$\Phi = m_1 h_1 - m_2 h_2 + m h_2 = m_1 (h_1 + h_2)$$

将质量用密度和体积(截面积)表示,上式化为

$$\Phi = \rho(1-\rho)A(h_1 + h_2)$$

所以转动后还能稳定漂浮的必要条件是两部分质心距离 $h_1 + h_2$ 不变。

考虑一个转动,要使上、下两部分的体积都不变,一个必要条件是转动中心为水面接触点 L 和 R(如图 1 所示)连线的中点 M,设 LR 的长度为 $2l$。再考虑一个无限小角度 $\delta\phi$ 的转动,对于上部,右边增加 $\delta\phi l^2/2$ 面积,左边减小 $\delta\phi l^2/2$ 面积。上部质心的水平移动有两部分贡献:一部分是 C_1 的水平变化,其值为 $-h_1\delta\phi$(向右为正);一部分是左右面积变化引起的变化,其值为

$$2\int_0^l l^2 \delta\phi \, \mathrm{d}l / A_1 = \frac{2}{3} l^3 \delta\phi / A_1$$

所以上部质心的水平位移为

$$\delta C_1 = \frac{2}{3} l^3 \delta\phi / A_1 - h_1 \delta\phi$$

同理,下部质心的水平位移为

$$\delta C_2 = -\frac{2}{3} l^3 \delta\phi / A_2 + h_2 \delta\phi$$

转动后两部分的质心仍垂直于水面,即水平变化是相等的,$\delta C_1 = \delta C_2$。由此得

$$\frac{2}{3} l^3 \left(\frac{1}{A_1} + \frac{1}{A_2} \right) = h_1 + h_2$$

由于两部分的质心距离 $h_1 + h_2$,以及水面上下截面积 A_1 和 A_2 是不变的,所以水面接触点的水平距离 $2l$ 也是不变的。

水面接触点的中点 M 只能沿着 LR 的方向移动,假定 LR 虚拟转动角度 ϕ,那么中点 M 的移动方向与转动角度一样。无限小移动方向就是中点 M 轨迹曲线的斜率,即

$$\frac{\mathrm{d}y_M}{\mathrm{d}x_M} = \frac{\sin\phi}{\cos\phi}$$

一个可能的参数积分形式的解为

$$x_M(\phi) = \int_0^\phi s(\phi)\cos\phi \, \mathrm{d}\phi, \quad y_M(\phi) = \int_0^\phi s(\phi)\sin\phi \, \mathrm{d}\phi$$

则木桩的截面曲线的参数方程为

$$x(\phi) = x_M(\phi) + l\cos\phi, \quad y(\phi) = y_M(\phi) + l\sin\phi$$

一个特殊例子是木桩密度是水密度的一半,这时可以取

$$s(\phi) = a\cos(3\phi)$$

水面接触点的中点 M 的参数方程为

$$x_M(\phi) = \frac{a}{4}\sin(2\phi) + \frac{a}{8}\sin(4\phi)$$

$$y_M(\phi) = \frac{a}{4}\cos(2\phi) - \frac{a}{8}\cos(4\phi) - \frac{a}{8}$$

取 $a=4$、$l=3$ 或 $l=12$，可得木桩横截面的曲线如图 2 所示。

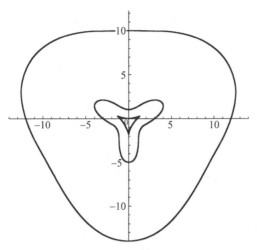

图 2　任意转动位置稳定漂浮木桩的横截面

练习：尝试找到密度是水密度一半的材料，打印（制造）出这样截面的柱体，做实验验证这种随遇平衡性。

注解：如何从数学上证明，"水线"上下的面积相等且等于总面积的一半？

文献：WEGNER F. Floating Bodies of Equilibrium[J]. Studies in Applied Mathematics，2010，111(2)：167-183.

027　漂浮正方体的平衡位形

问题：把一个密度小于水的正方体放入水中，随着物体和水的密度比值的变化，正方体有多少种平衡位形？

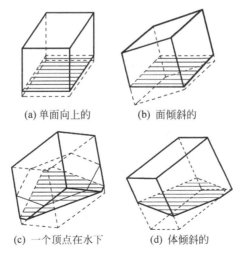

(a) 单面向上的　　　(b) 面倾斜的

(c) 一个顶点在水下　　(d) 体倾斜的

解析：从能量角度看，平衡位形使正方体的重力势能和排出水的重力势能之和极小，需要一个合适的数学描述来计算这些物理量。为简单起见，先考虑比较容易处理的第三种平衡位形，即一个顶点在水下。以顶点为原点，从这个顶点出发的三条棱为坐标轴，记为 x_1、x_2、x_3。在这样的坐标系下，水面方程可以设为

$$ax_1 + bx_2 + cx_3 - 1 = 0$$

水面与三个坐标轴的交点到原点（顶点）的距离分别为 $1/a$、$1/b$、$1/c$。空间任意一点到水面的垂直距离为

$$l = \frac{|ax_1 + bx_2 + cx_3 - 1|}{\sqrt{a^2 + b^2 + c^2}}$$

正方体的质心坐标是 $(1/2, 1/2, 1/2)$，所以正方体的重力势能为

$$E_s = \rho_l g \frac{(a+b+c)/2 - 1}{\sqrt{a^2 + b^2 + c^2}} \tag{1}$$

正方体浸没部分在水的下面，这部分水的重力势能为

$$E_l = \rho_0 g \iiint l(x_1, x_2, x_3) \mathrm{d}V \tag{2}$$

所以问题的关键是对不同的水面方程参数 (a, b, c)，如何给出式（2）的解析表达式。先考虑最简单的参数范围，即 $a > 1, b > 1, c > 1$。用平行于水面的截面截取这部分水，设相似比为 k，设水面的面积为 A，顶点到水面的距离为 H，由物理定义，这部分水的重力势能为

$$E_l = \rho_0 g \int_0^1 (1-k) H k^2 A \mathrm{d}(kH) = \frac{\rho_0 g}{12} H^2 A \tag{3}$$

水面与三条棱的交点坐标为

$$(1/a, 0, 0), (0, 1/b, 0), (0, 0, 1/c)$$

由矢量乘法的几何意义，得到水面截面的面积为

$$A = \frac{1}{2} \frac{\sqrt{a^2 + b^2 + c^2}}{abc}$$

这个面积乘以高度 H 就是水体积的 6 倍，由此得到

$$H = \frac{1}{\sqrt{a^2 + b^2 + c^2}}$$

代入式（3），得到排出水部分的重力势能为

$$E_l = \frac{\rho_0 g}{12} \frac{1}{abc} \frac{1}{\sqrt{a^2 + b^2 + c^2}} \tag{4}$$

所以问题转化为求式（1）和式（4）之和的极小值。

考虑对称位形，即体对角线垂直于水面。此时水面方程为

$$a(x + y + z) - 1 = 0$$

以下进行分类讨论。

当 $a > 1$ 时，由式（1），可得正方体的重力势能为

$$E_s = \rho_l g \frac{3a/2 - 1}{\sqrt{3} a}$$

由式(4),可得排出水的重力势能为

$$E_l = \frac{\rho_0 g}{24} \frac{1}{a^3} \frac{1}{\sqrt{3}a}$$

所以总的势能为

$$E = \frac{\rho_0 g}{\sqrt{3}} \left(\lambda \frac{3a/2-1}{a} + \frac{1}{24a^4} \right)$$

其中 $\lambda = \rho_l/\rho_0$ 为物体和水密度之比。势能的极值点为

$$a_{\min} = (6\lambda)^{-1/3}$$

由于限制参数 $a > 1$,所以密度比范围为 $0 < \lambda < 1/6$。计算表明,在极值点的二次导数为 $18\lambda^2 > 0$。所以对垂直于水面体对角线方向的扰动是稳定的。

当 $a < 1$ 时,水面以下分为两部分:一部分是三棱锥,另一部分是六边形棱台。先考虑棱台。六边形由一个正三角形减去三个顶点处的小的正三角形组成,大三角形的边长 $L = \sqrt{2}(1 + k(1/a - 1))$,小三角形的边长 $l = \sqrt{2}k(1/a - 1)$,所以六边形的面积为

$$A(k) = \frac{\sqrt{3}}{2} \left[1 + 2k(1/a - 1) - 2k^2(1/a - 1)^2 \right]$$

顶点正三角形到水面的距离为 $h = (1/a - 1)/\sqrt{3}$,六边形到水面的距离为

$$h(k) = (1-k)h$$

这部分水的重力势能为

$$E_1 = \rho_0 g \int_0^1 h(k) A(k) \mathrm{d}h(k) = \frac{\rho_0 g}{2\sqrt{3}} \left[\frac{1}{2} + \frac{1}{3}(1/a - 1) - \frac{1}{6}(1/a - 1)^2 \right] (1/a - 1)^2$$

再考虑棱锥。三角形的面积为

$$A(k) = \frac{\sqrt{3}}{2} k^2$$

到水面的距离为

$$h(k) = (1/a - 1)/\sqrt{3} + (1-k)/\sqrt{3}$$

这部分水的重力势能为

$$E_2 = \rho_0 g \int_0^1 h(k) A(k) \mathrm{d}h(k) = \frac{\rho_0 g}{2\sqrt{3}} \left[\frac{1}{3}(1/a - 1) + \frac{1}{12} \right]$$

这样排出水的总的重力势能为

$$E_l = E_2 + E_1 = \frac{\rho_0 g}{2\sqrt{3}} \left[\frac{1}{12} + \frac{1}{3}(1/a - 1) + \frac{1}{2}(1/a - 1)^2 + \frac{1}{3}(1/a - 1)^3 - \frac{1}{6}(1/a - 1)^4 \right]$$

设 $b = 1/a - 1$,则正方体和排出水的总的势能为

$$E_l = \frac{\rho_0 g}{2\sqrt{3}} \left[\frac{1}{12} + \frac{1}{3}b + \frac{1}{2}b^2 + \frac{1}{3}b^3 - \frac{1}{6}b^4 + \lambda(1 - 2b) \right]$$

势能极值点满足

$$\frac{1}{3} + b + b^2 - \frac{2}{3}b^3 - 2\lambda = 0$$

由于 $0 < b < 1/2$,所以密度比的取值范围为 $1/6 < \lambda < 1/2$。这与上一小段的结果能光滑衔接。

注解 1：本题目的一些结果与文献不一样，关键在于排出水重力势能积分的解析表达式是否正确。

注解 2：更多更复杂平衡位形稳定性的讨论，请参照文献。

文献：PAUL E. Floating equilibrium of symmetrical objects and the breaking of symmetry. Part 2：The cube，the octahedron，and the tetrahedron[J]. Am. J. Phys. ，1992，60(4)：345-356.

028　充气纸袋的形状

问题：把两个圆盘形的纸在边线处粘在一起，然后往里面充气。假设纸足够坚韧不会破，那么当充气体积最大时，膨胀的纸袋是什么形状？

解析：它并不是预计的球形，侧面轮廓线如图 1 所示。

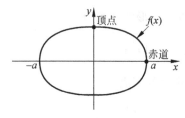

图 1　充气纸袋的侧面轮廓线

假定充气过程中，圆盘边缘到圆盘中心的测地线距离不变(这不一定符合物理原理)，如图 1 所示，即

$$\int_0^a \sqrt{1+f'(x)^2}\,\mathrm{d}x = r \tag{1}$$

其中 r 为原来圆盘的半径。这时纸袋的体积为

$$V = 4\pi \int_0^a x f(x)\,\mathrm{d}x$$

取合适的拉氏因子，加上长度约束的拉氏量为

$$\Phi = \int_0^a \left(xy + \lambda \sqrt{1+y'^2} \right) \mathrm{d}x$$

由拉氏方程，得

$$x - \lambda \frac{\mathrm{d}}{\mathrm{d}x}\left(\frac{y'}{\sqrt{1+y'^2}} \right) = 0 \tag{2}$$

由图 1 可以得边界条件为

$$f(a)=0,\quad f'(0)=0,\quad f'(a)=\infty$$

由这个边界条件，并令 $\lambda = -a^2/2$，将式(2)积分得

$$f'(x) = -\frac{x^2}{\sqrt{a^4 - x^4}} \tag{3}$$

再积分一次，得

$$f(x) = \int_x^a \frac{t^2}{\sqrt{a^4 - t^4}}\,\mathrm{d}t$$

把式(3)代入式(1)，得

$$r = \int_0^a \frac{a^2}{\sqrt{a^4 - x^4}}\,\mathrm{d}x = \frac{\Gamma(1/4)\Gamma(1/2)}{4\Gamma(3/4)} a$$

同样，可以计算得充气后纸袋的厚度和体积分别为

$$h = \frac{16\pi^2}{\Gamma(1/4)^4} r \approx 0.91r,\quad V = \frac{64\pi^2}{3\Gamma(1/4)^4} r^3 \approx 1.22r^3$$

练习：找符合描述的材料,看看充气体积最大的"纸袋"是否与理论形状一致。

注解1：如果物理上要求纸片的总表面积不变,那么这个最大充气袋的形状是什么?

注解2：如果两个纸片不是圆形的,而是正多边形,那么这个最大充气袋的形状是什么?

文献：PAULSEN W H. What is the shape of a mylar balloon?[J]. American Mathematical Monthly,1994,101(10)：953-958.

029 注水气球的形状

问题：往气球中灌些水,然后挂起来,气球会呈现以下形状,为什么?

解析：注水气球有四个几何特征量：一是圆形水面半径 a,二是水面与气球最低点的垂直距离(高度)h,三是气球圆形横截面最大直径(宽度)D,四是水的体积 V。这四个量有何关系?

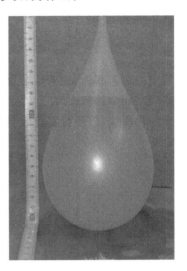

假设气球表面没有质量,即气球表面的质量密度远小于水的质量密度。整个体系,包括气球表面和水,具有柱对称性。取坐标原点为气球的最低点,y 轴方向竖直向上。从侧面看,气球的轮廓线与水平面的夹角为 θ,轮廓线上一点在直角坐标系的坐标为 $(x\cos\phi,x\sin\phi,y)$,则有

$$\mathrm{d}x=\cos\theta\mathrm{d}s,\quad \mathrm{d}y=\sin\theta\mathrm{d}s \tag{1}$$

其中 s 为气球的轮廓线的弧长坐标。气球表面上微元四边形(面元)各顶点柱坐标标记为 (x,ϕ,y),$(x,\phi+\mathrm{d}\phi,y)$,$(x+\mathrm{d}x,\phi,y+\mathrm{d}y)$,$(x+\mathrm{d}x,\phi+\mathrm{d}\phi,y+\mathrm{d}y)$。这个面元的面积为 $\mathrm{d}A=x\mathrm{d}\phi\mathrm{d}s$,水在此处的压强为 $P=\rho g(h-y)$,其中 ρ 为水的密度,这个面元向外的法向量为 $(\sin\theta\cos\phi,\sin\theta\sin\phi,-\cos\theta)$,面元受到水的压力为

$$\boldsymbol{F}_0=\rho g(h-y)x\mathrm{d}\phi\mathrm{d}s(\sin\theta\cos\phi,\sin\theta\sin\phi,-\cos\theta) \tag{2}$$

设表面张力系数为 T,面元上侧受到的表面张力为

$$\boldsymbol{F}_1=(T+\mathrm{d}T)(x+\mathrm{d}x)\mathrm{d}\phi(\cos(\theta+\mathrm{d}\theta)\cos\phi,\cos(\theta+\mathrm{d}\theta)\sin\phi,\sin(\theta+\mathrm{d}\theta)) \tag{3}$$

面元下侧受到的表面张力为

$$\boldsymbol{F}_2=-Tx\mathrm{d}\phi(\cos\theta\cos\phi,\cos\theta\sin\phi,\sin\theta) \tag{4}$$

面元左侧受到的表面张力为

$$\boldsymbol{F}_3=T\mathrm{d}s(\sin\phi,-\cos\phi,0) \tag{5}$$

面元右侧受到的表面张力为

$$\boldsymbol{F}_4=T\mathrm{d}s(-\sin(\phi+\mathrm{d}\phi),\cos(\phi+\mathrm{d}\phi),0) \tag{6}$$

面元受力平衡,则 5 个力的矢量和为零,由此计算得以下微分方程组：

$$\mathrm{d}(Tx\sin\theta)=\rho g(h-y)x\cos\theta\mathrm{d}s \tag{7}$$

$$\mathrm{d}(Tx\cos\theta)=T\mathrm{d}s-\rho g(h-y)x\sin\theta\mathrm{d}s \tag{8}$$

式(7)和式(8)化为

$$Tx\mathrm{d}\theta=\rho g(h-y)x\mathrm{d}s-T\sin\theta\mathrm{d}s \tag{9}$$

$$\mathrm{d}(Tx)=T\mathrm{d}x \tag{10}$$

式(10)意味着气球表面的张力系数为常量。水体积的微分方程为

$$dV = \pi x^2 dy \tag{11}$$

原点处的起始条件为

$$x(0)=0, \quad y(0)=0, \quad \theta(0)=0, \quad V(0)=0 \tag{12}$$

实际数值计算中，我们发现式(9)中的 h 并不是水面高度，而是一个参考高度，设为 H。设长度以 H 为单位，张力系数以 $\rho g H^2$ 为单位，那么式(9)化为

$$Tx d\theta = (1-y)x ds - T\sin\theta ds \tag{13}$$

利用初始条件式(12)，数值求解式(1)、式(11)和式(13)。设水的体积 $V_0 = \pi R_0^3$，并定义一个比值 $\lambda = a/R_0$。数值求解得到 λ，水面处气球轮廓线与地面夹角 θ_1 与表面张力系数 T_0 和弧长端点坐标 s_1 的关系式为

$$\lambda = \frac{x(T_0, s_1)}{(V(T_0, s_1)/\pi)^{1/3}}, \quad \theta_1 = \theta(T_0, s_1) \tag{14}$$

实验中测定 λ 和 θ_1，由式(14)反解出表面张力系数 T_0 和弧长端点坐标 s_1，再代回微分方程组式(1)、式(11)和式(13)，就能得到水面高度 h 和水面最大宽度 D 的理论值，并画出气球表面的轮廓线，以便与实验数据和图像作对照。注水气球形状与理论曲线对照如图 1 所示。

图 1　注水气球实验与理论曲线对照

注解：本题的关键为假设气球表面张力（系数）是常数，如果它不是常数呢？若其值随表面的拉伸变化率改变而改变，情况又如何？

030　平行圆环之间的肥皂膜

问题：把两个共轴平行、大小相同的圆环浸没在肥皂水中，小心提出来，在圆环之间会看到什么样的肥皂膜？

解析：圆环之间的肥皂膜有两种类型，看中间是否连续，即中间某个部分是否会出现一个圆盘。首先分析连续模型，如图 1 所示。

由文献可知肥皂膜的侧面轮廓线是悬链线，其方程为

$$\rho(z) = a\cosh(z/a - c)$$

其中 a 和 c 是两个待定参数。其边界条件为

$$\rho(0) = a\cosh c = R_1 \tag{1}$$

$$\rho(h) = a\cosh(h/a - c) = R_2 \tag{2}$$

以下半圆半径 R_1 为长度单位，设 $R_2/R_1 = \alpha$。设 $\lambda = R_1/a = \cosh c$，则式(2)可以化为

$$a\cosh(h/a)\cosh c - a\sinh(h/a)\sinh c = R_2 \tag{3}$$

继续化简得到

$$\cosh(h/a) - \sinh(h/a)\frac{\sqrt{\lambda^2 - 1}}{\lambda} = \alpha \tag{4}$$

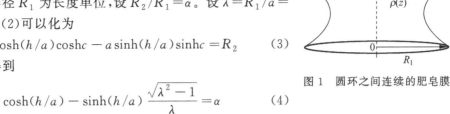

图 1　圆环之间连续的肥皂膜

设 $h/R_1 = k$，则式(4)可以化为

$$F(k, \lambda) = \cosh(k\lambda) - \sinh(k\lambda)\frac{\sqrt{\lambda^2 - 1}}{\lambda} - \alpha = 0 \tag{5}$$

下面分析上下半径相等时，两环的垂直距离 h（或者参数 $h/R_1 = k$）满足什么条件，式(5)才有解。这个极限值要满足另一个条件

$$\frac{\partial F(k, \lambda)}{\partial \lambda} = k\sinh(k\lambda)\frac{\sqrt{\lambda^2 - 1}}{\lambda} - k\cosh(k\lambda)\frac{\sqrt{\lambda^2 - 1}}{\lambda} - \sinh(k\lambda)\frac{1}{\lambda^2\sqrt{\lambda^2 - 1}} = 0 \tag{6}$$

联立式(5)和式(6)，数值求解，得到

$$k = 1.33, \quad \lambda = 1.81$$

进一步的分析表明，当上环的半径增大时，两环的极限距离也增大。

再分析两环中间肥皂膜又出现一个圆盘的情形，如图 2 所示，文献称之为"空竹"(diaboloids)或"D 膜"。

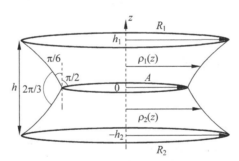

图 2　两个圆环之间的空竹状肥皂膜

图 2 中，以中间的圆盘中心为原点，上下两侧的肥皂膜侧面轮廓线方程为

$$\rho_1(z) = a_1\cosh(z/a_1 + c_1)$$

$$\rho_2(z) = a_2\cosh(z/a_2 + c_2)$$

中间圆盘和上下两环的边界条件为

$$a_1\cosh c_1 = a_2\cosh c_2$$

$$R_1 = a_1\cosh(h_1/a_1 + c_1) \tag{7}$$

$$R_2 = a_2\cosh(-h_2/a_2 + c_2) \tag{8}$$

由实验发现的规律，肥皂膜相交产生的三个面，两两夹角为 120°，由此得到（参考图 2）

$$\rho_1'(0) = \sinh c_1 = \tan(\pi/6)$$

$$\rho_2'(0) = \sinh c_2 = \tan(-\pi/6)$$

于是有

$$c_1 = -c_2 = c = 0.55, \quad a_1 = a_2 = a$$

同样，设 $R_2/R_1 = \alpha, \lambda = R_1/a, h_1/R_1 = k_1, h_2/R_1 = k_2$，则边界条件式（7）、式（8）化为

$$\cosh(k_1\lambda + c) = \lambda \tag{9}$$

$$\cosh(k_2\lambda + c) = \alpha\lambda \tag{10}$$

由式（9）和式（10）得到形状函数为

$$G(k, \lambda) = \operatorname{arccosh}\lambda + \operatorname{arccosh}(\alpha\lambda) - k\lambda - 2c = 0$$

如果两个圆环半径相等，则形状函数可以简化为

$$g(k, \lambda) = \cosh(k\lambda/2 + c) - \lambda = 0 \tag{11}$$

分析发现，两个圆环之间也存在一个极限距离，小于这个极限距离，才会出现中间的圆盘。这个极限距离应满足以下关系：

$$\frac{\partial g(k, \lambda)}{\partial \lambda} = k\sinh(k\lambda/2 + c)/2 - 1 = 0 \tag{12}$$

数值求解式（11）和式（12），得

$$k = 0.82, \quad \lambda = 2.65$$

这个极限距离小于连续分布肥皂面双环的极限距离。小于这个极限距离时，两种肥皂面同时存在，分析表明，空竹状肥皂面更稳定。

练习：实际做实验，验证题目中的理论结果。

文献：SALKIN L, SCHMIT A, PANIZZA P, et al. Influence of boundary conditions on the existence and stability of minimal surfaces of revolution made of soap films[J]. Am. J. Phys, 2014, 82(9)：840-847.

031　正三棱柱中的极小曲面

问题：把正三角形棱柱框架浸没在肥皂水中，小心提出来，有时你会看到以下形状的肥皂面。试问，中间这段线段有多长？

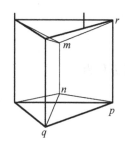

解析：从实验结果看，正三棱柱铁丝框架中的肥皂面有 9 个分面，其中上下各三个等腰三角形，中间三个梯形。取棱柱中心为原点，上面正三角形的坐标为

$$(a/\sqrt{3}, 0, b/2), (-a/(2\sqrt{3}), a/2, b/2), (-a/(2\sqrt{3}), -a/2, b/2)$$

其中 a 是正三角形的边长，b 是棱柱的高度。设 m 点的坐标为 $(0, 0, h), 0 < h < b/2$，由立体解析几何知识可知，等腰三角形的边长为

$$l = \sqrt{a^2/3 + (h - b/2)^2}$$

由此计算得到等腰三角形的面积为

$$S_1 = \sqrt{a^2/12 + (h - b/2)^2}\,(a/2)$$

梯形上下两个边长为 b 和 $2h$，高为 $a/\sqrt{3}$，所以梯形的面积为

$$S_2 = (h + b/2)a/\sqrt{3}$$

整个肥皂面的面积为

$$S = 6S_1 + 3S_2 = 3a\sqrt{a^2/12 + (h - b/2)^2} + \sqrt{3}\,a(h + b/2)$$

由物理知识可知,整个肥皂面的表面势能极小,即表面积极小时,才是稳定的。面积对参数 h 求导,得到

$$\frac{\mathrm{d}S}{\mathrm{d}h} = \sqrt{3}\,a\left(\frac{\sqrt{3}\,(h - b/2)}{\sqrt{a^2/12 + (h - b/2)^2}} + 1\right)$$

由此解得

$$h = \frac{b}{2} - \frac{a}{2\sqrt{6}}$$

这个极值点存在的前提条件是 $h > 0$,即 $b > a/\sqrt{6}$。注意到此时等腰三角形顶角的余弦为 $-1/3$,正好是正四面体中心与两个顶点连线夹角的余弦。

练习:尝试做一下这个肥皂膜的实验,实际测量中间线段的长度,看看和文中给出的结果有多大的误差。

注解:文中的理论结果是棱柱的高度有个极限,超过这个最小高度,才会出现这种肥皂面。如果不满足此条件,会出现什么样的肥皂面?

032　正三棱柱框架内的极小曲面(Ⅰ)

问题:把正三角形棱柱框架浸没在肥皂水中,小心提出来,有时会看到以下形状的肥皂面。试问,中间这块"三角形"有多大?

解析:我们给图中所示的曲面顶点标号,上面三角形的三个顶点为 M_1、M_2、M_3,下面三角形的三个顶点为 N_1、N_2、N_3,中间类三角形的三个顶点为 O_1、O_2、O_3。其中 $M_1O_1N_1$、$M_2O_2N_2$、$M_3O_3N_3$ 是平面,$O_1O_2O_3$ 也是平面,但是 $M_1M_2O_2O_1$ 等不是平面,是平均曲率为零的极小曲面。由普拉托的发现,交汇在同一点的四个曲线,每两个曲线在此交点的切线,其夹角的余弦为 $-1/3$。我们作个最粗糙的近似,认为这些分片的肥皂面都是平面,即由侧面部分的三个三角形、上下对称的六个梯形,以及中间一个"三角形"组成。同样,设上面三角形的顶点坐标为

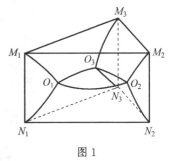

图 1

$$(a/\sqrt{3}, 0, b/2), (-a/(2\sqrt{3}), a/2, b/2), (-a/(2\sqrt{3}), -a/2, b/2)$$

其中 a 为正三角形的边长,b 为棱柱的高度。由上下对称性,设中间三角形三个顶点坐标为

$$(c/\sqrt{3}, 0, 0), (-c/2(\sqrt{3}), c/2, 0), (-c/(2\sqrt{3}), -c/2, 0)$$

其中 c 为中间三角形的边长,三角形面积为 $S_0 = \sqrt{3}\,c^2/4$,侧面部分的三角形面积为

$$S_1 = \frac{b(a - c)}{2\sqrt{3}}$$

梯形面积为

$$S_2 = \frac{a + c}{2}\sqrt{\frac{b^2}{4} + \frac{(a - c)^2}{12}}$$

这样,整个肥皂面的面积为

$$S = S_0 + 3S_1 + 6S_2 = \frac{\sqrt{3}c^2}{4} + \frac{\sqrt{3}b(a-c)}{2} + \frac{\sqrt{3}}{2}(a+c)\sqrt{3b^2+(a-c)^2}$$

对参数 c 求导得

$$\frac{\mathrm{d}S}{\mathrm{d}c} = \frac{\sqrt{3}}{2}\left[c-b+\sqrt{3b^2+(a-c)^2}+\frac{c^2-a^2}{\sqrt{3b^2+(a-c)^2}}\right]$$

上面这个表达式对参数 c 求零点很麻烦,一般没有解析表达式。但是可以数值求解,譬如,取 $a=4, b=1$,那么极值点为 $c=2.78$。取 $a=4, b=2$,则上述方程没有实数解,即没有极值点。

　　练习:尝试做一下这个肥皂膜的实验,实际测量中间曲面三角形的几何参数,看看和文中给出的近似结果有多大的误差。

　　注解:非平面的极小曲面方程是可以写出来的,本题的例子应该没有解析解。数值求解也遇到极大的困难,因为极小曲面方程是非线性的偏微分方程组,很难离散化,边界条件也不容易确定。

033　正三棱柱框架内的极小曲面(Ⅱ)

　　问题:把正三角形棱柱框架浸没在肥皂水中,小心提出来,有时会看到以下形状的肥皂面。试问,中间这块"三棱柱"有多大?

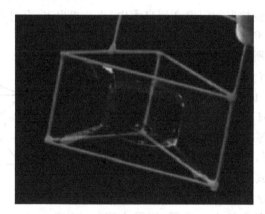

　　解析:仔细观察上图,可以看出中间有个气泡。根据物理知识可知,气泡内外压强差等于两倍的肥皂膜表面张力系数乘以曲面的平均曲率,即中间的曲面是常曲率曲面。数学上常见的常曲率曲面一是球面,其平均曲率为球半径的倒数;二是柱面,其平均曲率为圆柱半径倒数的一半。所以上图中间的气泡由三个圆柱侧面(部分)和两个球面(部分)组合而成。肥皂面的其余曲面是侧面的三个类似梯形,以及上下六个类似梯形。

　　接下来具体描述这些球面和柱面。设上面球面的方程为

$$x^2+y^2+(z-z_0)^2 = R^2 = 4r^2$$

　　设三个柱面与这个球面交点的第三坐标为 z_1,那么这三个交点组成的正三角形的外接圆半径 l 满足

$$l^2 = 4r^2 - (z_1-z_0)^2$$

由此得到正三角形三个顶点的坐标为

$$(-l,0,z_1),(l/2,\sqrt{3}\,l/2,z_1),(l/2,-\sqrt{3}\,l/2,z_1)$$

设柱面方程为

$$(x+x_0)^2+y^2=r^2$$

正三角形的顶点也在这个柱面上,由此得

$$(l/2+x_0)^2+3l^2/4=r^2$$

由对称性,球面 $1/3$ 部分投影到 x-y 平面,采用极坐标,那么投影部分的边界满足

$$\rho^2+2\rho x_0\cos\theta+x_0^2=r^2=l^2+lx_0+x_0^2$$

由此得到边界的参数表达式

$$\rho=\sqrt{l^2+lx_0+x_0^2\cos^2\theta}-x_0\cos\theta$$

把这个表达式代入球面方程,得到柱面与球面交界线的参数方程为

$$z=z_0+\sqrt{4r^2-\rho^2}=z_0+\sqrt{4r^2-\left(\sqrt{l^2+lx_0+x_0^2\cos^2\theta}-x_0\cos\theta\right)^2}$$

理论上中间气泡的体积和表面积都有解析表达式,但是没有初等形式的函数解。所以我们还是作最粗糙的近似,把球面和柱面都看作平面,即中间部分的气泡形状也是正三棱柱,设外面正三棱柱一个顶点坐标为 $(a,0,b)$,中间正三棱柱一个顶点坐标为 $(l,0,h)$,则气泡的体积为 $V=3\sqrt{3}\,l^2h/2$,中间气泡的表面积为

$$S_0=\frac{3\sqrt{3}}{2}l^2+6\sqrt{3}\,lh$$

侧面部分的梯形面积为

$$S_1=(b+h)(a-l)$$

上下部分的梯形面积为

$$S_2=\sqrt{3}\,(a+l)\sqrt{(b-h)^2+(a-l)^2/4}\,/2$$

整个肥皂膜的表面积为

$$S=S_0+3S_1+6S_2$$

$$=\frac{3\sqrt{3}}{2}l^2+6\sqrt{3}\,lh+3(h+b)(a-l)+3\sqrt{3}\,(a+l)\sqrt{(b-h)^2+(a-l)^2/4}$$

在气泡体积保持不变的情况下,表面积要取到极小。举一个例子,取 $a=2,b=1,l^2h=1$,表面积 S 可以写成 h 的函数,可以用数学软件把这个函数画出来并确定极小值。数值求解发现这个极值点为

$$l=1.22,\quad h=0.67$$

练习:实际做这个实验,测量中间气泡的几何参数,并和本题的近似结果作对比,看看相对误差有多大。

034　正方体框架内的极小曲面

问题:做一个正方体框架,将其浸没在肥皂水中,然后小心取出来,有时正方体中间会出现一个小的"正方形"。试问,这个正方形有多大?

解析:设图中上面正方形的四个顶点为 M_1、M_2、M_3、M_4,下面正方形的四个顶点为

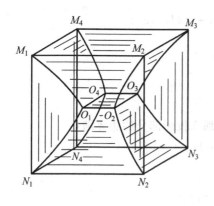

N_1、N_2、N_3、N_4，中间类正方形四个顶点为 O_1、O_2、O_3、O_4。其中 $M_1O_1N_1$、$M_2O_2N_2$、$M_3O_3N_3$、$M_4O_4N_4$ 是平面，$O_1O_2O_3O_4$ 也是平面，但是 $M_1M_2O_2O_1$ 不是平面，是平均曲率为零的极小曲面。由普拉托的发现，交汇在同一点的四个曲线，每两个曲线在此交点的切线，其夹角的余弦是 $-1/3$。我们作个最粗糙的近似，认为这些分片的肥皂面都是平面，即由侧面部分的四个三角形、上下对称的八个梯形，以及中间一个正方形组成，设上面正方形的顶点坐标为

$$(a,a,a),(-a,a,a),(-a,-a,a),(a,-a,a)$$

再设中间正方形的顶点坐标为

$$(c,c,0),(-c,c,0),(-c,-c,0),(c,-c,0)$$

这样，中间正方形的面积为

$$S_0 = 4c^2$$

侧面的三角形面积为

$$S_1 = \sqrt{2}(a-c)a$$

梯形面积为

$$S_2 = (a+c)\sqrt{a^2+(a-c)^2}$$

肥皂面总的面积为

$$S = S_0 + 4S_1 + 8S_2 = 4c^2 + 4\sqrt{2}(a-c)a + 8(a+c)\sqrt{a^2+(a-c)^2}$$

对参数 c 求导，得

$$\frac{dS}{dc} = 8\left[c - \frac{a}{\sqrt{2}} + \sqrt{a^2+(a-c)^2} + \frac{c^2-a^2}{\sqrt{a^2+(a-c)^2}}\right]$$

上面这个表达式对参数 c 求零点很麻烦，一般没有解析表达式，但是可以数值求解。如取 $a=1$，那么极值点为 $c=0.07$。

练习：尝试做这个实验，实际测量中间类正方形的几何特征长度，看看与本题给的近似值有多大误差。

035　正方体肥皂泡

问题：做一个立方体框架，将其浸没在肥皂水中，然后小心取出来，一般会在立方体中间出现一个小的平面。用吸管把空气吹进这个面内，会出现一个类似正方体的泡泡。试问，这个正方体泡泡有多大？

解析：封闭的正方体泡泡内有空气，空气的压强大于外面空气的压强，附加压强是肥皂膜的表面张力引起的，且有

$$\Delta p = \frac{2\gamma}{R}$$

其中 γ 为肥皂膜的表面张力系数，R 为曲率半径。由于泡泡内外压强差是固定的，假设肥

皂膜的表面张力系数处处相同,则这个肥皂泡表面就是常曲率曲面。数学中,最常见的常曲率曲面就是球面,所以图中的类正方体泡泡是由 8 个球面部分拼起来的。那么,这些球面的球心和半径如何确定呢?

以泡泡的中心为原点,由对称性,考虑以下 3 个球面在第一(共 8 个)象限的交点:

$$(x+b)^2 + y^2 + z^2 = r^2 \tag{1}$$

$$x^2 + (y+b)^2 + z^2 = r^2 \tag{2}$$

$$x^2 + y^2 + (z+b)^2 = r^2 \tag{3}$$

这个交点的坐标是 (a,a,a),其中 a 满足以下方程:

$$(a+b)^2 + 2a^2 = r^2$$

实验中,更容易测量的是这个长度(坐标),所以我们以 a 为长度单位,定义一个无量纲的比值 $\lambda = b/a$。当泡泡里面的空气体积固定时,计算所有肥皂面的面积(表面张力势能)。当这个总面积极小时,再确定比值 λ。

考虑式(3)中的球面最上面一部分,设想从泡泡中心发射出一条条射线,这些射线与式(3)中的球面有交点。这些射线的参数表达式为

$$x = k_1 z, \quad y = k_2 z, \quad z = z \tag{4}$$

其中参数的范围为

$$-1 < k_1 < 1, \quad -1 < k_2 < 1$$

把式(4)代入式(3),得

$$k_1^2 z^2 + k_2^2 z^2 + (z+\lambda)^2 = 2 + (\lambda+1)^2$$

由此计算得

$$z(k_1, k_2) = \frac{1}{1+k_1^2+k_2^2}\left[\sqrt{\lambda^2 + (1+k_1^2+k_2^2)(2\lambda+3)} - \lambda\right]$$

这些射线还有一种表达式为

$$r\left(\frac{k_1}{\sqrt{1+k_1^2+k_2^2}}, \frac{k_2}{\sqrt{1+k_1^2+k_2^2}}, \frac{1}{\sqrt{1+k_1^2+k_2^2}}\right)$$

由雅可比行列式转化,得到参数空间中的体积元为

$$\mathrm{d}V = \frac{r^2}{(1+k_1^2+k_2^2)^{\frac{3}{2}}}\,\mathrm{d}r\,\mathrm{d}k_1\,\mathrm{d}k_2$$

参数的积分区间为

$$-1 < k_1 < 1, \quad -1 < k_2 < 1, \quad 0 < r < r(k_1,k_2)$$

其中

$$r(k_1,k_2) = \frac{1}{\sqrt{1+k_1^2+k_2^2}}\left[\sqrt{\lambda^2+(1+k_1^2+k_2^2)(2\lambda+3)}-\lambda\right]$$

先对参数 r 积分,由此得到整个泡泡的体积为

$$V(\lambda,a) = 2a^3\int_{-1}^1\mathrm{d}k_1\int_{-1}^1\frac{\left[\sqrt{\lambda^2+(1+k_1^2+k_2^2)(2\lambda+3)}-\lambda\right]^3}{(1+k_1^2+k_2^2)^3}$$

可以验证,当 $\lambda=0$ 时,$V(0,1)=4\sqrt{3}\,\pi$,正好是正方体外接球的体积。

把肥皂面分为两部分:一部分是正方体泡泡的 6 个面,另一部分是泡泡与框架连接部分的 12 个面。先算泡泡的表面,其中一个面的参数方程为

$$x = k_1 z(k_1,k_2), \quad y = k_2 z(k_1,k_2), \quad z = z(k_1,k_2)$$

这个曲面(球面部分)的面积元为

$$\mathrm{d}A_1 = z\sqrt{\left(\frac{\partial z}{\partial k_1}\right)^2+\left(\frac{\partial z}{\partial k_2}\right)^2+\left(z+k_1\frac{\partial z}{\partial k_1}+k_2\frac{\partial z}{\partial k_2}\right)^2}\,\mathrm{d}k_1\,\mathrm{d}k_2$$

计算得

$$\mathrm{d}A_1 = \frac{(3+2\lambda+\lambda^2)}{1+k^2}\left[\sqrt{\lambda^2+(1+k^2)(2\lambda+3)}-\lambda\right]\times$$

$$\frac{3+2\lambda+\lambda^2+(3+2\lambda)k^2-2\lambda\sqrt{\lambda^2+(1+k^2)(2\lambda+3)}}{(1+k^2)^2\left[\lambda^2+(1+k^2)(2\lambda+3)\right]}\,\mathrm{d}k_1\,\mathrm{d}k_2$$

其中,$k^2=k_1^2+k_2^2$。另一部分其中一个面的参数方程为

$$x = \frac{r}{\sqrt{2+k_2^2}}, \quad y = \frac{rk_2}{\sqrt{2+k_2^2}}, \quad z = \frac{r}{\sqrt{2+k_2^2}}$$

其中半径参数 r 的范围为

$$\frac{1}{\sqrt{2+k_2^2}}\left[\sqrt{(3+2\lambda)(2+k_2^2)+\lambda^2 k_2^2}-\lambda k_2\right] < r < \eta\sqrt{2+k_2^2}$$

其中 η 为立方体框架尺度与气泡尺度 a 的比值。这个面的面积元为

$$\mathrm{d}A_2 = \frac{\sqrt{2}}{2+k_2^2}r\,\mathrm{d}r\,\mathrm{d}k_2$$

所以,肥皂膜总的表面面积为

$$\frac{A(\lambda,\eta,a)}{a^2} = 6\int_{-1}^1\int_{-1}^1\mathrm{d}A_1+12\int_{-1}^1\int_{r_{\min}}^{r_{\max}}\mathrm{d}A_2$$

泡泡的体积和肥皂膜的总表面积都是参数 λ 的数值函数,确定总面积极小的计算过程比较麻烦,本书不详细描述。先不管真实物理,假设参数 $\lambda=3$,那么数学软件描绘的正方体泡泡

如图 1 所示。

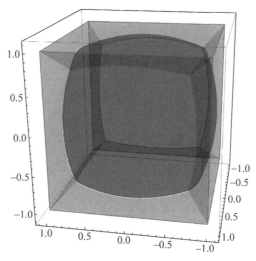

图 1　正方体泡泡的数学模拟

　　注解：假设这个题目中所有的肥皂面都是平面，可否利用总面积极小原理来求出里面正方体泡泡的大小？

036　漂浮水面的气泡

　　问题：在超市卖鱼的水柜（一般是长方体形的玻璃缸）中，靠近水柜的边界，会发现 1/4 球形气泡和 1/8 球形气泡。如何解释？

　　解析：从能量角度看，气泡表面能量正比于气泡的表面积。由于气泡内外气体压强差处处一样，所以气泡是球体的一部分。因此这一物理问题就转化为这样的数学问题：体积固定的球体，什么参数下其表面积极小。水柜边界处的气泡不再是球冠，而是球缺，它的体积和表面积没有解析表达式，不大好处理。用切西瓜（西瓜看作球形）来比喻的话，通常球冠是切一刀，题目中的球缺是切两刀和切三刀。切三刀时，一个平面横切，两个平面垂直竖切，截得的球缺几何体如图 1 所示。

　　设图 1 中的球心在原点，半径为 r，球缺顶点的坐标为 (x_0, y_0, z_0)。球缺体积的积分区

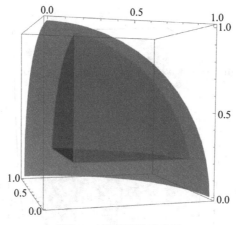

图 1　三截面球缺示意图

域就是以下区域：

$$x^2 + y^2 + z^2 < r^2, \quad x > x_0, \quad y > y_0, \quad z > z_0 \tag{1}$$

利用 Mathematica 中的 Boole 函数，给出(x_0, y_0, z_0)和球半径 r 的数值，就能得到球缺的体积 $V(x_0, y_0, z_0, r)$。球缺的表面积要分类考虑。当 $z_0 > 0$ 时，投影到水平平面，平面区域是以下区域：

$$x^2 + y^2 + z_0^2 < r^2, \quad x > x_0, \quad y > y_0 \tag{2}$$

当 $z_0 < 0$ 时，投影到水平平面，平面区域是以下两个区域的并集：

$$x^2 + y^2 < r^2, \quad x > x_0, \quad y > y_0 \tag{3}$$

$$r^2 - z_0^2 < x^2 + y^2 < r^2, \quad x > x_0, \quad y > y_0 \tag{4}$$

以上球面积的面元（积分函数）都是 $r/\sqrt{r^2 - x^2 - y^2}$，数值积分得到球缺的球表面积 $A(x_0, y_0, z_0, r)$。以三个截面相互垂直，半径为一个长度单位球形气泡的 1/8 为参考，此时它的体积为 $V_0 = \pi/6$，表面积为 $A_0 = \pi/2 = 1.57$。对于不同的顶点坐标参数 (x_0, y_0, z_0)，保持体积不变，即 $V(x_0, y_0, z_0, r) = V_0$，数值计算反解得到球半径关于顶点参数的函数 $r(x_0, y_0, z_0)$，再反代回到球缺表面积，得到表面积与顶点参数的函数 $A(x_0, y_0, z_0, r(x_0, y_0, z_0))$。数值计算找到的极小值在 $(x_0, y_0, z_0) = (0, 0, 0)$ 处取到，极小值就是 $A_0 = \pi/2$。这与实际观测到的现象相符：在三个垂直平面（两个玻璃面，一个水面）相交处，气泡球缺的顶点就落在球心位置，也即三平面相交点处，是整个球面的 1/8。

接下来进行小量分析。设球缺顶点坐标都是小量，考虑到二阶小量，球缺的体积和表面积分别为

$$V(x_0, y_0, z_0, r) = \frac{\pi}{6} r^3 - \frac{\pi}{4}(x_0 + y_0 + z_0) r^2 + r(x_0 y_0 + x_0 z_0 + y_0 z_0) \tag{5}$$

$$A = \frac{\pi}{2} r^2 - \frac{\pi}{2}(x_0 + y_0 + z_0) r + (x_0 y_0 + x_0 z_0 + y_0 z_0) \tag{6}$$

式(5)的体积变化来自两部分，一部分是 1/4 大圆面积（$\pi r^2/4$）在 x 轴方向上缩小 x_0 的单位，以及对应的 y 轴和 z 轴；另一部分来自三个长方体的体积，z 轴方向上底面积是 $x_0 y_0$，高是半径 r，以及对应的 x 轴和 y 轴。式(6)的球缺表面积变化来自两部分：一部分来自 1/4

圆周($\pi r/2$)在 x 轴方向上缩小 x_0 的单位,以及对应的 y 轴和 z 轴;另一部分来自三个长方形,z 轴方向上长为 x_0、宽为 y_0,以及对应的 x 轴和 y 轴。

设 $r=r_0+\eta$,其中 η 是小量。代入式(5)中,且令 $V(x_0,y_0,z_0,r)=V_0$,考虑到二阶小量,解得

$$\eta=\frac{1}{2}(x_0+y_0+z_0)-\frac{2}{\pi}\frac{x_0y_0+x_0z_0+y_0z_0}{r_0}+\frac{(x_0+y_0+z_0)^2}{4r_0} \tag{7}$$

再把式(7)代入式(6),考虑到二阶小量,计算得到球缺表面积为

$$A=\frac{\pi}{2}r_0^2+\frac{\pi}{8}(x_0+y_0+z_0)^2-(x_0y_0+x_0z_0+y_0z_0) \tag{8}$$

写成矩阵形式:

$$A=A_0+(x_0,y_0,z_0)\begin{pmatrix}a & b & b\\ b & a & b\\ b & b & a\end{pmatrix}\begin{pmatrix}x_0\\ y_0\\ z_0\end{pmatrix} \tag{9}$$

其中 $a=\pi/8$,$b=\pi/8-1/2$。系数矩阵为对称矩阵,且有三个都大于零的本征值($1/2$,$1/2$,$3\pi/8-1$),即系数矩阵为正定矩阵。这也就意味着$(x_0,y_0,z_0)=(0,0,0)$是极小值点。

注解:水柜不一定都是长方体,还有可能是三棱柱、圆柱、球体,或者以上组合体。这些水柜边界处的飘浮气泡是什么形状?

037　液面上巨大的肥皂泡

问题:在大型肥皂水池上方,尽量吹一个巨大的肥皂泡,这个肥皂泡还是(半)球形吗?

解析:由上图可以看出,肥皂泡的底面半径 R 和高度 h_0 并不相等,这是什么原因造成的呢? 主要原因是肥皂膜具有一定厚度 e_0,有厚度就有重量,如题图所示。表面张力系数从上往下有变化,不再是常数。这个厚度可以间接测定,在肥皂泡顶部打一个小孔,由于表面张力的收缩趋势,孔的半径会变大,这个半径随时间一般是线性变化的,其比例系数就是扩张速度,文献上称之为 Dupre-Taylor-Culick 定律:

$$v^2=\frac{2\gamma}{\rho e_0}=2gl$$

建立模型示意图如图 1 所示。

面元切向方向上受到三个力,分别为上下两条线段上的表面张力和微元的重力分量。由这三个力平衡,得

$$2r\mathrm{d}\varphi(\gamma(s)-\gamma(s+\mathrm{d}s))=\rho ge_0r\mathrm{d}\varphi\mathrm{d}s\sin\theta$$

利用

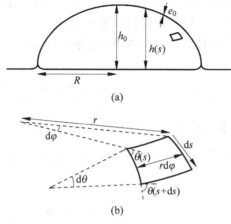

图 1   肥皂膜上的微元

$$\mathrm{d}h = -\sin\theta\,\mathrm{d}s$$

计算得

$$\mathrm{d}\gamma = \frac{1}{2}g\rho e_0\,\mathrm{d}h$$

积分得

$$\gamma(s) = \gamma_\mathrm{b} + \frac{1}{2}g\rho e_0 h(s)$$

其中 γ_b 是肥皂泡底部的表面张力系数。考虑微元径向部分的受力平衡,内外压强差等于曲率半径引起的表面张力和重力压强之和,即

$$\Delta p = 2\gamma\kappa + \rho g e_0\cos\theta$$

其中曲率 κ 的表达式为

$$\kappa = \frac{\mathrm{d}\theta}{\mathrm{d}s} + \frac{\sin\theta}{r}$$

由于肥皂泡内外的压强差是恒定的,我们可以取顶部的表达式

$$\Delta p = 2\left(\gamma_\mathrm{b} + \frac{1}{2}g\rho e_0 h_0\right)\kappa_0 + \rho g e_0$$

以特征长度 l 为长度单位,可得肥皂泡的形状方程为

$$(2+h)\left(\frac{\mathrm{d}\theta}{\mathrm{d}s} + \frac{\sin\theta}{r} - 2\left.\frac{\mathrm{d}\theta}{\mathrm{d}s}\right|_{s=0}\right) = 1 - \cos\theta + 2(h_0 - h)\left.\frac{\mathrm{d}\theta}{\mathrm{d}s}\right|_{s=0}$$

练习 1:实际做这个实验,试试看能不能吹出这么大的肥皂泡。

练习 2:取适当的参数和边界条件,数值求解肥皂泡的形状方程,得到理论曲线,并和实际形状对比。

文献:COHEN C, TEXIER B D, REYSSAT G, et al. On the shape of giant soap bubbles[J]. Proceedings of the National Academy of Sciences of the United States of America,2017,114(10):2515-2519.

038　水缸底部的气泡

问题：在水缸底部有一个泡泡，被水压在底面上。理论上这个泡泡是什么形状？

解析：以气泡最高点为原点，x 轴水平，y 轴垂直向下，气泡的参数坐标为

$$(x\cos\phi, x\sin\phi, y)$$

其中直角参数坐标 (x, y) 与弧长切角参数坐标的关系式为

$$dx = \cos\theta ds, \quad dy = \sin\theta ds$$

取半径分别为 x 和 $x+dx$ 的圆环带，圆环带上的张力大小为

$$T(x) = 4\pi\sigma x$$

在垂直方向的分量为

$$T_\perp(x) = 4\pi\sigma x\sin\theta$$

圆环带张力垂直分量之差等于气泡内外压力的垂直分量，即

$$d(4\pi\sigma x\sin\theta) - (\Delta p - \rho g y)2\pi x dx = 0$$

化简得

$$d(2x\sin\theta) - \frac{\Delta p - \rho g y}{\sigma} x dx = 0 \tag{1}$$

气泡的体积元为

$$dV = \pi x^2 dy$$

假设气泡原先是球形，半径为 r，则有 $\Delta p = 2\sigma/r$。水的表面张力系数一般为 $\sigma = 7\times 10^{-2}$，那么 $\rho g r^2$ 与之同量级，物理模型才有意义，这时气泡半径是毫米量级。以气泡半径为长度单位，气泡形状方程可以写为

$$d(x\sin\theta) - (1 - \lambda y/2)x dx = 0$$

其中无量纲参数 $\lambda = \rho g r^2/\sigma$。取 $\lambda = 1$，数值求解以上微分方程组，得到弧长参数端点值为 $s_1 = 2.01$，气泡侧面形状如图 1 所示。

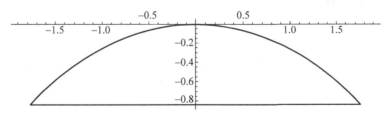

图 1　一定参数下水缸底部气泡侧面形状

练习：尽量在水缸底部重现这种气泡，测量侧面轮廓线，看看与本题中的理论曲线是否相同。

039　无重力下转动液滴的形状

问题：太空无重力环境下，匀速转动的液滴是什么形状？

解析：从侧面看，设旋转轴为 y 轴，上下对称轴为 x 轴，形状由 $y = y(x)$ 确定（图 1）。

从转动参考系看,液滴的能量(势能)有转动势能、表面张力势能,再加上体积固定的约束条件(拉氏因子)。液滴的体积元为

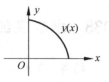

图 1　$y = y(x)$ 图形

$$dV = 2\pi x y(x) dx$$

设 ρ 是质量密度,体积元的离心势能为

$$dE_1 = -\frac{1}{2}\rho dV \omega^2 x^2$$

液滴表面元为

$$dA = 2\pi x \sqrt{1 + y'(x)^2}\, dx$$

设 σ 为表面张力系数,表面元的势能为

$$dE_2 = \sigma dA$$

设拉氏因子为 λ,总的势能(拉氏量)为

$$\frac{\Phi}{2\pi} = \int \left(-\frac{1}{2}\rho\omega^2 x^2 xy + \sigma x \sqrt{1 + y'(x)^2} + \lambda xy \right) dx$$

设长度以原来球形液滴半径 r_0 为单位,角速度平方以 $\sigma/\rho r_0^3$ 为单位,拉氏因子以 σ/r_0 为单位,则归一化的拉氏量为

$$\Phi' = \frac{\Phi}{2\pi\sigma r_0^2} = \int \left(-\frac{1}{2}\omega^2 x^3 y + x\sqrt{1 + y'(x)^2} + \lambda xy \right) dx$$

由分部积分

$$\int xy\, dx = \int y\, d(x^2/2) = \frac{x^2 y}{2} - \frac{1}{2}\int x^2 y'\, dx$$

$$\int x^3 y\, dx = \int y\, d(x^4/4) = \frac{x^4 y}{4} - \frac{1}{4}\int x^4 y'\, dx$$

假设边界项为零(可由解反过来验证),拉氏量为

$$\Phi' = \int \left(\frac{1}{8}\omega^2 x^4 y' + x\sqrt{1 + y'(x)^2} - \frac{\lambda}{2}x^2 y' \right) dx$$

作用量中没有 y 项,由拉氏方程得

$$\frac{1}{8}\omega^2 x^4 + \frac{y'}{\sqrt{1 + y'^2}}x - \frac{\lambda}{2}x^2 = C$$

先考虑转速较小,液滴不会穿孔的情形,此时 $x = 0$,$y'(0) = 0$,积分常数 C 为零,得

$$\frac{y'}{\sqrt{1 + y'^2}} = \frac{\lambda}{2}x - \frac{1}{8}\omega^2 x^3$$

令 $y' = \tan\theta$,把旋转液滴形状方程写成

$$\sin\theta = \frac{\lambda}{2}x - \frac{1}{8}\omega^2 x^3$$

然后两边对弧长求导,得

$$\cos\theta\frac{d\theta}{ds} = \frac{\lambda}{2}\cos\theta - \frac{3}{8}\omega^2 x^2 \cos\theta$$

由此得

$$\frac{d\theta}{ds} = \frac{\lambda}{2} - \frac{3}{8}\omega^2 x^2$$

我们可以解析或者数值求解这个形状方程,如文献 1 那样处理,但需要涉及三次方程的求解。换个思路,直接数值求解以下方程:

$$\frac{\mathrm{d}\theta}{\mathrm{d}s} = \frac{\lambda}{2} - \frac{3}{8}\omega^2 x^2, \quad \frac{\mathrm{d}x}{\mathrm{d}s} = \cos\theta, \quad \frac{\mathrm{d}y}{\mathrm{d}s} = \sin\theta, \quad \frac{\mathrm{d}V}{\mathrm{d}s} = 2\pi xy\cos\theta$$

边界条件为

$$x(0) = 0, \quad y(0) = h, \quad \theta(0) = 0$$

和

$$y(s_1) = 0, \quad \theta(s_1) = -\pi/2, \quad V(s_1) = 4\pi/3$$

现在未知(待定)量有 3 个:中心转轴处液滴的厚度 h,液滴轮廓(截面)曲线最外端的弧长参数 s_1,以及拉氏因子 λ。正好由液滴曲线末端边界条件确定。数值计算发现,随着角速度变大,液滴中心部分会"压扁",这是由于转动参考系下的离心力拉伸引起的。数值计算也发现一个有趣的现象,当角速度平方等于 6 时,存在两种平衡位形,如图 2 所示,其中虚线是原来球形液滴的轮廓线。

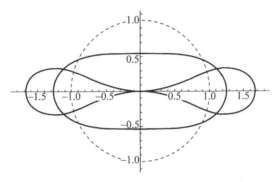

图 2　角速度平方为 6 时两种旋转液滴形状

从变化趋势来看,中心厚度为零的形状不稳定。

练习:如果转动液滴会穿孔,像甜甜圈一样,如何数值求解形状方程?给出这个方程的理论曲线。

注解 1:解析和数值方法各有优缺点,相对文献 1 中出现的三次函数和开根号,本题所用的公式少,但数值函数所体现的规律比较难发现。

注解 2:文献 1 最大的亮点是用三次方程的根作为长度单位,虽然物理意义不是很明显,但极大地方便了数学处理,很容易地得到了不同参数下转动液滴的形状曲线。

注解 3:实际实验发现,当液滴转速增大时,并不会出现中间有孔的甜甜圈形状,说明文献 2 中的正多边形表面波模式更容易激发。

文献 1:梁昊. 如何计算一个球形水滴绕直径旋转的表面方程?[EB/OL].[2023-3-1]. https://www.zhihu.com/question/408277711/answer/1402659548.

文献 2:HILL R J A,EAVES L. Nonaxisymmetric Shapes of a Magnetically Levitated and Spinning Water Droplet[J]. Physical Review Letters,2008,101(23):234501.

040　球体的引力自能

问题:质量均匀分布的球体,引力自能等于多少?

解析：一般物体的引力自能定义为

$$V = -\frac{G}{2}\iint \frac{\rho(r)\rho(r')}{|r-r'|}\mathrm{d}^3 r\mathrm{d}^3 r' \qquad (1)$$

对于质量均匀分布的刚体，引力自能积分中的两点距离的倒数有积分表达式

$$\frac{1}{|r-r'|} = \frac{1}{2\pi^2}\iiint \frac{\exp(\mathrm{i}\boldsymbol{k}\cdot(\boldsymbol{r}-\boldsymbol{r}'))}{k^2}\mathrm{d}^3 k \qquad (2)$$

式(2)中平面波函数有下面的无穷求和展开式：

$$\exp(\mathrm{i}\boldsymbol{k}\cdot\boldsymbol{r}) = (\pi/2)^{1/2}(kr)^{-1/2}\sum_{l=0}^{\infty}(2l+1)\mathrm{i}^l J_{l+1/2}(kr)\mathrm{P}_l(\cos\theta)$$

$$\exp(-\mathrm{i}\boldsymbol{k}\cdot\boldsymbol{r}') = (\pi/2)^{1/2}(kr')^{-1/2}\sum_{l'=0}^{\infty}(2l+1)(-\mathrm{i})^{l'} J_{l'+1/2}(kr)\mathrm{P}_{l'}(\cos\theta')$$

根据

$$\int_0^\pi \mathrm{P}_l(\cos\theta)\sin\theta\mathrm{d}\theta = 2\delta_{l0}$$

$$\mathrm{J}_{1/2}(z) = (\pi/2)^{-1/2}z^{-1/2}\sin z$$

以及

$$\int_0^\infty \frac{\sin(kr)}{kr}\frac{\sin(kr')}{kr'}\mathrm{d}k = \frac{\pi}{4rr'}(r+r'-|r-r'|)$$

$$\int_0^R\int_0^R (r+r'-|r-r'|)rr'\mathrm{d}r\mathrm{d}r' = \frac{4}{15}R^5$$

可以得到均匀球体的引力自能

$$V = -\frac{16}{15}G\pi^2\rho^2 R^5 = -\frac{3}{5}GM^2/R$$

练习：计算椭球体的引力自能。

文献：DANKOVA T, ROSENSTEEL G. Triaxial bifurcations of rapidly rotating spheroids[J]. American Journal of Physics,1998,66(12)：1095-1100.

041 摩擦力锁定的圆柱

问题：三个表面粗糙的圆柱，两个上下平行排放，另一个斜着靠在这两个圆柱中间，如左图所示。满足什么条件时，中间圆柱才不会掉下来？

解析：从实际情况考虑，极限位置是倾斜的圆柱上端与上面圆柱接触，下端某部分被下面的圆柱卡住。设圆柱半径为 r，上下两个圆柱圆心的距离是 h，由平面几何知识可知，中间圆柱倾斜角的余角为 $\theta = \arcsin(4r/h)$。以上面圆柱圆心为原点，中间圆柱与上面圆柱的接触点坐标为

$$x_1 = -r\cos\theta, \quad y_1 = -r\sin\theta$$

此接触点上有两个力——支持力和摩擦力，其表达式为

$$\boldsymbol{N}_1 = -a(\cos\theta, \sin\theta), \qquad \boldsymbol{f}_1 = \mu a(-\sin\theta, \cos\theta)$$

设圆柱长度的一半为 l，则中间圆柱的质心坐标为

$$x_C = -2r\cos\theta + l\sin\theta, \qquad y_C = -2r\sin\theta - l\cos\theta$$

设中间圆柱两个接触点沿轴线方向的距离为 L，则下面圆柱接触点的坐标为

$$x_2 = -3r\cos\theta + L\sin\theta, \qquad y_2 = -3r\sin\theta - L\cos\theta$$

此接触点上也有两个力——支持力和摩擦力，其表达式为

$$\boldsymbol{N}_2 = b(\cos\theta, \sin\theta), \qquad \boldsymbol{f}_2 = \mu b(-\sin\theta, \cos\theta)$$

其中，a，b 是待定常数，其值是支持力的大小。

根据体系总受力为零，得到

$$(b - a)\cos\theta - \mu(b + a)\sin\theta = 0$$
$$(b - a)\sin\theta + \mu(b + a)\cos\theta - 2\rho l = 0$$

由此解得

$$\frac{b}{\rho l} = \sin\theta + \frac{\cos\theta}{\mu}, \qquad \frac{a}{\rho l} = -\sin\theta + \frac{\cos\theta}{\mu}$$

以上面圆柱接触点为参考点，体系所受力矩为零，得

$$2\rho l(0, -1) \times (-r\cos\theta + l\sin\theta, -r\sin\theta - l\cos\theta) +$$
$$(\mu b(-\sin\theta, \cos\theta) + b(\cos\theta, \sin\theta)) \times (-2r\cos\theta + L\sin\theta, -2r\sin\theta - L\cos\theta) = 0$$

计算得

$$2(-r\cos\theta + l\sin\theta) - (L - 2\mu r)\left(\sin\theta + \frac{\cos\theta}{\mu}\right) = 0$$

两个接触点沿轴线的距离 L 应该小于圆柱的长度 $2l$，由此得

$$L = \frac{2(-r\cos\theta + l\sin\theta)}{\sin\theta + \cos\theta/\mu} + 2\mu r < 2l$$

计算得

$$l > \mu^2 r/\cos\theta$$

同时圆柱的长度 $2l$ 也要大于两个圆柱沿轴线的距离，即

$$2l > \sqrt{h^2 - 16r^2}$$

练习：找到这样的三个圆柱，做实验验证或者反驳题目中的结论。

042　四叠砖的最大悬出距离

问题：4 块理想的砖头（表面光滑），怎么叠放才能使悬出桌面边缘的距离尽可能长？

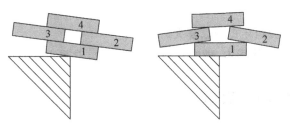

解析：用 4 块相同的砖头（或木块）在桌面边缘堆叠起来，能悬出桌面的最大距离与堆放方式有关。采用经典的层层叠放方式，最大悬出距离为砖头长度的 25/24 倍。还有一种

三层交错叠放方式,最大悬出距离为砖头长度的$(15-4\sqrt{2})/8$倍。

设 S 为悬出距离,L 为砖头的长度。将砖头编号为1、2、3、4,假设每块砖头所受重力大小为 G,并且假设物体之间的作用力(支持力)等效作用在物体之间的接触线上(如图1所示)。由物体的受力平衡条件,得到如图1所示的受力分析示意图,其中砖头1对砖头2的作用力大小为 F,而 a、b、c、d 为砖头与砖头间的位置参量。

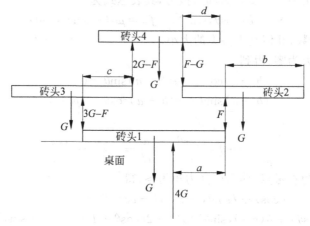

图 1 　三层叠放方式叠砖的受力分析示意图

由图1,可得各个砖头的力矩平衡方程为

$$aF = (L/2-a)G + (L-a)(3G-F) \tag{1}$$

$$(L-b)(F-G) = (b-L/2)G \tag{2}$$

$$c(2G-F) = (L/2-c)G \tag{3}$$

$$(L/2-d)G = (b-c)(2G-F) \tag{4}$$

由此解得

$$a = \frac{7}{8}L - \frac{FL}{4G}, \quad b = L - \frac{GL}{2F} \tag{5}$$

此时四叠砖悬出距离为

$$S = a + b = \frac{15}{8}L - \left(\frac{FL}{4G} + \frac{GL}{2F}\right) \tag{6}$$

由基本不等式可以看出最大悬出距离为

$$S_{\max} = \frac{15-4\sqrt{2}}{8}L = 1.17L \tag{7}$$

这个极值比经典的 $25L/24 = 1.04L$ 要大。

练习:找到4块长方体积木,做实验验证这个结论,看看实际数据与理论值相差多大。

043 转动惯量的坐标表示

问题:质量均匀分布的三角形板,给出三个顶点坐标,其转动惯量矩阵如何表示? 四面体的转动惯量如何计算?

解析：设三角形的三个顶点坐标为：$\boldsymbol{r}_1 = (x_1, y_1, z_1)$，$\boldsymbol{r}_2 = (x_2, y_2, z_2)$，$\boldsymbol{r}_3 = (x_3, y_3, z_3)$，则三角形上任意一点的参数坐标为

$$\boldsymbol{r}(s,t) = \boldsymbol{r}_1 + s(\boldsymbol{r}_2 - \boldsymbol{r}_1) + t(\boldsymbol{r}_3 - \boldsymbol{r}_1) \tag{1}$$

其中参数 s、t 满足

$$0 < s < 1, 0 < t < 1, 0 < s + t < 1 \tag{2}$$

三角形上的面元是 $ab\sin\theta\,\mathrm{d}s\,\mathrm{d}t = 2A\,\mathrm{d}s\,\mathrm{d}t$，其中 $a = |\boldsymbol{r}_2 - \boldsymbol{r}_1|$，$b = |\boldsymbol{r}_3 - \boldsymbol{r}_1|$，$c = |\boldsymbol{r}_2 - \boldsymbol{r}_3|$ 为三角形的边长，A 为三角形的面积。按定义，三角形板对 z 轴的转动惯量为

$$I_z = 2\rho A \iint \{[x_1 + s(x_2 - x_1) + t(x_3 - x_1)]^2 + [y_1 + s(y_2 - y_1) + t(y_3 - y_1)]^2\}\,\mathrm{d}s\,\mathrm{d}t \tag{3}$$

其中 ρ 为三角形板的面密度，满足 $m = \rho A$。计算得

$$I_z = \frac{1}{6}m\left[\sum_i (x_i^2 + y_i^2) + \sum_{i \neq j}(x_i x_j + y_i y_j)\right] \tag{4}$$

或者

$$I_z = \frac{1}{36}m\sum_{i \neq j}[(x_i - x_j)^2 + (y_i - y_j)^2] + m(x_C^2 + y_C^2) \tag{5}$$

其中质心坐标为

$$x_C = \frac{x_1 + x_2 + x_3}{3}, \quad y_C = \frac{y_1 + y_2 + y_3}{3} \tag{6}$$

取质心坐标为零时，式（5）就化为

$$I_z = \frac{1}{36}m(a^2 + b^2 + c^2) \tag{7}$$

这与量纲分析法给出的公式一致。

设四面体的四个顶点坐标为：$\boldsymbol{r}_1 = (x_1, y_1, z_1)$，$\boldsymbol{r}_2 = (x_2, y_2, z_2)$，$\boldsymbol{r}_3 = (x_3, y_3, z_3)$，$\boldsymbol{r}_4 = (x_4, y_4, z_4)$，则四面体内任意一点的参数坐标为

$$\boldsymbol{r}(s,t,p) = \boldsymbol{r}_1 + s(\boldsymbol{r}_2 - \boldsymbol{r}_1) + t(\boldsymbol{r}_3 - \boldsymbol{r}_1) + p(\boldsymbol{r}_4 - \boldsymbol{r}_1) \tag{8}$$

其中参数 s、t、p 满足

$$0 < s < 1, 0 < t < 1, 0 < p < 1, 0 < s + t + p < 1 \tag{9}$$

四面体上的体元为 $6V\,\mathrm{d}s\,\mathrm{d}t\,\mathrm{d}p$，其中 V 为四面体的体积。按定义，四面体对 z 轴的转动惯量为

$$I_z = 6\rho V \iiint \{[x_1 + s(x_2 - x_1) + t(x_3 - x_1) + p(x_4 - x_1)]^2 +$$
$$[y_1 + s(y_2 - y_1) + t(y_3 - y_1) + p(y_4 - y_1)]^2\}\,\mathrm{d}s\,\mathrm{d}t\,\mathrm{d}p \tag{10}$$

其中 ρ 为四面体的体密度，满足 $m = \rho V$。计算得

$$I_z = \frac{1}{10}m\left[\sum_i (x_i^2 + y_i^2) + \sum_{i \neq j}(x_i x_j + y_i y_j)\right] \tag{11}$$

或者

$$I_z = \frac{1}{80}m\sum_{i \neq j}[(x_i - x_j)^2 + (y_i - y_j)^2] + m(x_C^2 + y_C^2) \tag{12}$$

其中质心坐标为

$$x_C = \frac{x_1 + x_2 + x_3 + x_4}{4}, \quad y_C = \frac{y_1 + y_2 + y_3 + y_4}{4} \tag{13}$$

取质心坐标为零时,式(12)就化为

$$I_z = \frac{1}{80} m (l_1^2 + l_2^2 + l_3^2 + l_4^2 + l_5^2 + l_6^2) \tag{14}$$

其中 $l_i^2 (i = 1, 2, \cdots, 6)$ 为四面体各棱在 xy 平面投影长度的平方。

采样同样的方法,可以推导出转动惯量张量的非对角分量。

三角形平板的转动惯量分量为

$$I_{xy} = -\frac{m}{12} \left(2 \sum_i x_i y_i + \sum_{i \neq j} x_i y_j \right) \tag{15}$$

四面体的转动惯量分量为

$$I_{xy} = -\frac{m}{20} \left(2 \sum_i x_i y_i + \sum_{i \neq j} x_i y_j \right) \tag{16}$$

044　牟合方盖的转动惯量

问题:两个或三个圆柱垂直相互交合,其公共部分的转动惯量是多少?

图 1　两个圆柱相交部分

解析:先讨论两个不同的圆柱体的垂直相交部分,如图 1 所示。

设两个圆柱面的方程为

$$x^2 + y^2 = a^2, \quad x^2 + z^2 = b^2, \quad a > b > 0 \tag{1}$$

则相交部分的坐标范围为

$$\begin{cases} -b < x < b \\ -\sqrt{a^2 - x^2} < y < \sqrt{a^2 - x^2} \\ -\sqrt{b^2 - x^2} < z < \sqrt{b^2 - x^2} \end{cases} \tag{2}$$

由此得到相交部分的体积为

$$V = \iiint \mathrm{d}x \, \mathrm{d}y \, \mathrm{d}z = 8 \int_0^b \sqrt{(a^2 - x^2)(b^2 - x^2)} \, \mathrm{d}x \tag{3}$$

相交部分对各坐标轴的转动惯量为

$$I_z = \rho \iiint (x^2 + y^2) \, \mathrm{d}x \, \mathrm{d}y \, \mathrm{d}z = \frac{8}{3} \rho \int_0^b (a^2 + 2x^2) \sqrt{(a^2 - x^2)(b^2 - x^2)} \, \mathrm{d}x \tag{4}$$

$$I_y = \rho \iiint (x^2 + z^2) \, \mathrm{d}x \, \mathrm{d}y \, \mathrm{d}z = \frac{8}{3} \rho \int_0^b (b^2 + 2x^2) \sqrt{(a^2 - x^2)(b^2 - x^2)} \, \mathrm{d}x \tag{5}$$

$$I_x = \rho \iiint (y^2 + z^2) \, \mathrm{d}x \, \mathrm{d}y \, \mathrm{d}z = \frac{8}{3} \rho \int_0^b (a^2 + b^2 - 2x^2) \sqrt{(a^2 - x^2)(b^2 - x^2)} \, \mathrm{d}x \tag{6}$$

计算得两个圆柱相交部分的转动惯量为

$$I_z = \frac{ma^2}{15} \frac{(9 + k^2 + 4k^4) \mathrm{E}(k) - (9 - 11k^2 + 2k^4) \mathrm{K}(k)}{(1 + k^2) \mathrm{E}(k) - (1 - k^2) \mathrm{K}(k)} \tag{7}$$

$$I_y = \frac{ma^2}{15} \frac{(4 + k^2 + 9k^4) \mathrm{E}(k) - (4 - k^2 - 3k^4) \mathrm{K}(k)}{(1 + k^2) \mathrm{E}(k) - (1 - k^2) \mathrm{K}(k)} \tag{8}$$

$$I_x = \frac{ma^2}{15} \frac{(1 + 14k^2 + k^4)\mathrm{E}(k) - (1 + 6k^2 - 7k^4)\mathrm{K}(k)}{(1 + k^2)\mathrm{E}(k) - (1 - k^2)\mathrm{K}(k)} \tag{9}$$

其中 $k = b/a$，$\mathrm{K}(k)$、$\mathrm{E}(k)$ 分别为第一类和第二类完全椭圆积分。当两个垂直相交圆柱体的半径相等时，相交部分就是著名的"牟合方盖"，此时 $k = 1$。由以上三式得牟合方盖关于三个坐标轴的转动惯量为

$$I_z = I_y = \frac{7}{15}mR^2, \quad I_x = \frac{8}{15}mR^2 \tag{10}$$

其中 m 为牟合方盖的质量，R 为圆柱的半径。

三个圆柱相交部分比较复杂，为简单起见，我们只考虑三个半径相同的圆柱沿三个相互垂直方向的轴相交部分，如图 2 所示。

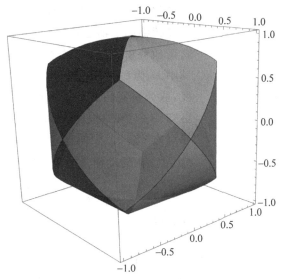

图 2　三个半径相同的圆柱相交部分

由对称性，我们只考虑以下区域：

$$0 < x < \frac{R}{\sqrt{2}}, \quad x < y < \sqrt{R^2 - x^2}, \quad 0 < z < \sqrt{R^2 - y^2} \tag{11}$$

这个区域占相交部分的 1/16。相交部分的体积为

$$V = 16 \iiint \mathrm{d}x\,\mathrm{d}y\,\mathrm{d}z = 16 \int_0^{R/\sqrt{2}} \int_x^{\sqrt{R^2 - x^2}} \sqrt{R^2 - y^2}\,\mathrm{d}y\,\mathrm{d}x \tag{12}$$

相交部分的转动惯量为

$$I = 16\rho \iiint (x^2 + y^2)\,\mathrm{d}x\,\mathrm{d}y\,\mathrm{d}z = 16\rho \int_0^{R/\sqrt{2}} \int_x^{\sqrt{R^2 - x^2}} (x^2 + y^2)\sqrt{R^2 - y^2}\,\mathrm{d}y\,\mathrm{d}x \tag{13}$$

计算得相交部分的体积和转动惯量分别为

$$V = 8(2 - \sqrt{2})R^3, \quad I = \frac{8}{45}(44 - 23\sqrt{2})\rho R^5 \tag{14}$$

由此得三个半径相同的圆柱垂直相交部分的转动惯量为

$$I = \frac{21 - \sqrt{2}}{45}mR^2 \tag{15}$$

其中，m 为相交部分的质量，R 为圆柱的半径。

　　练习：利用数学软件，画出这些圆柱相交部分的三维空间构型，3D 打印并实际测量这些玩具的转动惯量，和本题的理论结果进行对比。

045　分形物体的转动惯量

　　问题：科赫雪花和分形龙的转动惯量等于多少？

　　解析：科赫雪花的分形步骤是，将正三角形每条边三等分，中间一段去掉，代之以更小正三角形（边长为原来正三角形的 $1/3$）的两条边，依次迭代。所得图形如图 1 所示。

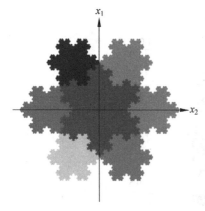

图 1　科赫雪花分形物体

由对称性，科赫雪花的质心在原来正三角形的中心，定为原点。首先求通过原点垂直于科赫雪花所在平面转轴（x_3 轴垂直纸面）的转动惯量。仿照分形三角形的分析，假设科赫雪花的转动惯量为 $I_3 = \lambda m L^2$，其中 m 为科赫雪花的质量，L 为科赫雪花的特征长度，取为科赫雪花外接圆的半径。由图 1 的剖分方式可知，6 个小的科赫雪花的特征长度为 $L/3$，质心距离原点为 $2L/3$。中间一个小的科赫雪花的特征长度为 $L/\sqrt{3}$。由转动惯量的组合以及平行轴定理，得

$$I_3 = \frac{1}{9}I_3 + 6 \times \left[\frac{1}{81}I_3 + \frac{m}{9}\left(\frac{2L}{3}\right)^2\right] \tag{1}$$

计算得

$$I_3 = \frac{4}{11}mL^2 \tag{2}$$

设科赫雪花绕 x_1、x_2 轴的转动惯量为 I_1、I_2，由转动惯量的组合以及平行轴定理，得

$$I_2 = \frac{1}{9}I_1 + 4 \times \left(\frac{1}{81}I_2 + \frac{m}{9}\frac{L^2}{3}\right) + 2 \times \frac{1}{81}I_2 \tag{3}$$

$$I_1 = \frac{1}{9}I_2 + 4 \times \left(\frac{1}{81}I_1 + \frac{m}{9}\frac{L^2}{9}\right) + 2 \times \left(\frac{1}{81}I_1 + \frac{m}{9}\frac{4L^2}{9}\right) \tag{4}$$

通过计算可得科赫雪花绕 x_1、x_2 轴的转动惯量相等，其值为

$$I_1 = I_2 = \frac{2}{11}mL^2 \tag{5}$$

计算结果表明，$I_3 = I_1 + I_2$，满足转动惯量的垂直轴定理。

　　分形龙的迭代大致如下：一开始，给定两个点，连起来；第一步，沿连线方向旋转 $45°$，折起来；第二步，再沿连线方向，左（右）旋转 $45°$，折起来；依此类推，直至无穷。最后得到的图形就是分形龙，如图 2 所示。

　　选取起始两点的坐标为 $(0,0)$、$(1,0)$，由计算机编程，得到分形龙坐标图如图 3 所示。

　　由图 3 可以看出，整个分形龙剖分为大小、形状相同的四个小分形龙。定义分形龙的两个起始点为首尾，且坐标为 r_1、r_2。垂直平面的单位矢量为 n，设分形龙的质心坐标为

$$r_C = r_1 + \alpha(r_2 - r_1) + \beta n \times (r_2 - r_1) \tag{6}$$

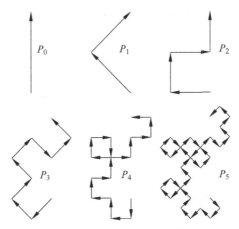

图 2 分形龙的迭代步骤

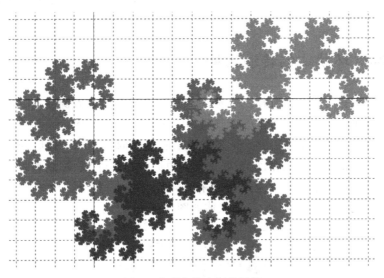

图 3 分形龙的坐标位置图

由图 3 还可以看出,从左到右,四个小分形龙的起始点坐标分别为 $(0,0)$、$(0,-1/2)$;$(1/2,-1/2)$、$(0,-1/2)$;$(1/2,1/2)$、$(1/2,0)$;$(1,0)$、$(1/2,0)$。由式(6)可知大分形龙的质心坐标为 (α,β),四个小分形龙的质心坐标分别为

$$(\beta/2,-\alpha/2),((1-\alpha)/2,-(1+\beta)/2),((1-\beta)/2,-(1-\alpha)/2),(1-\alpha/2,-\beta/2)$$

由质心的定义可知

$$4\alpha=\frac{\beta}{2}+\frac{1-\alpha}{2}+\frac{1-\beta}{2}+1-\frac{\alpha}{2} \tag{7}$$

$$4\beta=-\frac{\alpha}{2}-\frac{1+\beta}{2}-\frac{1-\alpha}{2}-\frac{\beta}{2} \tag{8}$$

由此解得

$$\alpha=\frac{2}{5},\quad \beta=-\frac{1}{5} \tag{9}$$

即如果起始位置为 $(0,0)$、$(1,0)$，那么分形龙的质心坐标为 $(2/5,-1/5)$，四个小分形龙的质心坐标分别为

$$\boldsymbol{r}_{C1}=(-1/10,-1/5),\quad \boldsymbol{r}_{C2}=(3/10,-2/5)$$

$$\boldsymbol{r}_{C3}=(3/5,-3/10),\quad \boldsymbol{r}_{C4}=(4/5,1/10)$$

恢复分形龙的长度标度，设分形龙起始点的距离为 l，质量为 m，绕质心轴的转动惯量为 $I_C=\lambda m l^2$，那么按转动惯量的平行轴定理，有

$$\lambda m l^2 = 4\times\lambda\frac{m}{4}\left(\frac{l}{2}\right)^2+\frac{m}{4}(l_1^2+l_2^2+l_3^2+l_4^2) \tag{10}$$

其中 $l_i(i=1,2,3,4)$ 为四个小分形龙质心到大分形龙质心的距离。由式 (10)，计算得到 $\lambda=1/5$，即分形龙绕质心轴的转动惯量为

$$I_C=\frac{m l^2}{5}$$

练习：利用数学软件，画出并打印科赫雪花和分形龙。测量它们的转动惯量，与本题的理论结果进行对比。

046　Mobius 环状体的转动惯量

问题：一个正三角形中心沿着一个圆周移动，三角形同时绕着圆周转动。移动一圈后，与起始的正三角形重合。形成的这个三维物体的转动惯量是多少？

解析：先考虑一般的正多边形。正多边形中心在圆周上移动一周后，沿着垂直多边形的平面且通过中心的轴转过的角度，正好是正多边形中心夹角 $2\pi/N$ 的整数倍 L，L 也称为扭转数。这样移动一周后的正多边形与原来的能重合起来，扭转体形成一个 Mobius 环状体。扭转数为 2 的正三角形 Mobius 环状体如图 1 所示。

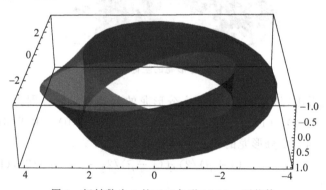

图 1　扭转数为 2 的正三角形 Mobius 环状体

设起始时正三角形在 xz 平面上，中心坐标为 $(b,0,0)$，其中 b 为圆周的半径。正三角形三个顶点坐标为 $\boldsymbol{r}_1=(b+a,0,0)$，$\boldsymbol{r}_2=(b-a/2,0,\sqrt{3}a/2)$，$\boldsymbol{r}_3=(b-a/2,0,-\sqrt{3}a/2)$，其中 a 为正三角形外接圆半径。扭转体是这样形成的：三角形首先绕着 z 轴转动 ϕ 角度，然后以转动后的中心 $(b\cos\phi,b\sin\phi,0)$ 为参考点，整个三角形沿着 $(-\sin\phi,\cos\phi,0)$ 方向转动 $k\phi$ 角度，$k=L/3$ 称为扭转参数。经过这两个转动操作，正三角形三个顶点坐标转化为

$$\boldsymbol{r}_1(\phi)=(\cos\phi(b+a\cos(k\phi)),\sin\phi(b+a\cos(k\phi)),-a\sin(k\phi)) \tag{1}$$

$$r_2(\phi) = (\cos\phi\,(b - a\cos(k\phi)/2 + \sqrt{3}\,a\sin(k\phi)/2),\sin\phi\,(b - a\cos(k\phi)/2 + \sqrt{3}\,a\sin(k\phi)/2),$$
$$\sqrt{3}\,a\cos(k\phi)/2 + a\cos(k\phi)/2) \tag{2}$$

$$r_3(\phi) = (\cos\phi\,(b - a\cos(k\phi)/2 - \sqrt{3}\,a\sin(k\phi)/2),\sin\phi\,(b - a\cos(k\phi)/2 - \sqrt{3}\,a\sin(k\phi)/2),$$
$$-\sqrt{3}\,a\cos(k\phi)/2 + a\cos(k\phi)/2) \tag{3}$$

这个三角形内任意一点的坐标可以用以下参数表示：

$$r(s,t,\phi) = r_1(\phi) + s(r_2(\phi) - r_1(\phi)) + t(r_3(\phi) - r_1(\phi)) \tag{4}$$

其中参数满足 $0 < s < 1, 0 < t < 1, 0 < s + t < 1$。由参数变换的雅可比矩阵,得到参数空间上扭转体体积元为

$$dV = A\left[2b + a(2 - 3s - 3t)\cos(k\phi) + \sqrt{3}\,a(s - t)\sin(k\phi)\right]ds\,dt\,d\phi \tag{5}$$

其中 $A = 3\sqrt{3}\,a^2/4$ 为正三角形的面积。积分得到这个扭转体体积为 $V = 2b\pi A$,即三角形的面积乘以中心平移长度。扭转体的质量为 $m = \rho V$。

按定义,扭转体相对 z 轴的转动惯量为

$$I_z = \rho\int(x(s,t,\phi)^2 + y(s,t,\phi)^2)\,dV = \rho\,\frac{3}{16}\sqrt{3}\,a^2 b(3a^2 + 8b^2)\pi = m(b^2 + 3a^2/8)$$

这个扭转体相对 x 轴的转动惯量为

$$I_x = \rho\int(y(s,t,\phi)^2 + z(s,t,\phi)^2)\,dV = \frac{3}{32}\sqrt{3}\,a^2 b(5a^2 + 8b^2)\pi = m(b^2 + 5a^2/8)/2$$

这个扭转体相对 y 轴的转动惯量为

$$I_y = \rho\int(x(s,t,\phi)^2 + z(s,t,\phi)^2)\,dV = \frac{3}{32}\sqrt{3}\,a^2 b(5a^2 + 8b^2)\pi = m(b^2 + 5a^2/8)/2$$

对于正 N 边形形成的扭转体,通过正四(五、六)边形等的计算结果,我们猜测 Mobius 环状体的转动惯量为

$$I_z = m\left[b^2 + \left(\frac{1}{2} + \frac{1}{4}\cos(2\pi/N)\right)a^2\right] \tag{6}$$

$$I_x = I_y = \frac{m}{2}\left[b^2 + \left(\frac{5}{6} + \frac{5}{12}\cos(2\pi/N)\right)a^2\right] \tag{7}$$

由式(6)、式(7)可以看出,转动惯量与扭转数 L 无关。当正多边形的边数 N 趋向无穷大时,即趋向于一个半径为 a 的圆时,Mobius 环状体的极限就是圆环胚刚体(就像自行车轮胎一样)。

练习:利用数学软件,画出并打印这些有趣的物体。测量它们的转动惯量,与本题的理论结果进行对比。

运　　动

一、轨　　迹

047　等时摆线的逆问题

问题 1：光滑曲线上，质点从任意位置下滑到最低点的时间都一样，这种等时曲线是什么形状？

问题 2：起始位置 O 点固定，质点滑到任意一点 A 的时间，与沿 OA 线段下滑的时间相等，这种等时曲线是什么形状？

解析：为讨论方便，设重力加速度为 1，质点质量为 1，起始点坐标为 (x_0, y_0)，最低点坐标为原点。质点滑到坐标 (x, y) 时的速率为 $v = \sqrt{2(y_0 - y)}$，滑过弧长 $ds = \sqrt{dx^2 + dy^2}$ 所花时间为

$$dt = \frac{ds}{v} = \frac{\sqrt{dx^2 + dy^2}}{\sqrt{2(y_0 - y)}} \tag{1}$$

滑到最低点的时间为

$$T = \int_0^{y_0} \frac{\sqrt{(dx/dy)^2 + 1}}{\sqrt{2(y_0 - y)}} dy \tag{2}$$

式(2)是积分方程，积分中的变换是阿贝尔变换，由文献中阿贝尔变换的逆变换，得

$$\sqrt{(dx/dy)^2 + 1} = \frac{\sin(\pi/2)}{\pi} \frac{d}{dy} \int_0^y \frac{\sqrt{2}\, T}{\sqrt{y - y'}} dy' \tag{3}$$

计算得

$$\sqrt{(dx/dy)^2 + 1} = \frac{\sqrt{2}\, T}{\pi} \frac{1}{\sqrt{y}} \tag{4}$$

令 $dx/dy = \cot\theta$，则有

$$y = \frac{2T^2}{\pi^2} \sin^2\theta, \quad x = \frac{T^2}{\pi^2}(2\theta + \sin 2\theta) \tag{5}$$

式(5)就是旋轮线。这就证明了第一种等时曲线是旋轮线。

接下来讨论第二个问题,设起始点为原点,为计算方便,采用极坐标,质点滑到任意一点 $(\rho\cos\theta,-\rho\sin\theta)$ 时,速率为 $v=\sqrt{2\rho\sin\theta}$,滑过弧长 $\mathrm{d}s=\sqrt{\mathrm{d}\rho^2+\rho^2\mathrm{d}\theta^2}$ 所花时间为

$$\mathrm{d}t=\frac{\mathrm{d}s}{v}=\frac{\sqrt{\mathrm{d}\rho^2+\rho^2\mathrm{d}\theta^2}}{\sqrt{2\rho\sin\theta}} \tag{6}$$

所以滑动时间为

$$T=\int_0^\theta\frac{\sqrt{\mathrm{d}\rho^2+\rho^2\mathrm{d}\theta^2}}{\sqrt{2\rho\sin\theta}} \tag{7}$$

沿斜面滑动时间为 $\sqrt{2\rho/\sin\theta}$,于是等时性导致

$$\int_0^\theta\frac{\sqrt{\mathrm{d}\rho^2+\rho^2\mathrm{d}\theta^2}}{\sqrt{2\rho\sin\theta}}=\sqrt{\frac{2\rho}{\sin\theta}} \tag{8}$$

式(8)两边对 θ 求导,计算并化简得

$$\frac{\mathrm{d}\rho}{\rho}=\frac{\cos2\theta}{\sin2\theta}\mathrm{d}\theta \tag{9}$$

式(9)积分得

$$\rho=a\sqrt{\sin2\theta} \tag{10}$$

其中,a 是积分常数,表示双扭线的大小。将式(10)代表的曲线旋转 45°,两边平方,得到标准的双扭线方程

$$\rho^2=a^2\cos2\theta \tag{11}$$

文献:程建春.数学物理方程及其近似方法[M].北京:科学出版社,2006:238-244.

048　追击问题的极限性质

问题:任意三角形三个顶点上三个相互追击者,他们的速度满足什么关系才能相遇于一点?这个点是三角形的什么点?

解析:这是任意三角形上的追击问题。从运动学出发,如果存在一个中心点 P,追击者的位形是旋转缩小的相似三角形,旋转中心是中心点 P,追击者相对点 P 的距离成比例匀速缩小,各点速度方向与矢径方向的夹角 ω 不变且相等。这种情况满足追击条件:每个追击者的速率不变,追击方向始终对准下一个追击者。设三角形初始位置是 ABC,相应的边长为 a、b、c,内角为 A、B、C。相遇点就是旋转中心点 P,且是三角形的布洛卡点,ω 就是布洛卡角,满足

$$\angle PAB=\angle PBC=\angle PCA=\omega,\quad \cot\omega=\frac{a^2+b^2+c^2}{4\Delta} \tag{1}$$

其中 a、b、c 为三角形的边长,Δ 为三角形的面积,如图1所示。

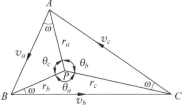

图1　三点追击者示意图

设 P 点到三个顶点的距离分别为 r_a、r_b、r_c,由于追击速度与矢径的夹角不变,因此速率之比等于径向速

度之比,而径向速度又正比于矢径的长度。三个追击速率之比为

$$v_a : v_b : v_c = r_a : r_b : r_c = k_a : k_b : k_c \tag{2}$$

其中追击速率比例系数为

$$k_a = b/a, \quad k_b = c/b, \quad k_c = a/c \tag{3}$$

只有满足这样的条件,三个追击者才能相遇到布洛卡点 P。设追击者的速率为 $v_i = k_i v$,其中 i 代表任意一个追击者 a、b、c。追击者起始点与布洛卡点的距离 $r_i = k_i r$,则矢径长度与时间的关系为

$$r_i(t) = k_i(r - vt\cos\theta) \tag{4}$$

追击者垂直矢径的速度是角速度乘以矢径,也是追击速度的法向分量,所以

$$\frac{\mathrm{d}\phi_i(t)}{\mathrm{d}t} r_i(t) = k_i v \sin\theta \tag{5}$$

其中 $\phi_i(t)$ 是追击者与极轴的夹角。将式(4)代入式(5),分离变量,积分得

$$\phi_i(t) - \phi_i(0) = \tan\theta \ln(r_i(0)/r_i(t)) \tag{6}$$

其中起始矢径 $r_i(0) = r_i$,式(6)两边取指数,化简得

$$r_i(t) = r_i(0)\exp(-\cot\theta(\phi_i(t) - \phi_i(0))) \tag{7}$$

在极坐标下追击曲线是对数螺线。这样的处理方法很容易推广到具有布洛卡点的多边形,但不能推广到四面体。

为推理方便,作指标对应 $(P, A, B, C) \leftrightarrow (0, 1, 2, 3)$,或 $P = A_0$,$A = A_1$,$B = A_2$,$C = A_3$。设起始点三个坐标为 (x_1, y_1)、(x_2, y_2)、(x_3, y_3),经过时间 T,相遇于共同点 (x_0, y_0)。设三个速度的方向角为 ϕ_i,追击者 i 和 j 的相对速率为

$$v_{ij} = v_i - v_j \cos(\phi_j - \phi_i) \tag{8}$$

在时间 T 内,追击者 i 和 j 的相对距离由 l_{ij} 缩短到零,所以

$$v_i T - v_j \int_0^T \cos(\phi_j - \phi_i)\mathrm{d}t = l_{ij} \tag{9}$$

在时间 T 内,追击者到达共同点 P,所以

$$x_0 - x_k = v_k \int_0^T \cos\phi_k \mathrm{d}t, \quad y_0 - y_k = v_k \int_0^T \sin\phi_k \mathrm{d}t, \quad k = 1, 2, 3 \tag{10}$$

满足式(9)和式(10)共六个方程的一个必要条件是:相邻两个追击者的夹角不变。由几何关系得

$$(v_1 + v_2\cos\alpha_2)T = l_3, \quad (v_2 + v_3\cos\alpha_3)T = l_1, \quad (v_3 + v_1\cos\alpha_1)T = l_2 \tag{11}$$

其中 α_i 为三角形 ABC 的内角,$l_3 = l_{12} = c$,$l_1 = l_{23} = a$,$l_2 = l_{13} = b$。由式(11)可以求出三个追击速率之比,计算结果与第一种方法一样。接下来我们采用复数法求解相遇点 P 的坐标。令 $z_k = x_k + \mathrm{i}y_k$ 和 $F(T) = \int_0^T \exp(\mathrm{i}\phi_1)\mathrm{d}t$,则有

$$z_0 - z_1 = v_1 F(T), \quad z_0 - z_2 = -v_2\exp(-\mathrm{i}\alpha_2)F(T), \quad z_0 - z_3 = -v_3\exp(\mathrm{i}\alpha_1)F(T) \tag{12}$$

由此我们得

$$|z_0 - z_1| : |z_0 - z_2| : |z_0 - z_3| = r_1 : r_2 : r_3 = v_1 : v_2 : v_3 \tag{13}$$

即追击速率之比等于 P 点到各个顶点距离之比。由式(12)还可以得到

$$\frac{z_0 - z_1}{z_2 - z_1} = \frac{v_1}{v_1 + v_2 \exp(-i\alpha_2)} \tag{14}$$

$$\frac{z_0 - z_2}{z_3 - z_2} = -\frac{v_2}{v_2 + v_3 \exp(i\alpha_3)} \tag{15}$$

$$\frac{z_0 - z_3}{z_1 - z_3} = \frac{v_3}{v_3 + v_1 \exp(-i\alpha_1)} \tag{16}$$

由复数乘除的几何意义

$$\frac{z_0 - z_i}{z_j - z_i} = \frac{|z_0 - z_i|}{|z_j - z_i|} \exp(i\angle A_0 A_i A_j) \tag{17}$$

经过复杂的计算,得到三个角 $\angle A_0 A_i A_j$ 的反正切都一样,结果为

$$\cot\angle A_0 A_1 A_2 = \cot\angle A_0 A_2 A_3 = \cot\angle A_0 A_3 A_1 = \cot\alpha_1 + \cot\alpha_2 + \cot\alpha_3 \tag{18}$$

这恰巧是布洛卡点的定义。这种方法也容易推广到具有布洛卡点的多边形,但不能推广到四面体。

049　椭圆函数的李萨如图形

问题:质点在相互垂直非线性弹簧势下的运动轨迹是什么曲线?

解析:先讨论一维情况。非线性弹簧势的表达式为

$$V(x) = \frac{1}{2}m\omega^2 x^2 + \frac{1}{2}m\lambda^2 x^4 \tag{1}$$

其中 m 是质点的质量,ω、λ 是参数。在初始时刻 $t=0$,位移为 $x(0)=x_0$,速度为 $v(0)=v_0$,质点在势场(1)中运动,机械能守恒,得

$$\frac{1}{2}mv^2 + \frac{1}{2}m\omega^2 x^2 + \frac{1}{2}m\lambda^2 x^4 = E \tag{2}$$

将式(2)化简得

$$\frac{dx}{\sqrt{\dfrac{2E}{\lambda^2 m} - \dfrac{\omega^2}{\lambda^2}x^2 - x^4}} = \lambda\,dt \tag{3}$$

设

$$a^2 b^2 = 2E/(\lambda^2 m), \quad b^2 - a^2 = \omega^2/\lambda^2 \tag{4}$$

其中 $a>0, b>0$,为具有长度量纲的参数。这样式(3)化为

$$\frac{dx}{\sqrt{(a^2 - x^2)(x^2 + b^2)}} = \lambda\,dt \tag{5}$$

由式(5)可以看出,a 为质点运动位移幅度的最大值,即 $-a \leqslant x \leqslant a$,可以定义为振幅。作代换:

$$y^2 = \frac{x^2}{k^2(x^2 + b^2)} \leqslant 1 \tag{6}$$

其中模数 k^2 定义为 $k^2 = a^2/(a^2 + b^2)$。将式(6)代回式(5),得

$$\frac{dy}{\sqrt{(1 - y^2)(1 - k^2 y^2)}} = \lambda\sqrt{a^2 + b^2}\,dt \tag{7}$$

由雅可比椭圆函数 $\mathrm{sn}(u,k^2)$ 的定义：

$$u=\int_0^{\mathrm{sn}(u,k^2)}\frac{\mathrm{d}t}{\sqrt{(1-t^2)(1-k^2t^2)}} \tag{8}$$

得到方程(7)的解为

$$y=\mathrm{sn}(\lambda\sqrt{a^2+b^2}\,(t+t_0),k^2) \tag{9}$$

将式(9)反代回式(6)，由椭圆函数 $\mathrm{dn}(u,k^2)$ 的定义：

$$\mathrm{dn}(u,k^2)=\sqrt{1-k^2\mathrm{sn}^2(u,k^2)} \tag{10}$$

得到质点在势场(1)中运动位移与时间的表达式为

$$x(t)=\frac{ab}{\sqrt{a^2+b^2}}\mathrm{sd}(\lambda\sqrt{a^2+b^2}\,(t+t_0),k^2) \tag{11}$$

其中椭圆函数 $\mathrm{sd}(u,k^2)$ 定义为 $\mathrm{sd}(u,k^2)=\mathrm{sn}(u,k^2)/\mathrm{dn}(u,k^2)$。时间参数 t_0 由初始条件决定：

$$x_0=\frac{ab}{\sqrt{a^2+b^2}}\mathrm{sd}(\lambda\sqrt{a^2+b^2}\,t_0,k^2) \tag{12}$$

定义第一类完全椭圆积分 K 为

$$K=\frac{\pi}{2}F(1/2,1/2,1;\,k^2) \tag{13}$$

由雅可比椭圆函数的加法公式：

$$\mathrm{sn}(u+2K,k^2)=-\mathrm{sn}(u,k^2),\mathrm{dn}(u+2K,k^2)=\mathrm{dn}(u,k^2) \tag{14}$$

得到质点在势场(1)中的运动周期为

$$T=\frac{2\pi}{\lambda}\frac{F(1/2,1/2,1;\,k^2)}{\sqrt{a^2+b^2}} \tag{15}$$

接下来讨论质点在非线性势中运动的李萨如图形。为简单起见，取参数(无量纲化后) $m=\omega=\lambda=1$，这时周期 T 与振幅 a 的关系式为

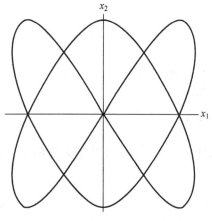

$$T(a^2)=\frac{2\pi}{\sqrt{2a^2+1}}F\left(\frac{1}{2},\frac{1}{2},1;\,\frac{a^2}{2a^2+1}\right) \tag{16}$$

位移与时间 t 和振幅 a 的关系式为

$$x(t)=\frac{a\sqrt{a^2+1}}{\sqrt{2a^2+1}}\mathrm{sd}\left(\sqrt{2a^2+1}\,(t+t_0),\frac{a^2}{2a^2+1}\right) \tag{17}$$

由式(17)可以看出，如果质点在两个垂直方向上运动的周期比为有理数，那么轨迹一般是封闭的，类似于简谐运动中的李萨如图形。周期比为 2∶3 的李萨如图形如图 1 所示。

图 1　周期比为 2∶3 的李萨如图形

050　莱洛三角形的滚动

问题：莱洛三角形在一个正方形内是如何滚动的？

解析：莱洛三角形由三段圆弧组成,圆弧对圆心张的角度为 $\pi/3$。起始时,莱洛三角形三个尖点在正方形的三条边上,一个圆弧与另外的一条边相切。滚动过程中,莱洛三角形始终在正方形内,与四条边的四个接触点,三个点是相切的,一个点是接触的,如图 1 所示。

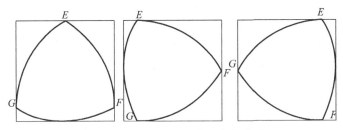

图 1　莱洛三角形在正方形内的滚动

从对称性考虑,以正方形的中心为坐标原点,设正方形的边长为 2,那么三个圆弧起始时刻相对质心 $(0,1-2/\sqrt{3})$ 的参数坐标分别为

$$x'=-2\sin\phi,\quad y'=\frac{2}{\sqrt{3}}-2\cos\phi,\quad -\pi/6<\phi<\pi/6 \tag{1}$$

$$x'=-1+2\cos\phi,\quad y'=-\frac{1}{\sqrt{3}}+2\sin\phi,\quad 0<\phi<\pi/3 \tag{2}$$

$$x'=1-2\cos\phi,\quad y'=-\frac{1}{\sqrt{3}}+2\sin\phi,\quad 0<\phi<\pi/3 \tag{3}$$

随后,莱洛三角形质心平移 (x_C,y_C),然后整体逆时针转动 θ 角度。莱洛三角形滚动后,上边尖点 E 的坐标为 $(x_C-2\sin\theta/\sqrt{3},1+y_C+2(\cos\theta-1)/\sqrt{3})$,落在正方形的上边上。右边尖点 F 的坐标为 $(x_C+\cos\theta+\sin\theta/\sqrt{3},1+y_C+\sin\theta-(\cos\theta+2)/\sqrt{3})$,落在正方形的右边上,如图 1 所示。由此得质心平移量与转动角度的关系式：

$$\begin{cases} x_C=1-\cos\theta-\sin\theta/\sqrt{3} \\ y_C=2(1-\cos\theta)/\sqrt{3} \end{cases} \tag{4}$$

尖点 E 转到 $(1-\sqrt{3},1)$ 时暂停,由此得式(4)中转动角范围 $0<\theta<\pi/6$。

再考虑顺时针滚动。上边尖点 E 的坐标形式不变,左边尖点 G 的坐标为 $(x_C-\cos\theta+\sin\theta/\sqrt{3},1+y_C-\sin\theta-(\cos\theta+2)/\sqrt{3})$,落在正方形的左边上,如图 1 所示。由此得质心平移量与转动角度的关系式：

$$\begin{cases} x_C=-1+\cos\theta-\sin\theta/\sqrt{3} \\ y_C=2(1-\cos\theta)/\sqrt{3} \end{cases} \tag{5}$$

由对称性可知转动角范围 $-\pi/6<\theta<0$。由旋转对称性和以上质心平移转动表达式,得到莱洛三角形质心以及圆弧中点的轨迹如图 2 所示。

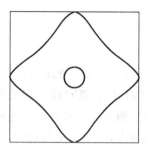

图 2 莱洛三角形质心和圆弧中点轨迹

质心表达式(4)和式(5)其实是椭圆弧,所以莱洛三角形上任意固定一点的轨迹由四段对称的椭圆弧(与质心的椭圆弧不一样)组合而成,这从图 2 中可以看出来。

051 椭圆旋轮线

问题:椭圆轮子在地面上是如何滚动的?

解析:任意取曲线上一点为原点,以这点的切线为 x 轴,曲线上另一点的切线与 x 轴的夹角为 θ,曲线在这两点之间的长度为 $s=s(\theta)$,这点的弧长坐标就是 $x=x(\theta)$,$y=y(\theta)$。设起始时刻,两曲线的切点为原点 O,切线为 x 轴,静止曲线(标记为 1)在 x 轴上方,滚动曲线(标记为 2)在下方。滚动曲线上固定一点为 P,起始时刻 P 点与原点 O 重合。滚动一段距离 $s=s_1(\theta_1)=s_2(\theta_2)$ 后,曲线与静止曲线的切点为 Q。Q 点处的公切线与 x 轴的夹角为 θ_1,与 P 点切线的夹角为 θ_2,如图 1 所示。

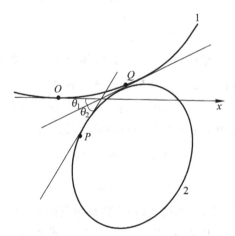

图 1 滚动曲线示意图

在以 P 点为原点的弧长坐标中,切点 Q 相对于动点 P 的坐标为

$$\overrightarrow{PQ}=x_2(\theta_2)\boldsymbol{e}_1+y_2(\theta_2)\boldsymbol{e}_2 \tag{1}$$

其中 $\boldsymbol{e}_1$ 为 P 点切线的单位方向矢量,$\boldsymbol{e}_2$ 垂直于 $\boldsymbol{e}_1$:

$$\boldsymbol{e}_1=\cos(\theta_1+\theta_2)\boldsymbol{e}_x+\sin(\theta_1+\theta_2)\boldsymbol{e}_y \tag{2}$$

$$\boldsymbol{e}_2=\sin(\theta_1+\theta_2)\boldsymbol{e}_x-\cos(\theta_1+\theta_2)\boldsymbol{e}_y \tag{3}$$

由矢量叠加,得到 P 点相对原点 O 的参数坐标为

$$X(\theta_1,\theta_2)=x_1(\theta_1)-\cos(\theta_1+\theta_2)x_2(\theta_2)-$$
$$\sin(\theta_1+\theta_2)y_2(\theta_2) \tag{4}$$

$$Y(\theta_1,\theta_2)=y_1(\theta_1)-\sin(\theta_1+\theta_2)x_2(\theta_2)+$$
$$\cos(\theta_1+\theta_2)y_2(\theta_2) \tag{5}$$

以椭圆为实例来画出旋轮线,设椭圆的半长轴为 a,半短轴为 b,以短轴的最下端为原点,则椭圆的弧长坐标为

$$s(\theta)=a\,\mathrm{E}(\arctan(a\tan\theta/b),1-b^2/a^2) \tag{6}$$

$$x(\theta)=a\sin(\arctan(a\tan\theta/b)),\quad y(\theta)=b-b\cos(\arctan(a\tan\theta/b)) \tag{7}$$

其中 $\mathrm{E}(\varphi,k^2)$ 是第二类椭圆积分。将式(6)和式(7)代入式(4)和式(5),就能得到椭圆旋轮线。取 $a=4,b=3$,可得椭圆在直线上滚动的旋轮线如图2所示。作为对比,我们加上了相同周期的圆的旋轮线(虚线表示)。

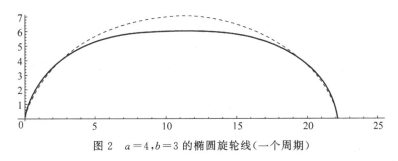

图2　$a=4,b=3$ 的椭圆旋轮线(一个周期)

练习1:仿照以上思路,求椭圆轮子在固定圆上纯滚动的轨迹(旋轮线)。

练习2:仿照以上思路,求椭圆轮子在固定(相似)椭圆上纯滚动的轨迹(旋轮线)。

052　方轮之外

问题:正方形轮子可以在什么轨道上平稳滚动?若这个轨道上还有其他轮子,还能平稳滚动吗?

解析:设起始时刻车轮质心(轴心)与地面参考系的原点重合,在此质心参考系中,车轮曲线坐标为 (x',y'),在时刻 t,质心向右正方向运动到 (x_C,y_C),同时车轮绕质心顺时针转动 θ 角度。则在地面参考系中,车轮上一点的坐标为

$$\begin{pmatrix}x\\y\end{pmatrix}=\begin{pmatrix}x_C\\y_C\end{pmatrix}+\begin{pmatrix}\cos\theta & \sin\theta\\ -\sin\theta & \cos\theta\end{pmatrix}\begin{pmatrix}x'\\y'\end{pmatrix} \tag{1}$$

设在时刻 t,(x,y) 为车轮与轨道的接触点,即 (x,y) 满足轨道曲线方程 $F(x,y)=0$,对应的质心参考系坐标 (x',y') 满足车轮曲线方程 $G(x',y')=0$。纯滚动约束要求车轮上这点相对地面的速度为零,即

$$\begin{pmatrix}\mathrm{d}x/\mathrm{d}t\\ \mathrm{d}y/\mathrm{d}t\end{pmatrix}=\begin{pmatrix}\mathrm{d}x_C/\mathrm{d}t\\ \mathrm{d}y_C/\mathrm{d}t\end{pmatrix}+\frac{\mathrm{d}\theta}{\mathrm{d}t}\begin{pmatrix}-\sin\theta & \cos\theta\\ -\cos\theta & -\sin\theta\end{pmatrix}\begin{pmatrix}x'\\y'\end{pmatrix}=\mathbf{0} \tag{2}$$

平稳行驶要求车轮质心纵坐标 y_C 保持不变,所以式(2)第二行等式为

$$\mathrm{d}\theta/\mathrm{d}t\,(\cos\theta x' + \sin\theta y') = 0 \tag{3}$$

角速度一般不为零,式(3)有解:

$$\cos\theta x' + \sin\theta y' = 0 \tag{4}$$

我们猜测式(4)有以下的参数方程表达式

$$\begin{cases} x' = f(\theta)\sin\theta \\ y' = -f(\theta)\cos\theta \end{cases} \tag{5}$$

将式(5)代入车轮曲线方程 $G(x', y') = 0$,就能确定 $f(\theta)$ 的形式。另外,式(2)中的第一行可以化为

$$\mathrm{d}x_C = \mathrm{d}\theta(\sin\theta x' - \cos\theta y') \tag{6}$$

将式(5)代入式(6),积分得质心横坐标 x_C 与转动角 θ 的表达式为

$$x_C = \int_0^\theta f(\theta)\,\mathrm{d}\theta = F(\theta) \tag{7}$$

通过式(1),地面轨道上的接触点 (x, y) 能表达为转动角 θ 的参数方程形式:

$$x = F(\theta), \quad y = -f(\theta) \tag{8}$$

式(8)就是地面轨道曲线的参数方程,它以形状函数 $f(\theta)$ 为联系,与车轮形状参数方程(5)形成一对耦合方程。

为了保证车轮在周期性轨道上能转 l 次,形状函数 $f(\theta)$ 必须是周期性函数,且满足

$$f(\theta) = f(\theta + 2\pi/l) \tag{9}$$

此时,车轮形状具有 l 重对称性,我们称 $2\pi/l$ 为转动角的(最小正)周期。

设正方形边长为 2,起始位置一个顶点在最下面,那么方轮的其中一段曲线方程为 $x' - y' = \sqrt{2}$,代入式(5),得到方轮形状函数为

$$f(\theta) = \frac{\sqrt{2}}{\cos\theta + \sin\theta} \tag{10}$$

其中转动角参数 $0 < \theta < \pi/2$,即方轮具有 4 重对称性。把式(10)代入式(8),计算得到轨道的参数方程为

$$x = F(\theta) = \ln\tan\left(\frac{\theta}{2} + \frac{\pi}{8}\right) - \ln\tan\left(\frac{\pi}{8}\right), \quad y = -\frac{\sqrt{2}}{\cos\theta + \sin\theta} \tag{11}$$

消去参数 θ,在直角坐标系中式(11)可以转化为双曲余弦函数的形式:

$$y = -\cosh(x + a) \tag{12}$$

其中 $a = \ln\tan(\pi/8)$。当转动角超过 $\pi/2$ 时,轨道形状由式(11)周期延伸而成。所以正方形车轮对应的是周期性双曲余弦函数轨道。

如果这个轨道还能对应其他车轮形状,那么这个车轮大小应该不一样。假定新车轮的轴心还是在水平线上平行移动,那么轨道必须沿竖直方向移动。把式(11)对应的轨道整体向下平移距离 c,轨道曲线为

$$x = F(\theta), \quad y = -f(\theta) - c \tag{13}$$

平移后的新轨道参数方程(13)中 θ 是参数角,而不是物理上的转动角。设新车轮的形状函数为 $g(\phi)$,这里的 ϕ 才是物理上的转动角。由式(8),可得新轨道形状为

$$x = G(\phi) = \int_0^\phi g(\phi)\mathrm{d}\phi, \quad y = -g(\phi) \tag{14}$$

在一个周期轨道上,这两种表达式是完全一样的,所以

$$y = -g(\phi) = -f(\theta) - c \tag{15}$$

$$\mathrm{d}x = g(\phi)\mathrm{d}\phi = f(\theta)\mathrm{d}\theta \tag{16}$$

由式(15)、式(16)可以得新的轨道上车轮转动角 ϕ 与旧轨道参数角 θ 的关系式:

$$\phi = \int_0^\theta \frac{f(\theta)}{f(\theta) + c}\mathrm{d}\theta \tag{17}$$

如果要求一个周期轨道上,对应参数角 $0 < \theta < \pi/2$,转动角 ϕ 转过 $2\pi/l$,即新的车轮具有 l 重对称性,那么轨道竖直平移距离 c_l 必须满足以下等式:

$$\frac{2\pi}{l} = \int_0^{\pi/2} \frac{f(\theta)}{f(\theta) + c_l}\mathrm{d}\theta \tag{18}$$

虽然平移距离 c_l 可能有解析表达式,但是对于数学软件来说,解析解和数值解的效果其实是一样的,有时数值解反而更方便用于画图和动画模拟。得到平移距离 c_l 的数值解后,将其代回式(17),仍以 θ 为参数,新轨道上 l 重对称性车轮的形状参数方程为

$$\begin{cases} X_l = (f(\theta) + c_l)\sin(\phi(\theta, c_l)) \\ Y_l = -(f(\theta) + c_l)\cos(\phi(\theta, c_l)) \end{cases} \tag{19}$$

对于式(19),数值求得 $c_3 = -0.28$,$c_5 = 0.28$。由数学软件,得到同一个周期性双曲余弦函数轨道上可以平稳滚动的 3、4、5 重对称性车轮,如图 1 所示。

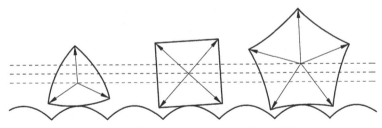

图 1　方轮轨道上的 3、4、5 重对称性车轮

练习:把该系列的轮子和轨道制作出来,看看是否能滚起来,并满足问题中的条件。

053　交错圆盘的滚动轨迹

问题:两个相同的圆盘嵌合在一起(有共同的弦),在地面上是如何滚动的?

解析:嵌合圆盘与地面两个接触点的轨迹与旋轮线类似,具有周期性。设圆盘的半径为 r,两个圆盘所在平面的夹角(交错角)为 2θ,如图 1 所示。相交线段(共同弦)CD 与圆心 O 的距离是 $OF = d$。一个圆盘与地面的接触点为 A,经过 A 点的切线与线段 CD 的延长线交于点 K。F 是 CD 的中点,BF 垂直于 CD,OA 垂直于 AK,所以 $\angle FKA$ 等于 $\angle BOA$,即圆盘的自转角 ϕ。H 为 F 在平面上的投影,$\angle FKH$ 就是线段 CD 与平面的夹角。

当圆盘转过 ϕ 角度时,由立体几何知识可知,相交线段与地面的倾角 $\beta = \angle FKH$ 的正切为

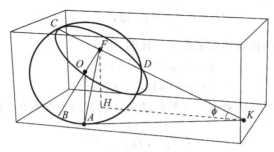

图 1　交错圆盘的几何说明

$$\tan\beta = \cos\theta\tan\phi$$

质心的高度为

$$z_C = \frac{r\cos\theta\,|\sec\phi|}{\sqrt{1+\cos^2\theta\tan^2\phi}} \tag{1}$$

设交错圆盘的滚动方向为 x 方向（HK 方向），起始时刻相交线段 CD 位于 x 轴的正上方。刚体的运动分解为质心的平动和绕质心的转动。对于交错圆盘，转动就是绕 y 轴方向转动 β 角度。由纯滚动条件，圆盘与地面的接触点 A 瞬时速度为零：

$$v_A = \frac{\mathrm{d}x_C}{\mathrm{d}t} - z_C\,\frac{\mathrm{d}\beta}{\mathrm{d}t} = 0 \tag{2}$$

由式（2）得

$$\mathrm{d}x_C = \frac{r\cos\theta\,|\sec\phi|}{\sqrt{1+\cos^2\theta\tan^2\phi}}\,\mathrm{d}\beta \tag{3}$$

由式（3）得到交错圆盘滚动一周时质心位移 L 为

$$L = 4r\int_0^{\pi/2}\sqrt{1-\sin^2\theta\sin^2 t}\,\mathrm{d}t = 4r\,\mathrm{E}(\sin\theta) \tag{4}$$

其中 $\mathrm{E}(k)$ 是第二类完全椭圆积分。由此看出质心位移周期 L 只与圆盘的交错角 θ 有关，与交错距离 d 无关。

设起始时刻圆盘上任意一点 A 相对质心的坐标是 (x_{A0}, y_{A0}, z_{A0})，滚动后点 A 的坐标为

$$\begin{pmatrix} x_A \\ y_A \\ z_A \end{pmatrix} = \begin{pmatrix} x_C \\ y_C \\ z_C \end{pmatrix} + \begin{pmatrix} \cos\beta & 0 & \sin\beta \\ 0 & 1 & 0 \\ -\sin\beta & 0 & \cos\beta \end{pmatrix}\begin{pmatrix} x_{A0} \\ y_{A0} \\ z_{A0} \end{pmatrix} \tag{5}$$

设点 A 的参数角为 φ，起始时刻 A 相对质心的坐标为

$$(x_{A0}, y_{A0}, z_{A0}) = (r\sin\varphi, -d\sin\theta - r\cos\varphi\sin\theta, -r\cos\theta\cos\varphi) \tag{6}$$

考虑圆盘与地面的滚动接触点 A，此点的参数角 φ 与圆盘的自转角 ϕ 相等。取圆盘半径为 1，垂直相交，当交错距离 $d=0,0.5,1.0$ 时，滚动接触点的轨迹如图 2 所示。

　　练习 1：这个交错圆盘的滚动是否可以等同于椭圆盘的滚动？如可以的话，这个椭圆的半长轴和半短轴的长度是多少？

　　练习 2：计算并画出圆盘上任意一点的（空中）轨迹。

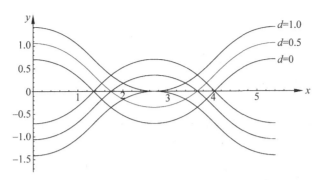

图 2 交错角为 90°时不同交错距离接触点的轨迹

054 镶嵌雪花片的滚动模式

问题：两个相同的雪花片（圆盘）垂直嵌合在一起，在地面上是如何滚动的？

解析：先给出这个体系的立体几何描述。如图 1 所示，O_1、O_2 分别是两个圆的圆心，O 是体系的质心，位于线段 O_1O_2 的中点。A_1、A_2 分别是两个圆与地面的接触点，在点 A_1、A_2 处两个圆的切线和 O_2O_1 的延长线交于地面同一点 K。B_1、B_2 是两个圆上的固定点，起始时刻与地面接触。H_1、H、H_2 分别是 O_1、O、O_2 在地面的投影（垂足）。

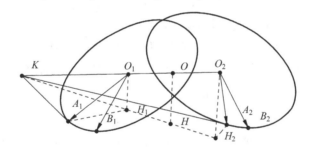

图 1 垂直嵌合圆盘的几何描述

设 $\angle O_1KA_1 = \angle A_1O_1B_1 = \theta_1$，$\angle O_2KA_2 = \angle A_2O_2B_2 = \theta_2$，$\theta_1$、$\theta_2$ 是两个圆的角度参数，$\angle OKH = \beta$。则有 $O_1K\sin\theta_1 = O_1A_1$，$O_2K\sin\theta_2 = O_2A_2$。设两个圆的半径为单位 1，圆心距 $O_1O_2 = k$，由 $O_2K - O_1K = O_1O_2$ 得

$$\frac{1}{\sin\theta_2} - \frac{1}{\sin\theta_1} = k \tag{1}$$

由立体几何知识可知

$$\tan\beta = \frac{\tan\theta_1 \tan\theta_2}{\sqrt{\tan^2\theta_1 + \tan^2\theta_2}} \tag{2}$$

由图 1 可知 $OH = OK\sin\beta$，$2OK = O_1K + O_2K$。由式(1)和式(2)计算得到嵌合圆盘质心的纵坐标 z_C（$z_C = OH$）为

$$z_C = \left(\frac{1}{\sin\theta_1} + \frac{k}{2}\right)\sin\beta = \frac{1 + \dfrac{k}{2}\sin\theta_1}{\sqrt{(k^2 - 1)\sin^2\theta_1 + 2k\sin\theta_1 + 2}} \tag{3}$$

上式两边对 θ_1 求导,得

$$\frac{\mathrm{d}z_C}{\mathrm{d}\theta_1} = -\frac{(k^2-2)\cos\theta_1\sin\theta_1}{2[2+2k\sin\theta_1+(k^2-1)\sin^2\theta_1]^{3/2}} \tag{4}$$

可以看出,当圆心距 $k=\sqrt{2}$ 时,嵌合圆盘滚动时质心高度会保持 $\sqrt{2}/2$ 不变。

接下来求圆盘 1 所在平面与竖直平面的夹角 δ 的余弦。设 O_1B_1 延长线交于地面一点 F,从 O_1 点作一条垂直于 O_1O_2 的线交地面于点 G,则有 $O_1G=O_1K\tan\beta$,$O_1F=O_1K\tan\theta_1$。O_1GF 是一个直角三角形,且 $\delta=\angle GO_1F$,有

$$\cos\delta = \frac{O_1G}{O_1F} = \frac{\tan\beta}{\tan\theta_1} = \frac{\cos\theta_1}{\sqrt{(k^2-2)\sin^2\theta_1+2k\sin\theta_1+2}} \tag{5}$$

设起始时刻圆心的连线 O_1O_2 与地面平行,并以此为 x 轴方向,垂直地面向上为 z 轴方向,与 x 轴和 z 轴都垂直的方向定为 y 轴方向。而绕质心 O 的转动可以分解为三个连续转动:第一个转动是绕 z 轴转动 ϕ 角度,这时 $Oxyz$ 转化为 $Ox'y'z'$;第二个转动是绕 y' 轴转动 $-\beta$ 角度,这时 $Ox'y'z'$ 转化为 $Ox''y''z$;第三个转动是绕 x'' 轴转动 $-\psi$ 角度;设 $R(\boldsymbol{n},\varphi)$ 表示绕 $\boldsymbol{n}$(单位矢量)方向转动 φ 角度的转动矩阵,质心系坐标为 $\boldsymbol{r}'$ 的一点在体系滚动后相对地面的坐标系的位矢为

$$\boldsymbol{r} = \boldsymbol{r}_C + R(\boldsymbol{i}'',-\psi)R(\boldsymbol{j}',-\beta)R(\boldsymbol{k},\phi)\boldsymbol{r}' \tag{6}$$

其中

$$\boldsymbol{k}=(0,0,1), \quad \boldsymbol{j}'=(-\sin\phi,\cos\phi,0) \tag{7}$$

$$\boldsymbol{i}''=(\cos\beta\cos\phi,\cos\beta\sin\phi,\sin\beta) \tag{8}$$

由图 1 可以看出,A_1 点相对 O 点的矢量为 $\overrightarrow{OO_1}+\overrightarrow{O_1A_1}$,$\overrightarrow{O_1A_1}$ 可以沿着两个正交方向 $\overrightarrow{O_1B_1}$ 和 $\overrightarrow{O_1K}$ 分解,由此计算得到 A_1、A_2 在质心系中的坐标分别为

$$\boldsymbol{r}_1'=(-k/2-\sin\theta_1,-\cos\theta_1/\sqrt{2},-\cos\theta_1/\sqrt{2}) \tag{9}$$

$$\boldsymbol{r}_2'=(-k/2-\sin\theta_2,\cos\theta_2/\sqrt{2},-\cos\theta_2/\sqrt{2}) \tag{10}$$

体系滚动后 A_1、A_2 与地面接触,即相对地面坐标的第三分量始终为零,计算得角度 ψ 满足的条件为

$$\cos(\psi+\pi/4) = \frac{\cos\theta_1}{\sqrt{(k^2-2)\sin^2\theta_1+2k\sin\theta_1+2}} \tag{11}$$

这个结果与根据立体几何计算得到的结果式(5)一致。

再看体系绕质心转动的角速度,总角速度是三个转动角速度的矢量和:

$$\boldsymbol{\omega} = \frac{\mathrm{d}\phi}{\mathrm{d}t}\boldsymbol{k} - \frac{\mathrm{d}\beta}{\mathrm{d}t}\boldsymbol{j}' - \frac{\mathrm{d}\varphi}{\mathrm{d}t}\boldsymbol{i}'' \tag{12}$$

体系作纯滚动的必要条件是 A_1、A_2 相对地面的速度为零,即

$$\frac{\mathrm{d}\boldsymbol{r}_1}{\mathrm{d}t} = \frac{\mathrm{d}\boldsymbol{r}_C}{\mathrm{d}t} + \boldsymbol{\omega}\times(\boldsymbol{r}_1-\boldsymbol{r}_C) = 0 \tag{13}$$

$$\frac{\mathrm{d}\boldsymbol{r}_2}{\mathrm{d}t} = \frac{\mathrm{d}\boldsymbol{r}_C}{\mathrm{d}t} + \boldsymbol{\omega}\times(\boldsymbol{r}_2-\boldsymbol{r}_C) = 0 \tag{14}$$

式(13)减去式(14)得

$$\boldsymbol{\omega}\times(\boldsymbol{r}_1-\boldsymbol{r}_2) = 0 \tag{15}$$

式(15)意味着角速度与 A_1A_2 连线平行,或角速度的第三分量为零。由式(12)计算得到公转角 ϕ 与自转角 ψ 的关系式

$$\mathrm{d}\phi = \sin\beta\mathrm{d}\psi \tag{16}$$

以及角速度的表达式

$$\boldsymbol{\omega} = \left(\frac{\mathrm{d}\beta}{\mathrm{d}t}\sin\phi - \frac{\mathrm{d}\psi}{\mathrm{d}t}\cos\beta\cos\phi, -\frac{\mathrm{d}\beta}{\mathrm{d}t}\cos\phi - \frac{\mathrm{d}\psi}{\mathrm{d}t}\cos\beta\sin\phi, 0\right) \tag{17}$$

由图 1 可以看到,在地面固定坐标系中,$\boldsymbol{r}_1$(A_1 点位移)减去 $\boldsymbol{r}_C$(O 点位移)为

$$\boldsymbol{r}_1 - \boldsymbol{r}_C = (x_1 - x_C, y_1 - y_C, -z_C) \tag{18}$$

将式(17)和式(18)代入式(13),计算得

$$\begin{cases} \mathrm{d}x_C = -z_C(\cos\beta\sin\phi\mathrm{d}\psi + \cos\phi\mathrm{d}\beta) \\ \mathrm{d}y_C = z_C(\cos\beta\cos\phi\mathrm{d}\psi - \sin\phi\mathrm{d}\beta) \end{cases} \tag{19}$$

数值求解微分方程组(19)、式(16)和式(4)就能得到质心坐标 (x_C, y_C, z_C),转动角度 ϕ、β、ψ 与参数角 θ_1 或 θ_2 的关系式,进而画出体系与地面接触点形成的轨迹以及滚动动画模拟。当圆心距等于圆盘半径的 $\sqrt{2}$ 倍时,即质心高度保持不变,嵌合圆盘滚动模拟如图 2 所示。

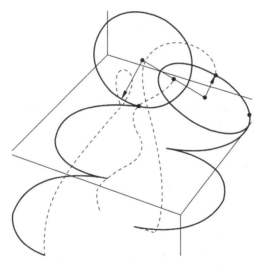

图 2 质心高度不变嵌合圆盘的滚动模拟

练习:两个雪花片(圆盘)大小不一样,写出它们的滚动方程,数值求解并动画模拟。

注解 1:这个难题的求解,需要将初等数学中的立体几何和刚体力学中的三维转动(矩阵)完美融洽地结合。这是生活(玩具)中的物理的典型代表。

注解 2:数学上也发现,当两个圆盘圆心距取合适的长度时,体系的滚动方程以及轨迹有初等解析解。这个长度(距离)是多少?

055 球体的拓印滚动

问题:网球上的 8 字形(球面)曲线,拓印在地面上的曲线是什么形状?

解析:这个问题的关键是给出网球拓印滚动的正确描述。刚体的滚动可以分解为质心

的平动和绕质心的三维转动。假定网球是质量均匀分布的球体,那么质心与球心 O 重合。网球的拓印滚动理论上可以这样分解:首先球心 O 平移到地面上拓印曲线上一点 Q 的正上方,这个点也是网球与地面的滚动接触点。球面曲线和地面拓印曲线长度一样,依此找到球面曲线上对应的点 P。这时有个三维转动,把球心 O 指向球面曲线一点 P 的矢量,转动到指向滚动接触点 Q 的矢量,同时也把球面曲线一点的标架(包括切向量)转化为地面拓印曲线对应点的标架,如图 1 所示。

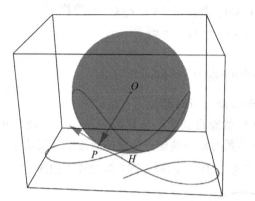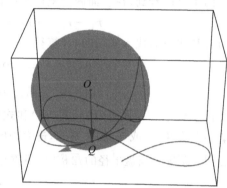

图 1　滚动前和滚动后球面曲线一点标架变化示意图

设球面闭合曲线的参数形式为 $\boldsymbol{p}(s)=(x_1(s),x_2(s),x_3(s))$,其中 s 为弧长参数。曲线的切向矢量为 $\boldsymbol{u}(s)=(\mathrm{d}x_1/\mathrm{d}s,\mathrm{d}x_2/\mathrm{d}s,\mathrm{d}x_3/\mathrm{d}s)$。为讨论方便,设球半径为 1,起始时刻球心 O 在原点。球面曲线和拓印曲线的弧长参数是一样的,设地面拓印曲线参数形式为 $\boldsymbol{q}(s)=(y_1(s),y_2(s),-1)$,切向量为 $\boldsymbol{v}(s)=(\mathrm{d}y_1/\mathrm{d}s,\mathrm{d}y_2/\mathrm{d}s,0)$。起始时刻有 $\boldsymbol{p}(0)=\boldsymbol{q}(0)=(0,0,-1)$。$\boldsymbol{p}(s)$ 为滚动前起始时刻球心 O 指向球面曲线点 P 的矢量,$\boldsymbol{p}(0)$ 是滚动后球心 O 指向滚动接触点 Q 的矢量。设从 $\boldsymbol{p}(s)$ 转到 $\boldsymbol{p}(0)$ 的三维转动矩阵为 $R(\boldsymbol{p}(s),\boldsymbol{p}(0))$,则这个转动操作使得转动后的 $\boldsymbol{p}(s)$ 垂直于地面,且使球面曲线的切向量 $\boldsymbol{u}(s)$ 变为地面拓印曲线的切向量 $\boldsymbol{v}(s)$,即

$$\begin{pmatrix} \mathrm{d}y_1/\mathrm{d}s \\ \mathrm{d}y_2/\mathrm{d}s \\ 0 \end{pmatrix} = R(\boldsymbol{p}(s),\boldsymbol{p}(0)) \cdot \begin{pmatrix} \mathrm{d}x_1/\mathrm{d}s \\ \mathrm{d}x_2/\mathrm{d}s \\ \mathrm{d}x_3/\mathrm{d}s \end{pmatrix} \tag{1}$$

在式(1)中可以把分母上的 $\mathrm{d}s$ 去掉,这样,可以把弧长参数 s 改成其他参数,譬如 ϕ,由此得

$$\begin{pmatrix} \mathrm{d}y_1 \\ \mathrm{d}y_2 \\ 0 \end{pmatrix} = R(\boldsymbol{p}(\phi),\boldsymbol{p}(0)) \cdot \begin{pmatrix} \mathrm{d}x_1 \\ \mathrm{d}x_2 \\ \mathrm{d}x_3 \end{pmatrix} \tag{2}$$

当参数 $\phi=0$ 时,$\boldsymbol{p}(0)=(0,0,-1)$。与 $\boldsymbol{p}(\phi)$ 和 $\boldsymbol{p}(0)$ 都垂直的矢量 $\boldsymbol{m}$ 为

$$\boldsymbol{m}=\boldsymbol{p}(\phi)\times\boldsymbol{p}(0)=(-x_2,x_1,0) \tag{3}$$

与 $\boldsymbol{p}(\phi)$ 和 $\boldsymbol{m}$ 都垂直的矢量 $\boldsymbol{n}$ 为

$$\boldsymbol{n}=\boldsymbol{m}\times\boldsymbol{p}(\phi)=(x_1x_3,x_2x_3,-x_1^2-x_2^2) \tag{4}$$

按定义,球面曲线切矢量 $\boldsymbol{u}=(x_1',x_2',x_3')$ 垂直于矢量 $\boldsymbol{p}(\phi)$,只在 $\boldsymbol{m}$、$\boldsymbol{n}$ 上有分量,其分解为

$$u = \frac{-x'_1 x_2 + x'_2 x_1}{x_1^2 + x_2^2} m + \frac{x'_1 x_1 x_3 + x'_2 x_2 x_3 - x'_3(x_1^2 + x_2^2)}{x_1^2 + x_2^2}(m \times p(\phi)) \quad (5)$$

转动后，$p(\phi)$变为$p(0)$，m不变。利用恒等式$x'_1 x_1 + x'_2 x_2 + x'_3 x_3 = 0$，得到转动后的切向量$v$为

$$v = \frac{-x'_1 x_2 + x'_2 x_1}{x_1^2 + x_2^2} m + \frac{-x'_3}{x_1^2 + x_2^2}(m \times p(0)) \quad (6)$$

计算得

$$v = \frac{-x'_1 x_2 + x'_2 x_1}{x_1^2 + x_2^2}(-x_2, x_1, 0) + \frac{-x'_3}{x_1^2 + x_2^2}(-x_1, -x_2, 0) \quad (7)$$

球面曲线切向量$u = (x'_1, x'_2, x'_3)$转动后就成为地面拓印曲线的切向量$v = (y'_1, y'_2, 0)$，由此得地面拓印曲线的微分方程组：

$$dy_1 = \frac{x_2^2 dx_1 - x_1 x_2 dx_2 + x_1 dx_3}{x_1^2 + x_2^2} \quad (8)$$

$$dy_2 = \frac{-x_2 x_1 dx_1 + x_1^2 dx_2 + x_2 dx_3}{x_1^2 + x_2^2} \quad (9)$$

取球面闭合曲线为球面$x_1^2 + x_2^2 + x_3^2 = 1$和圆柱面$x_2^2 + (x_3 + 1/2)^2 = 1/4$的截合线。这个曲线看起来像8字形，其参数方程为

$$x_1 = \sin\phi, \quad x_2 = \sin\phi\cos\phi, \quad x_3 = -\cos^2\phi \quad (10)$$

我们先给出三维滚动动画模拟的一个截图，如图2所示。

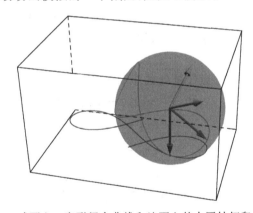

图2 球面上8字形闭合曲线和地面上的中国结拓印曲线

把式(10)代入式(8)和式(9)，得到地面拓印曲线坐标满足的微分方程

$$dy_1 = \cos\phi \frac{3 - \cos^2\phi}{1 + \cos^2\phi} d\phi \quad (11)$$

$$dy_2 = \frac{3\cos^2\phi - 1}{1 + \cos^2\phi} d\phi \quad (12)$$

式(11)和式(12)有解析解

$$y_1 = \sqrt{2}\ln\left(\frac{\sqrt{2} + \sin\phi}{\sqrt{2} - \sin\phi}\right) - \sin\phi \quad (13)$$

$$y_2 = 3\phi - 2\sqrt{2}\arctan\left(\frac{\tan\phi}{\sqrt{2}}\right) - 2\sqrt{2}\left[\frac{\phi}{\pi} + \frac{1}{2}\right] \tag{14}$$

其中$[x]$是高斯取整函数。当参数角ϕ连续变化时,地面上的拓印曲线像中国结,如图3所示。

图 3　地面上类似中国结的周期性拓印曲线

练习：地面上的闭合周期曲线,譬如星形曲线,反拓印在球面上。求这个球面曲线的形状。

二、启动，突变，终态

056　三铰链杆的启动

问题：三个轻杆通过共同的铰链连接在一起,另外的端点上固定有小球(看作质点),放置在光滑平面上,起始位形是等边三角形,如图所示。给某个小球一个初速度,求启动时刻所有小球的速度和加速度。

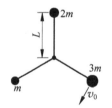

解析：设铰链处的坐标为(x_0, y_0),三个质点的坐标分别为(x_1, y_1)、(x_2, y_2)和(x_3, y_3)。三个约束方程为

$$(x_1 - x_0)^2 + (y_1 - y_0)^2 = l_1^2$$
$$(x_2 - x_0)^2 + (y_2 - y_0)^2 = l_2^2$$
$$(x_3 - x_0)^2 + (y_3 - y_0)^2 = l_3^2$$

约束条件中加上拉氏因子λ_i的拉氏量(总动能)

$$L = \frac{1}{2}m_1\left[\left(\frac{dx_1}{dt}\right)^2 + \left(\frac{dy_1}{dt}\right)^2\right] + \frac{1}{2}m_2\left[\left(\frac{dx_2}{dt}\right)^2 + \left(\frac{dy_2}{dt}\right)^2\right] + \frac{1}{2}m_3\left[\left(\frac{dx_3}{dt}\right)^2 + \left(\frac{dy_3}{dt}\right)^2\right] +$$
$$\lambda_1\left[(x_1 - x_0)^2 + (y_1 - y_0)^2\right] + \lambda_2\left[(x_2 - x_0)^2 + (y_2 - y_0)^2\right] +$$
$$\lambda_3\left[(x_3 - x_0)^2 + (y_3 - y_0)^2\right]$$

由此得运动方程：

$$m_1\frac{d^2x_1}{dt^2} = 2\lambda_1(x_1 - x_0), \quad m_1\frac{d^2y_1}{dt^2} = 2\lambda_1(y_1 - y_0)$$

$$m_2\frac{d^2x_2}{dt^2} = 2\lambda_2(x_2 - x_0), \quad m_2\frac{d^2y_2}{dt^2} = 2\lambda_2(y_2 - y_0)$$

$$m_3 \frac{\mathrm{d}^2 x_3}{\mathrm{d}t^2} = 2\lambda_3(x_3 - x_0), \quad m_3 \frac{\mathrm{d}^2 y_3}{\mathrm{d}t^2} = 2\lambda_3(y_3 - y_0)$$

以及

$$\lambda_1(x_1 - x_0) + \lambda_2(x_2 - x_0) + \lambda_3(x_3 - x_0) = 0$$

$$\lambda_1(y_1 - y_0) + \lambda_2(y_2 - y_0) + \lambda_3(y_3 - y_0) = 0$$

由这些运动方程,可以得"质心"的运动方程:

$$m_1 \frac{\mathrm{d}^2 x_1}{\mathrm{d}t^2} + m_2 \frac{\mathrm{d}^2 x_2}{\mathrm{d}t^2} + m_3 \frac{\mathrm{d}^2 x_3}{\mathrm{d}t^2} = 0$$

$$m_1 \frac{\mathrm{d}^2 y_1}{\mathrm{d}t^2} + m_2 \frac{\mathrm{d}^2 y_2}{\mathrm{d}t^2} + m_3 \frac{\mathrm{d}^2 y_3}{\mathrm{d}t^2} = 0$$

即体系的动量守恒。设两个坐标轴方向的速度分量分别为 u 和 v,加速度分量分别为 a 和 b。约束方程对时间求一次和二次导数,得速度的约束方程:

$$(u_1 - u_0)(x_1 - x_0) + (v_1 - v_0)(y_1 - y_0) = 0$$

$$(u_2 - u_0)(x_2 - x_0) + (v_2 - v_0)(y_2 - y_0) = 0$$

$$(u_3 - u_0)(x_3 - x_0) + (v_3 - v_0)(y_3 - y_0) = 0$$

以及加速度的约束方程:

$$(u_1 - u_0)^2 + (v_1 - v_0)^2 + (a_1 - a_0)(x_1 - x_0) + (b_1 - b_0)(y_1 - y_0) = 0$$

$$(u_2 - u_0)^2 + (v_2 - v_0)^2 + (a_2 - a_0)(x_2 - x_0) + (b_2 - b_0)(y_2 - y_0) = 0$$

$$(u_3 - u_0)^2 + (v_3 - v_0)^2 + (a_3 - a_0)(x_3 - x_0) + (b_3 - b_0)(y_3 - y_0) = 0$$

对于题图中的体系,选合适的坐标和物理量单位,可得

$$m_1 = 3, \quad m_2 = 2, \quad m_3 = 1$$

$$(x_0, y_0) = (0, 0), \quad (x_1, y_1) = (1, 0)$$

$$(x_2, y_2) = (-1/2, \sqrt{3}/2), \quad (x_3, y_3) = (-1/2, -\sqrt{3}/2)$$

$$(u_0, v_0) = (0, 0), \quad (u_1, v_1) = (0, 1)$$

$$(u_2, v_2) = (0, 0), \quad (u_3, v_3) = (0, 0)$$

由对称性可知

$$\lambda_1 = \lambda_2 = \lambda_3 = \lambda$$

加速度的约束方程化简为

$$1 + \frac{1}{3}\lambda = x_1 a_0 + y_1 b_0$$

$$\frac{1}{2}\lambda = x_2 a_0 + y_2 b_0$$

$$\lambda = x_3 a_0 + y_3 b_0$$

或者写成矩阵形式的方程:

$$\begin{pmatrix} x_1 & y_1 & -1/m_1 \\ x_2 & y_2 & -1/m_2 \\ x_3 & y_3 & -1/m_3 \end{pmatrix} \begin{pmatrix} a_0 \\ b_0 \\ \lambda \end{pmatrix} = \begin{pmatrix} 1 \\ 0 \\ 0 \end{pmatrix}$$

只要矩阵行列式不为零,就能解出各个质点的起始加速度。不难推测,起始正四面体各个质点的参数满足以下矩阵形式的方程:

$$\begin{bmatrix} x_1 & y_1 & z_1 & -1/m_1 \\ x_2 & y_2 & z_2 & -1/m_2 \\ x_3 & y_3 & z_3 & -1/m_3 \\ x_4 & y_4 & z_4 & -1/m_4 \end{bmatrix} \begin{bmatrix} a_0 \\ b_0 \\ c_0 \\ \lambda \end{bmatrix} = \begin{bmatrix} 1 \\ 0 \\ 0 \\ 0 \end{bmatrix}$$

注解:如果杆之间不是铰链(光滑)连接,而是固定的,上述的拉氏法还有效吗?

057　正方形铰链杆的启动

问题:一个理想的铰链杆(由 4 个相同的杆组成)放置在光滑平面上,起始位形是正方形。给体系一个顶点(连接处)沿对角线的恒力 F,求启动时刻顶点的加速度和体系转动的角加速度。

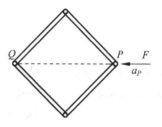

解析:如图所示,设 P 点坐标为 $(x, 0)$,Q 点坐标为 $(x+2l\cos\theta, 0)$,R 点(图中未标出)坐标为 $(x+l\cos\theta, l\sin\theta)$。定义以下速度和加速度:

$$v = \mathrm{d}x/\mathrm{d}t, \quad a = \mathrm{d}v/\mathrm{d}t, \quad \omega = \mathrm{d}\theta/\mathrm{d}t, \quad \beta = \mathrm{d}\omega/\mathrm{d}t$$

则 P 点速度为 $(v, 0)$,Q 点速度为 $(v-2l\sin\theta\omega, 0)$,$R$ 点速度为 $(v-l\sin\theta\omega, l\cos\theta\omega)$。由此计算得总动能

$$T = m(2v^2 - 4vl\sin\theta\omega + 2\sin^2\theta l^2\omega^2) + \frac{2}{3}ml^2\omega^2$$

这个量也是体系的拉氏量。由此计算得动量为

$$p = \frac{\partial L}{\partial v} = m(4v - 4l\sin\theta\omega)$$

施加的外力为

$$F = \frac{\mathrm{d}p}{\mathrm{d}t} = 4m(a - l\cos\theta\omega^2 - l\sin\theta\beta) \tag{1}$$

对应转动角参数 θ 的角动量为

$$J = \frac{\partial L}{\partial \omega} = m(-4vl\sin\theta + 4\sin^2\theta l^2\omega) + \frac{4}{3}ml^2\omega$$

角动量对时间的导数为

$$\frac{\mathrm{d}J}{\mathrm{d}t} = m(-4al\sin\theta - 4vl\cos\theta\omega + 4\sin^2\theta l^2\beta + 8\sin\theta\cos\theta l^2\omega^2) + \frac{4}{3}ml^2\beta$$

拉氏量对转动角参数 θ 的一阶偏导数为

$$\frac{\partial L}{\partial \theta} = m(-4vl\cos\theta\omega + 4\sin\theta\cos\theta l^2\omega^2)$$

由欧拉-拉格朗日运动方程可知,这两个量相等,即

$$(-al\sin\theta + \sin^2\theta l^2\beta + \sin\theta\cos\theta l^2\omega^2) + \frac{1}{3}l^2\beta = 0 \tag{2}$$

起始时刻初始角速度和速度为零,由式(1)和式(2)得

$$F = 4m(a - l\sin\theta\beta)$$

$$(-a\sin\theta + \sin^2\theta l\beta) + \frac{1}{3}l\beta = 0$$

起始时刻铰链杆为正方形,角度 $\theta = \pi/4$,计算得

$$a = \frac{5F}{8m}, \quad \beta = \frac{3F}{4\sqrt{2}\,ml}$$

练习1:数值求解铰链杆的运动方程,并进行动画模拟。

练习2:假设外力施加在体系的任意位置,求体系的运动方程和运动初值。

058　拉动一个杆所需的外力

问题:一个杆起始时刻静止在粗糙地面上,在杆的端点施加一个平行于地面的外力,在不同的方向上,至少需要多大的力量,才能使杆动起来?

解析:设杆的长度为 $2l$,杆上任意一点处的速度为

$$v_x(s,t) = a_x t, \quad v_y(s,t) = a_y t + sl\beta t$$

其中 a_x 和 a_y 为质心的加速度,β 为角加速度。参数 s 的范围为 $-1 < s < 1$。

杆在该点受到的摩擦力(微元)为

$$\mathrm{d}f_x = -\frac{a_x t}{\sqrt{(a_x t)^2 + (a_y t + sl\beta t)^2}}\mu\rho gl\,\mathrm{d}s$$

$$\mathrm{d}f_y = -\frac{a_y t + sl\beta t}{\sqrt{(a_x t)^2 + (a_y t + sl\beta t)^2}}\mu\rho gl\,\mathrm{d}s$$

杆在该点受到的摩擦力矩为

$$\mathrm{d}M = -\frac{sl(a_y t + sl\beta t)}{\sqrt{(a_x t)^2 + (a_y t + sl\beta t)^2}}\mu\rho gl\,\mathrm{d}s$$

定义以下参数:

$$\lambda_x = \frac{a_x}{l\beta}, \quad \lambda_y = \frac{a_y}{l\beta}$$

以及两个无量纲参数:

$$\tau_2 = \operatorname{arcsinh}\left(\frac{1 + \lambda_y}{\lambda_x}\right), \quad \tau_1 = \operatorname{arcsinh}\left(\frac{-1 + \lambda_y}{\lambda_x}\right)$$

计算得到(作为练习)杆受到的总摩擦力和摩擦力矩为

$$f_x = -\mu\rho gl\lambda_x(\tau_2 - \tau_1)$$

$$f_y = -\mu\rho gl\lambda_x(\cosh\tau_2 - \cosh\tau_1)$$

$$M = -\mu\rho gl^2\left[\lambda_x^2\left(\frac{1}{4}\sinh 2\tau_2 - \frac{1}{4}\sinh 2\tau_1 - \frac{\tau_2}{2} + \frac{\tau_1}{2}\right) - \lambda_y(\tau_2 - \tau_1)\right]$$

设施加的外力为 $F = k\mu\rho gl$,方向角为 α,则力矩为 $Fl\sin\alpha$,由质心的牛顿运动方程,得

$$k\mu\rho gl\cos\alpha - \mu\rho gl\lambda_x(\tau_2 - \tau_1) = 2\rho la_x$$

$$k\mu\rho gl\sin\alpha - \mu\rho gl\lambda_x(\cosh\tau_2 - \cosh\tau_1) = 2\rho la_y$$

绕质心的转动方程为

$$k\mu\rho gl^2\sin\alpha - \mu\rho gl^2\left[\lambda_x^2\left(\frac{1}{4}\sinh2\tau_2 - \frac{1}{4}\sinh2\tau_1 - \frac{\tau_2}{2} + \frac{\tau_1}{2}\right) - \lambda_y(\tau_2 - \tau_1)\right] = \frac{2}{3}\rho l^3\beta$$

加速度 a_x、a_y 和 $l\beta$ 都以 μg 为单位，并利用以下两个表达式：

$$\lambda_x = \frac{2}{\sinh\tau_2 - \sinh\tau_1}, \quad \lambda_y = \frac{\sinh\tau_2 + \sinh\tau_1}{\sinh\tau_2 - \sinh\tau_1}$$

化简得到杆的运动方程

$$k\cos\alpha = \frac{2}{\sinh\tau_2 - \sinh\tau_1}(\tau_2 - \tau_1) + \frac{4}{\sinh\tau_2 - \sinh\tau_1}l\beta$$

$$k\sin\alpha = 2\times\frac{\cosh\tau_2 - \cosh\tau_1}{\sinh\tau_2 - \sinh\tau_1} + 2\times\frac{\sinh\tau_2 + \sinh\tau_1}{\sinh\tau_2 - \sinh\tau_1}l\beta$$

$$k\sin\alpha = \left[\frac{4}{(\sinh\tau_2 - \sinh\tau_1)^2}\left(\frac{1}{4}\sinh2\tau_2 - \frac{1}{4}\sinh2\tau_1 - \frac{\tau_2}{2} + \frac{\tau_1}{2}\right) - \right.$$
$$\left.\frac{\sinh\tau_2 + \sinh\tau_1}{\sinh\tau_2 - \sinh\tau_1}(\tau_2 - \tau_1)\right] + \frac{2}{3}l\beta$$

考虑临界启动，这时质心加速度和角加速度都趋向于零，同时两个参数 τ_1 和 τ_2 都是有限值，则上面各式可以化为

$$k\cos\alpha = \frac{2}{\sinh\tau_2 - \sinh\tau_1}(\tau_2 - \tau_1) = F(\tau_1, \tau_2)$$

$$k\sin\alpha = 2\times\frac{\cosh\tau_2 - \cosh\tau_1}{\sinh\tau_2 - \sinh\tau_1} = G(\tau_1, \tau_2)$$

$$k\sin\alpha = \left[\frac{4}{(\sinh\tau_2 - \sinh\tau_1)^2}\left(\frac{1}{4}\sinh2\tau_2 - \frac{1}{4}\sinh2\tau_1 - \frac{\tau_2}{2} + \frac{\tau_1}{2}\right) - \frac{\sinh\tau_2 + \sinh\tau_1}{\sinh\tau_2 - \sinh\tau_1}(\tau_2 - \tau_1)\right]$$
$$= H(\tau_1, \tau_2)$$

这说明启动时刻，两个参数 τ_1 和 τ_2 不能自由变化，是受到限制的，必须满足 $G(\tau_1, \tau_2) = H(\tau_1, \tau_2)$。此时外力和方向角为

$$k = \sqrt{F^2(\tau_1, \tau_2) + G^2(\tau_1, \tau_2)}, \quad \alpha = \arctan(G(\tau_1, \tau_2)/F(\tau_1, \tau_2))$$

以参数 τ_1 为自变量，得到临界启动外力大小与其关系如图 1 所示。

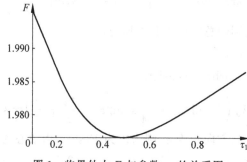

图 1　临界外力 F 与参数 τ_1 的关系图

由图 1 可以看出(并数值计算得到),当 $\tau_1=0.48$ 时,拉动外力有最小值,其值为 $k_{min}=1.98$,对应的角度是 $\alpha=0.80$ rad 或 $45°46'$。

注解:以上我们假定外力的角度为 $0°\sim90°$。

059　拉动一个圆盘所需的外力

问题:一个圆盘起始时刻静止在粗糙地面上,在盘边缘上任意一点施加一个平行于地面的外力,不同的方向上,至少需要多大的力量,才能使圆盘动起来?

解析:设地面的摩擦系数为 μ,经过时间 t,圆盘质心速度为 $(v_C\sin\phi,v_C\cos\phi)$,角速度为 ω。角度参数 θ 标记的圆盘微元速度为

$$v_x=v_C\sin\phi-r\omega\sin\theta,\quad v_y=v_C\cos\phi+r\omega\cos\theta$$

速率为

$$v=\sqrt{v_C^2+2r\omega v_C\cos(\theta+\phi)+r^2\omega^2}$$

圆盘微元受到的摩擦力为

$$\mathrm{d}f_x=-\mu\rho g\,\frac{v_C\sin\phi-r\omega\sin\theta}{\sqrt{v_C^2+2v_C r\omega\cos(\theta+\phi)+r^2\omega^2}}r\,\mathrm{d}r\,\mathrm{d}\theta$$

$$\mathrm{d}f_y=-\mu\rho g\,\frac{v_C\cos\phi+r\omega\cos\theta}{\sqrt{v_C^2+2v_C r\omega\cos(\theta+\phi)+r^2\omega^2}}r\,\mathrm{d}r\,\mathrm{d}\theta$$

作变量代换 $\theta+\phi=\psi$,则上面两式化为

$$\mathrm{d}f_x=-\mu\rho g\,\frac{v_C\sin\phi-r\omega\sin(\psi-\phi)}{\sqrt{v_C^2+2v_C r\omega\cos\psi+r^2\omega^2}}r\,\mathrm{d}r\,\mathrm{d}\psi$$

$$\mathrm{d}f_y=-\mu\rho g\,\frac{v_C\cos\phi+r\omega\cos(\psi-\phi)}{\sqrt{v_C^2+2v_C r\omega\cos\psi+r^2\omega^2}}r\,\mathrm{d}r\,\mathrm{d}\psi$$

取角度 ψ 的积分范围为 $[-\pi,\pi]$,由对称性,上面两式化为

$$\mathrm{d}f_x=-\mu\rho g\sin\phi\,\frac{v_C+r\omega\cos\psi}{\sqrt{v_C^2+2v_C r\omega\cos\psi+r^2\omega^2}}r\,\mathrm{d}r\,\mathrm{d}\psi$$

$$\mathrm{d}f_y=-\mu\rho g\cos\phi\,\frac{v_C+r\omega\cos\psi}{\sqrt{v_C^2+2v_C r\omega\cos\psi+r^2\omega^2}}r\,\mathrm{d}r\,\mathrm{d}\psi$$

对整个圆盘积分,得

$$f_x=-\mu\rho g\sin\phi A(v_C,\omega),\quad f_y=-\mu\rho g\cos\phi A(v_C,\omega)$$

其中

$$A(v,\omega)=2\int_0^\pi\mathrm{d}\theta\int_0^R\frac{v+r\omega\cos\theta}{\sqrt{v^2+2vr\omega\cos\theta+r^2\omega^2}}r\,\mathrm{d}r$$

圆盘微元相对圆环质心的摩擦力矩为

$$\mathrm{d}M=\mu\rho g(r\sin\theta\mathrm{d}f_x-r\cos\theta\mathrm{d}f_y)r\,\mathrm{d}r\,\mathrm{d}\theta$$

对整个圆盘积分得

$$M = -2\mu\rho g \int_0^R r^2\,\mathrm{d}r \int_0^\pi \frac{v_C\cos\varphi + r\omega}{\sqrt{v_C^2 + 2v_C r\omega\cos\varphi + r^2\omega^2}}\,\mathrm{d}\varphi$$

设外力大小为 $F = k\mu\rho g\pi R^2$，方向角为 α，则得到力矩为 $k\mu\rho g\pi R^3\sin\alpha$，圆盘质心运动方程和绕质心的转动方程为

$$m\frac{\mathrm{d}v_x}{\mathrm{d}t} = k\mu\rho g\pi R^2\cos\alpha - \mu\rho g\frac{v_x}{v}\frac{4}{3}R^2 H(\varepsilon)$$

$$m\frac{\mathrm{d}v_y}{\mathrm{d}t} = k\mu\rho g\pi R^2\sin\alpha - \mu\rho g\frac{v_y}{v}\frac{4}{3}R^2 H(\varepsilon)$$

$$I\frac{\mathrm{d}\omega}{\mathrm{d}t} = k\mu\rho g\pi R^3\sin\alpha - \frac{4}{9}\mu\rho g R^3 G(\varepsilon)$$

其中

$$\varepsilon = R\omega/v$$

$$H(\varepsilon) = \begin{cases} \varepsilon^{-2}\left((1+\varepsilon^2)\mathrm{E}(\varepsilon) - (1-\varepsilon^2)\mathrm{K}(\varepsilon)\right), & \varepsilon < 1 \\ \varepsilon^{-1}\left((1+\varepsilon^2)\mathrm{E}(1/\varepsilon) + (1-\varepsilon^2)\mathrm{K}(1/\varepsilon)\right), & \varepsilon > 1 \end{cases}$$

$$G(\varepsilon) = \begin{cases} \varepsilon^{-3}\left((2-5\varepsilon^2+3\varepsilon^4)\mathrm{K}(\varepsilon) - (2-4\varepsilon^2)\mathrm{E}(\varepsilon)\right), & \varepsilon < 1 \\ \varepsilon^{-2}\left((1-\varepsilon^2)\mathrm{K}(1/\varepsilon) - (2-4\varepsilon^2)\mathrm{E}(1/\varepsilon)\right), & \varepsilon > 1 \end{cases}$$

式中，$\mathrm{K}(\varepsilon)$ 和 $\mathrm{E}(\varepsilon)$ 分别为第一类和第二类完全椭圆积分。

考虑临界启动，圆盘质心加速度和角加速度都很小，由运动方程可以看出，启动时刻质心（加）速度方向与外力方向一样，且有

$$k = \frac{4}{3\pi}H(\varepsilon), \quad k\sin\alpha = \frac{4}{9\pi}G(\varepsilon)$$

由此得一个约束条件：

$$\sin\alpha = \frac{1}{3}\frac{G(\varepsilon)}{H(\varepsilon)} \leqslant 1$$

数值求解此约束条件，得参数 ε 的范围 $0 < \varepsilon < 1.83$。由于函数 $H(\varepsilon)$ 是减函数，$G(\varepsilon)$ 是增函数，且有

$$H(\varepsilon) = \frac{3\pi}{4} - \frac{3\pi}{32}\varepsilon^2 - \frac{3\pi}{256}\varepsilon^4 + O(\varepsilon^4)$$

所以临界外力的范围为

$$1 > k > 0.53$$

练习 1：求粗糙地面上拉动圆环的力的范围。

练习 2：考虑到外力有垂直地面向上的分量，求外力大小的范围。

060 平面上绳子的启动

问题：一条绳子起始静止在（光滑或粗糙）地面上，在一个端点施加一个平行于地面且与此点切线方向一样的外力，什么情况下绳子能动起来？怎么动？

解析：设外力施加在绳子的左端，以此点为原点，此点的切线方向为 x 轴。设绳子上的

张力分布为 T,先考虑光滑地面。没施加外力之前,绳子是松软的,即绳子中的张力处处为零。施加外力后,假设绳子开始紧绷,存在张力,并开始动起来,则绳子微元的运动方程为

$$\frac{\partial(T\cos\theta)}{\partial s}=\frac{\partial T}{\partial s}\cos\theta - T\sin\theta\frac{\partial\theta}{\partial s}=\frac{\partial^2 x}{\partial t^2}$$

$$\frac{\partial(T\sin\theta)}{\partial s}=\frac{\partial T}{\partial s}\sin\theta + T\cos\theta\frac{\partial\theta}{\partial s}=\frac{\partial^2 y}{\partial t^2}$$

上式继续对弧长参数 s 求偏导,得到

$$\frac{\partial^2 T}{\partial s^2}\cos\theta - 2\frac{\partial T}{\partial s}\sin\theta\frac{\partial\theta}{\partial s} - T\cos\theta\left(\frac{\partial\theta}{\partial s}\right)^2 - T\sin\theta\frac{\partial^2\theta}{\partial s^2}=\frac{\partial^3 x}{\partial s\partial t^2} \tag{1}$$

$$\frac{\partial^2 T}{\partial s^2}\sin\theta + 2\frac{\partial T}{\partial s}\cos\theta\frac{\partial\theta}{\partial s} - T\sin\theta\left(\frac{\partial\theta}{\partial s}\right)^2 + T\cos\theta\frac{\partial^2\theta}{\partial s^2}=\frac{\partial^3 y}{\partial s\partial t^2} \tag{2}$$

由微分几何知识可知

$$\frac{\partial x}{\partial s}=\cos\theta,\qquad \frac{\partial y}{\partial s}=\sin\theta$$

计算得

$$\frac{\partial^2\cos\theta}{\partial t^2}=-\cos\theta\left(\frac{\partial\theta}{\partial t}\right)^2 - \sin\theta\frac{\partial^2\theta}{\partial t^2} \tag{3}$$

$$\frac{\partial^2\sin\theta}{\partial t^2}=-\sin\theta\left(\frac{\partial\theta}{\partial t}\right)^2 + \cos\theta\frac{\partial^2\theta}{\partial t^2} \tag{4}$$

把式(3)和式(4)代入式(1)和式(2),计算得到(作为练习)绳子中张力满足的方程

$$\frac{\partial^2 T}{\partial s^2} - T\left(\frac{\partial\theta}{\partial s}\right)^2 = -\left(\frac{\partial\theta}{\partial t}\right)^2 \tag{5}$$

启动时刻速度为零,即式(5)右边部分为零,得到张力分布满足的方程

$$\frac{\mathrm{d}^2 T}{\mathrm{d}s^2} - T\left(\frac{\mathrm{d}\theta}{\mathrm{d}s}\right)^2 = 0 \tag{6}$$

对于圆弧来说 $s=R\theta$, $0<\theta<\theta_1$,则张力方程为

$$\frac{\mathrm{d}^2 T}{\mathrm{d}s^2} - \frac{1}{R^2}T = 0$$

边界条件为

$$T(0)=T_0,\quad T(s_1)=0$$

其解为

$$T(s)=T_0\frac{\sinh\left(\dfrac{s_1-s}{R}\right)}{\sinh\left(\dfrac{s_1}{R}\right)}$$

把这个张力表达式代入绳子微元起始时刻的运动方程,(经计算)可知起始绳子微元运动方向(也是加速度方向)既不是切向,也不是径向。

再考虑粗糙地面上绳子的启动,假如施加外力后一部分有张力,另一部分没有张力。有张力部分还是静止的,绳子微元的平衡方程为

$$\frac{\mathrm{d}(T\cos\theta)}{\mathrm{d}s} - \mu\rho g\cos\alpha = 0$$

$$\frac{\mathrm{d}(T\sin\theta)}{\mathrm{d}s} - \mu\rho g\sin\alpha = 0$$

其中 α 为绳子微元摩擦力的方向角。由这两个方程式，计算得

$$\sqrt{T'(s)^2 + T^2(s)(\mathrm{d}\theta/\mathrm{d}s)^2} = \mu\rho g$$

对于圆弧来说 $s = R\theta$，方程可以化为

$$\sqrt{T'(s)^2 + T^2(s)/R^2} = \mu\rho g$$

这个方程的解为

$$T(s) = \mu\rho g R\sin\left(\frac{s_1 - s}{R}\right), \quad 0 < s_1 < \pi R$$

所以绳子起始端的拉力为

$$T_0 = T(0) = \mu\rho g R\sin\left(\frac{s_1}{R}\right), \quad 0 < s_1 < \pi R$$

即弧长在 $0 < s_1 < \pi R$ 区间的绳子是紧绷的，是有张力的。对于半圆弧来说，端点处最大拉力为 $\mu\rho g R$，超过这个临界值，右半部分的圆弧就要开始滑动了。

开始滑动时有张力部分绳子微元的运动方程为

$$\frac{\partial(T\cos\theta)}{\partial s} - \mu\rho g\cos\alpha = \rho\frac{\partial^2 x}{\partial t^2} \tag{7}$$

$$\frac{\partial(T\sin\theta)}{\partial s} - \mu\rho g\sin\alpha = \rho\frac{\partial^2 y}{\partial t^2} \tag{8}$$

其中 α 为绳子微元速度的方向角。启动时刻，时间很短，速度正比于加速度，速度方向与加速度一样，即有

$$\frac{\sin\alpha}{\cos\alpha} = \frac{\partial^2 y}{\partial t^2}\bigg/\frac{\partial^2 x}{\partial t^2} = \frac{\dfrac{\partial(T\sin\theta)}{\partial s} - \mu\rho g\sin\alpha}{\dfrac{\partial(T\cos\theta)}{\partial s} - \mu\rho g\cos\alpha}$$

计算得

$$\sin(\alpha - \theta)\frac{\partial T}{\partial s} = T\frac{\partial\theta}{\partial s}\cos(\alpha - \theta) \tag{9}$$

仿照以上思路，将式(7)和式(8)对时间求导得

$$\frac{\partial^2 T}{\partial s^2}\cos\theta - 2\sin\theta\frac{\partial T}{\partial s}\frac{\partial\theta}{\partial s} - T\cos\theta\left(\frac{\partial\theta}{\partial s}\right)^2 - T\sin\theta\frac{\partial^2\theta}{\partial s^2} + \mu\rho g\sin\alpha\frac{\partial\alpha}{\partial s} = \rho\frac{\partial^3 x}{\partial s\partial t^2}$$

$$\frac{\partial^2 T}{\partial s^2}\sin\theta + 2\cos\theta\frac{\partial T}{\partial s}\frac{\partial\theta}{\partial s} - T\sin\theta\left(\frac{\partial\theta}{\partial s}\right)^2 + T\cos\theta\frac{\partial^2\theta}{\partial s^2} - \mu\rho g\cos\alpha\frac{\partial\alpha}{\partial s} = \rho\frac{\partial^3 y}{\partial s\partial t^2}$$

计算并化简得

$$\frac{\partial^2 T}{\partial s^2} - T\left(\frac{\partial\theta}{\partial s}\right)^2 + \mu\rho g\sin(\alpha - \theta)\frac{\partial\alpha}{\partial s} = -\rho\left(\frac{\partial\theta}{\partial t}\right)^2 \tag{10}$$

利用初始值、式(9)和式(10)得

$$\sin(\alpha - \theta)\frac{\mathrm{d}T}{\mathrm{d}s} = T\frac{\mathrm{d}\theta}{\mathrm{d}s}\cos(\alpha - \theta) \tag{11}$$

和

$$\frac{\mathrm{d}^2 T}{\mathrm{d}s^2} - T\left(\frac{\mathrm{d}\theta}{\mathrm{d}s}\right)^2 + \mu\rho g\sin(\alpha - \theta)\frac{\mathrm{d}\alpha}{\mathrm{d}s} = 0 \tag{12}$$

数值求解式(11)和式(12),就能得到绳子中的张力随弧长变换的关系,一直到末端 $\pi R/2$ 处张力为零。

注解1:杆是刚体,所以动时各部分一起动。绳子是柔性的,有可能一部分开始动起来,余下部分仍保持不动。

注解2:求绳子摩擦力最关键的问题是如何确定绳子微元启动时刻的速度方向。

061　球面上链条释放后的张力突变

问题:一根链条,长度小于球大圆周长的 1/4。其一端固定在光滑球面的最高点,起始静止。然后释放固定端,链条中的张力是怎样分布的? 如果起始时链条转动呢?

解析:我们先分析链条由静止释放后的张力变化。设链条微元所在坐标为 $R(\sin\theta, \cos\theta)$,则由牛顿方程得

$$\rho R^2\cos\theta\frac{\mathrm{d}^2\theta}{\mathrm{d}t^2} - \rho R^2\sin\theta\left(\frac{\mathrm{d}\theta}{\mathrm{d}t}\right)^2 = \cos\theta\frac{\mathrm{d}T}{\mathrm{d}\theta} + \sin\theta\frac{\mathrm{d}N}{\mathrm{d}\theta}$$

$$-\rho R^2\sin\theta\frac{\mathrm{d}^2\theta}{\mathrm{d}t^2} - \rho R^2\cos\theta\left(\frac{\mathrm{d}\theta}{\mathrm{d}t}\right)^2 = -\sin\theta\frac{\mathrm{d}T}{\mathrm{d}\theta} + \cos\theta\frac{\mathrm{d}N}{\mathrm{d}\theta} - \rho gR$$

其中 T 为链条中的张力,N 为球面的支持力。由以上两个式子得

$$\frac{\mathrm{d}T}{\mathrm{d}\theta} = \rho R^2\frac{\mathrm{d}^2\theta}{\mathrm{d}t^2} - \rho gR\sin\theta$$

释放以后,链条作为整体一起贴着球面运动,角加速度是一样的,设为 β,则链条中张力分布为

$$T = \rho R^2\beta\theta + \rho gR\cos\theta + C$$

释放以后,链条两端是自由端,其张力都为零,由这两个边界条件得到释放瞬间角加速度和张力的表达式为

$$\beta = \frac{g}{R}\frac{1 - \cos\theta_1}{\theta_1}$$

$$T = \rho gR\left(\frac{1 - \cos\theta_1}{\theta_1}\theta + \cos\theta - 1\right)$$

再考虑转动链条,在转动参考系下,释放以后瞬间有离心力作用,由此得到

$$\rho R^2\frac{\mathrm{d}^2\theta}{\mathrm{d}t^2} = \frac{\mathrm{d}T}{\mathrm{d}\theta} + \rho gR\sin\theta + \rho\omega^2 R^2\sin^2\theta\cos\theta$$

释放以后,链条两端是自由端,张力都为零,即 $T(0) = T(\theta_1) = 0$,积分得到角加速度的表达式

$$\beta = \frac{g}{R}\frac{1 - \cos\theta_1}{\theta_1} + \frac{1}{3}\omega^2\frac{\sin^3\theta_1}{\theta_1}$$

张力分布为

$$T = \rho g R \left(\frac{1 - \cos\theta_1}{\theta_1} \theta + \cos\theta - 1 \right) + \frac{1}{3} \rho \omega^2 R^2 \left(\frac{\sin^3\theta_1}{\theta_1} \theta - \sin^3\theta \right)$$

注解：这个题目的关键之处是，链条作为一个整体移动，有相同的角速度和角加速度。

062　剪断悬链线两端张力的突变

问题：一条绳子两端固定在天花板上，在任意位置处把绳子剪断，两个端点处的张力如何变化？

解析：设长度以绳子总长度 L 为单位，力以 $\rho L g$ 为单位，时间以 $\sqrt{L/g}$ 为单位，则质量均匀分布绳子微元的运动方程为

$$\frac{\partial \left(T(s,t) \dfrac{\partial x(s,t)}{\partial s} \right)}{\partial s} = \frac{\partial^2 x(s,t)}{\partial t^2} \tag{1}$$

$$\frac{\partial \left(T(s,t) \dfrac{\partial y(s,t)}{\partial s} \right)}{\partial s} - 1 = \frac{\partial^2 y(s,t)}{\partial t^2} \tag{2}$$

约束条件为

$$\left(\frac{\partial x(s,t)}{\partial s} \right)^2 + \left(\frac{\partial y(s,t)}{\partial s} \right)^2 = 1$$

初始位形是原来的悬链线：

$$y(s,0) = \sqrt{1 + s^2 - s} - 1$$

$$x(s,0) = \frac{\sqrt{3}}{2} \ln \left(2\sqrt{1 + s^2 - s} - 1 + 2s \right)$$

初始速度为零，即

$$\frac{\partial x(s,t)}{\partial t} \bigg|_{t=0} = 0, \quad \frac{\partial y(s,t)}{\partial t} \bigg|_{t=0} = 0$$

将绳子微元运动方程(1)和(2)改写为

$$\frac{\partial (T\cos\theta)}{\partial s} = \frac{\partial T}{\partial s} \cos\theta - T\sin\theta \frac{\partial \theta}{\partial s} = \frac{\partial^2 x}{\partial t^2}$$

$$\frac{\partial (T\sin\theta)}{\partial s} - 1 = \frac{\partial T}{\partial s} \sin\theta + T\cos\theta \frac{\partial \theta}{\partial s} - 1 = \frac{\partial^2 y}{\partial t^2}$$

上式继续对弧长参数 s 求偏导，得

$$\frac{\partial^2 T}{\partial s^2} \cos\theta - 2\frac{\partial T}{\partial s} \sin\theta \frac{\partial \theta}{\partial s} - T\cos\theta \left(\frac{\partial \theta}{\partial s} \right)^2 - T\sin\theta \frac{\partial^2 \theta}{\partial s^2} = \frac{\partial^3 x}{\partial s \partial t^2}$$

$$\frac{\partial^2 T}{\partial s^2} \sin\theta + 2\frac{\partial T}{\partial s} \cos\theta \frac{\partial \theta}{\partial s} - T\sin\theta \left(\frac{\partial \theta}{\partial s} \right)^2 + T\cos\theta \frac{\partial^2 \theta}{\partial s^2} = \frac{\partial^3 y}{\partial s \partial t^2}$$

由于

$$\frac{\partial^2 \cos\theta}{\partial t^2} = -\cos\theta \left(\frac{\partial \theta}{\partial t} \right)^2 - \sin\theta \frac{\partial^2 \theta}{\partial t^2}$$

$$\frac{\partial^2 \sin\theta}{\partial t^2} = -\sin\theta\left(\frac{\partial\theta}{\partial t}\right)^2 + \cos\theta\frac{\partial^2\theta}{\partial t^2}$$

由此化简得（作为练习）

$$\frac{\partial^2 T}{\partial s^2} - T\left(\frac{\partial\theta}{\partial s}\right)^2 = -\left(\frac{\partial\theta}{\partial t}\right)^2 \tag{3}$$

初始释放时刻速度为零,即式(3)右边部分为零,得到初始时刻张力分布满足的方程

$$\frac{\mathrm{d}^2 T}{\mathrm{d}s^2} - T\left(\frac{\mathrm{d}\theta}{\mathrm{d}s}\right)^2 = 0 \tag{4}$$

其中 $\theta(s) = \theta(s,0)$ 为初始时刻绳子曲线的切角弧长函数。由数学知识可知

$$\tan\theta = \frac{\mathrm{d}y}{\mathrm{d}x} = \frac{T(0)y'(0) + s}{T(0)x'(0)}$$

由此可得

$$\frac{\mathrm{d}\theta}{\mathrm{d}s} = \frac{T(0)x'(0)}{(T(0)x'(0))^2 + (T(0)y'(0) + s)^2}$$

由离散模型得到原点处的张力的边界条件为

$$\frac{\mathrm{d}T}{\mathrm{d}s} = \sin\theta_0$$

举个例子,设原点处的张力 $T(0) = 1$,那么进行数值求解,得到右端处剪断时,左端(原点)处的张力变为 $T(0) = 0.38$。当在绳子一半长度(也是最低处)剪断时,左(右)端处的张力变为 $T(0) = 0.23$。

063　三角形板顶点悬线上的张力突变

问题:三角形板三个顶点上有三条绳子,固定在天花板的同一位置。静止平衡后剪断任意一条(或两条)绳子,剩下绳子中的张力如何变化?

解析:设天花板上三条绳子系在三角形板的三个顶点 A、B、C 上,一般情况是三角形板倾斜,三条绳子也倾斜。为讨论方便,设天花板上三条绳子共点,设为 H 点,如图1所示。

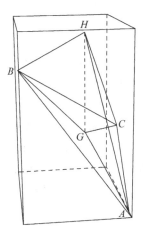

绳子中的张力正比于绳子的长度,H 点与三角形板的质心 G 点在同一垂直线上。在静止平衡状态,以质心 G 为原点,三条绳子的张力分别为 $\eta_a\overrightarrow{AH}$、$\eta_b\overrightarrow{BH}$、$\eta_c\overrightarrow{CH}$,静力平衡方程为

$$\eta_a(-x_a, -y_a, h-z_a) + \eta_b(-x_b, -y_b, h-z_b) +$$
$$\eta_c(-x_c, -y_c, h-z_c) = mg(0,0,1)$$

其中 h 为天花板上悬挂点 H 到质心 G 的距离,解得(作为练习)

$$\eta_a = \eta_b = \eta_c = \frac{mg}{3h}$$

即绳子中的张力与绳子的长度成正比,比例系数就是上式中的 η。

图1　倾斜悬挂三角形板示意图

我们可以给出体系的运动方程,利用约束关系来确定张力的初始值。首先分析任意空间三角形板,给出三个顶点的速度(当然有约束),整个板的动能。三角形板内任意一点的坐标可以表示为

$$\boldsymbol{r} = \boldsymbol{r}_c + (\boldsymbol{r}_a - \boldsymbol{r}_c)s + (\boldsymbol{r}_b - \boldsymbol{r}_c)t$$

其中参数的范围为

$$0 \leqslant s \leqslant 1, 0 \leqslant t \leqslant 1, 0 \leqslant s + t \leqslant 1$$

所以板内任意一点的速度为

$$\boldsymbol{v} = \boldsymbol{v}_c + (\boldsymbol{v}_a - \boldsymbol{v}_c)s + (\boldsymbol{v}_b - \boldsymbol{v}_c)t$$

整个板的动能为

$$T = \frac{1}{2}\rho A \iint (\boldsymbol{v}_c + (\boldsymbol{v}_a - \boldsymbol{v}_c)s + (\boldsymbol{v}_b - \boldsymbol{v}_c)t)^2 \, ds \, dt$$

其中 A 为板的面积,ρ 为板的质量面密度,$m = \rho A$。计算得(作为练习)

$$T = \frac{m}{12}(\boldsymbol{v}_a \cdot \boldsymbol{v}_a + \boldsymbol{v}_b \cdot \boldsymbol{v}_b + \boldsymbol{v}_c \cdot \boldsymbol{v}_c + \boldsymbol{v}_a \cdot \boldsymbol{v}_b + \boldsymbol{v}_a \cdot \boldsymbol{v}_c + \boldsymbol{v}_b \cdot \boldsymbol{v}_c)$$

板的重力势能为

$$V = \frac{1}{3}mg(\boldsymbol{r}_a + \boldsymbol{r}_b + \boldsymbol{r}_c) \cdot \boldsymbol{e}_z$$

几何约束有两类:第一类是板的三条边长不变,第二类是剪断一条绳子后剩下两条绳子的长度不变,加上 5 个拉氏系数的作用量为

$$L = T - V - k_a(\boldsymbol{r}_a - \boldsymbol{r}_h)^2 - k_b(\boldsymbol{r}_b - \boldsymbol{r}_h)^2 - \lambda_{ab}(\boldsymbol{r}_a - \boldsymbol{r}_b)^2 -$$

$$\lambda_{ac}(\boldsymbol{r}_a - \boldsymbol{r}_c)^2 - \lambda_{bc}(\boldsymbol{r}_b - \boldsymbol{r}_c)^2$$

由此得三个运动方程为

$$\frac{m}{12}\left(2\frac{d^2\boldsymbol{r}_a}{dt^2} + \frac{d^2\boldsymbol{r}_b}{dt^2} + \frac{d^2\boldsymbol{r}_c}{dt^2}\right) = -\frac{1}{3}mg\boldsymbol{e}_z - 2k_a(\boldsymbol{r}_a - \boldsymbol{r}_h) - 2\lambda_{ab}(\boldsymbol{r}_a - \boldsymbol{r}_b) - 2\lambda_{ac}(\boldsymbol{r}_a - \boldsymbol{r}_c)$$

$$\tag{1}$$

$$\frac{m}{12}\left(2\frac{d^2\boldsymbol{r}_b}{dt^2} + \frac{d^2\boldsymbol{r}_a}{dt^2} + \frac{d^2\boldsymbol{r}_c}{dt^2}\right) = -\frac{1}{3}mg\boldsymbol{e}_z - 2k_b(\boldsymbol{r}_b - \boldsymbol{r}_h) - 2\lambda_{ba}(\boldsymbol{r}_b - \boldsymbol{r}_a) - 2\lambda_{bc}(\boldsymbol{r}_b - \boldsymbol{r}_c)$$

$$\tag{2}$$

$$\frac{m}{12}\left(2\frac{d^2\boldsymbol{r}_c}{dt^2} + \frac{d^2\boldsymbol{r}_a}{dt^2} + \frac{d^2\boldsymbol{r}_b}{dt^2}\right) = -\frac{1}{3}mg\boldsymbol{e}_z - 2\lambda_{ca}(\boldsymbol{r}_c - \boldsymbol{r}_a) - 2\lambda_{cb}(\boldsymbol{r}_c - \boldsymbol{r}_b) \tag{3}$$

将上面三个方程加起来,就得质心的运动方程

$$\frac{m}{3}\left(\frac{d^2\boldsymbol{r}_a}{dt^2} + \frac{d^2\boldsymbol{r}_b}{dt^2} + \frac{d^2\boldsymbol{r}_c}{dt^2}\right) = -mg\boldsymbol{e}_z - 2k_a(\boldsymbol{r}_a - \boldsymbol{r}_h) - 2k_b(\boldsymbol{r}_b - \boldsymbol{r}_h) \tag{4}$$

方程(1)右边的第 2 项和第 3 项就代表两条绳子的张力(大小和方向)。如果在运动过程中 i 和 j 两个点的距离始终保持不变,就有

$$(\boldsymbol{r}_i - \boldsymbol{r}_j) \cdot \left(\frac{d^2\boldsymbol{r}_i}{dt^2} - \frac{d^2\boldsymbol{r}_j}{dt^2}\right) + \left(\frac{d\boldsymbol{r}_i}{dt} - \frac{d\boldsymbol{r}_j}{dt}\right)^2 = 0$$

在初始时刻,所有点的初始速度为零,则有

$$(\boldsymbol{r}_i - \boldsymbol{r}_j) \cdot \left(\frac{\mathrm{d}^2 \boldsymbol{r}_i}{\mathrm{d}t^2} - \frac{\mathrm{d}^2 \boldsymbol{r}_j}{\mathrm{d}t^2} \right) = 0$$

式(1)~式(3)可以变形为

$$\frac{m}{12} \frac{\mathrm{d}^2 \boldsymbol{r}_a}{\mathrm{d}t^2} = -\frac{1}{12} mg\boldsymbol{e}_z - \frac{3}{2} k_a (\boldsymbol{r}_a - \boldsymbol{r}_h) + \frac{1}{2} k_b (\boldsymbol{r}_b - \boldsymbol{r}_h) - 2\lambda_{ab} (\boldsymbol{r}_a - \boldsymbol{r}_b) - 2\lambda_{ac} (\boldsymbol{r}_a - \boldsymbol{r}_c)$$

$$\frac{m}{12} \frac{\mathrm{d}^2 \boldsymbol{r}_b}{\mathrm{d}t^2} = -\frac{1}{12} mg\boldsymbol{e}_z + \frac{1}{2} k_a (\boldsymbol{r}_a - \boldsymbol{r}_h) - \frac{3}{2} k_b (\boldsymbol{r}_b - \boldsymbol{r}_h) - 2\lambda_{ba} (\boldsymbol{r}_b - \boldsymbol{r}_a) - 2\lambda_{bc} (\boldsymbol{r}_b - \boldsymbol{r}_c)$$

$$\frac{m}{12} \frac{\mathrm{d}^2 \boldsymbol{r}_c}{\mathrm{d}t^2} = -\frac{1}{12} mg\boldsymbol{e}_z + \frac{1}{2} k_a (\boldsymbol{r}_a - \boldsymbol{r}_h) + \frac{1}{2} k_b (\boldsymbol{r}_b - \boldsymbol{r}_h) - 2\lambda_{ca} (\boldsymbol{r}_c - \boldsymbol{r}_a) - 2\lambda_{cb} (\boldsymbol{r}_c - \boldsymbol{r}_b)$$

三条边长、两条绳子长度约束给出的初始方程为

$$\begin{cases} -2k_a (\boldsymbol{r}_a - \boldsymbol{r}_h) \cdot (\boldsymbol{r}_a - \boldsymbol{r}_b) + 2k_b (\boldsymbol{r}_b - \boldsymbol{r}_h) \cdot (\boldsymbol{r}_a - \boldsymbol{r}_b) - 4\lambda_{ab} (\boldsymbol{r}_a - \boldsymbol{r}_b)^2 + \\ \qquad 2\lambda_{ac} (\boldsymbol{r}_c - \boldsymbol{r}_a) \cdot (\boldsymbol{r}_a - \boldsymbol{r}_b) + 2\lambda_{bc} (\boldsymbol{r}_b - \boldsymbol{r}_c) \cdot (\boldsymbol{r}_a - \boldsymbol{r}_b) = 0 \\ -2k_b (\boldsymbol{r}_b - \boldsymbol{r}_h) \cdot (\boldsymbol{r}_b - \boldsymbol{r}_c) + 2\lambda_{ab} (\boldsymbol{r}_a - \boldsymbol{r}_b) \cdot (\boldsymbol{r}_b - \boldsymbol{r}_c) + \\ \qquad 2\lambda_{ac} (\boldsymbol{r}_c - \boldsymbol{r}_a) \cdot (\boldsymbol{r}_b - \boldsymbol{r}_c) - 4\lambda_{bc} (\boldsymbol{r}_b - \boldsymbol{r}_c)^2 = 0 \\ 2k_a (\boldsymbol{r}_a - \boldsymbol{r}_h) \cdot (\boldsymbol{r}_c - \boldsymbol{r}_a) + 2\lambda_{ab} (\boldsymbol{r}_a - \boldsymbol{r}_b) \cdot (\boldsymbol{r}_c - \boldsymbol{r}_a) - \\ \qquad 4\lambda_{ac} (\boldsymbol{r}_c - \boldsymbol{r}_a)^2 + 2\lambda_{bc} (\boldsymbol{r}_b - \boldsymbol{r}_c) \cdot (\boldsymbol{r}_c - \boldsymbol{r}_a) = 0 \\ \frac{3}{2} k_a (\boldsymbol{r}_a - \boldsymbol{r}_h) \cdot (\boldsymbol{r}_a - \boldsymbol{r}_h) - \frac{1}{2} k_b (\boldsymbol{r}_b - \boldsymbol{r}_h) \cdot (\boldsymbol{r}_a - \boldsymbol{r}_h) + 2\lambda_{ab} (\boldsymbol{r}_a - \boldsymbol{r}_b) \cdot (\boldsymbol{r}_a - \boldsymbol{r}_h) - \\ \qquad 2\lambda_{ac} (\boldsymbol{r}_c - \boldsymbol{r}_a) \cdot (\boldsymbol{r}_a - \boldsymbol{r}_h) = -\frac{1}{12} mg\boldsymbol{e}_z \cdot (\boldsymbol{r}_a - \boldsymbol{r}_h) - \\ \qquad \frac{1}{2} k_a (\boldsymbol{r}_a - \boldsymbol{r}_h) \cdot (\boldsymbol{r}_b - \boldsymbol{r}_h) + \frac{3}{2} k_b (\boldsymbol{r}_b - \boldsymbol{r}_h) \cdot (\boldsymbol{r}_b - \boldsymbol{r}_h) - \\ \qquad 2\lambda_{ab} (\boldsymbol{r}_a - \boldsymbol{r}_b) \cdot (\boldsymbol{r}_b - \boldsymbol{r}_h) + 2\lambda_{bc} (\boldsymbol{r}_b - \boldsymbol{r}_c) \cdot (\boldsymbol{r}_b - \boldsymbol{r}_h) = -\frac{1}{12} mg\boldsymbol{e}_z \cdot (\boldsymbol{r}_b - \boldsymbol{r}_h) \end{cases}$$

这个线性方程组可以求解。举一个具体例子,设 $\boldsymbol{r}_a = (-1, -1/2, -9/10)$,$\boldsymbol{r}_b = (1, 1, 4/5)$,$\boldsymbol{r}_c = (0, -1/2, 1/10)$,$\boldsymbol{r}_h = (0, 0, 8/5)$,则得以上线性方程组的解为

$$k_a = \frac{3816830}{43389991}, \quad k_b = \frac{5200895}{86779982}, \quad \lambda_{ab} = -\frac{3482185}{130169973}, \quad \lambda_{ac} = -\frac{4856985}{86779982}, \quad \lambda_{bc} = -\frac{1146635}{130169973}$$

原先静止时三条绳子上的张力正比于三个顶点到悬挂点的长度矢量,其比例系数相等,在这个例子中就是

$$\eta_a = \eta_b = \frac{1}{3h} = \frac{5}{24} = 0.21$$

剪断一根绳子后,剩下绳子中的张力仍正比于顶点到悬挂点的长度矢量,由式(4)可得比例系数为

$$\eta_a = 2k_a = \frac{2 \times 3816830}{43389991} = 0.18$$

$$\eta_b = 2k_b = \frac{2 \times 5200895}{86779982} = 0.12$$

即张力都变小了。

练习：试用常规方法，即通过求质心的加速度、绕质心的角加速度、顶点加速度的约束关系，来计算绳子剪断前后的张力突变。

注解：物理上要同时考虑到"静"和"动"，"静"不过是"动"的一个特殊情境，或者是初始状态。

064 粗糙碗内滑块通过最低点的次数

问题：给半球形碗底部滑块一个初速度，在滑块静止之前，它通过碗最低处的次数与初速度有什么关系？

解析：由中学物理知识可知，滑块受到碗的支持力为

$$N = mg\cos\theta + m\omega^2 R$$

滑块的切向受力为重力分力和摩擦力，由此得

$$mR\frac{\mathrm{d}\omega}{\mathrm{d}t} = -mg\sin\theta - \mu(mg\cos\theta + m\omega^2 R) \tag{1}$$

设时间以 $\sqrt{R/g}$ 为单位，角速度以 $\sqrt{g/R}$ 为单位，式(1)化简为

$$\omega\mathrm{d}\omega + \mu\omega^2\mathrm{d}\theta = -(\sin\theta + \mu\cos\theta)\mathrm{d}\theta$$

上式可以继续变化，得

$$\mathrm{d}(\exp(2\mu\theta)\omega^2/2) = -(\sin\theta + \mu\cos\theta)\exp(2\mu\theta)\mathrm{d}\theta$$

积分得

$$\frac{\omega_0^2}{2} - \frac{\exp(2\mu\theta)\omega^2}{2} = \int_0^\theta (\sin\theta + \mu\cos\theta)\exp(2\mu\theta)\mathrm{d}\theta$$

右边积分的原函数为

$$F(\mu, \theta) = \frac{\exp(2\mu\theta)}{1 + 4\mu^2}\left[(2\mu^2 - 1)\cos\theta + 3\sin\theta\right]$$

滑块能滑到最右端，所以最低点的临界角速度为

$$\omega_c = \exp(\mu\pi)\sqrt{\frac{6}{1 + 4\mu^2}}$$

假定滑块以这个临界初始角速度向右滑出，那么它在滑到右边最高点后又开始往下滑。从纸面（屏幕）对面看，它是从左边最高点开始滑出，对应角度是 $-\pi/2$，初始角速度为零。那么，它能滑到什么地方呢？如果角速度再次为零的角度，小于 $\arctan(\mu)$，滑块会停止，不然，它会按刚才的程序再次滑下去。我们取 $\mu = \tan(\pi/12)$，第一次角速度为零的角度满足 $F(\mu, -\pi/2) = F(\mu, \theta_1)$，数值求解得到 $\theta_1 = 0.60$；第二次角速度为零的角度满足 $F(\mu, -\theta_1) = F(\mu, \theta_2)$，数值求解得到 $\theta_2 = 0.04 < \pi/12$。于是，它在这个角度停止了，不算起始时刻，它通过最低点的次数是两次。

我们也可以直接数值求解微分方程，其形式为

$$\omega = \frac{\mathrm{d}\theta}{\mathrm{d}t}, \quad \frac{\mathrm{d}\omega}{\mathrm{d}t} = -\sin\theta + \mu(\cos\theta + m\omega^2)H(\theta, \omega)$$

其中条件判断函数 $H(\theta, \omega)$ 定义为

$$H(\theta, \omega) = \begin{cases} -1, & \omega > 0 \\ 1, & \omega < 0 \\ G(\theta), & \omega = 0 \end{cases} \quad G(\theta) = \begin{cases} 1, & \theta \geqslant \alpha \\ -1, & \theta \leqslant -\alpha \\ \tan\theta/\tan\alpha, & -\alpha < \theta < \alpha \end{cases}$$

取 $\alpha=\pi/12$，数值计算发现经过 9.56 个时间单位，滑块停止，停止角度为 $\theta_{\mathrm{f}}=0.21$。滑块经过最低点（角度为零处）正好两次，与近似解析分析的结果一致。

065　镜像轨道上的滑动时间

问题：两个半圆拼起来的轨道（不是光滑的），左右（上下）对称。两个相同的圆环套在轨道上，二者以相同的速率，一个向左、另一个向右运动。假设它们都能滑动到终点，所用时间一样吗？

解析：先看下半圆。设左边起始角速度为 ω_0，由上题知识可知

$$\exp(-\mu\pi)\omega_0^2 - \exp(2\mu\theta)\omega^2 = 2(F(\mu,\theta) - F(\mu,-\pi/2))$$

由此得到圆环能够滑到下半圆最右端的角速度表达式为

$$\exp(-\mu\pi)\omega_0^2 - \exp(\mu\pi)\omega_1^2 = 2(F(\mu,\pi/2) - F(\mu,-\pi/2)) = \frac{12\cosh(\mu\pi)}{1+4\mu^2}$$

由此得到

$$w = \frac{\mathrm{d}\theta}{\mathrm{d}t} = \exp(-\mu\theta)\sqrt{\exp(-\mu\pi)\omega_0^2 - 2(F(\mu,\theta) - F(\mu,-\pi/2))}$$

由此计算得到圆环滑过下半圆的时间为

$$T_1 = \int_{-\pi/2}^{\pi/2} \exp(\mu\theta)/\sqrt{\exp(-\mu\pi)\omega_0^2 - 2(F(\mu,\theta) - F(\mu,-\pi/2))}\,\mathrm{d}\theta$$

对于上半圆，由高中知识可知，其运动方程为

$$mR\frac{\mathrm{d}\omega}{\mathrm{d}t} = mg\sin\theta - \mu m(\omega^2 R - g\cos\theta)$$

假设运动过程中 $\omega^2 R > g\cos\theta$，则量纲归一化后的方程为

$$\omega\,\mathrm{d}\omega + \mu\omega^2\,\mathrm{d}\theta = (\sin\theta + \mu\cos\theta)\,\mathrm{d}\theta$$

计算得

$$\exp(2\mu\theta)\omega^2 - \exp(-\mu\pi)\omega_1^2 = 2(F(\mu,\theta) - F(\mu,-\pi/2))$$

由此可得

$$\omega = \exp(-\mu\theta)\sqrt{\exp(-\mu\pi)\omega_1^2 + 2(F(\mu,\theta) - F(\mu,-\pi/2))}$$

经计算得到圆环滑过上半圆的时间为

$$T_2 = \int_{-\pi/2}^{\pi/2} \exp(\mu\theta)/\sqrt{\exp(-\mu\pi)\omega_1^2 + 2(F(\mu,\theta) - F(\mu,-\pi/2))}\,\mathrm{d}\theta$$

同样，计算得到圆环能够滑到最右端的角速度表达式为

$$\exp(\mu\pi)\omega_2^2 - \exp(-\mu\pi)\omega_1^2 = 2(F(\mu,\pi/2) - F(\mu,-\pi/2)) = \frac{12\cosh(\mu\pi)}{1+4\mu^2}$$

举个例子，设摩擦系数 $\mu=0.2$，起始角速度是 5 个单位，那么对于先下后上的轨道，圆环经过下半圆的时间为 0.87，角速度减小到 2.41，经过上半圆的时间为 1.92，角速度减小到 1.73，总的时间为 2.79。对于先上后下的轨道，圆环经过上半圆的时间为 0.88，角速度减小到 2.91，经过下半圆的时间为 1.52，角速度减小到 1.04，总的时间为 2.40。对于先下后上的轨道，总时间长，角速度减小得少；对于先上后下的轨道，总时间短，角速度减小得多。

对于一般的镜像轨道，设轨道曲线的自然坐标系为 $\theta\text{-}s$，其中 θ 为曲线切线的倾角，s 为

弧长,定义速度和角速度分别为 $v = \mathrm{d}s/\mathrm{d}t$,$\omega = \mathrm{d}\theta/\mathrm{d}t$,则由牛顿运动方程得

$$m\frac{\mathrm{d}}{\mathrm{d}t}(v\cos\theta) = -N\sin\theta - f\cos\theta$$

$$m\frac{\mathrm{d}}{\mathrm{d}t}(v\sin\theta) = -mg + N\cos\theta - f\sin\theta$$

由此计算得

$$m\frac{\mathrm{d}v}{\mathrm{d}t} = -mg\sin\theta - f$$

$$v\omega = N - mg\cos\theta$$

继续化简得

$$m\frac{\mathrm{d}v}{\mathrm{d}t} = -mg\sin\theta - \mu m\,|\,v\omega + g\cos\theta\,|$$

对于简单的下上半圆组合轨道,量纲归一化后,切角 θ 与弧长 s 的关系式为

$$\theta = \begin{cases} s - \pi/2, & 0 < s \leqslant \pi \\ 3\pi/2 - s, & \pi < s < 2\pi \end{cases}$$

上下半圆组合轨道的切角 θ 与弧长 s 的关系式为

$$\theta = \begin{cases} \pi/2 - s, & 0 < s \leqslant \pi \\ s - 3\pi/2, & \pi < s < 2\pi \end{cases}$$

数值计算得到的滑动时间、最终角速度与解析计算的完全一样。两种轨道滑动速率与经过路程(弧长)的对比如图 1 所示。

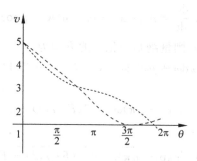

图 1　镜像轨道上滑动速率与滑动距离关系图

图 1 中,滑动速率一直减小的是上下半圆组合轨道,滑动速率先减小后增大的是下上半圆组合轨道。

文献:欧剑雄. 孰快孰慢——论 2015 年高考福建理综卷第 17 题[J]. 物理教师,2015 (10):80-82.

三、质点和摆的运动

066　三体问题的初等解

问题:三个质量不等的天体(质点),其起始位形是正三角形。满足什么条件时,这三个

天体始终形成一个正三角形?

解析:设三个天体质量分别为 m_1、m_2、m_3。取合适的坐标系,在这个坐标系中,三个天体的位移矢量为 r_1、r_2、r_3。不失一般性,假设三个天体始终在一个平面内运动,运动方程为

$$\frac{\mathrm{d}^2 r_1}{\mathrm{d}t^2} = \frac{Gm_2(r_2 - r_1)}{|r_2 - r_1|^3} + \frac{Gm_3(r_3 - r_1)}{|r_3 - r_1|^3} \tag{1}$$

$$\frac{\mathrm{d}^2 r_2}{\mathrm{d}t^2} = \frac{Gm_1(r_1 - r_2)}{|r_1 - r_2|^3} + \frac{Gm_3(r_3 - r_2)}{|r_3 - r_2|^3} \tag{2}$$

$$\frac{\mathrm{d}^2 r_3}{\mathrm{d}t^2} = \frac{Gm_1(r_1 - r_3)}{|r_1 - r_3|^3} + \frac{Gm_2(r_2 - r_3)}{|r_2 - r_3|^3} \tag{3}$$

以上三个方程能化简为同一类型的方程的必要条件为

$$|r_2 - r_1| = |r_2 - r_3| = |r_3 - r_1| = L(t) \tag{4}$$

式(4)意味着任意时刻三个天体在一个正三角形的三个顶点上,但三角形大小随时间变化。定义质心位置矢量为

$$(m_1 + m_2 + m_3)r_C = m_1 r_1 + m_2 r_2 + m_3 r_3 \tag{5}$$

以式(1)化简为例,把式(4)、式(5)代入式(1),得

$$\frac{\mathrm{d}^2 r_1}{\mathrm{d}t^2} = -\frac{G}{L^3}(m_1 + m_2 + m_3)(r_1 - r_C) \tag{6}$$

因为三体系统不受外力,质心作匀速直线运动,其位置矢量很容易写出:

$$r_C(t) = r_C(0) + v_C t \tag{7}$$

则式(6)可以写为

$$\frac{\mathrm{d}^2 (r_1 - r_C)}{\mathrm{d}t^2} = -\frac{G}{L^3}(m_1 + m_2 + m_3)(r_1 - r_C) \tag{8}$$

我们再作一个假设:

$$\frac{|r_1(t) - r_C(t)|}{L(t)} = \frac{|r_1(0) - r_C(0)|}{L(0)} = k_1 \tag{9}$$

式(9)意味着这个正三角形以质心为相似中心旋转缩小(放大)。这样,式(8)化为

$$\frac{\mathrm{d}^2 (r_1 - r_C)}{\mathrm{d}t^2} = -Gk_1^3(m_1 + m_2 + m_3)\frac{(r_1 - r_C)}{|r_1 - r_C|^3} \tag{10}$$

式(10)就是质心参考系中的单体运动方程。与式(4)和式(9)相兼容的初始条件是,三个天体处于一个正三角形的三个顶点上,初始速度为

$$v_i(0) = v_C + \frac{r_1(0) - r_C(0)}{L(0)} v + \omega \times (r_1(0) - r_C(0)) \tag{11}$$

即相对质心速度由两部分组成,切向速度部分角速度相同,径向速度部分角速度与起始距离成正比。对于式(10)来说,相当于一个质点在质量为 $M = m_1 + m_2 + m_3$ 的天体引力作用下的运动,其等效引力常数为 $G' = Gk_1^3$。起始条件是径向速度(大小)为 $k_1 v$,角速度为 ω。由理论力学知识可知,守恒量有两个,一个是能量,在极坐标系中表示为

$$\frac{1}{2}m\left[\left(\frac{\mathrm{d}\rho}{\mathrm{d}t}\right)^2 + \rho^2\left(\frac{\mathrm{d}\theta}{\mathrm{d}t}\right)^2\right] - \frac{G'Mm}{\rho} = \frac{1}{2}m(k_1^2 v^2 + k_1^2 L_0^2 \omega^2) - \frac{G'Mm}{k_1 L_0} \tag{12}$$

一个是角动量：

$$mp^2 \frac{d\theta}{dt} = mk_1^2 L_0^2 \omega \tag{13}$$

当能量小于零时，相对质心，天体 1 的运动轨迹是椭圆，其半长轴和半短轴分别为

$$a_1 = k_1 \frac{GM}{2GML_0^{-1} - (v^2 + \omega^2 L_0^2)} \tag{14}$$

$$b_1 = 2k_1 \frac{L_0^2 \omega}{\sqrt{2GML_0^{-1} - (v^2 + \omega^2 L_0^2)}} \tag{15}$$

其周期为

$$T = 2\pi \sqrt{\frac{a_1^3}{G'M}} = 2\pi GM \sqrt{\frac{1}{[2GML_0^{-1} - (v^2 + \omega^2 L_0^2)]^3}} \tag{16}$$

式(14)和式(15)意味着三个椭圆是相似的，相似比为 $k_1 : k_2 : k_3$。式(16)表明三个椭圆轨道的周期一样。这也说明三个天体在旋转缩小(放大)的正三角形的三个顶点上。我们也可以直接数值计算式(1)～式(3)，为简单起见，将量纲归一化，选质量比为 1 : 2 : 3。起始位置分别为：$r_1(0) = (1,0)$，$r_2(0) = (-1/2, \sqrt{3}/2)$，$r_3(0) = (-1/2, -\sqrt{3}/2)$。质心速度为零，起始速度参数为 $v = 0.4$，$\omega = 1.1$。利用 Maple 数值计算得到不同时刻的轨道形状如图 1 所示。

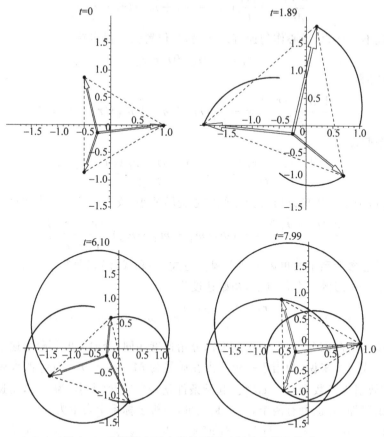

图 1　一个周期内三个天体不同时刻的位置和轨道

由图 1 可以看出,起始时刻三个天体在一个正三角形的顶点上,取式(11)形式的起始速度。那么数值计算式(1)~式(3)得到的结论是:质心位置不变,三个天体始终在一个正三角形的三个顶点上。这个正三角形以质心为相似中心,旋转缩小(放大)。一个周期时间是7.99,与由式(16)所求的周期时间 7.97 接近。数值计算结论与式(4)和式(9)一致。

练习:正四面体四个顶点上的天体在运动过程中是否也能始终形成一个正四面体?如不能,原因是什么?

067　斜面上滚动圆木的极限跳跃

问题:一根圆木从斜面上滚下来,聪明的跳蚤如何选择起跳位置和速度,以最小消耗越过这根圆木?

解析:圆柱从粗糙的斜面上滚下来,质心是作匀加速直线运动。以圆柱质心为参考系,聪明的跳蚤是作匀加速曲线运动的,但加速度不是竖直向下,而是与竖直方向有一定的夹角。再在运动的圆柱质心参考系中转动坐标系,以合成的总加速度为垂直方向,跳蚤运动的轨迹还是一条抛物线,抛物线的最"高"点与圆柱的距离和静止时一样。

设斜面与地面的夹角为 θ,那么由理论力学知识可知,圆柱质心沿斜面往下的加速度大小为 $a = 2g\sin\theta/3$,在地面参考系中,合成的总加速度为

$$\boldsymbol{b} = g\left(\frac{2}{3}\sin\theta\cos\theta, -1 + \frac{2}{3}\sin^2\theta\right)$$

其大小为

$$b = g\sqrt{1 - \frac{8}{9}\sin^2\theta}$$

它与竖直轴的夹角为

$$\alpha = \arctan\left(\frac{2\tan\theta}{3 + \tan^2\theta}\right)$$

此时斜面与质心参考系下总加速度的夹角为

$$\beta = \theta - \alpha = \theta - \arctan\left(\frac{2\tan\theta}{3 + \tan^2\theta}\right)$$

在转动后的圆柱质心参考系下,斜面的参数方程为

$$x = r\sin\beta + l\cos\beta, \quad y = -r\cos\beta + l\sin\beta$$

先从简单的模型开始分析,即跳跃静止的圆木。设抛物线最高点坐标为 $(0, h)$,在此点水平速度为 v,则抛物线的参数方程为

$$x = vt, \quad y = h - \frac{1}{2}gt^2$$

它与圆 $x^2 + y^2 = r^2$ 只相切于一点,在这点上有 $x\,\mathrm{d}x + y\,\mathrm{d}y = 0$,由此得

$$v^2 t^2 + \left(h - \frac{1}{2}bt^2\right)^2 = r^2$$

$$v^2 - b\left(h - \frac{1}{2}bt^2\right) = 0$$

解得

$$h = \frac{1}{2}g\frac{r^2}{v^2} + \frac{1}{2}\frac{v^2}{g}$$

由机械能守恒，可得跳蚤跃到水平地面上速率的平方为

$$v'^2 = v^2 + 2g(h+r) = 2gr + 2v^2 + \frac{g^2r^2}{v^2} \geqslant (2+\sqrt{2})gr$$

它有个极小值，即跳蚤所需最小起跳动能的速率平方。

在转动倾斜后运动圆木质心参考系下，同样有

$$x = -vt, \quad y = h - \frac{1}{2}bt^2$$

其中

$$h = \frac{1}{2}b\frac{r^2}{v^2} + \frac{1}{2}\frac{v^2}{b}$$

且 $v < \sqrt{br}$ 。此时斜面的参数方程为（起跳点在圆柱的左边）

$$x = r\sin\beta - l\cos\beta, \quad y = -r\cos\beta - l\sin\beta$$

由此解得起跳（落）点的对应时间和到圆木质心的"水平"距离分别为

$$t = \frac{v\tan\beta + \sqrt{2bh + 2br\cos\beta + v^2\tan^2\beta + 2br\tan\beta\sin\beta}}{b}$$

$$l = \sec\beta\left(r\sin\beta + \frac{v\sqrt{2bh + 2br\cos\beta + v^2\tan^2\beta + 2br\tan\beta\sin\beta}}{b} + \frac{v^2\tan\beta}{b}\right)$$

于是得起跳点的速度为

$$\boldsymbol{v}_0 = \left(v, v\tan\beta + \sqrt{2bh + 2br\cos\beta + v^2\tan^2\beta + 2br\tan\beta\sin\beta}\right)$$

设起始时刻圆木质心沿斜面到跳蚤的距离为 kr ，那么当它滚到与跳蚤相距 l 的地方时，圆木质心的速率为

$$v_C = \sqrt{4g\sin\theta(kr-l)/3}$$

设起跳速度沿斜面和垂直斜面向上的速度分别为 v_1 和 v_2 ，那么就有

$$(v_1 + v_C)\cos\beta + v_2\sin\beta = v$$

$$v_2\cos\beta - (v_1 + v_C)\sin\beta = v\tan\beta + \sqrt{2bh + 2br\cos\beta + v^2\tan^2\beta + 2br\tan\beta\sin\beta}$$

由此得

$$v_1^2 + v_2^2 = \left(v\tan\beta + \sqrt{2bh + 2br\cos\beta + v^2\tan^2\beta + 2br\tan\beta\sin\beta} + v_C\sin\beta\right)^2 + (v - v_C\cos\beta)^2$$

给出一个特例，$\theta = \pi/4$ ，长度以 r 为单位，速度以 $\sqrt{gr}$ 为单位，起始时刻圆木质心沿斜面到跳蚤的距离是 k 个单位。数值计算发现，当起始圆木距离跳蚤超过 3 个单位时，跳蚤起跳动能的极小值就在速度参数最大值处，$\sqrt{b} = 0.86$ ，此时在圆木质心参考系看，跳蚤的跳跃轨迹就是刚好在圆柱顶点相切的抛物线；它们间距离小于 3 个单位时，取极值的速度参数越来越小，且起跳动能也越来越小。

注解 1：文献中的圆木是静止的，但物理中静止只是一种特殊状态，我们要想到更一般的运动状态，即圆木滚下来的情况。

注解 2：现实生活中的物理难题更多，比如有人挑战越过从斜坡上滚下的圆木，这个动

画曾经出现过。这个物理模型就比文献中的难题有趣得多。

文献：彼特·纳德，吉拉·哈涅克，肯·瑞利.200道物理学难题[M].李崧，等译.北京：北京理工大学出版社，2004：120.

068　球面摆的闭合轨迹

问题：给球面摆一个什么样的初速度，可以使摆球的空中轨迹成为周期性闭合轨迹？

解析：本题采用直角坐标系，基于以下考虑：第一，摆的运动方程形式简洁明了；第二，可以在直角坐标中直接画出水平面上摆球的投影轨迹；第三，数学软件 Maple 可以处理这些微分方程。以悬挂点为坐标原点，把摆看作质量为 m 的质点，其坐标为 (x,y,z)，其动能为

$$E_k = \frac{1}{2}m\left[\left(\frac{dx}{dt}\right)^2 + \left(\frac{dy}{dt}\right)^2 + \left(\frac{dz}{dt}\right)^2\right] \tag{1}$$

重力势能为 $V=mgz$，几何约束为

$$x^2 + y^2 + z^2 = R^2 \tag{2}$$

其中 R 为摆长。加上几何约束的拉氏量为

$$L = \frac{1}{2}m\left[\left(\frac{dx}{dt}\right)^2 + \left(\frac{dy}{dt}\right)^2 + \left(\frac{dz}{dt}\right)^2\right] - mgz + \lambda(x^2+y^2+z^2-R^2) \tag{3}$$

由此得到运动方程为

$$m\frac{d^2x}{dt^2} = 2\lambda x, \quad m\frac{d^2y}{dt^2} = 2\lambda y, \quad m\frac{d^2z}{dt^2} = 2\lambda z - mg \tag{4}$$

将几何约束条件式(2)对时间求两次导数，得

$$x\frac{d^2x}{dt^2} + y\frac{d^2y}{dt^2} + z\frac{d^2z}{dt^2} + \left(\frac{dx}{dt}\right)^2 + \left(\frac{dy}{dt}\right)^2 + \left(\frac{dz}{dt}\right)^2 = 0 \tag{5}$$

将式(4)代入式(5)，并利用式(2)，计算得

$$\lambda = \frac{m}{2R^2}(gz - v_x^2 - v_y^2 - v_z^2) \tag{6}$$

由式(4)可知摆绳中的张力为

$$\boldsymbol{T} = 2\lambda(x,y,z) \tag{7}$$

张力沿着绳子指向原点，若 $\lambda=0$，说明绳子中张力为零，应停止计算。为简单起见，设初始位移为 $(x_0,0,z_0)$，初始速度为 $(0,v,0)$。由式(6)、式(7)可知，初始速度必须大于 gz_0，摆绳才能绷紧运动。在数值计算中，设长度以 R 为单位，时间以 $\sqrt{R/g}$ 为单位，λ 以 mg/R 为单位，则式(2)和式(4)化为

$$x^2 + y^2 + z^2 = 1 \tag{8}$$

$$\frac{d^2x}{dt^2} = 2\lambda x, \quad \frac{d^2y}{dt^2} = 2\lambda y, \quad \frac{d^2z}{dt^2} = 2\lambda z - 1 \tag{9}$$

数值计算发现，在 x-y 投影平面上，矢径大小 $r=\sqrt{x^2+y^2}$ 随时间作周期性变化，从极小(大)值变化到极大(小)值，再变化到极小(大)值。起始矢径为极值之一。在一个周期内可以数值计算角度变化 ϕ。调整初始值 x_0 和 v，使周期角度增量是 2π 的有理数倍，就能得到对称周期闭合轨迹。下面举一个例子来说明，取 $x_0=0.2$，$v=1.32$，一个矢径周期内角度

增量是 $4\pi/7$。那么球面摆的平面投影轨迹是闭合的,且有七重对称性,如图 1 所示。

数值计算发现周期时间为 $T=25.13$。周期函数可以展开为傅里叶级数,设 $\omega=2\pi/T$,则坐标 (x,y) 可以展开为以下级数:

$$x(t)=a_0+a_1\cos(\omega t)+a_2\cos(2\omega t)+a_3\cos(3\omega t)+\cdots \tag{10}$$

$$y(t)=b_1\sin(\omega t)+b_2\sin(2\omega t)+b_3\sin(3\omega t)+\cdots \tag{11}$$

数值计算发现一个有趣的规律,在计算精度范围内,只有 $7n+3$ 项及 $7n+4$ 项的系数不为零,且有 $-a_{7n+3}=b_{7n+3}$,$a_{7n+4}=b_{7n+4}$,越往后,系数绝对值越小。如果只考虑前两项,则拟合轨迹的参数方程为

$$\begin{cases} x(t)=-b_3\cos(3\omega t)+b_4\cos(4\omega t) \\ y(t)=b_3\sin(3\omega t)+b_4\sin(4\omega t) \end{cases} \tag{12}$$

式(12)就是标准形式的摆线方程,其轨迹如图 2 所示,其中虚线为拟合轨迹(摆线),实线为数值计算结果。

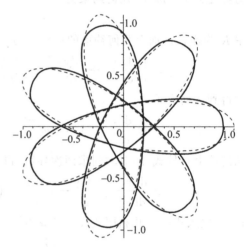

图 1　球面摆在地面上七重对称周期闭合轨迹　　　　图 2　闭合轨迹的摆线拟合

如果考虑到后面更多的系数,拟合效果会更好,但就不是标准的摆线方程了。

069　曲面上质点的运动特性

问题:一个质点在光滑曲面内部或外部滑动,其轨迹是什么曲线?

解析:先以球面为例子分析,球面方程为

$$x^2+y^2+z^2=r^2 \tag{1}$$

此约束方程对时间求导,得到两个关于速度和加速度的等式:

$$xv_x+yv_y+zv_z=0 \tag{2}$$

$$v_x^2+v_y^2+v_z^2+xa_x+ya_y+za_z=0 \tag{3}$$

加上球面约束的拉氏量为

$$L=\frac{1}{2}m(v_x^2+v_y^2+v_z^2)-mgz+\lambda(x^2+y^2+z^2)$$

由此得拉氏运动方程

$$ma_x = 2\lambda x \tag{4}$$

$$ma_y = 2\lambda y \tag{5}$$

$$ma_z = 2\lambda z - mg \tag{6}$$

式(4)乘以 y 减去式(5)乘以 x，得

$$ya_x - xa_y = \frac{d}{dt}(yv_x - xv_y) = 0$$

这实际上是 z 方向的角动量分量守恒：

$$yv_x - xv_y = L_z/m \tag{7}$$

将式(4)~式(6)各自乘以速度分量再加起来，利用速度约束条件，得

$$mv_x \frac{dv_x}{dt} + mv_y \frac{dv_y}{dt} + mv_z \frac{dv_z}{dt} = -mg \frac{dz}{dt}$$

该式其实是机械能守恒，即

$$\frac{1}{2}m(v_x^2 + v_y^2 + v_z^2) + mgz = E \tag{8}$$

现在有 6 个未知量：3 个坐标分量，3 个速度分量。约束方程两个，守恒方程两个，在两个高度边界，z 方向的速度为零，共 5 个方程。再把它们写一下：

$$xv_x + yv_y = 0 \tag{9}$$

$$yv_x - xv_y = L_z/m \tag{10}$$

这两个等式平方后相加，得

$$(x^2 + y^2)(v_x^2 + v_y^2) = \frac{L_z^2}{m^2}$$

代入机械能守恒式，得

$$\frac{1}{2}m \frac{L_z^2}{m^2} \frac{1}{r^2 - z^2} + mgz = E$$

由这个方程，可以得 z 的边界值。

　　练习：数值求解质点的运动方程，把曲面上的轨迹画出来，找到周期性闭合轨迹。

　　注解：这个方法如果可用，曲面局限于以下这种形式：

$$x^2 + y^2 + f(z) = 0$$

070　飞跃水平线的弹簧摆

　　问题：给静止下垂弹簧摆摆球一个水平的初始速度，其值为 $\sqrt{2gl}$。运动过程中，摆球是否可以飞跃通过悬挂点的水平线？

　　解析：先作个极限分析，当弹性系数趋于无穷大时，弹簧就是一根不可伸长的绳子，问题中小球的初速度，正好能让小球触及水平线。那么什么样的弹性系数能让小球飞跃水平线？为了分析和数值计算方便，仍采取量纲归一化制。以弹簧的原长 l_0 为长度单位，以 $\sqrt{l_0/g}$ 为时间单位，以 $\sqrt{gl_0}$ 为速度单位，以 mg 为力的单位，可得小球的运动方程为

$$x''(t) = -k\left(\sqrt{x(t)^2 + y(t)^2} - 1\right)\frac{x(t)}{\sqrt{x(t)^2 + y(t)^2}}$$

$$y''(t) = -k\left(\sqrt{x(t)^2 + y(t)^2} - 1\right)\frac{y(t)}{\sqrt{x(t)^2 + y(t)^2}}$$

初始条件为

$$x(0) = 0, \quad y(0) = -(1 + 1/k), \quad x'(0) = \sqrt{2(1 + 1/k)}, \quad y'(0) = 0$$

这组耦合微分方程是没有解析解的,只能通过数学软件数值求解。数学软件给出的轨迹最高点纵坐标 $y_{\max}$ 和弹性系数 k 的关系如图 1 所示。

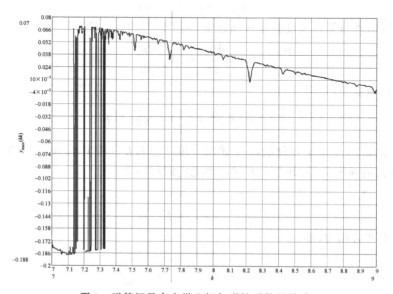

图 1　弹簧摆最高点纵坐标与弹性系数的关系

　　由图 1 可以看出,弹性系数大约在 $[7.4, 8.9]$ 区间时,最高点纵坐标大于零,小球可以飞跃水平线。在 $[7.1, 7.4]$ 区间,有很多分离的"孤岛"区域,弹性系数在这些区域内,小球也可以越过水平线。弹性系数的取值范围呈现分形混沌结构。

　　如果系小球的不是弹簧,而是橡皮筋,即如果橡皮筋的长度小于原长就没有弹性力,那么小球的运动方程需要改动一下,我们用布尔函数来判断是否需要弹性力,小球的初始条件为

$$x(0) = 1.4, \quad y(0) = 0, \quad x'(0) = 0, \quad y'(0) = 0$$

橡皮筋摆的轨迹如图 2 所示。

　　注解 1:能越过水平线的弹性系数取值范围是江俊勤首先计算发现的,我们在此基础上,找到了其他分形区间。

　　注解 2:熟练应用数学软件的一个标志是能编程给出数值形式的函数,譬如这个题目的轨迹最高点纵坐标与弹性系数的关系,只能通过数值求解微分方程得到。

　　注解 3:掌握的数学软件多多益善,每个软件都有它的优点和缺点,按实际需求出发,可以把不同数学软件的优点结合,无往而不利。

　　文献:江俊勤. 弹簧到底能摆多高?[J]. 物理教师,2020,41(2):73-75.

图 2　橡皮筋摆的轨迹

071　转动圆锥面内甩出的滑块

　　问题：转动一个粗糙的圆锥面，在摩擦力和离心力作用下，是否可以把里面的滑块（质点）甩出去？

　　解析：在地面参考系下，滑块的坐标为
$$\boldsymbol{r} = x(t)\boldsymbol{e}_1(t) + y(t)\boldsymbol{e}_2(t) + z(t)\boldsymbol{e}_3$$
其中两个单位正交（旋转）矢量为
$$\boldsymbol{e}_1(t) = \cos(\omega t)\boldsymbol{e}_x + \sin(\omega t)\boldsymbol{e}_y$$
$$\boldsymbol{e}_2(t) = -\sin(\omega t)\boldsymbol{e}_x + \cos(\omega t)\boldsymbol{e}_y$$
其中 ω 为圆锥面的转动速度。两个正交矢量对时间的导数为
$$\frac{\mathrm{d}\boldsymbol{e}_1(t)}{\mathrm{d}t} = \omega\boldsymbol{e}_2(t), \qquad \frac{\mathrm{d}\boldsymbol{e}_2(t)}{\mathrm{d}t} = -\omega\boldsymbol{e}_1(t)$$
由此计算得到在地面参考系下的速度和加速度分别为
$$\frac{\mathrm{d}\boldsymbol{r}}{\mathrm{d}t} = \frac{\mathrm{d}x}{\mathrm{d}t}\boldsymbol{e}_1(t) + \frac{\mathrm{d}y}{\mathrm{d}t}\boldsymbol{e}_2(t) + \frac{\mathrm{d}z}{\mathrm{d}t}\boldsymbol{e}_3 + \omega x\boldsymbol{e}_2(t) - \omega y\boldsymbol{e}_1(t)$$
$$\frac{\mathrm{d}^2\boldsymbol{r}}{\mathrm{d}t^2} = \frac{\mathrm{d}^2 x}{\mathrm{d}t^2}\boldsymbol{e}_1(t) + \frac{\mathrm{d}^2 y}{\mathrm{d}t^2}\boldsymbol{e}_2(t) + \frac{\mathrm{d}^2 z}{\mathrm{d}t^2}\boldsymbol{e}_3 + 2\omega\frac{\mathrm{d}x}{\mathrm{d}t}\boldsymbol{e}_2(t) - 2\omega\frac{\mathrm{d}y}{\mathrm{d}t}\boldsymbol{e}_1(t) - \omega^2 x\boldsymbol{e}_1(t) - \omega^2 y\boldsymbol{e}_2(t)$$
滑块在圆锥面上，其坐标满足
$$x^2 + y^2 - z^2 = 0 \tag{1}$$
圆锥面对滑块的支持力为以下形式：
$$\boldsymbol{N} = \lambda(-x(t)\boldsymbol{e}_1(t) - y(t)\boldsymbol{e}_2(t) + z(t)\boldsymbol{e}_3)$$
摩擦力方向反比于相对速度方向，且与支持力成正比，为以下形式：
$$\boldsymbol{f} = -\mu\lambda\,\frac{\sqrt{x^2 + y^2 + z^2}}{\sqrt{(\mathrm{d}x/\mathrm{d}t)^2 + (\mathrm{d}y/\mathrm{d}t)^2 + (\mathrm{d}z/\mathrm{d}t)^2}}\left(\frac{\mathrm{d}x}{\mathrm{d}t}\boldsymbol{e}_1(t) + \frac{\mathrm{d}y}{\mathrm{d}t}\boldsymbol{e}_2(t) + \frac{\mathrm{d}z}{\mathrm{d}t}\boldsymbol{e}_3\right)$$

由此得到滑块的运动方程

$$m\left(\frac{d^2 x}{dt^2} - 2\omega \frac{dy}{dt} - \omega^2 x\right) = -\lambda x - \mu\lambda \frac{\sqrt{x^2 + y^2 + z^2}}{\sqrt{(dx/dt)^2 + (dy/dt)^2 + (dz/dt)^2}} \frac{dx}{dt} \quad (2)$$

$$m\left(\frac{d^2 x}{dt^2} + 2\omega \frac{dx}{dt} - \omega^2 y\right) = -\lambda y - \mu\lambda \frac{\sqrt{x^2 + y^2 + z^2}}{\sqrt{(dx/dt)^2 + (dy/dt)^2 + (dz/dt)^2}} \frac{dy}{dt} \quad (3)$$

$$m \frac{d^2 z}{dt^2} = -mg + \lambda z - \mu\lambda \frac{\sqrt{x^2 + y^2 + z^2}}{\sqrt{(dx/dt)^2 + (dy/dt)^2 + (dz/dt)^2}} \frac{dz}{dt} \quad (4)$$

这个物理模型有 4 个未知量,分别为滑块坐标(x, y, z)和支持力系数 λ,正好有 4 个方程,即 3 个运动方程和 1 个几何约束方程,理论上给出初始位置和速度,可以求出滑块的运动轨迹。

为方便数值计算,设时间以 $1/\omega$ 为单位,长度以 g/ω^2 为单位,初始位置为$(0.1, 0, 0.1)$,相对初始速度为$(0, 0.5, 0)$,摩擦系数为 $\mu = 0.2$,数值求解以上微分方程,得到滑块在转动粗糙圆锥面上的相对运动轨迹如图 1 所示。

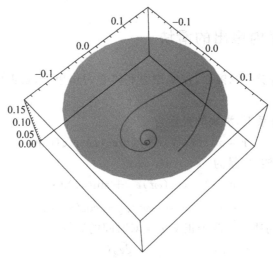

图 1　滑块在转动粗糙圆锥面上的相对运动轨迹

这个曲线有个最大高度,其数值为 0.16 个长度单位。当这个圆锥体的高度小于这个极限高度时,滑块就会甩出去。

练习:实际做这个实验,测量并记录滑块轨迹和所有物理量,和理论轨迹进行对比,看看差别在哪里。如相差很大,那么本题中的物理模型错在哪里?

四、绳子(链条)的运动

072　自由下落绳子端点的运动是自由落体吗?

问题:绳子两端并在一起,一端固定,释放另一端。这个端点的下落是自由落体吗?

解析:首先证明绳子在下落过程中机械能不变。采用弧长坐标,绳子上任意一点坐标为$(x(s,t), y(s,t))$,这点上绳子的张力为 $T(s,t)$,这点处的倾角满足

$$\cos(\theta(s,t)) = \frac{\partial x(s,t)}{\partial s}, \quad \sin(\theta(s,t)) = \frac{\partial y(s,t)}{\partial s}$$

由微元分析法,得绳子的运动方程为

$$\mathrm{d}\left(T(s,t)\,\frac{\partial x(s,t)}{\partial s}\right) = \rho\,\mathrm{d}s\,\frac{\partial^2 x(s,t)}{\partial t^2}$$

$$\mathrm{d}\left(T(s,t)\,\frac{\partial y(s,t)}{\partial s}\right) - \rho g\,\mathrm{d}s = \rho\,\mathrm{d}s\,\frac{\partial^2 y(s,t)}{\partial t^2}$$

绳子整体的动能为

$$E_k = \frac{1}{2}\rho \int \left(\frac{\partial x}{\partial t}\right)^2 + \left(\frac{\partial x}{\partial t}\right)^2 \mathrm{d}s$$

整体的势能为

$$E_p = \rho g \int y\,\mathrm{d}s$$

这样,绳子总的机械能对时间的导数为

$$\frac{\mathrm{d}E}{\mathrm{d}t} = \rho \int \left(\frac{\partial x}{\partial t}\frac{\partial^2 x}{\partial t^2} + \frac{\partial y}{\partial t}\frac{\partial^2 y}{\partial t^2} + g\frac{\partial y}{\partial t}\right)\mathrm{d}s$$

把绳子的运动方程代入上式,得

$$\frac{\mathrm{d}E}{\mathrm{d}t} = \int \frac{\partial x}{\partial t}\mathrm{d}\left(T(s,t)\,\frac{\partial x(s,t)}{\partial s}\right) + \frac{\partial y}{\partial t}\left(\mathrm{d}\left(T(s,t)\,\frac{\partial y(s,t)}{\partial s}\right) - \rho g\,\mathrm{d}s\right) + \rho g\,\frac{\partial y}{\partial t}\mathrm{d}s$$

分部积分,得

$$\frac{\mathrm{d}E}{\mathrm{d}t} = \left(\frac{\partial x}{\partial t}T(s,t)\,\frac{\partial x(s,t)}{\partial s} + \frac{\partial y}{\partial t}T(s,t)\,\frac{\partial y(s,t)}{\partial s}\right)\Bigg|_0^1 - \int T(s,t)\left(\frac{\partial x}{\partial s}\frac{\partial^2 x}{\partial s\partial t} + \frac{\partial y}{\partial s}\frac{\partial^2 y}{\partial s\partial t}\right)\mathrm{d}s$$

假设固定端为 0,自由端为 1,那么固定端坐标固定,有

$$\frac{\partial x}{\partial t} = \frac{\partial y}{\partial t} = 0, \quad s = 0$$

在自由端,绳子张力为零,有

$$T(s,t) = 0, \quad s = 1$$

由微分几何关系得

$$\left(\frac{\partial x}{\partial s}\right)^2 + \left(\frac{\partial y}{\partial s}\right)^2 = 1$$

等式两边对时间求导,得

$$\frac{\partial x}{\partial s}\frac{\partial^2 x}{\partial s\partial t} + \frac{\partial y}{\partial s}\frac{\partial^2 y}{\partial s\partial t} = 0$$

这样,假设绳子中内力只有张力,那么在绳子自由落体过程中机械能守恒。如果取绳子的一个极限,即两端靠在一起,下落过程中,机械能也守恒。

假定这个假设是成立的,我们考虑一条两端靠得很近的绳子的下落。设绳子总长度为 $2l$,一个固定端为原点,向下方向为正,另一端起始位置是 y_0。经过一段时间,运动端点坐标是 y_0+y(图 1),那么两端分界点的坐标是 $l+(y_0+y)/2$,此时的重力势能为

$$V = -\frac{1}{2}\rho g\left[2l^2 + 2l(y_0+y) - \frac{1}{2}(y_0+y)^2\right]$$

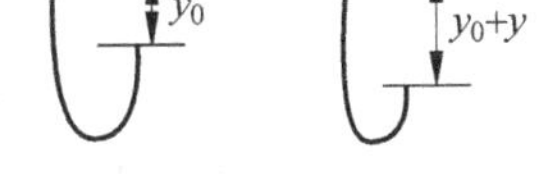

图 1 下落的绳子

假设下落过程中,左边部分绳子是静止的,右边部分绳子作为一个整体,右边绳子一起下落。这样绳子的动能为

$$E_k = \frac{1}{2}\rho\left(l - \frac{y_0 + y}{2}\right)\left(\frac{dy}{dt}\right)^2$$

由机械能守恒得

$$\frac{dy}{dt} = \sqrt{\frac{gy(4l - 2y_0 - y)}{2l - y_0 - y}}$$

我们可以计算求导,或者利用机械能表达式对时间求导,得到移动端的加速度为

$$\frac{d^2y}{dt^2} = \frac{gy(4l - 2y_0 - y)}{2(2l - y_0 - y)^2} + \frac{g(4l - 2y_0 - y)}{2(2l - y_0 - y)}$$

如果起始时刻两个端点在同一水平高度,即 $y_0 = 0$,那么移动端的速度为

$$\frac{dy}{dt} = \sqrt{\frac{gy(4l - y)}{2l - y}}$$

加速度为

$$a = \frac{d^2y}{dt^2} = \frac{gy(4l - y)}{2(2l - y)^2} + \frac{g(4l - y)}{2(2l - y)}$$

以 l 为长度单位,那么加速度随下落距离 y 的变化为

$$\frac{a}{g} = 1 + \frac{3}{4}y + \frac{1}{2}y^2 + \frac{5}{16}y^3 + \frac{3}{16}y^4 + \cdots$$

即在之前模型的假设中,自由端下落的加速度是大于重力加速度的。而且当自由端下落到最低点 $y = 2l$ 时,理论上的速度为无穷大,与实际不符。

以 l 为长度单位,以 $\sqrt{l/g}$ 为时间单位,自由端点下落方程可以写为

$$\frac{dy}{\sqrt{y(2 - y)/(1 - y)}} = dt$$

两边积分,得到理论下落时间为

$$T = \int_0^1 \frac{dy}{\sqrt{y(2 - y)/(1 - y)}} = 2\sqrt{\pi}\,\frac{\Gamma(3/4)}{\Gamma(1/4)} = 1.20$$

这个时间比经过相同距离的自由落体时间 $\sqrt{2} = 1.41$ 要小。那么,趋近这个下落时间,下落距离(以 l 为单位)是怎么趋近 1 的?设 $T = t_c$,假设这个时间范围内,下落距离有这样的渐近表达式:

$$1 - y = \lambda(t_c - t)^\alpha + \cdots$$

则下落速度有这样的表达式:

$$\frac{dy}{dt} = \lambda\alpha(t_c - t)^{\alpha - 1} + \cdots$$

根据自由端的下落方程

$$\frac{dy}{dt} = \sqrt{\frac{y(2 - y)}{1 - y}} = \sqrt{\frac{2}{\lambda}}(t_c - t)^{-\alpha/2} + \cdots$$

对比上面两个表达式,可得 $\alpha = 2/3$,$\lambda = (9/2)^{1/3}$。

练习:实际做实验,测量获取并分析数据,看实验结果与本题中的理论值相差多大。

文献：TOMASZEWSKI W,PIERANSKI P. Dynamics of ropes and chains：I. the fall of the folded chain[J]. New Journal of Physics,2005,7(1)：45.

073 下落链条的视重

问题：一根蛇骨链,下端刚好触及电子秤的托盘。当它由静止释放后,电子秤的读数随时间怎样变化?

解析：如果链条最上端是作自由落体运动,分析发现,托盘的支持力(秤盘读数)总是落在秤盘部分链条重量的 3 倍：

$$W(t) = \frac{3}{2}\mu g^2 t^2 \tag{1}$$

其中 μ 为链的质量密度,质量 $M = \mu g$。总的下落时间为 $T = \sqrt{2L/g}$,其中 L 为链条的总长度。文献实际做实验测量到的数据如图 1 所示。

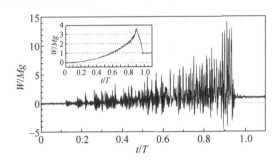

图 1　下落链条总视重与时间的关系

图 1 中小图的曲线是对时间光滑(求平均)后的曲线,可以看出,最大读数并不是链条重量的 3 倍,而是超出 3 倍,明显不能用系统误差来说明。文献进一步用高速摄像机拍摄了链条和小球同时下落的画面,发现链条上端比小球下落得快,并不是作自由落体运动。那么,是什么原因导致链条上端加速下落的呢?

文献分析发现,这是链条在桌面上盘绕的尾部引起的。或者说,链条不可能无限小弯曲(压缩),如图 2 所示。

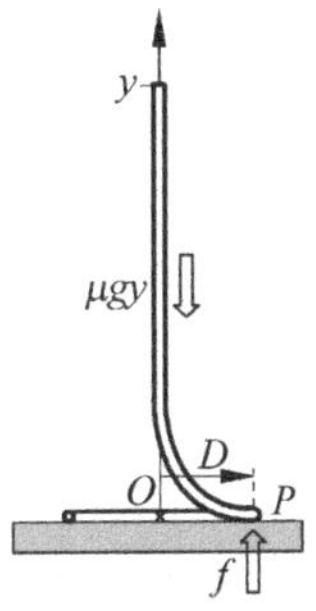

假设链条在空中的长度 y 远远大于极限弯曲半径 R,即忽略尾部的动量,对链条的空中部分,写出变质量运动方程：

图 2　考虑到最小弯曲半径的下落链条模型

$$\frac{\mathrm{d}}{\mathrm{d}t}\left(\mu y \frac{\mathrm{d}y}{\mathrm{d}t}\right) = -\mu g y + f \tag{2}$$

其中 f 为桌面对运动链条的反作用力。考虑桌面尾旋部分的角动量

$$L_O \approx \mu R^2 (\mathrm{d}y/\mathrm{d}t)$$

角动量变化分为两部分：一部分是下落速度的改变,另一部分是角动量在有限时间内变为零。文献经分析给出转动方程

$$Df = \frac{\mathrm{d}L_O}{\mathrm{d}t} \approx \mu \left[R^2 \frac{\mathrm{d}^2 y}{\mathrm{d}t^2} + R\left(\frac{\mathrm{d}y}{\mathrm{d}t}\right)^2 \right] \tag{3}$$

其中 D 是尾旋部分的尺度半径,即图 2 中 O、P 的距离。由式(2)和式(3),计算得

$$y\frac{\mathrm{d}^2 y}{\mathrm{d}t^2}+\left(\frac{\mathrm{d}y}{\mathrm{d}t}\right)^2=-gy+\frac{R^2}{D}\frac{\mathrm{d}^2 y}{\mathrm{d}t^2}+\frac{R}{D}\left(\frac{\mathrm{d}y}{\mathrm{d}t}\right)^2 \tag{4}$$

因为极限弯曲半径 R 和尾旋部分尺度 D 都是小量,可以忽略 R^2/D 项。定义形状因子 $\gamma=R/D$,则式(4)化为

$$y\frac{\mathrm{d}^2 y}{\mathrm{d}t^2}=-gy+(\gamma-1)\left(\frac{\mathrm{d}y}{\mathrm{d}t}\right)^2 \tag{5}$$

将式(5)代入式(3),得桌面支持力为

$$f=\gamma\mu\left(\frac{\mathrm{d}y}{\mathrm{d}t}\right)^2$$

秤的读数(视重)为

$$W=\mu(L-y)g+\gamma\mu\left(\frac{\mathrm{d}y}{\mathrm{d}t}\right)^2$$

形状因子 $\gamma=1$ 对应于链条上端作自由落体运动。文献拟合实验数据,发现这个形状因子约为 0.83。假设 $0<\gamma<1$,并设 $z=(\mathrm{d}y/\mathrm{d}t)^2$,则式(5)化为

$$\frac{1}{2}y\frac{\mathrm{d}z}{\mathrm{d}y}+(1-\gamma z)=-gy$$

继续化简得

$$y\mathrm{d}z+2(1-\gamma)z\mathrm{d}y=-2gy\mathrm{d}y \tag{6}$$

设

$$2(1-\gamma)=1+\alpha$$

则式(6)化为

$$\mathrm{d}(y^{1+\alpha}z)=-2gy^{2+\alpha}\mathrm{d}y=-\frac{2g}{3+\alpha}\mathrm{d}y^{3+\alpha}$$

直接积分得

$$y^{1+\alpha}z+\frac{2g}{3+\alpha}y^{3+\alpha}=\frac{2g}{3+\alpha}L^{3+\alpha}$$

计算得

$$\frac{\mathrm{d}y}{\mathrm{d}t}=\sqrt{\frac{2g}{3+\alpha}\frac{L^{3+\alpha}-y^{3+\alpha}}{y^{1+\alpha}}}$$

由此可以解析或者数值求得空中链条长度与时间的关系。

练习:实际做这个实验,求形状因子 γ 的值。看看这个因子依赖于哪些因素。

文献:HAMM E. The weight of a falling chain, revisited[J]. American Journal of Physics,2010,78(8):828-833.

074　绳子绕圆盘问题

问题:光滑地面上,一条绳子一端系着一个滑块,另一端在圆盘边缘上。假设圆盘可以自由移动,给滑块一个垂直于绳子的初速度,体系如何运动?

解析:设圆盘质心(中心)坐标为 (x_1,y_1),转过的角度为 θ,绳子相对圆盘转过的角度

为 α，则滑块的坐标为

$$x_2 = x_1 + r\sin(\theta + \alpha) + (L - r\alpha)\cos(\theta + \alpha)$$

$$y_2 = y_1 - r\cos(\theta + \alpha) + (L - R\alpha)\sin(\theta + \alpha)$$

定义两个角速度和角加速度为

$$\omega_1 = \frac{\mathrm{d}\theta}{\mathrm{d}t}, \quad \omega_2 = \frac{\mathrm{d}\alpha}{\mathrm{d}t}; \quad \beta_1 = \frac{\mathrm{d}\omega_1}{\mathrm{d}t}, \quad \beta_2 = \frac{\mathrm{d}\omega_2}{\mathrm{d}t}$$

计算得滑块的速度为

$$\frac{\mathrm{d}x_2}{\mathrm{d}t} = \frac{\mathrm{d}x_1}{\mathrm{d}t} + r\omega_1\cos(\theta + \alpha) - (L - r\alpha)(\omega_1 + \omega_2)\sin(\theta + \alpha)$$

$$\frac{\mathrm{d}y_2}{\mathrm{d}t} = \frac{\mathrm{d}y_1}{\mathrm{d}t} + r\omega_1\sin(\theta + \alpha) + (L - r\alpha)\cos(\theta + \alpha)(\omega_1 + \omega_2)$$

滑块的加速度为

$$\begin{aligned}
\frac{\mathrm{d}^2 x_2}{\mathrm{d}t^2} = {} & \frac{\mathrm{d}^2 x_1}{\mathrm{d}t^2} + r\beta_1\cos(\theta + \alpha) - r\omega_1\sin(\theta + \alpha)(\omega_1 + \omega_2) + \\
& r\omega_2(\omega_1 + \omega_2)\sin(\theta + \alpha) - (L - r\alpha)(\beta_1 + \beta_2)\sin(\theta + \alpha) - \\
& (L - r\alpha)(\omega_1 + \omega_2)^2\cos(\theta + \alpha)
\end{aligned}$$

$$\begin{aligned}
\frac{\mathrm{d}^2 y_2}{\mathrm{d}t^2} = {} & \frac{\mathrm{d}^2 y_1}{\mathrm{d}t^2} + r\beta_1\sin(\theta + \alpha) + r\omega_1\cos(\theta + \alpha)(\omega_1 + \omega_2) - \\
& r\omega_2\cos(\theta + \alpha)(\omega_1 + \omega_2) + (L - r\alpha)\cos(\theta + \alpha)(\beta_1 + \beta_2) - \\
& (L - r\alpha)\sin(\theta + \alpha)(\omega_1 + \omega_2)^2
\end{aligned}$$

设绳子中的张力为 T，方向角为 $\theta + \alpha$，则得圆盘质心的运动方程为

$$\frac{\mathrm{d}^2 x_1}{\mathrm{d}t^2} = \frac{T}{m_1}\cos(\theta + \alpha), \quad \frac{\mathrm{d}^2 y_1}{\mathrm{d}t^2} = \frac{T}{m_1}\sin(\theta + \alpha)$$

滑块的运动方程为

$$\begin{aligned}
-\frac{T}{m_2}\cos(\theta + \alpha) = {} & \frac{\mathrm{d}^2 x_1}{\mathrm{d}t^2} + r\beta_1\cos(\theta + \alpha) - r\omega_1\sin(\theta + \alpha)(\omega_1 + \omega_2) + \\
& r\omega_2(\omega_1 + \omega_2)\sin(\theta + \alpha) - (L - r\alpha)(\beta_1 + \beta_2)\sin(\theta + \alpha) - \\
& (L - r\alpha)(\omega_1 + \omega_2)^2\cos(\theta + \alpha)
\end{aligned}$$

$$\begin{aligned}
-\frac{T}{m_2}\sin(\theta + \alpha) = {} & \frac{\mathrm{d}^2 y_1}{\mathrm{d}t^2} + r\beta_1\sin(\theta + \alpha) + r\omega_1\cos(\theta + \alpha)(\omega_1 + \omega_2) - \\
& r\omega_2\cos(\theta + \alpha)(\omega_1 + \omega_2) + (L - r\alpha)\cos(\theta + \alpha)(\beta_1 + \beta_2) - \\
& (L - r\alpha)\sin(\theta + \alpha)(\omega_1 + \omega_2)^2
\end{aligned}$$

计算并化简得

$$0 = -r\omega_1(\omega_1 + \omega_2) + r\omega_2(\omega_1 + \omega_2) - (L - r\alpha)(\beta_1 + \beta_2)$$

$$-\frac{T}{m_2} = \frac{T}{m_1} + r\beta_1 - (L - r\alpha)(\omega_1 + \omega_2)^2$$

圆盘相对质心的转动方程为

$$Tr = \frac{1}{2} m_1 r^2 \beta_1$$

计算得

$$(L - r\alpha)(\omega_1 + \omega_2)^2 = r\beta_1 \left[1 + \frac{1}{2}\left(1 + \frac{m_1}{m_2} \right) \right]$$

$$(L - r\alpha)(\beta_1 + \beta_2) = r(\omega_2^2 - \omega_1^2)$$

数值计算发现,过一段时间后,绳子不再缠绕圆盘,而是反过来转动了,即 $\alpha = 0, \omega_2 < 0$。此后滑块的坐标表达式为

$$x_2 = x_1 + r\sin\theta + L\cos(\theta + \alpha)$$

$$y_2 = y_1 - r\cos\theta + L\sin(\theta + \alpha)$$

滑块的速度为

$$\frac{\mathrm{d}x_2}{\mathrm{d}t} = \frac{\mathrm{d}x_1}{\mathrm{d}t} + r\cos\theta\omega_1 - L\sin(\theta + \alpha)(\omega_1 + \omega_2)$$

$$\frac{\mathrm{d}y_2}{\mathrm{d}t} = \frac{\mathrm{d}y_1}{\mathrm{d}t} + r\sin\theta\omega_1 + L\cos(\theta + \alpha)(\omega_1 + \omega_2)$$

滑块的加速度为

$$\frac{\mathrm{d}^2 x_2}{\mathrm{d}t^2} = \frac{\mathrm{d}^2 x_1}{\mathrm{d}t^2} + r\cos\theta\beta_1 - r\sin\theta\omega_1^2 - L\sin(\theta + \alpha)(\beta_1 + \beta_2) - L\cos(\theta + \alpha)(\omega_1 + \omega_2)^2$$

$$\frac{\mathrm{d}^2 y_2}{\mathrm{d}t^2} = \frac{\mathrm{d}^2 y_1}{\mathrm{d}t^2} + r\sin\theta\beta_1 + r\cos\theta\omega_1^2 + L\cos(\theta + \alpha)(\beta_1 + \beta_2) - L\sin(\theta + \alpha)(\omega_1 + \omega_2)^2$$

圆盘质心的运动方程为

$$\frac{\mathrm{d}^2 x_1}{\mathrm{d}t^2} = \frac{T}{m_1}\cos(\theta + \alpha), \qquad \frac{\mathrm{d}^2 y_1}{\mathrm{d}t^2} = \frac{T}{m_1}\sin(\theta + \alpha)$$

滑块的运动方程为

$$-\frac{T}{m_2}\cos(\theta + \alpha) = \frac{T}{m_1}\cos(\theta + \alpha) + r\cos\theta\beta_1 - r\sin\theta\omega_1^2 -$$

$$L\sin(\theta + \alpha)(\beta_1 + \beta_2) - L\cos(\theta + \alpha)(\omega_1 + \omega_2)^2$$

$$-\frac{T}{m_2}\sin(\theta + \alpha) = \frac{T}{m_1}\sin(\theta + \alpha) + r\sin\theta\omega_1^2 + r\cos\theta\omega_1^2 +$$

$$L\cos(\theta + \alpha)(\beta_1 + \beta_2) - L\sin(\theta + \alpha)(\omega_1 + \omega_2)^2$$

圆盘相对质心的转动方程为

$$Tr\cos\alpha = \frac{1}{2} m_1 r^2 \beta_1$$

计算并化简得

$$r\sin\alpha\beta_1 - r\cos\alpha\omega_1^2 - L(\beta_1 + \beta_2) = 0$$

$$0 = \left[\cos^2\alpha + \frac{1}{2}\left(1 + \frac{m_1}{m_2} \right) \right] r\beta_1 + r\sin\alpha\cos\alpha\omega_1^2 - L\cos\alpha(\omega_1 + \omega_2)^2$$

练习 1:数值求解以上方程,并进行动画模拟。

练习 2：假设圆盘不能移动,但是能绕垂直圆盘中心（或盘上任意一点）的轴自由转动,求滑块的轨迹。

075　绳球体系在圆柱面上的滑动

问题：轻绳两端系着两个小球,起先静止在光滑圆柱上。使其中一个小球以一定的速度向下运动,绳球体系如何运动?

解析：为讨论方便,假设起始时刻两个相同的小球在圆柱两侧,左侧在直径端点,右侧对应的角度是 θ_0（图 1）。给左侧小球一个竖直向下的初速度,使右侧小球可以脱离柱面。由中学物理知识可知,右侧小球的临界角速度为 $\omega_c = \sqrt{g\sin\theta_0/R}$,当右侧小球的角速度超过这个临界角速度时,它就能脱离柱面飞起来。那么,飞起来以后,两个小球是怎么运动的?设经过时间 t,右侧柱面绳子一部分在空中,一部分紧贴柱面 1,绳子分界点的角度参数为 θ（图 2）,分界点之外绳子长度为 l,那么右侧小球的坐标为

$$x_1 = R\cos\theta + l\sin\theta, \quad y_1 = R\sin\theta - l\cos\theta$$

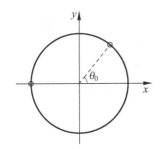

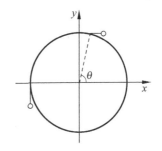

图 1　圆柱上的绳球体系（起始静止）　　　　图 2　圆柱上滑动后的绳球体系

右侧小球的速度为

$$\frac{\mathrm{d}x_1}{\mathrm{d}t} = -R\sin\theta\,\frac{\mathrm{d}\theta}{\mathrm{d}t} + l\cos\theta\,\frac{\mathrm{d}\theta}{\mathrm{d}t} + \sin\theta\,\frac{\mathrm{d}l}{\mathrm{d}t}$$

$$\frac{\mathrm{d}y_1}{\mathrm{d}t} = R\cos\theta\,\frac{\mathrm{d}\theta}{\mathrm{d}t} + l\sin\theta\,\frac{\mathrm{d}\theta}{\mathrm{d}t} - \cos\theta\,\frac{\mathrm{d}l}{\mathrm{d}t}$$

由此计算得到右侧小球的切向速度和径向速度为

$$v_\theta = R\,\frac{\mathrm{d}\theta}{\mathrm{d}t} - \frac{\mathrm{d}l}{\mathrm{d}t}, \quad v_r = l\,\frac{\mathrm{d}\theta}{\mathrm{d}t}$$

左侧小球的坐标为

$$x_2 = -R, \quad y_2 = l - R\theta + R\theta_0$$

左侧小球的速度为

$$\frac{\mathrm{d}y_2}{\mathrm{d}t} = \frac{\mathrm{d}l}{\mathrm{d}t} - R\,\frac{\mathrm{d}\theta}{\mathrm{d}t}$$

体系的动能为

$$T = \frac{m}{2}\left[(2R^2 + l^2)\left(\frac{\mathrm{d}\theta}{\mathrm{d}t}\right)^2 + 2\left(\frac{\mathrm{d}l}{\mathrm{d}t}\right)^2 - 4R\,\frac{\mathrm{d}\theta}{\mathrm{d}t}\,\frac{\mathrm{d}l}{\mathrm{d}t}\right]$$

由此得体系的拉氏量

$$L = \frac{m}{2}\left[(2R^2 + l^2)\left(\frac{d\theta}{dt}\right)^2 + 2\left(\frac{dl}{dt}\right)^2 - 4R\frac{d\theta}{dt}\frac{dl}{dt}\right] - mg(R\sin\theta - l\cos\theta + l - R\theta + R\theta_0)$$

计算得欧拉-拉格朗日方程为

$$2\frac{d^2l}{dt^2} - 2R\frac{d^2\theta}{dt^2} = l\left(\frac{d\theta}{dt}\right)^2 - g(1 - \cos\theta) \tag{1}$$

$$\frac{d}{dt}\left[(2R^2 + l^2)\frac{d\theta}{dt}\right] - 2R\frac{d^2l}{dt^2} = -g(R\cos\theta + l\sin\theta - R) \tag{2}$$

这组方程没有解析解，需要给出初始条件，再数值求解。

练习：数值求解以上方程，并进行动画模拟。

076　光滑水平桌面上滑落的链条

问题：蛇骨链是如何从水平光滑桌面边缘滑落的？当整个链条离开桌面时，空中位形是什么样的？

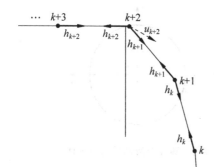

图 1　链条桌面滑落的离散模型

解析：把链条离散化，看作由 n 个质量相同的小球通过同样长度的轻绳连接，如图 1 所示。

考虑体系的运动方程，物理量长度以链条的总长度 L 为单位，时间以 $\sqrt{L/g}$ 为单位，最底下第一个小球的运动方程为

$$\frac{d^2x_1}{dt^2} = h_1(x_2 - x_1), \qquad \frac{d^2y_1}{dt^2} = h_1(y_2 - y_1) - 1$$

桌面下刚滑落下去的第 k 个小球的运动方程为（注意，小球的编号总体上与图 1 中的编号有平移）

$$\frac{d^2x_k}{dt^2} = h_{k-1}(x_{k-1} - x_k) - h_k\frac{x_k}{\sqrt{x_k^2 + y_k^2}}$$

$$\frac{d^2y_k}{dt^2} = h_{k-1}(y_{k-1} - y_k) - h_k\frac{y_k}{\sqrt{x_k^2 + y_k^2}} - 1$$

其中 h 为相邻两个小球之间绳中的张力，具体是哪两个小球，由后面的表达式给出。桌面上最靠近桌边的第 $k+1$ 个小球的运动方程为

$$(n - k)\frac{d^2x_{k+1}}{dt^2} = h_k$$

这是因为桌面上 $n-k$ 个小球作为整体一起向右滑动。桌面下其余小球的运动方程为

$$\frac{d^2x_i}{dt^2} = h_{i-1}(x_{i-1} - x_i) + h_i(x_{i+1} - x_i)$$

$$\frac{d^2y_i}{dt^2} = h_{i-1}(y_{i-1} - y_i) + h_i(y_{i+1} - y_i) - 1$$

对于运动体系，第一类几何约束条件为

$$(x_i - x_{i-1})^2 + (y_i - y_{i-1})^2 = l^2$$

第二类几何约束条件为

$$\sqrt{x_k^2 + y_k^2} - x_{k+1} = l$$

给出初始条件,利用数学软件 Maple 求解以上运动方程和约束方程,就能得到各个小球位移与时间的数值关系。

随后计算第 $k+1$ 个小球越过桌边时的速度改变。使它速度改变的瞬时张力冲量有两个:一个是第 k 条绳子中的,另一个是第 $k+1$ 条绳子中的:

$$\boldsymbol{u}_{k+1} = \boldsymbol{v}_{k+1} + h_k(\boldsymbol{r}_k - \boldsymbol{r}_{k+1}) - h_{k+1}\frac{\boldsymbol{u}_{k+1}}{u_{k+1}}$$

(注意,这个方程中的 h 与绳子张力表示的 h 虽然符号相同,但意义不同)h_{k+1} 的物理意义为第 $k+1$ 个绳子中的张力突变冲量,使桌面上 $n-k-1$ 个小球的速率从 v_{k+1} 改变为 u_{k+1},即

$$(n-k-1)u_{k+1} = (n-k-1)v_{k+1} + h_{k+1}$$

计算得到(作为练习)

$$\boldsymbol{u}_{k+1} = c\left[\boldsymbol{v}_{k+1} + h_k(\boldsymbol{r}_k - \boldsymbol{r}_{k+1})\right]$$

其中比例系数 c 为

$$c = \frac{1}{n-k+1}\left[1 + (n-k)\frac{v_{k+1}}{|\boldsymbol{v}_{k+1} + h_k(\boldsymbol{r}_k - \boldsymbol{r}_{k+1})|}\right]$$

第一个小球的速度改变为

$$\boldsymbol{u}_1 = \boldsymbol{v}_1 + h_1(\boldsymbol{r}_2 - \boldsymbol{r}_1)$$

其余小球的速度改变为

$$\boldsymbol{u}_i = \boldsymbol{v}_i + h_{i-1}(\boldsymbol{r}_{i-1} - \boldsymbol{r}_i) + h_i(\boldsymbol{r}_{i+1} - \boldsymbol{r}_i)$$

新的速度同样要满足第二层的约束条件

$$(\boldsymbol{r}_i - \boldsymbol{r}_{i-1})\cdot(\boldsymbol{u}_i - \boldsymbol{u}_{i-1}) = 0$$

联立求解以上方程,就能得到待定系数 c 和 h_i 的值,进而得到新的速度值。这些小球的位移和新的速度作为下一轮运动方程的初始值,继续计算下去,直到最后一个小球滑出桌面。

取 40 个小球,计算可得,经过 4.79 个时间单位,链条脱离桌面,其在空间的形状如图 2 所示,与实际实验中的"7"字形基本相符。

注解 1:文献最大的亮点是小球越过桌面边缘时,由于桌面边缘的反作用,所有的小球有速度突变。这些突变是由轻绳上的张力突变引起的,由于绳子没有质量,物理上还是能自洽的。

注解 2:文献用的是角度坐标,直接把相邻小球的几何约束(距离不变)解出来。本题用的是直角坐标,保留约束关系,利用数学软件可以进行有约束微分方程组的数值求解。

文献:VRBIK J. Chain sliding off a table[J]. American Journal of Physics,1993,61(3):258-261.

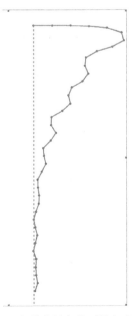

图 2　离散化链条模型脱离桌面时的空中位形

077　三维绳子绕圆柱问题

问题：绳子末端系着一个小球，绕着竖直的圆柱转动，小球的空中轨迹是什么？缠绕在圆柱上的绳子形状是什么？

解析：上图中绳子最大的特征是三维螺旋线的螺距是不等的，从上往下依次增大。假设物理模型如下：一根质量不计的细线，一端固定在圆柱表面，另一端系着一个大小不计的小球。起始时刻把细线拉紧并给小球一个垂直于细线方向的速度。从实际物理角度考虑，柱面是粗糙的，摩擦系数足够大，使柱面上绷紧的细线不会移动。在运动过程中，曲面外细线部分也是始终绷紧的。以弧长为参数，细线在曲面上和曲面外分界点的坐标为

$$r(s) = (x(s), y(s), z(s))$$

当然这个坐标满足曲面的隐函数方程 $F(x, y, z) = 0$。这个分界点在曲面上移动，形成一个三维螺旋曲线。设曲线在这个点的切线方向为

$$\tau(s) = (\cos\alpha(s), \cos\beta(s), \cos\gamma(s))$$

其中三个方向角分别是切线方向与三个坐标轴的夹角，按定义有

$$\cos\alpha(s) = \frac{dx}{ds}, \quad \cos\beta(s) = \frac{dy}{ds}, \quad \cos\gamma(s) = \frac{dz}{ds}$$

满足以下约束：

$$\cos^2\alpha + \cos^2\beta + \cos^2\gamma = 1 \tag{1}$$

设细线的总长度为 L，则细线末端小球的坐标为

$$X(s) = x(s) + (L - s)\cos\alpha$$
$$Y(s) = y(s) + (L - s)\cos\beta$$
$$Z(s) = z(s) + (L - s)\cos\gamma$$

上式两边对时间求导，得到小球的速度为（计算过程作为练习）

$$V_x = -(L - s)\sin\alpha \frac{d\alpha}{dt}$$

$$V_y = -(L - s)\sin\beta \frac{d\beta}{dt}$$

$$V_z = -(L-s)\sin\gamma\,\frac{\mathrm{d}\gamma}{\mathrm{d}t}$$

小球速度与细线方向的内积(点乘)为

$$\boldsymbol{V} \cdot \boldsymbol{\tau} = -(L-s)\left(\sin\alpha\cos\alpha\,\frac{\mathrm{d}\alpha}{\mathrm{d}t} + \sin\beta\cos\beta\,\frac{\mathrm{d}\beta}{\mathrm{d}t} + \sin\gamma\cos\gamma\,\frac{\mathrm{d}\gamma}{\mathrm{d}t}\right)$$

式(1)两边对时间求导,得

$$\sin\alpha\cos\alpha\,\frac{\mathrm{d}\alpha}{\mathrm{d}t} + \sin\beta\cos\beta\,\frac{\mathrm{d}\beta}{\mathrm{d}t} + \sin\gamma\cos\gamma\,\frac{\mathrm{d}\gamma}{\mathrm{d}t} = 0$$

由此得到 $\boldsymbol{V} \cdot \boldsymbol{\tau} = 0$。注意到螺旋曲线的切线方向就是某时刻曲面外绷紧细线的方向。对于三维绕柱问题,物块速度垂直于悬线的结论是成立的。

为了计算方便和数值计算,首先取单位量纲制,长度以圆柱半径 R 为单位,时间以 $\sqrt{R/g}$ 为单位,速度以 $\sqrt{Rg}$ 为单位,力以 mg 为单位,其中 m 为小球的质量。以向下的方向为 z 轴的正方向,将坐标 (x,y,z) 重新标记为 (x_1,x_2,x_3),且所有物理量为时间 t 的函数。先定义以下的三类物理量,依次分别为速度 p、加速度 q 和加加速度 r:

$$p_0(t) = \frac{\mathrm{d}s(t)}{\mathrm{d}t}, \quad p_1(t) = \frac{\mathrm{d}x_1(t)}{\mathrm{d}t}, \quad p_2(t) = \frac{\mathrm{d}x_2(t)}{\mathrm{d}t}, \quad p_3(t) = \frac{\mathrm{d}x_3(t)}{\mathrm{d}t} \tag{2}$$

$$q_0(t) = \frac{\mathrm{d}p_0(t)}{\mathrm{d}t}, \quad q_1(t) = \frac{\mathrm{d}p_1(t)}{\mathrm{d}t}, \quad q_2(t) = \frac{\mathrm{d}p_2(t)}{\mathrm{d}t}, \quad q_3(t) = \frac{\mathrm{d}p_3(t)}{\mathrm{d}t} \tag{3}$$

$$r_0(t) = \frac{\mathrm{d}q_0(t)}{\mathrm{d}t}, \quad r_1(t) = \frac{\mathrm{d}q_1(t)}{\mathrm{d}t}, \quad r_2(t) = \frac{\mathrm{d}q_2(t)}{\mathrm{d}t}, \quad r_3(t) = \frac{\mathrm{d}q_3(t)}{\mathrm{d}t} \tag{4}$$

且有两个约束条件,第一个是螺旋曲线在圆柱面上:

$$x_1(t)^2 + x_2(t)^2 = 1 \tag{5}$$

第二个是速度分量之间的约束:

$$p_1(t)^2 + p_2(t)^2 + p_3(t)^2 = p_0(t)^2 \tag{6}$$

小球的第一个坐标为

$$X_1(t) = x_1(t) + (L-s(t))\,\frac{p_1(t)}{p_0(t)}$$

上式两边对时间 t 求导,得到(计算过程作为练习)小球速度的第一分量(即 x 轴方向分量)为

$$V_1(t) = \frac{\mathrm{d}X_1(t)}{\mathrm{d}t} = (l-s(t))\,\frac{q_1(t)p_0(t) - p_1(t)q_0(t)}{p_0^2(t)}$$

继续对上式求导,得到(计算过程作为练习)小球加速度的第一分量(即 x 轴方向分量)为

$$\frac{\mathrm{d}^2 X_1(t)}{\mathrm{d}t^2} = -p_0(t)\,\frac{q_1(t)p_0(t) - p_1(t)q_0(t)}{p_0^2(t)} +$$

$$(l-s(t))\left(\frac{r_1(t)p_0(t) - p_1(t)r_0(t)}{p_0^2(t)} - 2q_0(t)\,\frac{q_1(t)p_0(t) - p_1(t)q_0(t)}{p_0^3(t)}\right)$$

设此时绳子上的张力为 $F(t)$,由牛顿运动方程,得

$$-\frac{p_1(t)}{p_0(t)}F(t) = -p_0(t)\,\frac{q_1(t)p_0(t) - p_1(t)q_0(t)}{p_0^2(t)} +$$

$$(l-s(t))\left(\frac{r_1(t)p_0(t) - p_1(t)r_0(t)}{p_0^2(t)} - 2q_0(t)\,\frac{q_1(t)p_0(t) - p_1(t)q_0(t)}{p_0^3(t)}\right)$$

$$\tag{7}$$

同样可以得到其他两个方向上的牛顿运动方程

$$-\frac{p_2(t)}{p_0(t)}F(t)=-p_0(t)\frac{q_2(t)p_0(t)-p_2(t)q_0(t)}{p_0^2(t)}+$$

$$(l-s(t))\left(\frac{r_2(t)p_0(t)-p_2(t)r_0(t)}{p_0^2(t)}-2q_0(t)\frac{q_2(t)p_0(t)-p_2(t)q_0(t)}{p_0^3(t)}\right)\quad(8)$$

$$-\frac{p_3(t)}{p_0(t)}F(t)+1=-p_0(t)\frac{q_3(t)p_0(t)-p_3(t)q_0(t)}{p_0^2(t)}+$$

$$(l-s(t))\left(\frac{r_3(t)p_0(t)-p_3(t)r_0(t)}{p_0^2(t)}-2q_0(t)\frac{q_3(t)p_0(t)-p_3(t)q_0(t)}{p_0^3(t)}\right)$$

$$(9)$$

我们看一下有多少个未知数(量),坐标 4 个,速度 4 个,加速度 4 个,角加速度 4 个,绳子上张力 1 个,共 17 个未知量。再看有多少个方程(约束关系),速度、加速度和角加速度的定义方程式(2)～式(4)共 12 个,曲面约束方程式(5)1 个,速度约束关系式(6)1 个,小球牛顿运动定律方程式(7)～式(9)3 个,共 17 个方程。这样有 17 个未知量,17 个方程,理论上可以(数值)求解。

首先把式(7)～式(9)化简并整理得

$$\frac{p_1(t)}{p_0(t)}\times 式(7)+\frac{p_2(t)}{p_0(t)}\times 式(8)+\frac{p_3(t)}{p_0(t)}\times 式(9)$$

$$=(l-s(t))\left[\frac{(p_1(t)r_1(t)+p_2(t)r_2(t)+p_3(t)r_3(t))\,p_0(t)-(p_1(t)^2+p_2(t)^2+p_3(t)^2)\,r_0(t)}{p_0^3(t)}\right]$$

式(6)两边对时间求导,得

$$p_1(t)q_1(t)+p_2(t)q_2(t)+p_3(t)q_3(t)=p_0(t)q_0(t)$$

再继续对时间求导得

$$q_1(t)^2+p_1(t)r_1(t)+q_2(t)^2+p_2(t)r_2(t)+q_3(t)^2+p_3(t)r_3(t)=q_0(t)^2+p_0(t)r_0(t)$$

由此得到

$$-F(t)+\frac{p_3(t)}{p_0(t)}=\frac{l-s(t)}{p_0(t)^2}(q_0(t)^2-q_1(t)^2-q_2(t)^2-q_3(t)^2)$$

把小球速度分量的平方加起来,得

$$V^2(t)=V_1^2(t)+V_2^2(t)+V_3^2(t)=\frac{(l-s(t))^2}{p_0^4(t)}\times$$

$$[(q_1^2(t)+q_2^2(t)+q_3^2(t))\,p_0^2(t)+p_0^2(t)q_0^2(t)-$$

$$2(p_1(t)q_1(t)+p_2(t)q_2(t)+p_3(t)q_3(t))\,p_0(t)q_0(t)]$$

继续化简得

$$V^2(t)=\frac{(l-s(t))^2}{p_0^2(t)}(q_1^2(t)+q_2^2(t)+q_3^2(t)-q_0^2(t))$$

由此得到绳子中张力的表达式

$$F(t)=\frac{p_3(t)}{p_0(t)}+\frac{V^2(t)}{l-s(t)}$$

这与作一维圆周运动绳子中的张力类似。由于在整个运动过程中绳子拉力做功为零,所以小球的机械能不变,由此可得小球速度的平方为

$$V^2(t) = V^2(0) + 2\left[x_3(t) + (L - s(t))\frac{p_3(t)}{p_0(t)} - x_3(0) - (L - s(0))\frac{p_3(0)}{p_0(0)}\right]$$

于是绳子中张力为

$$F(t) = \frac{p_3(t)}{p_0(t)} + \frac{1}{l - s(t)}\left\{V^2(0) + 2\left[x_3(t) + (L - s(t))\frac{p_3(t)}{p_0(t)} - x_3(0) - (L - s(0))\frac{p_3(0)}{p_0(0)}\right]\right\}$$

小球的 3 个牛顿运动方程也可以写成矢量形式:

$$e_3 - F\frac{\boldsymbol{p}}{p_0} = -p_0\frac{\boldsymbol{q}p_0 - \boldsymbol{p}q_0}{p_0^2} + (l - s)\left(\frac{\boldsymbol{r}p_0 - \boldsymbol{p}r_0}{p_0^2} - 2q_0\frac{\boldsymbol{q}p_0 - \boldsymbol{p}q_0}{p_0^3}\right) \tag{10}$$

式(10)两边叉乘 $\boldsymbol{p}$,得

$$-p_2\boldsymbol{e}_1 + p_1\boldsymbol{e}_2 = \frac{l - s}{p_0}(\boldsymbol{r} \times \boldsymbol{p}) - \left(1 + \frac{2(l - s)q_0}{p_0^2}\right)(\boldsymbol{q} \times \boldsymbol{p}) \tag{11}$$

式(11)两边点乘 $\boldsymbol{q}$,得

$$-p_2q_1 + p_1q_2 = \frac{l - s}{p_0}(\boldsymbol{r} \times \boldsymbol{p}) \cdot \boldsymbol{q}$$

式(11)两边点乘 $\boldsymbol{r}$,得

$$-p_2r_1 + p_1r_2 = -\left(1 + \frac{2(l - s)q_0}{p_0^2}\right)(\boldsymbol{q} \times \boldsymbol{p}) \cdot \boldsymbol{r}$$

两式相除,得

$$\frac{-p_2r_1 + p_1r_2}{-p_2q_1 + p_1q_2} = \frac{p_0}{l - s} + 2\frac{q_0}{p_0}$$

上式可以化为

$$\frac{\mathrm{d}\ln(p_1q_2 - p_2q_1)}{\mathrm{d}t} = -\frac{\mathrm{d}\ln(l - s)}{\mathrm{d}t} + 2\frac{\mathrm{d}\ln p_0}{\mathrm{d}t}$$

由此得到一个守恒量,可以看作类角动量的第三分量:

$$C = \frac{l - s}{p_0^2}(p_1q_2 - p_2q_1) \tag{12}$$

以下采用柱坐标:

$$x_1 = \cos\theta, \quad x_2 = \sin\theta, \quad x_3 = z$$

所以有

$$p_1 = -\sin\theta\,\omega, \quad p_2 = \cos\theta\,\omega, \quad p_3 = \frac{\mathrm{d}z}{\mathrm{d}t}, \quad p_0 = \sqrt{\omega^2 + p_3^2}$$

令 $\beta = \mathrm{d}\omega/\mathrm{d}t$,$\alpha = \mathrm{d}\beta/\mathrm{d}t$,则得

$$q_1 = -\sin\theta\beta - \cos\theta\,\omega^2$$

$$q_2 = \cos\theta\beta - \sin\theta\,\omega^2$$

$$q_3 = \frac{\mathrm{d}^2z}{\mathrm{d}t^2}, \quad q_0 = (\omega^2 + p_3^2)^{-3/2}(\omega\beta + p_3q_3)$$

$$r_1 = -3\omega\beta\cos\theta - \alpha\sin\theta + \omega^3\sin\theta$$

$$r_2 = 3\omega\beta\sin\theta + \alpha\cos\theta - \omega^3\cos\theta$$

$$p_1q_2 - p_2q_1 = -\omega\sin\theta(\cos\theta\beta - \sin\theta\,\omega^2) + \omega\cos\theta(\sin\theta\beta + \cos\theta\,\omega^2) = \omega^3$$

类角动量的第三分量守恒量式(12)为

$$C = \frac{\omega^3(l-s)}{\omega^2 + p_3^2} \tag{13}$$

小球速度的平方为

$$V^2(t) = \frac{(l-s(t))^2}{\omega^2 + p_3^2}\left[\beta^2 + \omega^4 + q_3^2 - \frac{(\omega\beta + p_3 q_3)^2}{\omega^2 + p_3^2}\right]$$

其中缠绕在圆柱上的绳子长度有积分表达式

$$s(t) = \int_0^t p_0(t)\,dt = \int_0^t \sqrt{\omega^2 + p_3^2}\,dt$$

所以经过解析运算找到两个运动不变量:类角动量第三分量和机械能。

由物理模型可知,小球肯定在有限时间内碰到圆柱,设这个时间为 t_c,考虑趋近这个碰撞时间区间圆柱上移动悬挂点的角速度 ω 和竖直速度 p_3 的渐近表达式,此时绳子在圆柱外面的长度 $l-s$ 趋向于零,所以角速度 ω 趋向于无穷大。我们假设这段时间内螺旋线的倾角是不变的,或者说竖直速度 p_3 与角速度 ω 成正比,设比例系数为 k,那么由类角动量第三分量守恒量式(13),得到

$$(1+k^2)C = \omega(l-s)$$

设 $l-s = \lambda(t_c - t)^\alpha$,有

$$\sqrt{1+k^2}\,\omega = \frac{ds}{dt} = \alpha\lambda(t_c - t)^{\alpha-1}$$

代入以上等式,得

$$(1+k^2)C = \frac{1}{\sqrt{1+k^2}}\alpha\lambda(t_c - t)^{\alpha-1}\lambda(t_c - t)^\alpha$$

由此得到 $\alpha = 1/2$ 且

$$2(1+k^2)^{3/2}C = \lambda^2 \tag{14}$$

在 Maple 数值计算中发现,移动悬挂点的竖直速度在某些时刻居然会向上,这在实际物理模型中是不可能的。为了解决这个问题,我们用了微分方程求解的条件指令,一旦竖直速度为零,它的时间导数就取反向,数值结果发现小球的轨迹在竖直方向上是振荡的,这与真实情景不一样,那时小球是一直往下摆的,不可能再往上摆,所以有个很关键的物理因素没有考虑进去。

练习:尝试数值求解这些微分方程组,看看会碰到什么问题,如何解决这些问题?

注解 1:本题的来源是物理竞赛训练题中的绳子绕圆盘问题,考虑到真实物理情景,为了不让绳子重叠,绳子是螺旋线缠绕的,这就很自然地引入三维绕柱问题。

注解 2:这时候我们就需要采用解析推导的方法,推导出两个运动不变量——小球的机械能和相对移动缠绕悬挂点角动量第三分量,转而求解两个方程,正好对应两个未知量——移动悬挂点的角速度和竖直速度。

078　牛仔套圈的秘密

问题:把绳索套成一个圆环,拎着多余绳索的一端,让绳环大致在水平面上转起来。稳定后,转速与哪些物理(几何)量有关?

解析：由图 1 可以看出，绳索套圈主要由三部分组成，分别为环（noose）、勾（honda）和杆（spoke）。先考虑最简单的情况，设环是水平的，半径为 r。杆长度为 L，与水平面的夹角为 θ。考虑环上微元转动的牛顿方程，其向心力由两端张力之差提供，即

$$2T\sin(\Delta\phi/2) = \rho r\Delta\phi\,\omega^2 r$$

当微元角度 $\Delta\phi$ 趋向于零时，得到环中绳子的张力表达式为

$$T = \rho\omega^2 r^2$$

设勾的质量为 m_h，其向心力由杆上张力的水平分量提供，即

$$m_h\omega^2 r = T\sin\theta$$

由此计算得

$$m_h = \rho r\sin\theta$$

杆上张力的竖直分量与勾和环的重力相平衡，即

$$m_h g + 2\pi r\rho g = T\cos\theta$$

由此得到环半径的表达式

$$r = \frac{2\pi + \sin\theta}{\cos\theta}\frac{g}{\omega^2}$$

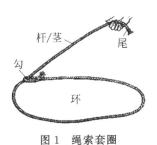

图 1　绳索套圈

再考虑环倾斜情况，如图 2 所示。

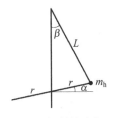

图 2　倾斜的牛仔
套圈侧面图

假设杆的上顶点和环的中心仍处在同一竖直线段上，由图 2 中的几何关系，得

$$L\sin\beta = r\cos\alpha$$

由原先水平时候的几何关系 $L\sin\theta = r$，计算得

$$\cos\beta = \sqrt{1 - \sin^2\theta\cos^2\alpha}$$

上式两边对时间求导，得

$$\frac{\mathrm{d}\beta}{\mathrm{d}t} = -\frac{\sin\theta\sin\alpha}{\sqrt{1 - \sin^2\theta\cos^2\alpha}}\frac{\mathrm{d}\alpha}{\mathrm{d}t}$$

以杆的上端点为原点，体系的重力势能为

$$E_p = -\frac{1}{2}m_s gL\cos\beta - m_n(L\cos\beta + r\sin\alpha) - m_h gL\cos\beta$$

杆的动能为

$$E_{ks} = \frac{1}{6}m_s\left[(L\sin\beta\omega)^2 + L^2(\mathrm{d}\beta/\mathrm{d}t)^2\right]$$

勾的动能为

$$E_{kh} = \frac{1}{2}m_h\left[(L\sin\beta\omega)^2 + L^2(\mathrm{d}\beta/\mathrm{d}t)^2\right]$$

环的动能为

$$E_{kn} = \frac{1}{2}m_n\left[\frac{\mathrm{d}}{\mathrm{d}t}(L\cos\beta + r\sin\alpha)\right] + \frac{1}{2}\boldsymbol{\omega}\cdot\boldsymbol{I}_n\cdot\boldsymbol{\omega}$$

在环的固有参考系中，转动惯量张量（矩阵）为

$$\boldsymbol{I}_n = \mathrm{diag}\left(\frac{1}{2}m_n r^2, \frac{1}{2}m_n r^2, m_n r^2\right)$$

角速度矢量为

$$\boldsymbol{\omega} = (\omega\sin a + \mathrm{d}\alpha/\mathrm{d}t, 0, \omega\cos\alpha)$$

由以上表达式,可以写出系统的拉氏量,进而写出欧拉-拉格朗日运动方程。当系统处于稳态时(即倾斜角 α 不随时间变化时),倾斜角 α 满足以下方程:

$$-\left(m_{\mathrm{h}} + \frac{m_{\mathrm{s}}}{3} + \frac{3}{4}m_{\mathrm{n}}\right)r^2\omega^2\cos\alpha\sin\alpha = -\left(m_{\mathrm{h}} + \frac{m_{\mathrm{s}}}{2} + m_{\mathrm{n}}\right)gr\frac{\sin\theta\cos\alpha\sin\alpha}{\sqrt{1 - \sin^2\theta\cos^2\alpha}} - m_{\mathrm{n}}gr\cos\alpha$$

练习:参考文献,把体系整个动能详细地写出来,并写出运动方程。

文献:MCDONALD K. Spinning Lasso[EB/OL].[2023-03-01]. http://kirkmcd. princeton. edu/examples/lasso. pdf.

079　飞起的转动链条

问题:轮子驱动链条在竖直平面内高速转动,链条会飞扬起来,为什么?

解析:链条的转动是由两个靠近的轮子带动的,如图1所示。

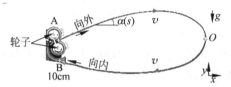

图1　轮子驱动高速转动并飞起的链条

设链条中的张力分布为 T,单位长度链条的质量为 λ,链条运动速度为 v,单位长度上的空气阻力为 f。链条微元两端的张力差,以及重力和阻力的合力,作为微元的向心力。向心力的大小为微元质量 $\lambda\mathrm{d}s$ 乘以速度的平方再乘以曲率 $\kappa = \mathrm{d}\alpha/\mathrm{d}s$,注意切角 α 是随弧长变小的,所以微元的牛顿运动方程为

$$\mathrm{d}(T\cos\alpha) - f\cos\alpha\,\mathrm{d}s = \lambda\,\mathrm{d}s\,v^2(-\mathrm{d}\alpha/\mathrm{d}s)\cos(\alpha - \pi/2)$$

$$\mathrm{d}(T\sin\alpha) - f\sin\alpha\,\mathrm{d}s - \lambda g\,\mathrm{d}s = \lambda\,\mathrm{d}s\,v^2(-\mathrm{d}\alpha/\mathrm{d}s)\sin(\alpha - \pi/2)$$

计算得

$$\mathrm{d}(T\cos\alpha) = -\lambda v^2\sin\alpha\,\mathrm{d}\alpha + f\cos\alpha\,\mathrm{d}s$$

$$\mathrm{d}(T\sin\alpha) - \lambda g\,\mathrm{d}s = \lambda v^2\cos\alpha\,\mathrm{d}\alpha + f\sin\alpha\,\mathrm{d}s$$

设张力以 $T_{\mathrm{k}} = \lambda v^2$ 为单位,长度以链条的长度 L 为单位,并定义有效张力为 $T_{\mathrm{eff}} = T - T_{\mathrm{k}}$,两个无量纲的参数为 $W = gL/v^2$,$D = fL/\lambda v^2$,则链条的形状方程可以写为

$$\mathrm{d}(T_{\mathrm{eff}}\cos\alpha)/\mathrm{d}s = D\cos\alpha, \quad \mathrm{d}(T_{\mathrm{eff}}\sin\alpha)/\mathrm{d}s = W + D\sin\alpha$$

仍以 T 表示有效张力 T_{eff},上式可以转化为

$$\cos\alpha\,\mathrm{d}T - T\sin\alpha\,\mathrm{d}\alpha = D\cos\alpha\,\mathrm{d}s \tag{1}$$

$$\sin\alpha\,\mathrm{d}T + T\cos\alpha\,\mathrm{d}\alpha = W\,\mathrm{d}s + D\sin\alpha\,\mathrm{d}s \tag{2}$$

由此得到

$$T\,\mathrm{d}\alpha = W\cos\alpha\,\mathrm{d}s \tag{3}$$

$$\mathrm{d}T = D\,\mathrm{d}s + W\sin\alpha\,\mathrm{d}s \tag{4}$$

两式相除,得

$$\frac{\mathrm{d}T}{T} = \left(\frac{D}{W}\frac{1}{\cos\alpha} + \frac{\sin\alpha}{\cos\alpha}\right)\mathrm{d}\alpha$$

定义 $k = D/W$,则上式转化为

$$\mathrm{d}\ln T = k\,\mathrm{d}\ln\tan\left(\frac{\pi}{4} + \frac{\alpha}{2}\right) + \mathrm{d}\ln\cos\alpha$$

积分得

$$T = T_0\cos\alpha\tan^k\left(\frac{\pi}{4} + \frac{\alpha}{2}\right) \tag{5}$$

这个表达式对应图 1 中的 AO 部分,角度取值范围为 $\alpha_0 > \alpha > -\pi/2$。把有效张力的表达式(5)代入式(3),得

$$W\mathrm{d}x = T\mathrm{d}\alpha = T_0\cos\alpha\tan^k\left(\frac{\pi}{4} + \frac{\alpha}{2}\right)\mathrm{d}\alpha \tag{6}$$

$$W\mathrm{d}y = T_0\sin\alpha\tan^k\left(\frac{\pi}{4} + \frac{\alpha}{2}\right)\mathrm{d}\alpha \tag{7}$$

由式(6)和式(7)可以看出,链条的形状是相似的,曲线特征取决于参数 $k = D/W$。当参数 $k = 2$ 时,式(6)和式(7)化为

$$W\mathrm{d}x = T_0\cos\alpha\frac{1 + \sin\alpha}{1 - \cos\alpha}\mathrm{d}\alpha$$

$$W\mathrm{d}y = T_0\sin\alpha\frac{1 + \sin\alpha}{1 - \cos\alpha}\mathrm{d}\alpha$$

积分得

$$x = \frac{T_0}{W}\left[2\ln\left(\frac{1 - \sin\alpha}{1 - \sin\alpha_0}\right) + \sin\alpha - \sin\alpha_0\right]$$

$$y = \frac{T_0}{W}\left(G(\alpha) - G(\alpha_0)\right)$$

其中

$$G(x) = \frac{1}{2\left(\cos\left(\frac{x}{2}\right) - \sin\left(\frac{x}{2}\right)\right)}\left[(1 - 4x)\cos\left(\frac{x}{2}\right) + \cos\left(\frac{3x}{2}\right) + 2(4 + 2x - \cos x)\sin\left(\frac{x}{2}\right)\right]$$

练习:实际做实验,对比拟合文中理论参数,得到链条的理论曲线,并和实际曲线比较。

注解:这个模型中,不能忽略空气阻力。正如文献中所说,空气阻尼是使链条上扬的主要因素。

文献:TABERLET N, FERRAND J, PLIHON N. Propelled Strings: Rising from Friction[J]. Physical Review Letters,2019,123:144501.

五、杆 的 运 动

080 杆的滑动模式

问题:粗糙地面上有一根杆,给杆一个初始速度和角速度,杆如何滑动?

解析：采用复数形式，设质心速度为 $v_C = v_x + iv_y$，在质心坐标系中，相对质心杆两个顶点坐标为 $z_1 = \exp(i\theta)z_{10}, z_2 = \exp(i\theta)z_{20}$，杆上任意一点坐标为

$$z = (1-s)z_1 + sz_2$$

这个点相对桌面的速度为

$$v = v_C + i\omega z$$

此点对应的微元受到的摩擦力为

$$df_{12} = -\mu g\rho l \frac{v_C + i\omega z}{|v_C + i\omega z|}ds$$

积分得

$$f_{12} = -\mu g\rho l \exp(i\theta)\int_0^1 \frac{v_C\exp(-i\theta)/r\omega + i[(1-s)z_{10} + sz_{20}]}{|v_C\exp(-i\theta)/r\omega + i[(1-s)z_{10} + sz_{20}]|}ds$$

考虑以下积分：

$$p(k, z_1, z_2) = \int_0^1 \frac{k + i[(1-s)z_1 + sz_2]}{|k + i[(1-s)z_1 + sz_2]|}ds$$

设 $z_1 = 1, z_2 = -1$，那么上式积分，得到实部为

$$p_x = \frac{k_x}{4}\left(\ln\left(\frac{\sqrt{k_x^2 + (k_y-1)^2} + 1 - k_y}{\sqrt{k_x^2 + (k_y-1)^2} - 1 + k_y}\right) - \ln\left(\frac{\sqrt{k_x^2 + (k_y+1)^2} - 1 - k_y}{\sqrt{k_x^2 + (k_y+1)^2} + 1 + k_y}\right)\right)$$

虚部为

$$p_y = -\frac{1}{2}\sqrt{k_x^2 + (k_y-1)^2} + \frac{1}{2}\sqrt{k_x^2 + (k_y+1)^2}$$

微元受到的摩擦力矩为

$$dM = -\mu g\rho l \frac{\text{Im}[(v_C + i\omega z)z]}{|v_C + i\omega z|}ds$$

积分得

$$M = -\mu g\rho l \int_0^1 \frac{\text{Im}[(v_C + i\omega z)z^*]}{|v_C + i\omega z|}ds$$

考虑以下积分：

$$h(k, z_1, z_2) = \text{Im}\int_0^1 \frac{k + i[(1-s)z_1 + sz_2]}{|k + i[(1-s)z_1 + sz_2]|}[(1-s)z_1^* + sz_2^*]ds$$

计算得

$$h(k, z_1, z_2) = \frac{1}{8}\left\{k_x^2\ln\left[\frac{\sqrt{k_x^2 + (k_y-1)^2} - 1 + k_y}{\sqrt{k_x^2 + (k_y+1)^2} + 1 + k_y}\right] + \sqrt{k_x^2 + (k_y-1)^2}(1+k_y) + \right.$$

$$\left. \sqrt{k_x^2 + (k_y+1)^2}(1-k_y)\right\}$$

设

$$k_x = \frac{\cos\theta v_x + \sin\theta v_y}{r\omega}, \quad k_y = \frac{-\sin\theta v_x + \cos\theta v_y}{r\omega}$$

则杆的质心方程为

$$\frac{\mathrm{d}v_x}{\mathrm{d}t} = -\mu g \left(\cos\theta p_x(k_x, k_y) - \sin\theta p_y(k_x, k_y)\right)$$

$$\frac{\mathrm{d}v_y}{\mathrm{d}t} = -\mu g \left(\sin\theta p_x(k_x, k_y) + \cos\theta p_y(k_x, k_y)\right)$$

其中 $l = 2r$。杆绕质心的转动方程为

$$\frac{\mathrm{d}(r\omega)}{\mathrm{d}t} = -6\mu g h(k_x, k_y)$$

数值计算发现，这三个速度也在相同的时间内趋向于零。

设 $\varepsilon_x = v_x / r\omega$，$\varepsilon_y = v_y / r\omega$，$\lambda = -\ln(\omega/\omega_0)$，则上述三个方程可以转化为

$$\frac{\mathrm{d}\varepsilon_x}{\mathrm{d}\lambda} = \varepsilon_x - \frac{1}{6h(k_x, k_y)}\left(\cos\theta p_x(k_x, k_y) - \sin\theta p_y(k_x, k_y)\right)$$

$$\frac{\mathrm{d}\varepsilon_y}{\mathrm{d}\lambda} = \varepsilon_y - \frac{1}{6h(k_x, k_y)}\left(\sin\theta p_x(k_x, k_y) + \cos\theta p_y(k_x, k_y)\right)$$

这两个方程可以继续转化，得到

$$\frac{\mathrm{d}k_x}{\mathrm{d}\lambda} = k_x - \frac{p_x(k_x, k_y)}{6h(k_x, k_y)}, \quad \frac{\mathrm{d}k_y}{\mathrm{d}\lambda} = k_y - \frac{p_y(k_x, k_y)}{6h(k_x, k_y)}$$

数值和解析计算发现，当 $k_x = 0$，$k_y = \pm 1/\sqrt{3}$ 时，这两个方程的右边项等于零，这意味着不管初始速度和角速度如何取值，它们的比值极限的组合总是趋向于这两组值，这也为数值直接求解质心运动方程和转动方程所验证。

练习：实际做实验，测量并分析实验数据，验证本题中的理论结果。如果不符合，找出原因。

081　杆绕圆盘问题

问题：光滑地面上固定圆盘，一个杆起先与圆盘接触（相切），给予杆一个端点一个垂直杆方向的速度，杆如何运动（图 1）？

解析：设圆盘中心为原点，杆与盘相切点为圆盘的最低点。起先杆右边长度为 l_1，左边长度为 l_2。经过时间 t，转过角度 θ，还是没有脱离圆盘。可得杆两个端点的坐标为

$$x_1 = R\sin\theta + (l_1 - R\theta)\cos\theta, \quad y_1 = R - R\cos\theta + (l_1 - R\theta)\sin\theta$$

$$x_2 = R\sin\theta - (l_2 + R\theta)\cos\theta, \quad y_2 = R - R\cos\theta - (l_2 + R\theta)\sin\theta$$

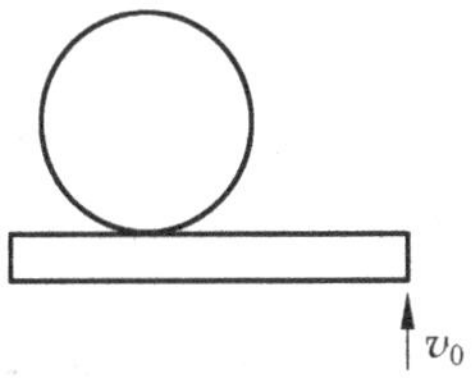

计算得两个端点的速度为

图 1　杆绕圆盘问题

$$v_{x1} = -(l_1 - R\theta)\sin\theta\,\omega, \quad v_{y1} = (l_1 - R\theta)\cos\theta\,\omega$$

$$v_{x2} = (l_2 + R\theta)\sin\theta\,\omega, \quad v_{y2} = -(l_2 + R\theta)\cos\theta\,\omega$$

杆的动能为

$$E_k = \frac{1}{6}m\left[(l_1 - R\theta)^2 + (l_2 + R\theta)^2 - (l_1 - R\theta)(l_2 + R\theta)\right]\omega^2$$

设转动过程中没有相对滑动，那么摩擦力做功为零，动能不变，得

$$\left[l_1^2 + l_2^2 - l_1 l_2 - R(l_1 - l_2)\theta + R^2\theta^2\right]\omega^2 = (l_1^2 + l_2^2 - l_1 l_2)\omega_0^2$$

两边对时间求导,得

$$2[l_1^2 + l_2^2 - l_1l_2 - R(l_1 - l_2)\theta + R^2\theta^2]\frac{d\omega}{dt} = -R[2R\theta - (l_1 - l_2)]\omega^2$$

初始时刻角加速度为 ω_0,$\theta = 0$,上式为

$$2(l_1^2 + l_2^2 - l_1l_2)\frac{d\omega_0}{dt} = R(l_1 - l_2)\omega_0^2$$

杆的质心坐标为

$$x_C = R\sin\theta + [(l_1 - l_2)/2 - R\theta]\cos\theta, \quad y_C = R - R\cos\theta + [(l_1 - l_2)/2 - R\theta]\sin\theta$$

杆质心速度为

$$v_{xC} = -[(l_1 - l_2)/2 - R\theta]\sin\theta\omega, \quad v_{yC} = [(l_1 - l_2)/2 - R\theta]\cos\theta\omega$$

杆质心加速度为

$$a_{xC} = -[(l_1 - l_2)/2 - R\theta]\sin\theta\frac{d\omega}{dt} + R\sin\theta\omega^2 - [(l_1 - l_2)/2 - R\theta]\cos\theta\omega^2$$

$$a_{yC} = [(l_1 - l_2)/2 - R\theta]\cos\theta\frac{d\omega}{dt} - R\cos\theta\omega^2 - [(l_1 - l_2)/2 - R\theta]\sin\theta\omega^2$$

由杆质心的牛顿运动方程,得

$$ma_{xC} = N\sin\theta - f\cos\theta, \quad ma_{yC} = -N\cos\theta - f\sin\theta$$

由此计算得圆盘对杆的支持力为

$$N = m\left\{\omega^2 R - [(l_1 - l_2)/2 - R\theta]\frac{d\omega}{dt}\right\}$$

化简得

$$N = m\omega^2 R\left\{1 - \frac{[(l_1 - l_2)/2 - R\theta]^2}{l_1^2 + l_2^2 - l_1l_2 - R(l_1 - l_2)\theta + R^2\theta^2}\right\}$$

当支持力等于零时,杆就会脱离圆盘。我们看一下初始时刻的支持力:

$$N(0) = m\omega_0^2 R\left[1 - \frac{1}{4}\frac{(l_1 - l_2)^2}{l_1^2 + l_2^2 - l_1l_2}\right]$$

这个力不可能为零。计算发现,在运动过程中盘对杆的支持力也不可能为零。

练习 1:实际做实验,看看杆是在什么位置脱离圆盘的。

练习 2:给出摩擦力的表达式,它与支持力的比值在什么位置小于摩擦系数?当这个比值大于摩擦系数时,杆会怎么动?

082 倾倒杆端点的移动

问题:杆在粗糙桌面上倾倒,倒下过程中,与桌面接触的一端会滑动吗?如何滑动?

解析:如图 1 所示,设起始时刻杆是静止的,与水平桌面的夹角是 θ_0,假设起始一段时间下端不动,即摩擦力始终小于静摩擦系数乘以支持力,那么由转动方程可知,重力力矩等于转动惯量乘以角加速度,即

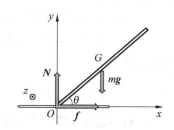

图 1　桌面上倾倒杆受力示意图

$$mg \frac{l}{2}\cos\theta = \frac{m}{3}l^2\alpha$$

由此得到这段时间内杆的角加速度为(注意到重力力矩是顺时针的,角加速度为负)

$$\alpha = -\frac{3g}{2l}\cos\theta$$

此时杆的质心坐标为

$$\boldsymbol{r}_C = \frac{l}{2}(\cos\theta, \sin\theta)$$

质心速度为

$$\boldsymbol{v}_C = \frac{l}{2}(-\sin\theta\omega, \cos\theta\omega)$$

质心加速度为

$$\boldsymbol{a}_C = \frac{l}{2}(-\sin\theta\alpha - \cos\theta\omega^2, \cos\theta\alpha - \sin\theta\omega^2)$$

由转动方程

$$\alpha\,\mathrm{d}\theta = \frac{\mathrm{d}\omega}{\mathrm{d}t}\mathrm{d}\theta = \omega\,\mathrm{d}\omega = \frac{3g}{2l}\cos\theta\,\mathrm{d}\theta$$

积分得

$$\omega^2 = \frac{3g}{l}(\sin\theta_0 - \sin\theta)$$

代入质心的牛顿方程

$$m\boldsymbol{a}_C = (f, N - mg)$$

注意图 1 中角度 θ 是随时间增加而减小的,因此要分清角速度和角加速度的正负号。计算得

$$f = \frac{mg}{4}(9\cos\theta\sin\theta - 6\sin\theta_0\cos\theta)$$

$$N = \frac{mg}{4}(1 + 9\sin^2\theta - 6\sin\theta_0\sin\theta)$$

我们定义一个比值函数

$$u(\theta_0, \theta) = \frac{|f|}{N} = \frac{9\cos\theta\,|\sin\theta - 2\sin\theta_0/3|}{1 + 9\sin^2\theta - 6\sin\theta_0\sin\theta}$$

首先看起始时刻的比值:

$$u(\theta_0, \theta_0) = \frac{3\cos\theta_0\sin\theta_0}{1 + 3\sin^2\theta_0} = \frac{3\cos\theta_0\sin\theta_0}{\cos^2\theta_0 + 4\sin^2\theta_0} \leqslant \frac{3}{4}$$

如果这个值比静摩擦系数大,那么起始时刻杆就滑动。由于摩擦力大于零,杆向左滑动。

我们取一个初始角 $\theta_0 = \pi/3 = 1.05$ 来详细讨论比值函数 $u(\theta_0, \theta)$ 的性质,此时 $u_0 = u(\theta_0, \theta_0) = 3\sqrt{3}/13 = 0.40$。$u(\theta_0, \theta_c) = 0$,其中 $\theta_c = \arcsin(2\sin\theta_0/3) = 0.62$。在 $[\theta_c, \theta_0]$ 区间有个极大值 $u_m = u(\theta_0, \theta_m) = 0.48$,其中 $\theta_m = 0.86$。具体图像如图 2 所示。

由图 2 可以看出,当静摩擦系数 $u_s > u_m$ 时,杆可以无滑动一直倾倒,直到 $u(\theta_0, \theta) = u_s$,此时对应的角度小于 θ_c,摩擦力小于零,杆端点向右滑动。当静摩擦系数满足 $u_m >$

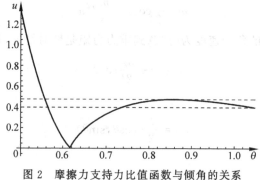

图 2　摩擦力支持力比值函数与倾角的关系

$u_s > u_0$ 时,杆也可以滑动倾倒,直到 $u(\theta_0, \theta) = u_s$,此时对应的角度大于 θ_c,摩擦力大于零,杆端点向左滑动。当 $u_s < u_0$ 时,无法满足比值函数约束条件,杆起始就倾倒。

接下来讨论杆滑动以后的运动模式。杆相对质心的转动方程为

$$N \frac{l}{2}\cos\theta - f \frac{l}{2}\sin\theta = \frac{m}{12}l^2\alpha$$

质心加速度为杆与桌面接触点 O 的加速度和质心相对 O 点的加速度的合成:

$$\boldsymbol{a}_C = (a_O, 0) + \frac{l}{2}(-\sin\theta\alpha - \cos\theta\omega^2, \cos\theta\alpha - \sin\theta\omega^2)$$

由质心运动方程得

$$a_O + \frac{l}{2}(-\sin\theta\alpha - \cos\theta\omega^2) = \frac{f}{m}$$

$$\frac{l}{2}(\cos\theta\alpha - \sin\theta\omega^2) = \frac{N}{m} - g$$

再加上滑动摩擦力与支持力的关系

$$f = u_k N$$

计算得到杆角加速度和端点角加速度的表达式:

$$\alpha = \frac{2g/l - \omega^2\sin\theta}{\cos\theta + (3\cos\theta - 3u_k\sin\theta)^{-1}}$$

$$a_O = \frac{l}{2}\omega^2\cos\theta - \frac{\alpha}{2}l\left[\sin\theta - u_k/(3\cos\theta - 3u_k\sin\theta)^{-1}\right]$$

文献的实验数据验证了以上理论公式。

文献:OLIVEIRA V. Experiments with a falling rod[J]. American Journal of Physics, 2016,84(2):113-117.

083　杆在桌面边缘的掉落

问题:一个杆露出桌面边缘太长就会掉落。那么,杆是怎么掉落的?

解析:先看以下示意图,如图 1 所示。

杆质心的牛顿运动方程为

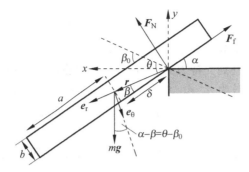

图 1　杆在桌面边缘掉落示意图

$$F_N\sin\beta - F_f\cos\beta + mg\sin(\theta-\beta_0) = m\left[\frac{\mathrm{d}^2r}{\mathrm{d}t^2} - r\left(\frac{\mathrm{d}\theta}{\mathrm{d}t}\right)^2\right] \tag{1}$$

$$-F_N\cos\beta - F_f\sin\beta + mg\cos(\theta-\beta_0) = m\left(r\frac{\mathrm{d}^2\theta}{\mathrm{d}t^2} + 2\frac{\mathrm{d}r}{\mathrm{d}t}\frac{\mathrm{d}\theta}{\mathrm{d}t}\right) \tag{2}$$

绕质心的转动方程为

$$F_N\cos\beta r + F_f b/2 = m\left(\frac{a^2}{3} + \frac{b^2}{12}\right)\frac{\mathrm{d}^2\alpha}{\mathrm{d}t^2} \tag{3}$$

以上方程中的角度有以下关系（参见图 1）：

$$\alpha = \theta - \beta_0 + \beta$$

其中

$$\beta_0 = \arctan(b/2\delta_0)$$

式中 δ_0 为初始时刻杆探出桌面边缘的长度。所以式（3）可以写成

$$F_N\cos\beta r + F_f b/2 = m\left(\frac{a^2}{3} + \frac{b^2}{12}\right)\left(\frac{\mathrm{d}^2\theta}{\mathrm{d}t^2} + \frac{\mathrm{d}^2\beta}{\mathrm{d}t^2}\right)$$

图 1 中有以下几何关系：

$$r = \sqrt{\delta^2 + b^2/4}, \quad \sin\beta = b/(2r), \quad \cos\beta = \delta/r$$

由此得到

$$\frac{\mathrm{d}\beta}{\mathrm{d}t} = -\frac{b}{2r^2\cos\beta}\frac{\mathrm{d}r}{\mathrm{d}t}$$

$$\frac{\mathrm{d}^2\beta}{\mathrm{d}t^2} = \frac{\sin^2\beta(1+\cos^2\beta)}{r^2\cos^3\beta}\left(\frac{\mathrm{d}r}{\mathrm{d}t}\right)^2 - \frac{\tan\beta}{r}\frac{\mathrm{d}^2r}{\mathrm{d}t^2}$$

实验发现，通常杆是先滚动的，即探出桌面边缘的长度 δ 不变，β 角度也不变，且有 $\alpha = \theta$。由以上方程，可以得到转动角 θ 满足的方程：

$$\frac{\mathrm{d}^2\theta}{\mathrm{d}t^2} = \frac{gr_0\cos(\theta-\beta_0)}{(a^2+b^2)/3 + \delta_0^2}$$

以及角速度平方和摩擦力与支持力的比：

$$\left(\frac{\mathrm{d}\alpha}{\mathrm{d}t}\right)^2 = \frac{6g\delta_0\sin\alpha}{a^2 + 3\delta_0^2}$$

$$\frac{F_f}{F_N} = (1 + 9\delta_0^2/a^2)\tan\alpha$$

当摩擦力与支持力的比等于静摩擦系数时,杆开始滑动。这个阶段摩擦力正比于支持力,比例系数就是动摩擦系数。直到支持力为零,杆开始脱离桌面边缘掉落。

文献 1 给出静摩擦系数为 $\mu_s = 0.32$,动摩擦系数为 $\mu_k = 0.24$。文献 1 做实验测量得到了 10 组离开桌面杆的角速度和悬出距离的数据,分析表明,必须考虑滑动阶段,这样实验数据和理论曲线才能完美吻合。

练习:参照文献,写出杆滑动过程中的运动方程,给出杆脱离桌面(边缘)的质心速度和绕质心转动角速度的表达式。

文献 1:BACON M E,HEALD G,JAMES M. A closer look at tumbling toast[J]. American Journal of Physics,2001,69(1):38-43.

文献 2:BORGHI R. On the tumbling toast problem[J]. European Journal of Physics,2012,33(5):1407-1420.

084　杆在圆柱顶点的掉落

问题:一根杆开始不对称地搁在粗糙圆柱顶部。松手后,杆是如何掉落的?

解析:设圆盘中心为原点,起先杆右边长度为 l_1,左边长度为 l_2,且有 $l_1 > l_2$。那么开始杆质心距圆柱最高点的水平距离为 $l_0 = (l_1 - l_2)/2 > \pi r/2$。假设杆第一阶段作纯滚动。经过时间 t,转过角度 θ,还是没有脱离圆柱。杆的质心坐标为

$$x_C = r\sin\theta + (l_0 - r\theta)\cos\theta$$

$$y_C = r\cos\theta - (l_0 - r\theta)\sin\theta$$

杆质心速度为

$$v_{xC} = \frac{dx_C}{dt} = -(l_0 - r\theta)\sin\theta\omega$$

$$v_{yC} = \frac{dy_C}{dt} = -(l_0 - r\theta)\cos\theta\omega$$

杆质心加速度为

$$a_{xC} = \frac{dv_{xC}}{dt} = -(l_0 - r\theta)\sin\theta\beta - (l_0 - r\theta)\cos\theta\omega^2 + r\sin\theta\omega^2$$

$$a_{yC} = \frac{dv_{yC}}{dt} = -(l_0 - r\theta)\cos\theta\beta + (l_0 - r\theta)\sin\theta\omega^2 + r\cos\theta\omega^2$$

设杆受到的支持力为 N,摩擦力为 f,则杆质心的运动方程为

$$m\left[-(l_0 - r\theta)\sin\theta\beta - (l_0 - r\theta)\cos\theta\omega^2 + r\sin\theta\omega^2\right] = N\sin\theta - f\cos\theta$$

$$m\left[-(l_0 - r\theta)\cos\theta\beta + (l_0 - r\theta)\sin\theta\omega^2 + r\cos\theta\omega^2\right] = -mg + N\cos\theta + f\sin\theta$$

化简得

$$N = mg\cos\theta - m(l_0 - r\theta)\sin\theta\beta + mr\omega^2$$

$$f = mg\sin\theta + m(l_0 - r\theta)\omega^2$$

开始角度为零,角速度为零,摩擦力为零,支持力等于重力。纯滚动过程中摩擦力不做

功,杆的机械能不变,即

$$\frac{1}{2}m(l_0-r\theta)^2\omega^2+\frac{1}{3}ml^2\omega^2=mg\left[r-r\cos\theta+(l_0-r\theta)\sin\theta\right]$$

这个等式两边对时间求导,得

$$-mr(l_0-r\theta)\omega^2+m(l_0-r\theta)^2\beta+\frac{2}{3}ml^2\beta=mg(l_0-r\theta)\cos\theta$$

由此得角速度平方和角加速度的表达式:

$$\omega^2=\frac{2g\left[r-r\cos\theta+(l_0-r\theta)\sin\theta\right]}{(l_0-r\theta)^2+2l^2/3}$$

$$\beta=\frac{l_0-r\theta}{(l_0-r\theta)^2+2l^2/3}(g\cos\theta+r\omega^2)$$

然后计算摩擦力和支持力的比值。当这个比值等于静摩擦系数时,杆开始滑动。

练习1:数值求解杆开始滑动时的角度。

练习2:写出杆滑动后质心运动方程和转动方程,讨论杆什么时候脱离圆柱。

六、圆环的运动

085　平面上滑动的旋转圆环

问题:给冰面上一个圆环初始质心速度和绕质心的角速度,圆环会如何运动?

解析:设经过时间 t,质心速度为 $(v_C\sin\phi,v_C\cos\phi)$,角速度为 ω。角度参数 θ 标记的圆环微元速度为

$$v_x=v_C\sin\phi-r\omega\sin\theta,\quad v_y=v_C\cos\phi+r\omega\cos\theta$$

速率为

$$v=\sqrt{v_C^2+2r\omega v_C\cos(\theta+\phi)+r^2\omega^2}$$

圆环微元受到的摩擦力为

$$\mathrm{d}f_x=-\mu\rho gr\frac{v_C\sin\phi-r\omega\sin\theta}{\sqrt{v_C^2+2r\omega v_C\cos(\theta+\phi)+r^2\omega^2}}\mathrm{d}\theta$$

$$\mathrm{d}f_y=-\mu\rho gr\frac{v_C\cos\phi+r\omega\cos\theta}{\sqrt{v_C^2+2r\omega v_C\cos(\theta+\phi)+r^2\omega^2}}\mathrm{d}\theta$$

现在讨论以下积分:

$$\mathrm{I}(a,b)=\int_0^\pi\frac{1}{\sqrt{a^2+b^2+2ab\cos\varphi}}\mathrm{d}\varphi,\quad \mathrm{J}(a,b)=\int_0^\pi\sqrt{a^2+b^2+2ab\cos\varphi}\,\mathrm{d}\varphi$$

由三角函数的两倍角公式

$$\mathrm{I}(a,b)=\int_0^\pi\frac{1}{\sqrt{a^2+b^2+2ab-4ab\sin^2(\varphi/2)}}\mathrm{d}\varphi$$

继续化简得

$$I(a,b) = \frac{2}{a+b} \int_0^{\pi/2} \frac{1}{\sqrt{1-k^2\sin^2\varphi}} d\varphi = \frac{2}{a+b} K\left(\frac{2\sqrt{ab}}{a+b}\right)$$

同理

$$J(a,b) = 2(a+b) \int_0^{\pi/2} \sqrt{1-k^2\sin^2\varphi}\, d\varphi = 2(a+b) E\left(\frac{2\sqrt{ab}}{a+b}\right)$$

其中 $K(k)$、$E(k)$，分别为第一类和第二类完全椭圆积分。

由此得圆环整体所受的摩擦力为

$$f_x = -2\mu\rho gr\sin\phi \left[(1-\varepsilon)K\left(\frac{2\sqrt{\varepsilon}}{1+\varepsilon}\right) + (1+\varepsilon)E\left(\frac{2\sqrt{\varepsilon}}{1+\varepsilon}\right)\right]$$

$$f_y = -2\mu\rho gr\cos\phi \left[(1-\varepsilon)K\left(\frac{2\sqrt{\varepsilon}}{1+\varepsilon}\right) + (1+\varepsilon)E\left(\frac{2\sqrt{\varepsilon}}{1+\varepsilon}\right)\right]$$

其中 $\varepsilon = r\omega/v_C$。相对圆环质心的摩擦力矩为

$$M = -2\mu\rho gr^2 \int_0^\pi \frac{v_C\cos\phi + r\omega}{\sqrt{v_C^2 + 2r\omega v_C\cos\varphi + r^2\omega^2}} d\varphi$$

计算得

$$M = -2\mu\rho gr^2 \left[(1-1/\varepsilon)K\left(\frac{2\sqrt{\varepsilon}}{1+\varepsilon}\right) + (1+1/\varepsilon)E\left(\frac{2\sqrt{\varepsilon}}{1+\varepsilon}\right)\right]$$

定义以下两个函数：

$$A(\varepsilon) = (1-\varepsilon)K\left(\frac{2\sqrt{\varepsilon}}{1+\varepsilon}\right) + (1+\varepsilon)E\left(\frac{2\sqrt{\varepsilon}}{1+\varepsilon}\right)$$

$$B(\varepsilon) = (1-1/\varepsilon)K\left(\frac{2\sqrt{\varepsilon}}{1+\varepsilon}\right) + (1+1/\varepsilon)E\left(\frac{2\sqrt{\varepsilon}}{1+\varepsilon}\right)$$

则圆环的转动方程为

$$\frac{d(r\omega)}{dt} = -\frac{\mu g}{\pi} B(\varepsilon)$$

圆环质心的运动方程为

$$\frac{dv_x}{dt} = -\frac{\mu g}{\pi} \frac{v_x}{v_C} A(\varepsilon), \qquad \frac{dv_y}{dt} = -\frac{\mu g}{\pi} \frac{v_y}{v_C} A(\varepsilon)$$

上式可以转化为质心速率方程

$$\frac{dv_C}{dt} = -\frac{\mu g}{\pi} A(\varepsilon)$$

由此得

$$\frac{d(r\omega)}{dv_C} = \frac{B(\varepsilon)}{A(\varepsilon)}$$

令参数 $\lambda = -\ln(v_C/v_0)$，则得速度之比与参数的微分方程为

$$\frac{d\varepsilon}{d\lambda} = \varepsilon - \frac{B(\varepsilon)}{A(\varepsilon)} = H(\varepsilon)$$

此微分方程右边驱动项随速度之比的变化如图 1 所示。

由图 1 可以看出，曲线的零点值在 $\varepsilon = 1$ 处取到，即圆环的质心速度和角速度总是在相

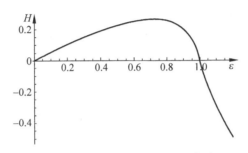

图 1　速度之比微分方程之驱动项

等时间内趋向于同一个(无穷小)值。设长度以圆环半径为单位,速度以 $\sqrt{gr}$ 为单位,时间以 $\sqrt{r/g}$ 为单位,取摩擦系数为 $\mu=0.5$,数值求解圆环质心运动和绕质心转动方程,发现无论初始速度和角速度取何值,它们总是在相等的时间内趋向于同一个(无穷小)值。

086　电线杆上的自行车外胎

问题:自行车外胎会绕着废弃电线杆缠绕下落,如何描述这种运动?

解析:这种画面可以从抖音视频上看到,轮胎是倾斜的,它与圆柱(电线杆)接触点的轨迹可近似看作一个等距螺线,其表达式为

$$x = r\cos\theta, \quad y = r\sin\theta, \quad z = -k\theta$$

其中,r 是圆柱的半径。圆环(轮胎)的中心坐标为

$$x_C = r\cos\theta - R\cos\theta, \quad y_C = r\sin\theta - R\sin\theta, \quad z_C = -k\theta$$

其中,R 是轮胎的半径。圆环平面上有两个正交单位矢量,一个是

$$\boldsymbol{n}_1 = (\cos\theta, \sin\theta, 0)$$

另一个是螺线的切线方向矢量

$$\boldsymbol{n}_2 = (-r\sin\theta, r\cos\theta, -k) / \sqrt{r^2 + k^2}$$

由此可以画出不同时刻圆环的空中位形:

$$\boldsymbol{r} = \boldsymbol{r}_C + R\boldsymbol{n}_1\cos\varphi + R\boldsymbol{n}_2\sin\varphi$$

圆环微元相对质心的速度为

$$\frac{\mathrm{d}(\boldsymbol{r} - \boldsymbol{r}_C)}{\mathrm{d}t} = R\frac{\mathrm{d}\boldsymbol{n}_1}{\mathrm{d}t}\cos\varphi + R\frac{\mathrm{d}\boldsymbol{n}_2}{\mathrm{d}t}\sin\varphi$$

圆环微元相对质心的角动量为

$$\mathrm{d}\boldsymbol{L} = \rho R\,\mathrm{d}\varphi(\boldsymbol{r} - \boldsymbol{r}_C) \times \frac{\mathrm{d}(\boldsymbol{r} - \boldsymbol{r}_C)}{\mathrm{d}t}$$

计算得

$$\boldsymbol{L} = \rho\pi R^2\left(\boldsymbol{n}_1 \times \frac{\mathrm{d}\boldsymbol{n}_1}{\mathrm{d}t} + \boldsymbol{n}_2 \times \frac{\mathrm{d}\boldsymbol{n}_2}{\mathrm{d}t}\right)$$

设 $\omega = \mathrm{d}\theta/\mathrm{d}t$,则圆环相对质心的角动量为

$$\boldsymbol{L} = \rho\pi R^2\omega\left((0,0,1) + \frac{1}{r^2 + k^2}(-rk\sin\theta, rk\cos\theta, -r^2)\right)$$

圆环受到的外力有重力

$$\boldsymbol{G} = mg(0,0,-1)$$

圆柱的支持力

$$\boldsymbol{N} = N(-\cos\theta, -\sin\theta, 0)$$

和摩擦力

$$\boldsymbol{f} = f_1(0,0,1) + f_2(-\sin\theta, \cos\theta, 0)$$

由此计算得到摩擦力矩：

$$\boldsymbol{M} = R(\cos\theta, \sin\theta, 0) \times \boldsymbol{f} = Rf_1(\sin\theta, -\cos\theta, 0) + Rf_2(0,0,1)$$

利用圆环质心的 3 个运动方程和绕圆环质心的 3 个转动方程,就能得到关于 N、f_1、f_2、θ 的方程组。该方程组有可能不自洽,主要原因是接触点轨迹不一定是假设的等距螺线。

一般的螺线方程为

$$x = r\cos\theta, \quad y = r\sin\theta, \quad z = -f(\theta)$$

假设圆环作纯滚动,根据以上思路,可以写出圆环的总动能和重力势能,得到圆环的拉氏量和拉氏方程。

练习：具体写出轨迹是等距螺线的运动方程,讨论所给条件是否自洽。

087 呼啦圈的秘密

问题：杂技演员是如何使呼啦圈转动的?

解析：从物理模型角度看,把杂技演员的腰看作一个圆(柱水平截面),其中心轨迹 O' 是一个椭圆,如图 1 所示。

图 1 中,腰中心 O' 的运动轨迹为

$$x = a\cos\omega t, \quad y = b\sin\omega t$$

其中 ω 为驱动频率。相对于固定点 O,呼啦圈质心 C 的位置为

$$x_C = x - (R-r)\cos\varphi, \quad y_C = y + (R-r)\sin\varphi$$

由此计算得呼啦圈质心的加速度为

$$\frac{\mathrm{d}^2 x_C}{\mathrm{d}t^2} = \frac{\mathrm{d}^2 x}{\mathrm{d}t^2} + (R-r)\cos\varphi\left(\frac{\mathrm{d}\varphi}{\mathrm{d}t}\right)^2 + (R-r)\sin\varphi\frac{\mathrm{d}^2\varphi}{\mathrm{d}t^2}$$

$$\frac{\mathrm{d}^2 y_C}{\mathrm{d}t^2} = \frac{\mathrm{d}^2 y}{\mathrm{d}t^2} - (R-r)\sin\varphi\left(\frac{\mathrm{d}\varphi}{\mathrm{d}t}\right)^2 + (R-r)\cos\varphi\frac{\mathrm{d}^2\varphi}{\mathrm{d}t^2}$$

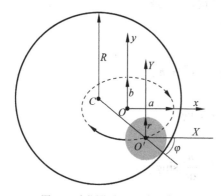

图 1　呼啦圈平面运动示意图

设呼啦圈和腰的作用力为摩擦力 F 和支持力 N,由呼啦圈质心的牛顿运动方程在切向和径向的两个方程,得到

$$m(R-r)\frac{\mathrm{d}^2\varphi}{\mathrm{d}t^2} = m\left(\sin\varphi\frac{\mathrm{d}^2 x}{\mathrm{d}t^2} + \cos\varphi\frac{\mathrm{d}^2 y}{\mathrm{d}t^2}\right) + F$$

$$m(R-r)\left(\frac{\mathrm{d}\varphi}{\mathrm{d}t}\right)^2 = m\left(\cos\varphi\frac{\mathrm{d}^2 x}{\mathrm{d}t^2} - \sin\varphi\frac{\mathrm{d}^2 y}{\mathrm{d}t^2}\right) + N$$

假设呼啦圈转动时存在线性阻尼,则它的转动方程为

$$I_C \frac{\mathrm{d}^2\theta}{\mathrm{d}t^2} + k \frac{\mathrm{d}\theta}{\mathrm{d}t} = -FR \tag{1}$$

其中 θ 是呼啦圈的自转角。再假设呼啦圈在腰上的转动是纯滚动，即

$$(R-r) \frac{\mathrm{d}\varphi}{\mathrm{d}t} = R \frac{\mathrm{d}\theta}{\mathrm{d}t}$$

由此得相对转动角度 φ 满足的方程：

$$\frac{\mathrm{d}^2\varphi}{\mathrm{d}t^2} + \frac{k}{2mR^2} \frac{\mathrm{d}\varphi}{\mathrm{d}t} + \frac{\omega^2}{2(R-r)}(a\sin\omega t\sin\varphi + b\cos\omega t\cos\varphi) = 0 \tag{2}$$

定义以下参数：

$$\alpha = \frac{a}{2(R-r)}, \quad \beta = \frac{b}{2(R-r)}, \quad \gamma = \frac{k}{2mR^2\omega}, \quad \tau = \omega t$$

则式（2）化为

$$\frac{\mathrm{d}^2\varphi}{\mathrm{d}\tau^2} + \gamma \frac{\mathrm{d}\varphi}{\mathrm{d}\tau} + (\alpha\sin\tau\sin\varphi + \beta\cos\tau\cos\varphi) = 0 \tag{3}$$

当腰中心的轨迹是圆时，即 $\alpha = \beta$，式（3）化为

$$\frac{\mathrm{d}^2\varphi}{\mathrm{d}\tau^2} + \gamma \frac{\mathrm{d}\varphi}{\mathrm{d}\tau} + \alpha\cos(\varphi - \tau) = 0$$

其解为

$$\varphi = \tau + \psi$$

其中

$$\cos\psi = -\gamma/\alpha$$

即腰和圆环的转动都是匀速转动。

注解 1：这个模型来自文献，认为圆环平面是水平的。这个假设是否合理？

注解 2：按实际经验，腰部对圆环（呼啦圈）有驱动（力），同时有阻尼，才能维持圆环稳定转动。文献模型最大的亮点是没有假设这个驱动力是什么形式，只假设腰部作椭圆运动。这个假设抓住了呼啦圈运动的本质。

文献：SEYRANIAN A P，BELYAKOV A O. How to twirl a hula-hoop[J]. American Journal of Physics，2011，79(7)：712-715.

七、盘和板的运动

088　球碗内三角形板的运动模式

问题：给光滑球形碗内三角形板初始速度和角速度，求板三个顶点的运动轨迹。

解析：质量均匀分布三角形板的动能为

$$T = \frac{m}{12}(\boldsymbol{v}_a \cdot \boldsymbol{v}_a + \boldsymbol{v}_b \cdot \boldsymbol{v}_b + \boldsymbol{v}_c \cdot \boldsymbol{v}_c + \boldsymbol{v}_a \cdot \boldsymbol{v}_b + \boldsymbol{v}_a \cdot \boldsymbol{v}_c + \boldsymbol{v}_b \cdot \boldsymbol{v}_c)$$

板的重力势能为

$$V = \frac{1}{3}mg(\boldsymbol{r}_a + \boldsymbol{r}_b + \boldsymbol{r}_c) \cdot \boldsymbol{e}_z$$

几何约束有两类：第一类是板的三个边长不变，第二类是三个顶点到球心的距离不变，所以加上 6 个拉氏系数的作用量为

$$L = T - V - k_a (r_a)^2 - k_b (r_b)^2 - k_b (r_c)^2 - \lambda_{ab} (r_a - r_b)^2 -$$
$$\lambda_{ac} (r_a - r_c)^2 - \lambda_{bc} (r_b - r_c)^2$$

由此得到三个运动方程为

$$\frac{m}{12} \left(2 \frac{d^2 r_a}{dt^2} + \frac{d^2 r_b}{dt^2} + \frac{d^2 r_c}{dt^2} \right) = -\frac{1}{3} mg e_z - 2k_a r_a - 2\lambda_{ab} (r_a - r_b) - 2\lambda_{ac} (r_a - r_c)$$

$$\frac{m}{12} \left(2 \frac{d^2 r_b}{dt^2} + \frac{d^2 r_a}{dt^2} + \frac{d^2 r_c}{dt^2} \right) = -\frac{1}{3} mg e_z - 2k_b r_b - 2\lambda_{ba} (r_b - r_a) - 2\lambda_{bc} (r_b - r_c)$$

$$\frac{m}{12} \left(2 \frac{d^2 r_c}{dt^2} + \frac{d^2 r_a}{dt^2} + \frac{d^2 r_b}{dt^2} \right) = -\frac{1}{3} mg e_z - 2k_c r_c - 2\lambda_{ca} (r_c - r_a) - 2\lambda_{cb} (r_c - r_b)$$

由以上三个方程可以得

$$\frac{m}{3} \left(\frac{d^2 r_a}{dt^2} + \frac{d^2 r_b}{dt^2} + \frac{d^2 r_c}{dt^2} \right) = -mg e_z - 2k_a r_a - 2k_b r_b - 2k_c r_c$$

这正好是质心的运动方程。由此得

$$\frac{m}{12} \frac{d^2 r_a}{dt^2} = -\frac{1}{12} mg e_z - \frac{3}{2} k_a r_a + \frac{1}{2} k_b r_b + \frac{1}{2} k_c r_c - 2\lambda_{ab} (r_a - r_b) - 2\lambda_{ac} (r_a - r_c)$$

$$\frac{m}{12} \frac{d^2 r_b}{dt^2} = -\frac{1}{12} mg e_z + \frac{1}{2} k_a r_a - \frac{3}{2} k_b r_b + \frac{1}{2} k_c r_c - 2\lambda_{ba} (r_b - r_a) - 2\lambda_{bc} (r_b - r_c)$$

$$\frac{m}{12} \frac{d^2 r_c}{dt^2} = -\frac{1}{12} mg e_z + \frac{1}{2} k_a r_a + \frac{1}{2} k_b r_b - \frac{1}{2} k_c r_c - 2\lambda_{ca} (r_c - r_a) - 2\lambda_{cb} (r_c - r_b)$$

如果在运动过程中 i 和 j 两个点的距离始终保持不变，则有

$$(r_i - r_j) \cdot \left(\frac{d^2 r_i}{dt^2} - \frac{d^2 r_j}{dt^2} \right) + \left(\frac{dr_i}{dt} - \frac{dr_j}{dt} \right)^2 = 0$$

给出板的初速度，譬如绕着垂直平板通过质心的转轴旋转，角速度为 ω，就能得到 6 个待定系数满足的线性方程。设球半径为 1，板的三个顶点坐标为 $r_c = (0, 0, -1)$，$r_a = (-1/\sqrt{2}, 1/2, -1/2)$，$r_b = (-1/\sqrt{2}, -1/2, -1/2)$，起始时刻质心坐标为 $r_G = (-\sqrt{2}/3, 0, -2/3)$，设起始时刻角速度为 $\omega = \omega(1/3, 0, \sqrt{2}/3)$，三个顶点初速度的平方为 $v_a^2 = v_b^2 = v_c^2 = \omega^2/3$，相对速度的平方为 $(v_a - v_b)^2 = (v_b - v_c)^2 = (v_c - v_a)^2 = \omega^2$，则 6 个约束方程为

$$-\frac{1}{12} z_a - \frac{3}{2} k_a + \frac{1}{4} k_b + \frac{1}{4} k_c - \lambda_{ab} - \lambda_{ac} + \frac{\omega^2}{36} = 0$$

$$-\frac{1}{12} z_b + \frac{1}{4} k_a - \frac{3}{2} k_b + \frac{1}{4} k_c - \lambda_{ba} - \lambda_{bc} + \frac{\omega^2}{36} = 0$$

$$-\frac{1}{12} z_c + \frac{1}{4} k_a + \frac{1}{4} k_b - \frac{3}{2} k_c - \lambda_{bc} - \lambda_{ac} + \frac{\omega^2}{36} = 0$$

$$-k_a - k_b - 4\lambda_{ab} - \lambda_{ac} - \lambda_{ac} + \frac{\omega^2}{12} = 0$$

$$-k_a - k_c - 4\lambda_{ac} - \lambda_{ab} - \lambda_{bc} + \frac{\omega^2}{12} = 0$$

$$-k_c - k_b - 4\lambda_{cb} - \lambda_{ac} - \lambda_{ab} + \frac{\omega^2}{12} = 0$$

解得

$$k_a = k_b = \frac{8}{51}, \quad k_c = \frac{19}{102}, \quad \lambda_{ab} = \frac{17\omega^2 - 60}{1224}, \quad \lambda_{ac} = \lambda_{cb} = \frac{17\omega^2 - 72}{1224}$$

由此得到结论为碗对三角形的起始支持力与转速无关。这也与 Maple 所求的数值解完全吻合。

假定 C 点被铰接在碗的最低点，由对称性，碗对 A、B 两点的支持力正比于这两点到球心的矢量，且比例系数一样，即（以板重力为力的单位）

$$\boldsymbol{N}_A = k(1/\sqrt{2}, -1/2, 1/2), \quad \boldsymbol{N}_B = k(1/\sqrt{2}, 1/2, 1/2)$$

以 C 点为支点，板的力矩为零，即

$$\boldsymbol{N}_A \times (\boldsymbol{r}_a - \boldsymbol{r}_c) + \boldsymbol{N}_B \times (\boldsymbol{r}_b - \boldsymbol{r}_c) + (-\boldsymbol{e}_z) \times (\boldsymbol{r}_G - \boldsymbol{r}_c) = \boldsymbol{0}$$

计算得（作为练习）

$$k = \frac{1}{3}$$

由受力平衡条件得

$$\boldsymbol{N}_C = -\boldsymbol{N}_A - \boldsymbol{N}_B + \boldsymbol{e}_z = \left(-\frac{\sqrt{2}}{3}, 0, \frac{2}{3}\right)$$

这个力并不指向球心。一旦撤销 C 点的约束，A 和 B 两点支持力的比例系数就会变化，从 $17/51$ 变到 $16/51$。即 A 和 B 两点的支持力会突变，且变小。

练习：数值求解板的运动方程，并进行动画模拟。

注解：物理竞赛的某些题目不过是一个很特殊情况运动的一个初始状态（如计算 $t = 0$ 时刻起始状态的加速度和力），只能用解析方法计算。

089　倾倒转动硬币的死亡机制

问题：在桌面上弹一个竖直硬币的边缘，一段时间后，你会发现硬币会边摇、边晃、边倒，最终在有限时间内平躺在桌面上。这一现象背后的物理原理是什么？

解析：先看一下硬币转动过程的示意图，如图 1 所示。

理想情况下，如果没有能量损耗，则硬币质心高度（重力势能）是恒定的，角速度（动能）也是恒定的，硬币与地面的倾角 α 也是恒定的。但这与实际现象不符，所以肯定有能量损失。文献 1 认为是硬币与桌面之间空气的黏性阻力导致的。

理想和实际情况下，硬币质心 O 点和与地面接触点 P 是瞬时不动的，所以硬币总的角速度 ω 沿 OP 方向。这个角速度 ω 与公转角速度 Ω 的关系为

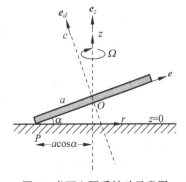

图 1　桌面上硬币转动示意图

$$\omega = \sin\alpha\Omega$$

相对 OP 轴,硬币的角动量为

$$\boldsymbol{L} = -\frac{M}{4}a^2\Omega\sin\alpha\boldsymbol{e}$$

其中 a 为硬币半径。角动量对时间的变化率等于重力相对 P 点的力矩,由此得

$$\frac{M}{4}a^2\Omega\sin\alpha\Omega\cos\alpha = mga\cos\alpha$$

计算得

$$\Omega^2\sin\alpha = 4g/a$$

由此可以看出,当硬币旋转平躺到桌面上时,倾斜角 α 趋向于零,公转角速度 Ω 趋向于无穷大。硬币的总能量为重力势能加上转动动能:

$$E = Mga\sin\alpha + \frac{1}{2}\times\frac{1}{4}Ma^2\omega^2 = \frac{3}{2}Mga\sin\alpha \qquad (1)$$

文献1给出,由于空气黏性阻力,能量损耗率为

$$\frac{\mathrm{d}E}{\mathrm{d}t} \approx -\mu\pi g\ \frac{a^2}{\alpha^2}$$

当倾斜角度 α 很小时,采用绝热近似,即硬币的机械能还是式(1)的形式,得

$$\frac{3}{2}Mga\ \frac{\mathrm{d}\alpha}{\mathrm{d}t} \approx -\mu\pi g\ \frac{a^2}{\alpha^2}$$

积分得

$$\alpha(t) = \left[\frac{2\pi}{t_1}(t_0-t)\right]^{1/3}$$

其中 t_0 为死亡(停止转动)时间,$t_1 = M/\mu a$。公转角速度 Ω 的渐近表达式为

$$\Omega(t) \approx (t_0-t)^{-1/6}$$

总角速度 ω 的渐近表达式为

$$\omega(t) \approx (t_0-t)^{1/6}$$

有人在近似真空的情况下做这个实验,这样,空气黏性阻力可以忽略不计,但是还是有同样的死亡机制。这说明能量损耗机制主要来自滚动摩擦力。文献2做实验测量下面的三个指数:

$$\alpha(t) \approx (t_0-t)^{n_\alpha}, \quad \Omega(t) \approx (t_0-t)^{-n_\Omega}, \quad \omega(t) \approx (t_0-t)^{n_\omega}$$

对于不同的材料,指数是不一样的。对于玻璃来说,其值为

$$n_\alpha \approx 0.5, \quad n_\Omega \approx 0.33, \quad n_\omega \approx 0.4$$

与文献1中的结果不一致。文献3实验发现指数为2/3。

注解1:硬币是有厚度的,文献1没有考虑到这一点。

注解2:目前文献的结果给出倾斜角衰减指数为1/2或者2/3。

文献1:MOFFATT H K. Euler's disk and its finite-time singularity[J]. Nature,2000, 404(6780):833.

文献2:CAPS H, DORBOLO S, PONTE S, et al. Rolling and slipping motion of Euler's disk[J]. Physical Review E,2004.69(5):056610.

文献 3：MA D，LIU C，ZHAO Z，et al. Rolling friction and energy dissipation in a spinning disc［J］. Proceedings Mathematical Physical & Engineering ences，2014，470（2169）：20140191.

090　高速自转圆盘的颤抖

　　问题：往空中抛出一个旋转的硬币，你会发现硬币在晃动。其自转周期和晃动周期有什么关系？

　　解析：先看一下文献中的示意图，如图 1 所示。

　　图 1 中 x_3 为圆盘的垂直对称轴，绕着地面参考系中的竖直轴转动，其转动频率称为颤抖（晃动）频率。x_1 和 x_2 为固定在圆盘上相互垂直的两个矢量，各自端点在空中扫出一个圆，与水平面的夹角为 θ，其转动频率称为自转频率。费曼第一个发现，当角度 θ 很小时，晃动频率是自转频率的 2 倍。

　　取圆盘中一个微元，如图 2 所示。

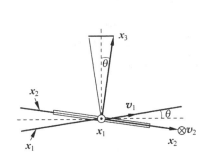

图 1　圆盘自转晃动示意图

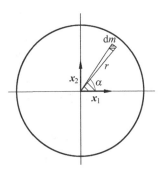

图 2　圆盘中微元示意图

　　这个微元受到的力矩为

$$\mathrm{d}\boldsymbol{\tau} = \mathrm{d}m\left(\boldsymbol{r} \times \frac{\mathrm{d}^2}{\mathrm{d}t^2}\boldsymbol{r}\right) \tag{1}$$

其中微元坐标为

$$\boldsymbol{r} = \cos\alpha\,\boldsymbol{x}_1 + \sin\alpha\,\boldsymbol{x}_2$$

计算得

$$\boldsymbol{\tau} = \frac{MR^2}{4}\left(\boldsymbol{x}_1 \times \frac{\mathrm{d}^2}{\mathrm{d}t^2}\boldsymbol{x}_1 + \boldsymbol{x}_2 \times \frac{\mathrm{d}^2}{\mathrm{d}t^2}\boldsymbol{x}_2\right) \tag{2}$$

外力力矩是重力力矩，重力通过质心（圆心），力矩为零，由此得到

$$\boldsymbol{x}_1 \times \boldsymbol{a}_1 + \boldsymbol{x}_2 \times \boldsymbol{a}_2 = \boldsymbol{0} \tag{3}$$

如果把端点加速度分解为径向和切向，则有

$$\boldsymbol{x}_1 \times \boldsymbol{a}_{1,\tan} + \boldsymbol{x}_2 \times \boldsymbol{a}_{2,\tan} = \boldsymbol{0} \tag{4}$$

由矢量分析可知

$$\boldsymbol{a}_{1,\tan} = \lambda\boldsymbol{x}_2, \quad \boldsymbol{a}_{2,\tan} = \lambda\boldsymbol{x}_1$$

两个矢量是正交的，即

$$x_1 \cdot x_2 = 0$$

这个等式对时间求导两次,得

$$a_1 \cdot x_2 + x_1 \cdot a_2 + 2v_1 \cdot v_2 = 0 \qquad (5)$$

由此得到

$$\lambda + v_1 \cdot v_2 = 0 \qquad (6)$$

由于两个矢量是单位矢量,速度各自垂直于自己的母矢量,如图 3 所示,其表达式为

$$v_1 = v_1(\cos\varepsilon_1 x_2 + \sin\varepsilon_1 x_3)$$

$$v_2 = v_2(-\cos\varepsilon_2 x_1 + \sin\varepsilon_2 x_3)$$

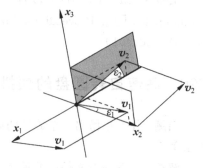

图 3　单位矢量端点速度示意图

代入式(6),得到

$$|\lambda| = v_1 v_2 \sin\varepsilon_1 \sin\varepsilon_2 \approx v_1 v_2 \varepsilon_1 \varepsilon_2 \qquad (7)$$

即加速度的切向分量是个二阶小量,或者说近似为零。这样这两个单位矢量端点就各自近似匀速扫出一个圆,角速度为 ω。

把图 1 中的矢量具体写出:

$$x_1 = \cos(\omega t)e_1 + \sin(\omega t)(\cos\theta e_2 + \sin\theta e_3)$$

$$x_2 = -\sin(\omega t)e_1 + \cos(\omega t)(\cos\theta e_2 - \sin\theta e_3)$$

注意这两个单位矢量其实并不垂直,或者说匀速转动是个近似。由此得到垂直盘的矢量为

$$x_3 = x_1 \times x_2 = \cos\theta e_3 + \sin\theta\cos(2\omega t)e_2 - \sin\theta\cos\theta\sin(2\omega t)e_1$$

如果圆盘的倾斜角度 θ 很小,则有

$$x_3 \approx \cos\theta e_3 + \sin\theta\cos(2\omega t)e_2 - \sin\theta\sin(2\omega t)e_1 \qquad (8)$$

由式(8)可以看出,x_3 矢量绕竖直轴 e_3 转动,其转动频率是 2ω。

文献:LAMB H,SOUTHWELL R V. The vibrations of a spinning disk[J]. Proc. R. Soc. Lond. A,1921,99:272-280.

八、圆锥(柱)的运动

091　圆锥体在斜面上的滚动模式

问题:圆锥体尖点在上,起先静止在粗糙斜面上,沿侧面给圆锥体一个小的扰动,求小角度摆动周期。

解析:先讨论圆锥体滚动角速度之间的关系。暂时把斜面看作平面,圆锥体的滚动是两个定点转动的合成,一个是绕竖直轴的转动,转动角为 ϕ;一个是绕圆锥体对称轴的转动(顺时针自转),转动角为 φ。该圆锥体的顶角为 α,则由纯滚动条件可知,角速度方向与地面接触线方向相同,即

$$\frac{d\phi}{dt} = \sin\alpha\,\frac{d\varphi}{dt}$$

总角速度为

$$\omega = \cos\alpha\,\frac{d\varphi}{dt} = \cot\alpha\,\frac{d\phi}{dt}$$

接下来考虑圆锥体相对母线的转动惯量,把圆锥体看作由逐渐变化的圆盘叠加而成,圆盘相对母线的转动惯量,可以由平行轴定理和转动定理计算。通过圆盘中心的轴与垂直圆盘的对称轴的夹角为 α,则圆盘的转动动能为

$$\frac{1}{2}I_C\omega^2 = \frac{1}{2}I_z(\omega\cos\alpha)^2 + \frac{1}{2}I_x(\omega\sin\alpha)^2$$

由此计算得到

$$I_C = \frac{1}{4}mr^2(1+\cos^2\alpha)$$

母线转轴到这个转轴的垂直距离为 $r\cos\alpha$,由此得到

$$\mathrm{d}I = \frac{1}{4}mr^2(1+5\cos^2\alpha)$$

于是整个圆锥体相对母线的转动惯量为

$$I = \frac{1}{4}\pi\rho\tan\alpha(1+5\cos^2\alpha)\int_0^R r^4\,\mathrm{d}r = \frac{1}{20}\pi\rho R^5\tan\alpha(1+5\cos^2\alpha)$$

其中 R 为圆锥体底面圆的半径,代入圆锥体的质量,得到

$$I = \frac{3}{20}mR^2(1+5\cos^2\alpha)$$

圆锥体质心到顶点的距离为

$$h_C = \frac{1}{m}\rho\pi\int_0^R \tan^2\alpha r^3\,\mathrm{d}r = \frac{3}{4}\tan\alpha R$$

设斜面与地面的倾角为 θ,以斜面上"竖直"方向放置的圆锥体为平衡位形,并假设摆动过程中圆锥顶点不动。偏离这个方向 ϕ 角度后,以圆锥体顶点为原点,圆锥体的重力势能为

$$V = -mgh_C\cos\phi\sin\theta$$

机械能不变,得

$$\frac{1}{2}I\cot^2\alpha\left(\frac{\mathrm{d}\phi}{\mathrm{d}t}\right)^2 - mgh_C\sin\theta\cos\phi = C$$

两边对时间求导,得

$$I\cot^2\alpha\frac{\mathrm{d}^2\phi}{\mathrm{d}t^2} + mgh_C\sin\theta\sin\phi = 0$$

一阶小量后的近似方程为

$$I\cot^2\alpha\frac{\mathrm{d}^2\phi}{\mathrm{d}t^2} + mgh_C\sin\theta\phi = 0$$

由此得到摆动周期为

$$T = 2\pi\sqrt{\frac{mgh_C\sin\theta}{I\cot^2\alpha}}$$

练习:实际做这个实验,测量摆动周期,看看与本题的理论公式计算结果相差多大。

092　桌面上五号电池的旋转起立

问题:在桌面上使劲用食指按一下五号电池的一侧,可以发现电池会旋转着起立,为

什么?

解析：电池旋转物理模型示意图如图 1 所示。

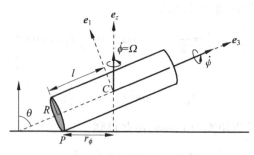

图 1 电池旋转示意图

假设电池(圆柱)转动是稳定的,其对称轴与竖直方向的夹角 θ 是固定的,体系的总角速度为

$$\boldsymbol{\omega} = \frac{\mathrm{d}\phi}{\mathrm{d}t}\boldsymbol{e}_z + \frac{\mathrm{d}\psi}{\mathrm{d}t}\boldsymbol{e}_3$$

其中 ϕ 为绕竖直轴的公转角度, ψ 为绕圆柱对称轴的自转角度。在圆柱的惯量主轴中,总角速度表示为

$$\boldsymbol{\omega} = \frac{\mathrm{d}\phi}{\mathrm{d}t}\sin\theta\,\boldsymbol{e}_1 + \left(\frac{\mathrm{d}\phi}{\mathrm{d}t}\cos\theta + \frac{\mathrm{d}\psi}{\mathrm{d}t}\right)\boldsymbol{e}_3 \qquad (1)$$

在转动过程中,圆柱的质心 C 点不动,圆柱与地面接触点是 P 点。地面上 P 点轨迹扫出一个圆,其半径为

$$r_\phi = l\sin\theta - R\cos\theta$$

其中 R 为圆柱半径, l 为圆柱长度的一半。 P 点相对 C 点的速度(大小)为

$$v_P = r_\phi \frac{\mathrm{d}\phi}{\mathrm{d}t} - R\frac{\mathrm{d}\psi}{\mathrm{d}t}$$

所以纯滚动条件(P 点速度为零)给出两个角速度的关系：

$$\frac{\mathrm{d}\psi}{\mathrm{d}t} = (l\sin\theta - \cos\theta)\frac{\mathrm{d}\phi}{\mathrm{d}t}$$

上式中长度以圆柱半径 R 为单位。假设这两个角速度都大于零,并定义 $\Omega = \mathrm{d}\phi/\mathrm{d}t$,那么总的角速度有以下表达式：

$$\boldsymbol{\omega} = \Omega\sin\theta(\boldsymbol{e}_1 + l\boldsymbol{e}_3) \qquad (2)$$

角速度方向总是沿着两个速度为零的点的连线方向,即 PC 方向。

接下来考虑圆柱的角动量,如图 2 所示。

在惯量主轴中,角动量表达式为

$$\boldsymbol{L} = I_1\omega_1\boldsymbol{e}_1 + I_2\omega_2\boldsymbol{e}_2 + I_3\omega_3\boldsymbol{e}_3$$

代入角速度的表达式(2),得

$$\boldsymbol{L} = \Omega\sin\theta(I_1\boldsymbol{e}_1 + I_3l\boldsymbol{e}_3)$$

由此得到角动量对时间的变化率

$$\frac{\mathrm{d}\boldsymbol{L}}{\mathrm{d}t} = \Omega\sin\theta\,\Omega\boldsymbol{e}_z \times (I_1\boldsymbol{e}_1 + I_3l\boldsymbol{e}_3)$$

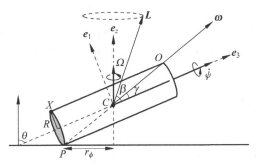

图 2 电池旋转的角动量

计算得

$$\frac{\mathrm{d}\boldsymbol{L}}{\mathrm{d}t} = \Omega^2 \sin\theta (I_1 \cos\theta - I_3 l \sin\theta) \boldsymbol{e}_2$$

假设滚动摩擦力为零,相对质心唯一的力矩为支持力力矩,其表达式为

$$\boldsymbol{\Gamma} = (-R\boldsymbol{e}_1 - l\boldsymbol{e}_3) \times Mg\boldsymbol{e}_z = MgR\cos\theta(1 - l\tan\theta)\boldsymbol{e}_2$$

这个力矩等于电池角动量的变化率,由此得到电池公转角速度 Ω 的表达式

$$\Omega = \sqrt{\frac{MgR}{I_3}} \sqrt{\frac{1 - l\tan\theta}{\sin\theta(I_1/I_3 - l\tan\theta)}} \tag{3}$$

对于圆柱,主轴上的转动惯量为

$$I_3 = \frac{1}{2}MR^2, \quad I_1 = \frac{1}{4}MR^2\left(1 + \frac{4}{3}l^2\right)$$

倾斜角必须满足一定条件才能使式(3)右边有意义,即根号里面的表达式大于零。定义两个角度

$$\theta_0 = \arctan(R/l), \quad \theta_\infty = \arctan(RI_1/lI_3)$$

则得在 θ-l/R 参数平面上电池公转角速度 Ω 的相图如图 3 所示。

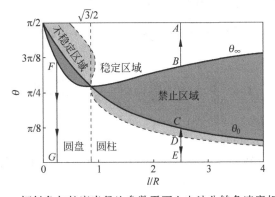

图 3 倾斜角与长度半径比参数平面上电池公转角速度相图

图 3 中两条实线之间的区域是"禁止"区域,一条实线和一条虚线之间的区域是不稳定区域,其余区域是稳定区域。

练习 1:这个模型关键一步的假设是滚动摩擦力为零,这是否合理?如何验证?假如这个滚动摩擦力不为零,如何推导稳定旋转角速度的表达式?

练习 2：参照文献，求图 3 中不稳定区域的分界线。

文献：JACKSON D P, HUDDY J, BALDONI A, et al. The mysterious spinning cylinder—Rigid-body motion that is full of surprises[J]. American Journal of Physics, 2019, 87(2)：85-94.

093 旋转起立的鸡蛋

问题：用力旋转横放的熟鸡蛋，有时它会竖立起来，为什么？

解析：旋转鸡蛋的受力分析示意图如图 1 所示。

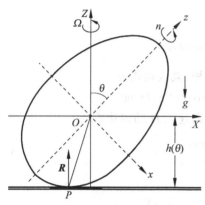

图 1 旋转鸡蛋的受力分析示意图

采用文献 1 的标记方法，取两个转动的参考系，一个随鸡蛋一起转动，标记为 $Oxyz$，一个和转动的鸡蛋在同一竖直平面内，标记为 $OXYZ$，这两个参考系矢量和坐标的转化关系为

$$I = \cos\theta i + \sin\theta k, \quad K = -\sin\theta i + \cos\theta k$$
$$X = \cos\theta x + \sin\theta z, \quad Z = -\sin\theta x + \cos\theta z$$

由图 1 可以看出，鸡蛋质心的高度为

$$h(\theta) = |Z| = \sin\theta x - \cos\theta z$$

注意这里的转动（倾斜）角 θ 也是接触点 P 的切角，即

$$dx = \cos\theta ds, \quad dz = \sin\theta ds$$

所以有

$$\frac{dh}{d\theta} = \cos\theta x + \sin\theta z$$

这样，接触点 P 的坐标可以写为

$$X_P = h'(\theta), \quad Z_P = -h(\theta)$$

设三个欧拉角分别为 φ、θ、ψ，则鸡蛋转动的角速度为

$$\boldsymbol{\omega} = \frac{d\varphi}{dt}K + \frac{d\theta}{dt}J + \frac{d\psi}{dt}k = -\Omega\sin\theta i + \Lambda j + nk$$

其中几个角速度定义为

$$\Omega = \frac{d\varphi}{dt}, \quad \Lambda = \frac{d\theta}{dt}, \quad n = \frac{d\psi}{dt} + \cos\theta\frac{d\varphi}{dt}$$

角速度也可以表示为

$$\boldsymbol{\omega} = (-\Omega\sin\theta\cos\theta + n\sin\theta)I + \Lambda J + (n\cos\theta + \Omega\sin^2\theta)K$$

设质心参考系 $Oxyz$ 中的转动惯量三个分量为 (A, A, C)，则鸡蛋的角动量为

$$L = -\Omega A\sin\theta i + \Lambda A j + nCk$$

角动量也可表示为

$$L = (-\Omega A\sin\theta\cos\theta + nC\sin\theta)I + \Lambda A J + (nC\cos\theta + \Omega A\sin^2\theta)K$$

相对质心的转动方程为

$$\frac{dL}{dt} = X_P \times (R + F)$$

其中 R 为支持力，F 为摩擦力。标架（参考系）$OXYZ$ 的转动角速度为 $\boldsymbol{\Omega} = \Omega K$，转动方程为

$$\frac{\partial \boldsymbol{L}}{\partial t} + \boldsymbol{\Omega} \times \boldsymbol{L} = \boldsymbol{X}_R \times (\boldsymbol{R} + \boldsymbol{F})$$

把这个方程的 Y 分量写出来，为

$$A\frac{\mathrm{d}^2\theta}{\mathrm{d}t^2} - \Omega\sin\theta(\Omega A\cos\theta - nC) = -RX_P + F_x Z_P$$

下面作个近似，假设公转角速度 Ω 很大，那么相比之下，上式左边第二项为零，即

$$\Omega A\cos\theta = nC$$

文献称之为回转平衡条件，此时鸡蛋的角动量简化为

$$\boldsymbol{L} = \Lambda A\boldsymbol{j} + \Omega A\boldsymbol{K}$$

我们再作个假设，摩擦力的 X 分量近似为零，Y 分量大小为 F。此时转动方程的 Z 分量和 X 分量为

$$A\frac{\mathrm{d}\Omega}{\mathrm{d}t} = FX_P, \quad \Omega A\frac{\mathrm{d}\theta}{\mathrm{d}t} = FZ_P$$

两式相除，得

$$\frac{\mathrm{d}\Omega}{\Omega} = -\frac{\mathrm{d}h}{h}$$

积分得到 Ωh 为常数，或者

$$-\boldsymbol{L} \cdot \boldsymbol{X}_P = A\Omega h = J$$

是个守恒量。将其反代回近似简化后的转动方程的 X 分量，得

$$J\frac{\mathrm{d}\theta}{\mathrm{d}t} = -Fh^2(\theta)$$

其中摩擦力 F 与接触点 P 的绝对（相对地面）速度有关。

接触点 P 相对质心 O 的速度为

$$\boldsymbol{\omega} \times \boldsymbol{X}_P = -h\Lambda\boldsymbol{I} - (nx_P + \sin\theta\Omega z_P)\boldsymbol{J} - h'(\theta)\boldsymbol{K}$$

再作个近似，假设质心速率很小，近似为零，倾斜角 θ 对时间的变化率也很小，则接触点 P 相对地面的速率为

$$V_P = -(x_P\cos\theta A/C + z_P\sin\theta)\frac{J}{Ah}$$

以椭圆为例，有

$$x_P = b\sin\phi, \quad z_P = -a\cos\phi, \quad \tan\phi = b\tan\theta/a$$

且有

$$\mathrm{d}\phi = \frac{ab}{a^2\cos^2\theta + b^2\sin^2\theta}\mathrm{d}\theta$$

由此得

$$x_P = \frac{b^2\sin\theta}{\sqrt{a^2\cos^2\theta + b^2\sin^2\theta}}, \quad z_P = -\frac{a^2\cos\theta}{\sqrt{a^2\cos^2\theta + b^2\sin^2\theta}}$$

$$h = \sqrt{a^2\cos^2\theta + b^2\sin^2\theta}$$

旋转椭圆体的转动惯量为

$$A = \frac{M}{5}(a^2 + b^2), \quad C = \frac{2M}{5}b^2$$

由此计算得到接触点的速率为

$$V_P = -\frac{J}{4Ah^2}(a^2 - b^2)\sin 2\theta$$

如果摩擦力正比于支持力,就有

$$J\frac{\mathrm{d}\theta}{\mathrm{d}t} = -Fh^2(\theta) = -\mu Mg(a^2\cos^2\theta + b^2\sin^2\theta)$$

该方程可以转化为

$$\frac{\mathrm{d}\theta}{a^2\cos^2\theta + b^2\sin^2\theta} = -\frac{\mu Mg}{J}\mathrm{d}t$$

或者

$$\mathrm{d}\phi = -\frac{\mu ab Mg}{J}\mathrm{d}t$$

积分得

$$\phi = -\frac{\mu ab Mg}{J}(t - t_0)$$

可以看出,当 $t = t_0$ 时,$\phi = 0$,这时 $\theta = 0$。对照图1中角度 θ 的标记(定义),鸡蛋已经竖起来了。

注解:文献1出自顶级的正规科学期刊,但是文章中的很多理论推导都是近似的,这说明,看起来很严格漂亮的式子,几乎都是近似得到的。为什么要作近似,怎么作近似? 这是个物理绝活。

文献1:MOFFATT H K,SHIMOMURA Y. Classical dynamics:Spinning eggs — a paradox resolved[J]. Nature,2002,416(6879):385-386.

文献2:SASAKI K. Spinning eggs—which end will rise? [J]. American Journal of Physics,2004,72(6):775-781.

九、球 的 运 动

094　球在桌面边缘的滚落

问题:滚动的球,是如何从桌面边缘掉下去的?

解析:当球体滚向桌面边缘时,如果质心速度足够小,则实验发现,球是先滚动,然后再滑动,从而掉下来的。先看第一阶段,滚动阶段,如图1所示。

径向方向的牛顿运动方程为

$$\frac{F_N}{m} = -R\left(\frac{\mathrm{d}\theta}{\mathrm{d}t}\right)^2 + g\sin\theta \tag{1}$$

切向(角度)方向的牛顿运动方程为

$$\frac{F_f}{m} = R\frac{\mathrm{d}^2\theta}{\mathrm{d}t^2} + g\cos\theta \tag{2}$$

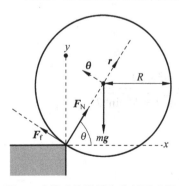

图1　球滚动阶段受力分析示意图

相对质心的转动方程为

$$\frac{2}{5}mR^2\frac{\mathrm{d}^2\theta}{\mathrm{d}t^2}=-F_{\mathrm{f}}R \qquad (3)$$

由式(2)和式(3)得

$$\frac{\mathrm{d}^2\theta}{\mathrm{d}t^2}=-\frac{5g}{7R}\cos\theta \qquad (4)$$

滑动阶段如图2所示。

这个阶段有两个角度,球转过的角度 θ 和球心与桌面边缘连线与水平方向的夹角 α,这两个角度不再相等,但是此阶段的起始时刻两个角度和角速度相等。球质心的牛顿方程为

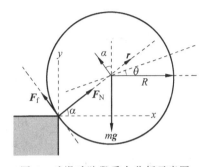

$$\frac{F_{\mathrm{N}}}{m}=-R\left(\frac{\mathrm{d}\alpha}{\mathrm{d}t}\right)^2+g\sin\alpha \qquad (5)$$

$$\frac{F_{\mathrm{f}}}{m}=R\frac{\mathrm{d}^2\alpha}{\mathrm{d}t^2}+g\cos\alpha \qquad (6)$$

相对质心的转动方程为

图2 球滑动阶段受力分析示意图

$$\frac{2}{5}mR^2\frac{\mathrm{d}^2\theta}{\mathrm{d}t^2}=-F_{\mathrm{f}}R \qquad (7)$$

假设滑动阶段摩擦力和桌面边缘的支持力满足通常的正比关系式

$$F_{\mathrm{f}}=\mu_{\mathrm{k}}F_{\mathrm{N}} \qquad (8)$$

将其代入式(5)和式(6),计算得

$$\frac{\mathrm{d}^2\alpha}{\mathrm{d}t^2}=-\frac{g}{R}(\cos\alpha-\mu_{\mathrm{k}}\sin\alpha)-\mu_{\mathrm{k}}\left(\frac{\mathrm{d}\alpha}{\mathrm{d}t}\right)^2 \qquad (9)$$

求解步骤如下:给出初始角度(90°)和初始角速度,数值求解式(4),直到摩擦力与支持力之比等于静摩擦系数,同时得到此时的角度和角速度。接着数值求解式(9),直到式(5)表示的支持力为零,同时得到滑动结束时的角度和角速度。数值计算过程中,设时间以 $\sqrt{R/g}$ 为单位,长度以球半径 R 为单位,角速度以 $\sqrt{g/R}$ 为单位。计算发现,如角速度为 0.9 个单位,那么滚动和滑动过程需要 0.4 个单位。文献实验中小球的直径为 $2.5\mathrm{cm}$,这个滚落时间就是 $14\mathrm{ms}$,非常快,需要高速摄像机慢放才能看得出来。

注解:如果角速度超过一个极限值,那么就没有任何滚(滑)过程,球直接水平飞跃出去。

文献:BACON M E. How balls roll off table?[J]. Am. J. Phys,2005,73(8):722-724.

095 台球的滚动模式

问题:给台球一个初始冲量(不通过球心),台球是如何滚动的?它与桌面接触点的轨迹是什么曲线?

解析:假设台球是质量均匀分布的小球,质心就是球心,在整个运动过程中,它不会起跳,即质心(球心)高度不变。球心的轨迹在地面上的垂直投影,就是台球与地面接触点的轨

迹。运动过程中,支持力始终垂直通过球心,摩擦力方向与球面上对应地面接触点的绝对速度方向(相对地面速度方向)相反(很重要的一个假设)。设球心轨迹为 (x_C, y_C, r),绕球心转动角速度为 $\boldsymbol{\omega} = (\omega_x, \omega_y, \omega_z)$,那么接触点的速度为

$$v_x = \frac{\mathrm{d}x_C}{\mathrm{d}t} - r\omega_y, \quad v_y = \frac{\mathrm{d}x_C}{\mathrm{d}t} + r\omega_x$$

摩擦力形式为

$$f_x = -\lambda\left(\frac{\mathrm{d}x_C}{\mathrm{d}t} - r\omega_y\right), \quad f_y = -\lambda\left(\frac{\mathrm{d}y_C}{\mathrm{d}t} + r\omega_x\right)$$

由质心运动方程,得

$$m\frac{\mathrm{d}^2 x_C}{\mathrm{d}t^2} = -\lambda\left(\frac{\mathrm{d}x_C}{\mathrm{d}t} - r\omega_y\right), \quad m\frac{\mathrm{d}^2 y_C}{\mathrm{d}t^2} = -\lambda\left(\frac{\mathrm{d}y_C}{\mathrm{d}t} + r\omega_x\right) \tag{1}$$

在质心系中,摩擦力矩为

$$M_x = -\lambda r\left(\frac{\mathrm{d}y_C}{\mathrm{d}t} + r\omega_x\right), \quad M_y = \lambda r\left(\frac{\mathrm{d}x_C}{\mathrm{d}t} - r\omega_y\right)$$

这个力矩等于台球角动量的时间变化率,由此得到

$$I\frac{\mathrm{d}\omega_x}{\mathrm{d}t} = -\lambda r\left(\frac{\mathrm{d}y_C}{\mathrm{d}t} + r\omega_x\right), \quad I\frac{\mathrm{d}\omega_y}{\mathrm{d}t} = \lambda r\left(\frac{\mathrm{d}x_C}{\mathrm{d}t} - r\omega_y\right) \tag{2}$$

由式(1)和式(2)得

$$mr\frac{\mathrm{d}^2 x_C}{\mathrm{d}t^2} = -I\frac{\mathrm{d}\omega_y}{\mathrm{d}t}, \quad mr\frac{\mathrm{d}^2 y_C}{\mathrm{d}t^2} = I\frac{\mathrm{d}\omega_y}{\mathrm{d}t}$$

积分得

$$v_{xC} - v_{xC0} = -\frac{I}{mr}(\omega_y - \omega_{y0}), \quad v_{yC} - v_{yC0} = \frac{I}{mr}(\omega_x - \omega_{x0})$$

由于球的转动惯量 $I = 2mr^2/5$,反代回式(1),得

$$\begin{cases} m\dfrac{\mathrm{d}v_{xC}}{\mathrm{d}t} = -\lambda\left(\dfrac{7}{2}v_{xC} - \dfrac{5}{2}v_{xC0} - r\omega_{y0}\right) \\[2mm] m\dfrac{\mathrm{d}v_{yC}}{\mathrm{d}t} = -\lambda\left(\dfrac{7}{2}v_{yC} - \dfrac{5}{2}v_{yC0} + r\omega_{x0}\right) \end{cases} \tag{3}$$

假设台球受到的冲量来自杆,作用点坐标为 $r(x_0, y_0, z_0)$,方向为 (n_x, n_y, n_z),大小为 P,则由冲量定理

$$mv_{xC0} = n_x P, \quad mv_{yC0} = n_y P$$

得到球的初始速度。由角动量定理

$$I\omega_{x0} = P(n_z y_0 - n_y z_0), \quad I\omega_{y0} = P(n_x z_0 - n_z x_0), \quad I\omega_{z0} = P(n_y x_0 - n_x y_0)$$

得到球的初始角速度。由此得

$$\frac{5}{2}v_{xC0} + r\omega_{y0} = \frac{5P}{2m}[n_x(1 + z_0) - n_z x_0]$$

$$\frac{5}{2}v_{yC0} - r\omega_{x0} = \frac{5P}{2m}[n_y(1 + z_0) - n_z y_0]$$

设

$$\frac{7}{2}v_1 = \frac{7}{2}v_{xC} - \frac{5}{2}v_{xC0} - r\omega_{y0}$$

$$\frac{7}{2}v_2 = \frac{7}{2}v_{yC} - \frac{5}{2}v_{yC0} + r\omega_{x0}$$

则式(3)转化为

$$\frac{\mathrm{d}v_1}{\mathrm{d}t} = \frac{7\mu g}{2}\frac{v_1}{\sqrt{v_1^2+v_2^2}}, \quad \frac{\mathrm{d}v_2}{\mathrm{d}t} = \frac{7\mu g}{2}\frac{v_2}{\sqrt{v_1^2+v_2^2}} \tag{4}$$

初始值为

$$v_{10} = \frac{P}{m}\left\{n_x - \frac{5}{7}\left[n_x(1+z_0) - n_z x_0\right]\right\}$$

$$v_{20} = \frac{P}{m}\left\{n_y - \frac{5}{7}\left[n_y(1+z_0) - n_z y_0\right]\right\}$$

由式(4)可得

$$\frac{\mathrm{d}v_1}{v_1} = \frac{\mathrm{d}v_2}{v_2}$$

一个通解为

$$\frac{v_1}{v_2} = \frac{v_{10}}{v_{20}}$$

计算得到解为

$$v_1 = v_{10}\left(1 - \frac{7}{2}\frac{\mu g t}{\sqrt{v_{10}^2+v_{20}^2}}\right), \quad v_2 = v_{20}\left(1 - \frac{7}{2}\frac{\mu g t}{\sqrt{v_{10}^2+v_{20}^2}}\right)$$

由定义可知,球面与地面接触点的速度是(v_1,v_2)的$7/2$倍。两个分量在相同的时间内变为零,这个时间以后台球作纯滚动。计算得

$$v_{xC} = \frac{P}{m}\left\{n_x - \frac{5}{7}\left[n_x(1+z_0) - n_z x_0\right]\right\}\left(1 - \frac{7}{2}\frac{\mu g t}{\sqrt{v_{10}^2+v_{20}^2}}\right) + \frac{5P}{7m}\left[n_x(1+z_0) - n_z x_0\right]$$

$$v_{yC} = \frac{P}{m}\left\{n_y - \frac{5}{7}\left[n_y(1+z_0) - n_z y_0\right]\right\}\left(1 - \frac{7}{2}\frac{\mu g t}{\sqrt{v_{10}^2+v_{20}^2}}\right) + \frac{5P}{7m}\left[n_y(1+z_0) - n_z y_0\right]$$

以及质心轨迹参数方程

$$x_C = \frac{P}{m}\left\{n_x - \frac{5}{7}\left[n_x(1+z_0) - n_z x_0\right]\right\}\left(t - \frac{7}{4}\frac{\mu g t^2}{\sqrt{v_{10}^2+v_{20}^2}}\right) + \frac{5P}{7m}\left[n_x(1+z_0) - n_z x_0\right]t$$

$$y_C = \frac{P}{m}\left\{n_y - \frac{5}{7}\left[n_y(1+z_0) - n_z y_0\right]\right\}\left(t - \frac{7}{4}\frac{\mu g t^2}{\sqrt{v_{10}^2+v_{20}^2}}\right) + \frac{5P}{7m}\left[n_y(1+z_0) - n_z y_0\right]t$$

在纯滚动开始之前,这个曲线是抛物线。在滑动结束时,质心的速度为

$$v_{xC1} = \frac{5P}{7m}\left[n_x(1+z_0) - n_z x_0\right], \quad v_{yC1} = \frac{5P}{7m}\left[n_y(1+z_0) - n_z y_0\right]$$

角速度为

$$\omega_y = \frac{5P}{7mr}\left[n_x(1+z_0) - n_z x_0\right], \quad \omega_x = -\frac{5P}{7mr}\left[n_y(1+z_0) - n_z y_0\right]$$

即角速度水平分量与质心速度是垂直的,这也是纯滚动的开始条件之一。

096   高尔夫球的旋进出洞

问题：高尔夫球经常会从球洞中旋进和旋出，其物理机理是什么？

解析：假设高尔夫球与洞之间的摩擦（系数）足够大，高尔夫球作无滑动的滚动。设圆柱形洞的半径为 R，高尔夫球的半径为 r，选择一个转动参考系（标架），其正交单位矢量为 e_ρ、e_ϕ、e_z，其随时间的变化率为

$$\frac{\mathrm{d}e_\rho}{\mathrm{d}t} = \Omega e_\phi, \qquad \frac{\mathrm{d}e_\phi}{\mathrm{d}t} = \Omega e_\rho, \qquad \frac{\mathrm{d}e_z}{\mathrm{d}t} = 0$$

球质心位置矢量为

$$\boldsymbol{r}_C = (R-r)\boldsymbol{e}_\rho + z\boldsymbol{e}_z$$

由此得到球质心速度和加速度分别为

$$\boldsymbol{v}_C = (R-r)\Omega\boldsymbol{e}_\phi + \frac{\mathrm{d}z}{\mathrm{d}t}\boldsymbol{e}_z$$

$$\boldsymbol{a}_C = (R-r)\frac{\mathrm{d}\Omega}{\mathrm{d}t}\boldsymbol{e}_\phi - (R-r)\Omega^2\boldsymbol{e}_\rho + \frac{\mathrm{d}^2 z}{\mathrm{d}t^2}\boldsymbol{e}_z$$

球受到的力有重力、洞壁对球的支持力和摩擦力，有以下形式

$$\boldsymbol{F} = -mg\boldsymbol{e}_z - N\boldsymbol{e}_\rho + f_\phi\boldsymbol{e}_\phi + f_z\boldsymbol{e}_z$$

由牛顿定律，得

$$m\frac{\mathrm{d}^2 z}{\mathrm{d}t^2} = -mg + f_z$$

$$m(R-r)\Omega^2 = N$$

$$m(R-r)\frac{\mathrm{d}\Omega}{\mathrm{d}t} = f_\phi$$

相对质（球）心，重力和支持力的力矩为零，摩擦力的力矩为

$$\boldsymbol{\tau} = r\boldsymbol{e}_\rho \times (f_\phi\boldsymbol{e}_\phi + f_z\boldsymbol{e}_z) = rf_\phi\boldsymbol{e}_z - rf_z\boldsymbol{e}_\phi$$

设球的角速度为

$$\boldsymbol{\omega} = \omega_\rho\boldsymbol{e}_\rho + \omega_\phi\boldsymbol{e}_\phi + \omega_z\boldsymbol{e}_z$$

则球的角动量为 $\boldsymbol{L} = I\boldsymbol{\omega}$，对时间的变化率为

$$\frac{\mathrm{d}\boldsymbol{L}}{\mathrm{d}t} = I\left(\frac{\mathrm{d}\omega_\rho}{\mathrm{d}t}\boldsymbol{e}_\rho + \frac{\mathrm{d}\omega_\phi}{\mathrm{d}t}\boldsymbol{e}_\phi + \frac{\mathrm{d}\omega_z}{\mathrm{d}t}\boldsymbol{e}_z + \Omega\omega_\rho\boldsymbol{e}_\phi - \Omega\omega_\phi\boldsymbol{e}_\rho\right)$$

相对质心的转动方程为

$$\frac{\mathrm{d}\omega_\rho}{\mathrm{d}t} - \Omega\omega_\phi = 0 \tag{1}$$

$$\frac{\mathrm{d}\omega_\phi}{\mathrm{d}t} + \Omega\omega_\rho = -\frac{rf_z}{I} \tag{2}$$

$$\frac{\mathrm{d}\omega_z}{\mathrm{d}t} = \frac{rf_\phi}{I}$$

对比牛顿方程的第三式和转动方程的第三式，得

$$m(R-r)\frac{\mathrm{d}\Omega}{\mathrm{d}t}=\frac{I}{r}\frac{\mathrm{d}\omega_z}{\mathrm{d}t} \tag{3}$$

球与洞壁接触点 P 的速度为

$$\boldsymbol{v}_P=\boldsymbol{v}_C+\boldsymbol{\omega}\times r\boldsymbol{e}_\rho=(R-r)\Omega\boldsymbol{e}_\phi+\frac{\mathrm{d}z}{\mathrm{d}t}\boldsymbol{e}_z-r\omega_\phi\boldsymbol{e}_z+r\omega_z\boldsymbol{e}_\phi$$

假设滚动是纯滚动,接触点的速度为零,即

$$(R-r)\Omega+r\omega_z=0 \tag{4}$$

$$\frac{\mathrm{d}z}{\mathrm{d}t}-r\omega_\phi=0 \tag{5}$$

式(3)和式(4)能自洽的必要条件为

$$\frac{\mathrm{d}\Omega}{\mathrm{d}t}=\frac{\mathrm{d}\omega_z}{\mathrm{d}t}=0$$

由式(1)和式(5)可知

$$\omega_\rho=\frac{\Omega}{r}z+c \tag{6}$$

将式(1)、式(5)和式(6)代入式(2),得

$$\frac{1}{r}\frac{\mathrm{d}^2z}{\mathrm{d}t^2}+\Omega\left(\frac{\Omega}{r}z+c\right)=-\frac{rf_z}{I} \tag{7}$$

将质心牛顿方程中摩擦力 f_z 的表达式代入,得

$$\frac{1}{r}\frac{\mathrm{d}^2z}{\mathrm{d}t^2}+\Omega\left(\frac{\Omega}{r}z+c\right)=-\frac{r}{I}m\left(\frac{\mathrm{d}^2z}{\mathrm{d}t^2}+g\right)$$

化简得

$$\frac{mr^2+I}{I}\frac{\mathrm{d}^2z}{\mathrm{d}t^2}+\Omega^2z+\Omega rc+\frac{mr^2}{I}g=0$$

设 $\lambda^2=I/(mr^2+I)$,这个方程的通解为

$$z(t)=c_1\sin(\lambda\Omega t)+c_2\cos(\lambda\Omega t)-\frac{1}{\Omega^2}\left(\Omega rc+\frac{mr^2}{I}g\right)$$

这说明高尔夫球整体在竖直方向作周期运动,横向方向质心作匀速圆周运动,满足一定条件时它还会跑出来,文献的小型实验也验证了这一点。

练习:用本题的方法,计算小球在粗糙球面或者锥面内部的滚动轨迹。

注解:文献是用所谓的科里奥利力矩来推导的,不仅数学处理麻烦,而且物理意义也不明显。我们直接求解质心运动方程和绕质心的转动方程,加上纯滚动约束,得到了和文献一样的结果。

文献:GUALTIERI M,TOKIEDA T,et al. Golfer's dilemma[J]. American Journal of Physics,2006,74(6):497-501.

097　大唐不倒翁半球的滚动模式

问题:大唐不倒翁底下的半球体在地面上是如何滚动的?

解析：从理论上讲，任何刚体的一般运动，都可以分解为质心的平动和绕质心的转动。本题中，半球质心位置与球心位置并不重合，我们还是坚持以球心为基点，即看作球心的平动加上绕球心的三维转动。这个三维转动可以用欧拉角来描述。第一步是将球心平移到地面轨迹上面，其坐标为$(R\cos\phi, R\sin\phi, r)$；第二步是绕垂直轴转动$\phi$角度，这时球心参考系下的$x$、$y$、$z$轴变为$x_1$、$y_1$、$z_1$轴；第三步，绕$y_1$轴转动$\beta$角度，这时球心参考系下的$x_1$、$y_1$、$z_1$轴变为$x_2$、$y_2$、$z_2$轴；第四步，绕$z_2$轴顺时针转动$\varphi$角度。纯滚动的要求是球面与地面接触点的速度为零。球心速度大小为$R\mathrm{d}\phi/\mathrm{d}t$，接触点相对球心的速度大小为$r\sin\beta\mathrm{d}\varphi/\mathrm{d}t$。这两个速度大小相等，方向相反，由此得到自转角$\varphi$与进动角$\phi$的关系为

$$R\phi = r\sin\beta\varphi$$

譬如，取$R = 2r$，倾斜角$\beta = \pi/6$固定不变，那么半球滚动的一个画面如图1所示。

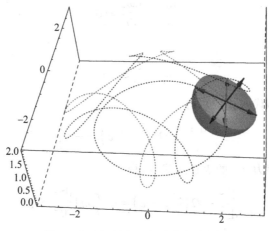

图 1　半球倾斜角固定时的滚动轨迹

如果倾斜角不固定，那么地面接触点轨迹不再是圆。设地面接触点轨迹为$(x_O, y_O, 0)$，相对球心，地面接触点的坐标为$(0, 0, -r)$。绕三个转动轴的角速度分别为$(\mathrm{d}\phi/\mathrm{d}t)(0, 0, 1)$，$(\mathrm{d}\beta/\mathrm{d}t)(-\sin\phi, \cos\phi, 0)$和$-(\mathrm{d}\varphi/\mathrm{d}t)(\sin\beta\cos\phi, \sin\beta\sin\phi, \cos\beta)$，计算得到地面接触点的速度为

$$0 = \frac{\mathrm{d}x_O}{\mathrm{d}t} - r\left(\frac{\mathrm{d}\beta}{\mathrm{d}t}\cos\phi - \frac{\mathrm{d}\varphi}{\mathrm{d}t}\sin\beta\sin\phi\right)$$

$$0 = \frac{\mathrm{d}y_O}{\mathrm{d}t} - r\left(\frac{\mathrm{d}\beta}{\mathrm{d}t}\sin\phi + \frac{\mathrm{d}\varphi}{\mathrm{d}t}\sin\beta\cos\phi\right)$$

纯滚动摩擦力不做功，假设体系的欧拉-拉格朗日方程仍成立。物理模型把杂技演员看作一个质量均匀分布的圆柱体。圆柱体和半球整个体系的质心仍落在半球的垂直对称轴上，设距离圆心为l，那么质心的竖直高度为

$$z_C = r + l\cos\beta$$

质心相对球心的位移，在地面参考系下，为

$$\boldsymbol{r}_C - \boldsymbol{r}_0 = l(\sin\beta\cos\phi, \sin\beta\sin\phi, \cos\beta)$$

由此计算得到质心相对球心的速度为

$$\frac{\mathrm{d}(\boldsymbol{r}_C - \boldsymbol{r}_0)}{\mathrm{d}t} = l\left(\cos\beta\cos\phi\,\frac{\mathrm{d}\beta}{\mathrm{d}t} - \sin\beta\sin\phi\,\frac{\mathrm{d}\phi}{\mathrm{d}t}, \cos\beta\sin\phi\,\frac{\mathrm{d}\beta}{\mathrm{d}t} + \sin\beta\cos\phi\,\frac{\mathrm{d}\phi}{\mathrm{d}t}, -\cos\beta\,\frac{\mathrm{d}\beta}{\mathrm{d}t}\right)$$

由速度叠加,得到质心速度为

$$v_{Cx} = (r + l\cos\beta)\cos\phi\,\frac{\mathrm{d}\beta}{\mathrm{d}t} - l\sin\beta\sin\phi\,\frac{\mathrm{d}\phi}{\mathrm{d}t} - r\sin\beta\sin\phi\,\frac{\mathrm{d}\varphi}{\mathrm{d}t}$$

$$v_{Cy} = (r + l\cos\beta)\sin\phi\,\frac{\mathrm{d}\beta}{\mathrm{d}t} + l\sin\beta\cos\phi\,\frac{\mathrm{d}\phi}{\mathrm{d}t} + r\sin\beta\cos\phi\,\frac{\mathrm{d}\varphi}{\mathrm{d}t}$$

$$v_{Cz} = -r\cos\beta\,\frac{\mathrm{d}\beta}{\mathrm{d}t}$$

计算得到质心平动动能为

$$T_C = \frac{m}{2}\left\{ [r^2\cos^2\beta + (r + l\cos\beta)^2]\left(\frac{\mathrm{d}\beta}{\mathrm{d}t}\right)^2 + l^2\sin^2\beta\left(\frac{\mathrm{d}\phi}{\mathrm{d}t}\right)^2 + r^2\sin^2\beta\left(\frac{\mathrm{d}\varphi}{\mathrm{d}t}\right)^2 + \right.$$

$$\left. 2lr\sin^2\beta\,\frac{\mathrm{d}\phi}{\mathrm{d}t}\frac{\mathrm{d}\varphi}{\mathrm{d}t} \right\}$$

设在质心参考系下,体系的转动惯量为 $I_3 = a$, $I_1 = I_2 = b$,对应转轴的角速度为

$$\omega_3 = \frac{\mathrm{d}\phi}{\mathrm{d}t}\cos\beta - \frac{\mathrm{d}\varphi}{\mathrm{d}t}, \quad \omega_1 = -\frac{\mathrm{d}\phi}{\mathrm{d}t}\sin\beta, \quad \omega_2 = \frac{\mathrm{d}\beta}{\mathrm{d}t}$$

所以相对质心的转动动能为

$$T_r = \frac{a}{2}\left(\frac{\mathrm{d}\phi}{\mathrm{d}t}\cos\beta - \frac{\mathrm{d}\varphi}{\mathrm{d}t}\right)^2 + \frac{b}{2}\left(\frac{\mathrm{d}\phi}{\mathrm{d}t}\right)^2\sin^2\beta + \frac{b}{2}\left(\frac{\mathrm{d}\beta}{\mathrm{d}t}\right)^2$$

这样,写出体系的拉氏量,由总动能减去重力势能,就能给出三个欧拉角的欧拉-拉格朗日运动方程。给出初始位置和角速度,可以数值求解微分方程组。

　　最后推导最基本的动力学方程。不倒翁半球滚动过程中,受到三个力的作用,分别为重力、支持力和摩擦力。质心运动有三个方程,绕质心三维转动有三个方程,并没有确定半球是否作纯滚动。未知量有:地面接触点轨迹坐标 2 个,欧拉角 3 个,支持力 1 个,摩擦力(大小)1 个,共 7 个。地面参考系下,质心的坐标为

$$\boldsymbol{r}_C = (x_O + l\sin\beta\cos\phi, y_O + l\sin\beta\sin\phi, r + l\cos\beta)$$

由此可以得到质心的速度和加速度。在质心参考系下,体系的角速度为

$$\boldsymbol{\omega} = \left(\frac{\mathrm{d}\phi}{\mathrm{d}t}\cos\beta - \frac{\mathrm{d}\varphi}{\mathrm{d}t}\right)\boldsymbol{n}_3 - \frac{\mathrm{d}\phi}{\mathrm{d}t}\sin\beta\boldsymbol{n}_1 + \frac{\mathrm{d}\beta}{\mathrm{d}t}\boldsymbol{n}_2$$

对应的角动量为

$$\boldsymbol{J} = a\left(\frac{\mathrm{d}\phi}{\mathrm{d}t}\cos\beta - \frac{\mathrm{d}\varphi}{\mathrm{d}t}\right)\boldsymbol{n}_3 - b\,\frac{\mathrm{d}\phi}{\mathrm{d}t}\sin\beta\boldsymbol{n}_1 + b\,\frac{\mathrm{d}\beta}{\mathrm{d}t}\boldsymbol{n}_2$$

角动量对时间的变化率为

$$\frac{\mathrm{d}\boldsymbol{J}}{\mathrm{d}t} = a\left(\frac{\mathrm{d}^2\phi}{\mathrm{d}t^2}\cos\beta - \frac{\mathrm{d}\phi}{\mathrm{d}t}\sin\beta\,\frac{\mathrm{d}\beta}{\mathrm{d}t} - \frac{\mathrm{d}^2\varphi}{\mathrm{d}t^2}\right)\boldsymbol{n}_3 - b\left(\frac{\mathrm{d}^2\phi}{\mathrm{d}t^2}\sin\beta + \frac{\mathrm{d}\phi}{\mathrm{d}t}\cos\beta\,\frac{\mathrm{d}\beta}{\mathrm{d}t}\right)\boldsymbol{n}_1 + b\,\frac{\mathrm{d}^2\beta}{\mathrm{d}t^2}\boldsymbol{n}_2 + $$

$$(a - b)\frac{\mathrm{d}\phi}{\mathrm{d}t}\sin\beta\left(\frac{\mathrm{d}\phi}{\mathrm{d}t}\cos\beta - \frac{\mathrm{d}\varphi}{\mathrm{d}t}\right)\boldsymbol{n}_2 + (a - b)\frac{\mathrm{d}\beta}{\mathrm{d}t}\left(\frac{\mathrm{d}\phi}{\mathrm{d}t}\cos\beta - \frac{\mathrm{d}\varphi}{\mathrm{d}t}\right)\boldsymbol{n}_1$$

在质心转动参考系中,支持力和摩擦力的作用点为

$$\boldsymbol{l} = -l\boldsymbol{n}_3 - r\cos\beta\boldsymbol{n}_3 + r\sin\beta\boldsymbol{n}_1$$

支持力为

$$\boldsymbol{N} = N(\cos\beta\boldsymbol{n}_3 - \sin\beta\boldsymbol{n}_1)$$

摩擦力为

$$f = f\left[(\sin\beta n_3 + \cos\beta n_1)\cos\phi - \sin\phi n_2\right]\frac{v_{Ox}}{\sqrt{v_{Ox}^2 + v_{Oy}^2}} +$$

$$f\left[(\sin\beta n_3 + \cos\beta n_1)\sin\phi + \cos\phi n_2\right]\frac{v_{Oy}}{\sqrt{v_{Ox}^2 + v_{Oy}^2}}$$

由此可以计算出支持力矩和摩擦力矩，得到转动方程

$$\frac{\mathrm{d}\boldsymbol{J}}{\mathrm{d}t} = (\boldsymbol{N} + \boldsymbol{f}) \times \boldsymbol{l}$$

最后我们还需要一个方程，一般来说，是摩擦力与支持力的关系式，使以上方程组封闭。

练习：具体写出半球纯滚动时的运动方程，数值求解并进行动画模拟。

098　半球之间的引力

问题：沿垂直方向掰开两个半球的力有多大？沿水平方向拉开一小段距离后，两个半球沿光滑切面作简谐运动，周期是多少？

解析：设两个半球的半径分别为 R_1、R_2，不失一般性，设 $R_1 > R_2$。起始时候球心重合，重合面为 x-y 平面。设大球在下面，其中一点的球坐标为 (r_1, θ_1, ϕ_1)，参数满足 $\pi/2 < \theta_1 < \pi$；小球在上面，其中一点的球坐标为 (r_2, θ_2, ϕ_2)，参数满足 $0 < \theta_2 < \pi/2$。设两个球的质量密度分别为 ρ_1、ρ_2，由万有引力势能公式，可得两球之间的引力势能为

$$V = -G\rho_1\rho_2\int |\boldsymbol{r}_1 - \boldsymbol{r}_2 - \boldsymbol{h}|^{-1}\mathrm{d}^3 r_1\mathrm{d}^3 r_2 \tag{1}$$

式（1）中的积分因子有积分变换式：

$$|\boldsymbol{r}_1 - \boldsymbol{r}_2 - \boldsymbol{h}|^{-1} = \frac{1}{2\pi^2}\iiint \frac{\exp(\mathrm{i}\boldsymbol{k}\cdot(\boldsymbol{r}_1 - \boldsymbol{r}_2 - \boldsymbol{h}))}{k^2}\mathrm{d}^3 k \tag{2}$$

其中波矢量 $\boldsymbol{k}$ 的球坐标为 (k, θ_3, ϕ_3)。式（2）中积分因子的分子有以下展开式

$$\exp(\mathrm{i}\boldsymbol{k}\cdot\boldsymbol{r}_1) = (2\pi)^{3/2}(kr_1)^{-1/2}\sum \mathrm{i}^l J_{l+1/2}(kr_1)Y_{lm}^*(\theta_3,\phi_3)Y_{lm}(\theta_1,\phi_1) \tag{3}$$

$$\exp(-\mathrm{i}\boldsymbol{k}\cdot\boldsymbol{r}_2) = (2\pi)^{3/2}(kr_2)^{-1/2}\sum (-\mathrm{i})^l J_{l+1/2}(kr_2)Y_{lm}(\theta_3,\phi_3)Y_{lm}^*(\theta_2,\phi_2) \tag{4}$$

只考虑到 h 的一阶，那么有

$$\exp(-\mathrm{i}\boldsymbol{k}\cdot\boldsymbol{h}) = 1 - \mathrm{i}\sqrt{\frac{4\pi}{3}}kh\,Y_{10}(\theta_3,\phi_3) + O(h^2) \tag{5}$$

将式（3）～式（5）代入式（2），计算得到引力势能中包含 h 的一次项为

$$V_1 = 2\pi^2 G\rho_1\rho_2\int_0^{R_1}\mathrm{d}r_1\int_0^{R_2}\mathrm{d}r_2 (r_1 r_2)^{3/2}\int_0^\infty \left(J_{3/2}(kr_1)J_{1/2}(kr_2) + J_{3/2}(kr_2)J_{1/2}(kr_1)\right)\mathrm{d}k \tag{6}$$

由积分公式[①]

$$\int_0^\infty \left[J_l(kr_1)J_{l+1}(kr_2) + J_{l+1}(kr_1)J_l(kr_2)\right]\mathrm{d}k = \frac{(r_< / r_>)^l}{r_>} \tag{7}$$

---

① 公式（7）中，带"<"下标的 r 表示 r_1 和 r_2 中值较小的一个，带">"下标的 r 表示 r_1 和 r_2 中值较大的一个，下同。

计算得

$$V_1 = \frac{1}{3}\pi^2 G\rho_1\rho_2(2R_1 - R_2)R_2^3 h \tag{8}$$

由此得到沿对称轴方向掰开两个半球的力为

$$F = -\frac{\partial V_1}{\partial h} = -\frac{1}{3}\pi^2 G\rho_1\rho_2(2R_1 - R_2)R_2^3 \tag{9}$$

接下来我们讨论沿接触面的滑动,设沿 x 轴方向移动 h 距离,考虑到 h 的一阶和二阶:

$$\exp(-\mathrm{i}\boldsymbol{k}\cdot\boldsymbol{h}) = 1 - \mathrm{i}kh\sin\theta_3\cos\phi_3 - \frac{1}{2}k^2h^2\sin^2\theta_3\cos^2\phi_3 + O(h^2) \tag{10}$$

将式(3)、式(4)和式(10)代入式(2),由对称性可知,平移距离 h 的一次方项贡献为零。引力势能中包含 h 的二次方项分别为 $V_{2,0}$ 和 $V_{2,2}$,$V_{2,0}$ 的表达式为

$$V_{2,0} = -\frac{4\pi^{5/2}}{9}G\rho_1\rho_2 R_2^3 h^2 \sum_{l=0}^{\infty}(2l+1)A_l B_l \tag{11}$$

其中

$$A_l = \int_0^1 \mathrm{P}_l(x)\mathrm{d}x, \quad B_l = \int_{-1}^0 \mathrm{P}_l(x)\mathrm{d}x \tag{12}$$

$V_{2,2}$ 的表达式为

$$V_{2,2} = \frac{8\pi^{5/2}}{3}\sqrt{\frac{\pi}{5}}G\rho_1\rho_2 h^2\sum_{l=0}^{\infty}\int_0^{R_1}\mathrm{d}r_1\int_0^{R_2}\mathrm{d}r_2\,\Gamma(r_1,r_2,l)(r_1 r_2)^{3/2} \tag{13}$$

其中

$$\Gamma(r_1,r_2,l) = \sqrt{(2l+1)(2l+5)}\,H_l A_l B_{l+2}\lambda(r_1,r_2) + (2l+1)F_l A_l B_l\tau(r_1,r_2) \tag{14}$$

$$F_l = -\sqrt{\frac{l+1}{l(2l-1)(2l+3)}}, \quad H_l = \sqrt{\frac{3(l+1)(l+2)}{2(2l+1)(2l+3)}} \tag{15}$$

$$\tau(r_1,r_2) = \frac{\delta(r_1-r_2)}{r_1}, \quad \lambda(r_1,r_2) = \frac{2(l+1)}{r_>^2}\left(\frac{r_<}{r_>}\right)^l - \frac{\delta(r_1-r_2)}{r_1} \tag{16}$$

实际计算中,我们只取前四项求和,即 $l=0,1,2,3$ 这四项,这时两半球引力势能的二次项为

$$V_2 = G\rho_1\rho_2\frac{\pi^2 R_2^3}{2}\left[\left(\frac{21}{80} + \frac{11\times 41}{2160}\right) - \frac{3}{16}\left(\frac{R_2}{R_1}\right)\right]h^2 \tag{17}$$

式(17)表明小的半球所感受到的引力势能是二次项势能,也意味着小球沿切面作简谐运动。由二次方势能中简谐运动的周期公式,计算得

$$T = \frac{4\pi}{\sqrt{3G\rho_1}}\frac{1}{\sqrt{0.47 - 0.19R_2/R_1}} \tag{18}$$

十、振动和波动

099　两端燃烧蜡烛的晃动模式

问题:在蜡烛中部穿一个钉子,搁在两个玻璃板中间,然后两头点燃。随着烛泪的滴

落,蜡烛会怎样摆动？

解析：先简要说明一下燃烧蜡烛的晃动原理。假定蜡烛右边部分重,下坠,将蜡烛火焰看作始终向上的圆锥体,火焰与蜡烛的接触面增大,融化的蜡烛体积也变大,相对左边(上扬)部分就轻一些,于是向上转动。所以,这个模型的关键是确定两边燃烧蜡烛质量损耗率与蜡烛倾角的关系,如图 1 和图 2 所示,设 θ_0 为蜡烛圆锥形火焰的顶角,假设蜡烛晃动过程中倾角 θ 是小量,即始终不会超过 θ_0。

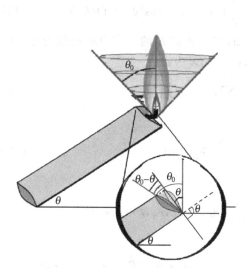 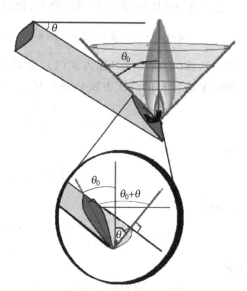

图 1 上扬燃烧蜡烛端面示意图   图 2 下坠燃烧蜡烛端面示意图

先考虑固定(不晃动)倾斜时右边蜡烛的质量损耗率,假设这个损耗率由两部分组成：一部分不依赖于倾角,为常数；另一部分与蜡烛和火焰的接触面积成正比(假定是个椭圆),由图 1 可以看出,这个椭圆与蜡烛(圆柱)母线的夹角为 $\theta_0-\theta+\pi/2$。设圆柱的截面积为 $A=\pi r^2$,那么椭圆截面积为 $A/\cos(\theta_0-\theta)$。设右边部分蜡烛质量损耗率为

$$\frac{\mathrm{d}m_R}{\mathrm{d}t}=-\alpha-\beta\sec(\theta_0-\theta)$$

角度 θ 不随时间变化(即蜡烛固定不晃动),质量随时间的变化为

$$m_R=\frac{m_0}{2}-\alpha t-\beta t\sec(\theta_0-\theta)$$

图 2 中左边部分火焰与蜡烛的接触(椭圆)面和蜡烛(圆柱)的夹角为 $\theta_0+\theta+\pi/2$,根据以上同样推理,得到蜡烛固定时左边部分质量与时间的关系为

$$m_L=\frac{m_0}{2}-\alpha t-\beta t\sec(\theta_0+\theta)$$

假设在晃动过程中,燃烧蜡烛质量与时间的关系式与固定角度一致,即所谓的"绝热"近似。圆柱绕一端的转动惯量为

$$I=\frac{m}{3}L^2=\frac{1}{3}\frac{m^3}{\rho^2 A^2}$$

倾斜角为 θ，相对端点的重力力矩为

$$\tau = \frac{1}{2}mgL\cos\theta = \frac{1}{2}g\cos\theta\frac{m^2}{\rho A}$$

由此得到燃烧晃动蜡烛总的角动量为

$$L = \frac{1}{3}\frac{m_L^3 + m_R^3}{\rho^2 A^2}\omega$$

总的力矩为

$$\tau = g\cos\theta\frac{m_L^2 - m_R^2}{\rho A}$$

蜡烛转动方程可以数值求解，为了给出晃动周期行为，我们还是要近似处理。设晃动角度很小，近似到零阶，左右部分蜡烛的质量为

$$m_R \approx m_L = \frac{m_0}{2} - (\alpha + \beta\sec\theta_0)t = \frac{m_0}{2}(1 - \gamma t) = \frac{m_0}{2}\xi$$

其中 $\gamma = 2(\alpha + \beta\sec\theta_0)/m_0$，$\xi = 1 - \gamma t$。所以总的角动量为

$$L = \frac{1}{12}\frac{m_0^3}{\rho^2 A^2}\xi^3\omega$$

近似到一阶，左右部分蜡烛的质量为

$$m_R = \frac{m_0}{2} - \alpha t - \beta t\sec\theta_0 + \beta t\sec\theta_0\tan\theta_0\theta$$

$$m_L = \frac{m_0}{2} - \alpha t - \beta t\sec\theta_0 - \beta t\sec\theta_0\tan\theta_0\theta$$

$$m_L^2 - m_R^2 \approx -2m_0\xi\beta t\sec\theta_0\tan\theta_0\theta$$

近似取 $\cos\theta \approx 1$，则蜡烛总的重力矩为

$$\tau = -m_0 g\beta t\sec\theta_0\tan\theta_0\xi(t)\theta(t)/\rho A$$

则蜡烛转动方程简化为

$$\xi^2\frac{\mathrm{d}^2\theta}{\mathrm{d}\xi^2} + 3\xi\frac{\mathrm{d}\theta}{\mathrm{d}\xi} + (1-\xi)\frac{\theta}{j^2} = 0$$

其中常数 j 的表达式和近似数值为

$$j = \sqrt{\gamma^3 m_0^2\cos\theta_0\cot\theta_0/(12A\beta g\rho)} \approx 6.5\times10^{-5}$$

这个方程有虚阶贝塞尔函数形式的解：

$$\theta(\xi) = \frac{2p}{\xi}\left(\mathrm{K}_{iv}\left(\frac{2}{j}\right)\mathrm{I}_{iv}\left(\frac{2\sqrt{\xi}}{j}\right) - \mathrm{I}_{iv}\left(\frac{2}{j}\right)\mathrm{K}_{iv}\left(\frac{2\sqrt{\xi}}{j}\right)\right)$$

其中 $v = 2\sqrt{(1/j)^2 - 1}$。虽然这个解形式很好看，但是并不能准确描述周期性振荡行为，我们还是需要数学上的近似解（物理上看起来很严格漂亮的方程已经给出来了）。周期解一般是正弦或者余弦函数，它们可以写成指数函数形式（指数上有虚数单位）。受此启发，我们把角度 θ 写成 $\theta(\xi) = \exp(ih(\xi))$ 形式，则转动方程转化为

$$i\xi^2 h''(\xi) - \xi^2 h'(\xi)^2 + 3i\xi h'(\xi) + (1-\xi)/j^2 = 0$$

$h(\xi)$ 用 $1/j$、1、j 展开

$$h(\xi) = \frac{h_0(\xi)}{j} + h_1(\xi) + jh_2(\xi) + \cdots$$

将这个展开形式代入转动方程,对比 j 的各次方系数,得

$$1 - \xi - \xi^2 h_0'(\xi)^2 = 0$$

$$3i\xi h_0'(\xi) - 2\xi^2 h_0'(\xi)h_1'(\xi) + i\xi^2 h_0''(\xi) = 0$$

以上方程的解为

$$h_0(\xi) = \pm\left(2\sqrt{1-\xi} + \ln\left(\frac{1-\sqrt{1-\xi}}{1+\sqrt{1-\xi}}\right)\right)$$

$$h_1(\xi) = i\ln(\xi(1-\xi)^{1/4})$$

将其代回原来的表达式 $\theta(\xi) = \exp(ih(\xi))$,计算得到角度 θ 与时间的关系式为

$$\theta(t) = c(1-\gamma t)^{-1}(\gamma t)^{-1/4}\sin\left(\frac{2\sqrt{\gamma t}}{j} + \frac{1}{j}\ln\left(\frac{1-\sqrt{\gamma t}}{1+\sqrt{\gamma t}}\right)\right)$$

当时间相对很小时,正弦函数里面的因子是 $-2(\gamma t)^{3/2}/(3j)$,因此当时间取以下值时,角度(近似)为零:

$$t_n = \frac{1}{\gamma}\left(\frac{3jn\pi}{2}\right)^{2/3}$$

这个理论值也为文献中的实验值所验证。文献的作者得到以上结论,很是自豪,他们在文末引用了这样一句话:"mighty contests rise from trivial things."

注解 1:文献的关键之处是关于燃烧蜡烛质量损耗率的估计。

注解 2:文献同时也作了不少估计和近似,可以说无近似非物理。

文献:THEODORAKIS S, PARIDI K. Oscillations of a candle burning at both ends [J]. American Journal of Physics, 2009, 77(11): 1049-1054.

100   两端铰接弹性杆的平衡位形和振动模式

问题:弹性杆两端用铰链固定,在任意位置用手指压一下,然后释放,杆会怎么振动?

解析:假设单位长度弹性杆上的弯曲弹性势能正比于曲率的平方,比例系数为 κ。取合适的物理量纲,可得整个杆的弹性势能为

$$\Phi = \frac{\kappa}{2}\int_0^1\left(\frac{d\theta}{ds}\right)^2 ds$$

杆两端水平距离 a 是固定的,即

$$a = \int dx = \int_0^1\cos\theta(s)ds$$

加上这个约束杆的整个势能为

$$\Phi' = \int_0^1 \frac{\kappa}{2}\left(\frac{d\theta}{ds}\right)^2 + \lambda\cos\theta(s)ds$$

平衡时整个势能取极小值,或者说这个势能的变分为零。计算得

$$\delta\Phi' = \kappa\frac{d\theta}{ds}\delta\theta\Big|_0^1 - \int_0^1\left(\kappa\frac{d^2\theta}{ds^2} + \lambda\sin\theta(s)\right)\delta\theta ds$$

由弹性理论可知,光滑铰接处曲率为零,令 $f=\lambda/\kappa$,就得到静止平衡弹性杆的形状方程

$$\frac{\mathrm{d}^2\theta}{\mathrm{d}s^2}+f\sin\theta=0$$

举一个例子,设 $f=12$,在起始点 $s=0$ 处,$\theta(0)=\theta_0$ 是未知的。数值求解形状方程得到 $y(1)$ 是 θ_0 的数值函数。要求 $y(1)=0$ 就能确定 θ_0 的值。数值计算得到 $\theta_0=1.22$,杆两端的水平距离 $a=0.65$。对应这些参数的弹性杆形状如图 1 所示。

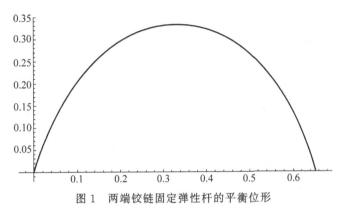

图 1　两端铰链固定弹性杆的平衡位形

如果再在这个弯曲杆上任意一点施加一个竖直向下的外力,杆的形状如何改变? 由以上推导可以看出,水平约束相当于在水平方向施加约束力,不难得到(作为练习)杆上一点 $s=s_1$ 施加垂直外力 h_0 后形状方程为

$$\frac{\mathrm{d}^2\theta}{\mathrm{d}s^2}+f\sin\theta-h(s)\cos\theta=0$$

其中

$$h(s)=\begin{cases}h_1, & 0<s<s_1 \\ h_2, & s_1<s<1\end{cases}$$

且 $h_1-h_2=h_0$。注意施加外力后水平约束力 f 是会变化的,和原来不一样。设在 $s_1=3/4$ 处施加垂直外力 $h_0=360$,数值求解形状方程,同时满足三个约束,右端端点坐标不变,右端端点曲率为零。由此确定左端起始角度 $\theta_0=0.79$,水平约束力 $f=-17.10$,以及左边部分杆垂直方向的内应力 $h_1=-20.64$,对应这些参数的弹性杆形状如图 2 所示。

如果把弯曲杆上施加的垂直外力撤销,杆会怎么运动? 这时候杆有动能,假设动能表达式为

$$T=\frac{1}{2}\rho\int_0^1\left(\frac{\partial\phi(t,s)}{\partial t}\right)^2\mathrm{d}s$$

加上两个端点水平距离固定约束后的拉氏量为

$$L=\int_0^1\left[\frac{1}{2}\rho\left(\frac{\partial\phi}{\partial t}\right)^2-\frac{\kappa}{2}\left(\frac{\partial\phi}{\partial s}\right)^2-\lambda\cos\phi\right]\mathrm{d}s$$

由此得到杆的波动方程为(量纲归一化后)

$$\frac{\partial^2\phi}{\partial t^2}=\frac{\partial^2\phi}{\partial s^2}+f(t)\sin\phi$$

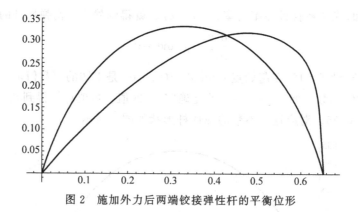

图 2　施加外力后两端铰接弹性杆的平衡位形

其中约束力 f 随时间变化。起始位形是图 2 中的倾斜曲线，起始速度为零。运动过程中两个端点（光滑铰接处）上的曲率始终为零。

把杆的起始形状用杆的本征振动形状展开，考虑平衡位形附近小的本征振动模式。设 $\phi = \theta + \eta$，其中 $\theta(s)$ 是平衡位形，满足 $\theta'' + f_0 \sin\theta = 0$。假设小振动时水平约束力变化不大，则微扰后的本征振动方程为

$$\frac{\mathrm{d}^2 \eta}{\mathrm{d}s^2} + (\omega^2 + f_0 \cos\theta)\eta = 0$$

由平衡位形可以得到杆的弯曲角度 θ 和杆长度 s 的关系为

$$\frac{\mathrm{d}\theta}{\mathrm{d}s} = -\sqrt{2f_0(\cos\theta - \cos\theta_0)}$$

这样，杆的本征振动方程，以平衡位形时的角度 θ 为变量，形式为

$$2f_0(\cos\theta - \cos\theta_0)\frac{\mathrm{d}^2\eta}{\mathrm{d}\theta^2} - f_0\sin\theta\frac{\mathrm{d}\eta}{\mathrm{d}\theta} + (\omega^2 + f_0\cos\theta)\eta = 0$$

微扰角度 η 可以用角度 θ 的傅里叶级数展开，因为 $-\theta_0 < \theta < \theta_0$ 有对称性，本征振动模式也分奇偶性：

$$\eta_+ = \sum_{n=1}^{\infty} b_n \cos(n\theta), \quad \eta_- = \sum_{n=1}^{\infty} a_n \sin(n\theta)$$

角度微扰后杆的直角坐标微扰为

$$\Delta x = \int_0^s -\sin\theta(s)\eta(s)\mathrm{d}s, \quad \Delta y = \int_0^s \cos\theta(s)\eta(s)\mathrm{d}s$$

在 $s = 1$ 处，即右端点，直角坐标微扰为零，则得到约束方程

$$\sum_{n=1}^{\infty} a_n \int_0^1 \sin\theta(s)\sin(n\theta)\mathrm{d}s = 0$$

$$\sum_{n=1}^{\infty} b_n \int_0^1 \cos\theta(s)\cos(n\theta)\mathrm{d}s = 0$$

把微扰角度 η 的傅里叶级数代入微扰本征振动方程式中，得到傅里叶展开系数的递推方程。再利用约束方程，可以得到本征振动频率。

练习 1：具体写出本征振动模式傅里叶展开系数的递推方程，数值求解并画出本征振动波形。

练习 2：撤销外力的瞬间，求杆端点水平约束力的突变。

注解 1：即使杆的重力可以忽略，在本征振动过程中，杆的质心会上下移动，说明两段铰接处对弹性杆有竖直方向的约束反作用力。以上推导过程中，假设这个竖直约束力相对水平约束力很小，忽略不计。

注解 2：所以，物理其实就是一个做近似忽略的艺术工作，有时我们看到形式上很漂亮的方程或者解，是近似处理后的。

101　对称振子链的共振模式

问题：对称弹簧振子链两端固定，中间质点的质量与其余质点不同，求系统的本征振动频率。

解析：先看模型图，如图 1 所示。

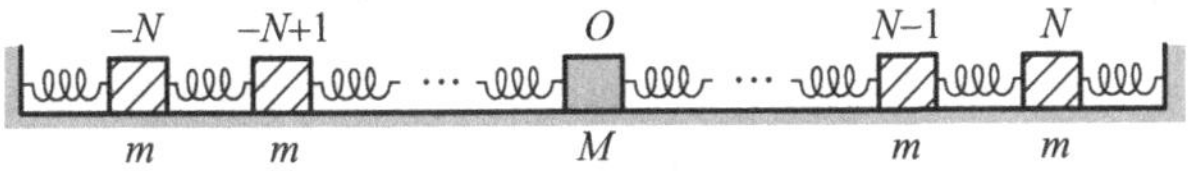

图 1　对称振子链的理论模型示意图

设 x_n 为各个质点偏离平衡位置的偏移量，由牛顿方程得

$$m \frac{\partial^2 x_n}{\partial t^2} = k(x_{n+1} + x_{n-1} - 2x_n), \quad |n| = 1, 2, \cdots, N \tag{1}$$

$$M \frac{\partial^2 x_0}{\partial t^2} = k(x_1 + x_{-1} - 2x_0) \tag{2}$$

边界条件为 $x_{N+1} = x_{N-1} = 0$。共振模式是以下形式的解：

$$x_n = \mathrm{Re}(C_n \exp(\mathrm{i}\omega t)) \tag{3}$$

我们考虑偶宇称解，即 $C_n = C_{-n}$。把式（3）代入到式（1）和式（2），得

$$(2k - m\omega^2)C_n = k(C_{n+1} + C_{n-1}), \quad |n| = 1, 2, \cdots, N \tag{4}$$

$$(2k - M\omega^2)C_0 = k(C_1 + C_{-1})$$

$$C_{N+1} = C_{N-1} = 0$$

假设（猜测）系数有以下形式：

$$C_n = Az^n + Bz^{-n}, \quad n > 0$$

$$C_n = Bz^n + Az^{-n}, \quad n < 0$$

那么

$$2 - m\omega^2/k = z + z^{-1} \tag{5}$$

我们继续假设（猜测）$z = \exp(\mathrm{i}\theta)$。定义 $\omega_0^2 = k/m$，有

$$\omega = 2\omega_0 \sin(\theta/2) \tag{6}$$

以及

$$C_n = \sin((N + 1 - n)\theta)$$

由此得

$$C_0 = \sin((N+1)\theta), \quad C_1 = \sin(N\theta)$$

代入到式(4)中,得

$$(2\omega_0^2 - \lambda\omega^2)\sin((N+1)\theta) = 2\omega_0^2\sin(N\theta)$$

其中 $\lambda = M/m$。利用式(5),得

$$1 - 2\lambda\sin^2(\theta/2) = \frac{\sin(N\theta)}{\sin((N+1)\theta)} = \cos\theta - \sin\theta\cot((N+1)\theta)$$

计算得

$$\cot((N+1)\theta) = (\lambda - 1)\tan(\theta/2) \tag{7}$$

给定质量比 λ,数值求解以上方程,就能得到共振频率 ω。

式(5)也可以写为

$$2 - \omega^2/\omega_0^2 = z + z^{-1} \leqslant -2$$

我们可以取

$$z = \exp(\mathrm{i}(\pi \pm \mathrm{i}\theta))$$

即频率方程(7)中作替换 $\theta \to \pi \pm \mathrm{i}\theta$,并取虚部。当质量比 $\lambda < 1$ 时,数值求解只发现一个根,此时频率为

$$\omega = 2\omega_0\cosh(\theta/2)$$

文献:AGHAMOHAMMADI A,FOULAADVAND M E,YAGHOUBI M H,et al. Normal modes of a defected linear system of beaded springs[J]. American Journal of Physics,2017,85(3):193-201.

102　悬挂(上压)网球彩虹圈的下落

问题:彩虹圈下面系一个网球,静止悬挂后释放上端,彩虹圈和网球如何运动?

解析:把彩虹圈看作有质量的弹簧,这个下落过程其实是弹簧在重力场中的波动方程,且满足一定的边界条件和初始条件。设弹簧弹性系数为 k,原长为 l_0,质量为 m_0。其下端悬挂一个质量为 m 的物体,定义质量比为 $\lambda = m/m_0$。为分析讨论方便,把物理量纲归一化,设长度以 l_0 为单位,时间以 $t_0 = \sqrt{m_0/k}$ 为单位,质量以 m_0 为单位,加速度以 kl_0/m_0 为单位,力以 kl_0 为单位。以悬挂点为原点,竖直向下方向为 x 方向。弹簧在 x 处的形变量为 $u(x,t)$,重力场中弹簧形变量 $u(x,t)$ 满足偏微分方程

$$\frac{\partial^2 u(x,t)}{\partial t^2} = \frac{\partial^2 u(x,t)}{\partial x^2} + g \tag{1}$$

其中 g 为量纲归一化后的重力加速度。上式左边可以看作弹簧微元的加速度,右边第一项为弹簧微元两端所受弹力之差,而该弹力等于(量纲归一化后)弹簧形变量 $u(x,t)$ 对坐标 x 的偏导数;右边第二项就是弹簧微元所受的重力。由弹簧微元的牛顿运动方程,合外力(两端弹性力之差加重力)正比于微元的加速度,就能得到弹簧的波动方程。所以,弹簧的波动方程本质上是弹簧微元的牛顿运动方程,这就是微元法的强大威力。

系统起始静止,式(1)左边含时间项为零,波动方程化为

$$\frac{\partial^2 u(x,0)}{\partial x^2} + g = 0$$

通解为

$$u(x,0) = -\frac{1}{2}gx^2 + \alpha x$$

这个解满足静止状态下上端 $x=0$ 处的边界条件，即形变量为零。下端的边界条件是重物所受重力等于弹性力，$\lambda g = u_x(1,0)$，即 $\lambda g = -gx + \alpha |_{x=1} = -g + \alpha$，得到 $\alpha = (1+\lambda)g$。这样，弹簧波动方程的初始条件之一为

$$u(x,0) = g\left[(1+\lambda)x - \frac{x^2}{2}\right] \tag{2}$$

初始条件之二是弹簧微元的初速度为零：

$$u_t(x,0) = 0 \tag{3}$$

撤销弹簧的上端约束，弹簧自由下落。弹簧上端弹性形变力（正比于形变量对位置量的偏导数）为零，于是弹簧波动方程的第一个边界条件为

$$u_x(0,t) = 0 \tag{4}$$

下端重物在自身重力和弹簧末端的弹性形变力下运动。重物的坐标为 $1+u(1,t)$（量纲归一化后），加速度为 $u_{tt}(1,t)$。所受重力为 λg，方向向下为正；所受弹性力为 $u_x(1,t)$，方向向上为负。由重物的牛顿运动定律，得

$$\lambda u_{tt}(1,t) = \lambda g - u_x(1,t)$$

由波动方程(1)，$u_{tt}(x,t) = u_{xx}(x,t) + g$，特别是在下端 $x=1$ 处也成立，代入上式，得到弹簧波动方程的第二个边界条件

$$u_x(1,t) + \lambda u_{xx}(1,t) = 0 \tag{5}$$

对初始条件明确给出的偏微分方程，一个比较方便的求解方法是拉普拉斯变换法。对式(1)作拉普拉斯变换：

$$u(x,p) = L[u(x,t)] = \int_0^\infty u(x,t)\exp(-pt)\mathrm{d}t$$

利用拉普拉斯变换的公式

$$L[u''(t)] = p^2 L[u(t)] - pu(0) - u'(0)$$

可得式(1)左边为

$$L\left[\frac{\partial^2 u(x,t)}{\partial t^2}\right] = p^2 u(x,p) - pg\left((1+\lambda)x - \frac{x^2}{2}\right)$$

式(1)右边为

$$L\left[\frac{\partial^2 u(x,t)}{\partial x^2} + g\right] = \frac{\partial^2 u(x,p)}{\partial x^2} + \frac{g}{p}$$

于是式(1)经过拉普拉斯变换得以下方程：

$$\frac{\partial^2 u(x,p)}{\partial x^2} + \frac{g}{p} = p^2 u(x,p) - pg\left[(1+\lambda)x - \frac{x^2}{2}\right] \tag{6}$$

边界条件式(4)、式(5)转化为

$$u_x(0,p) = 0, \quad u_x(1,p) + \lambda u_{xx}(1,p) = 0 \tag{7}$$

由式(6)的形式，猜测一个特解为

$$u_1(x,p) = \frac{g}{p}\left[(1+\lambda)x - \frac{x^2}{2}\right]$$

于是消去非齐次项后的通解 $u_0(x,p)$ 满足：

$$\frac{\partial^2 u_0(x,p)}{\partial x^2} = p^2 u_0(x,p)$$

这个方程有通解形式

$$u_0(x,p) = A\cosh(p(1-x)) + B\sinh(p(1-x))$$

整个解的形式为

$$u(x,p) = u_0(x,p) + u_1(x,p)$$

$$= \frac{g}{p}\left[(1+\lambda)x - \frac{x^2}{2}\right] + A\cosh(p(1-x)) + B\sinh(p(1-x))$$

由边界条件式(1)～式(7)可以确定两个待定系数 A 和 B 的值,其解为

$$u(x,p) = \frac{g}{p}\left[(1+\lambda)x - \frac{x^2}{2}\right] + \frac{g(1+\lambda)}{p^2(\sinh p + \lambda p\cosh p)}\left[\cosh(p(1-x)) + \lambda p\sinh(p(1-x))\right]$$

$$(8)$$

求式(8)的拉普拉斯反变换需要知道这个式子的所有极点和留数。式(8)的第一种极点是 $p=0$,借助数学软件 MMA(Mathematica 的简写)的解析计算功能,得到式(8)的部分极点展开式为

$$u(x,p) = \frac{g}{p^3} + \frac{g}{p}\left[\frac{1}{2} + \lambda - \frac{1+3\lambda}{6(1+\lambda)}\right] + \cdots \quad (9)$$

式(8)的第二种极点是分母 $\sinh p + \lambda p\cosh p$ 的零点,可以表示为 $p_n = \pm i\alpha_n$,其中正参数 α_n 满足以下方程:

$$\sin\alpha_n + \lambda\alpha_n\cos\alpha_n = 0$$

在此点,$\sinh p + \lambda p\cosh p$ 可以表示为

$$(\sinh p + \lambda p\cosh p)'(p - p_n) = \left[(1+\lambda)\cosh p + \lambda p\sinh p\right](p - p_n)$$

$$= \left[(1+\lambda)\cos\alpha_n - \lambda\alpha_n\sin\alpha_n\right](p - p_n)$$

于是式(8)的部分极点展开式为

$$u(x,p) = -g(1+\lambda)\sum_n \frac{1}{\alpha_n^2}\frac{\cos\alpha_n(1-x) - \lambda\alpha_n\sin\alpha_n(1-x)}{(1+\lambda)\cos\alpha_n - \lambda\alpha_n\sin\alpha_n}\frac{1}{p - p_n} + \cdots \quad (10)$$

由式(9)和式(10),进行拉普拉斯反变换得到弹簧波动方程的解为

$$u(x,t) = \frac{1}{2}gt^2 + g\left(\frac{1}{2} + \lambda - \frac{1+3\lambda}{6(1+\lambda)}\right) -$$

$$2g(1+\lambda)\sum_{n=1}^{\infty}\frac{1}{\alpha_n^2}\frac{\cos\alpha_n(1-x) - \lambda\alpha_n\sin\alpha_n(1-x)}{(1+\lambda)\cos\alpha_n - \lambda\alpha_n\sin\alpha_n}\cos(\alpha_n t)$$

弹簧上端对应坐标 $x=0$,下端对应坐标 $x=1$,由两个无穷求和等式

$$2\sum_{n=1}^{\infty}\frac{1}{\alpha_n^2}\frac{\cos\alpha_n - \lambda\alpha_n\sin\alpha_n}{(1+\lambda)\cos\alpha_n - \lambda\alpha_n\sin\alpha_n}\cos(\alpha_n t) = -t + \frac{t^2}{2(1+\lambda)} + \frac{2+6\lambda+6\lambda^2}{6(1+\lambda)^2}$$

$$2\sum_{n=1}^{\infty}\frac{1}{\alpha_n^2}\frac{\cos(\alpha_n t)}{(1+\lambda)\cos\alpha_n - \lambda\alpha_n\sin\alpha_n} = \frac{t^2}{2(1+\lambda)} - \frac{1+3\lambda}{6(1+\lambda)^2}$$

计算得到下落过程中弹簧上下两个端点形变量随时间的表达式

$$\begin{cases} u(0,t) = g(1+\lambda)t \\ u(1,t) = g(1/2 + \lambda) \end{cases} \quad (11)$$

式(11)意味着在下落过程中,弹簧上端匀速下落,速度为 $g(1+\lambda)$,下端保持不动。为了便于与实验数据对比,恢复所有物理量量纲,弹簧上端匀速下落速率为

$$v_{\mathrm{up}} = \sqrt{2g(l_g - l_0)}(1 + m/m_0) \tag{12}$$

其中 l_g 为弹簧不挂重物,在重力作用下自然伸长后的总长度。式(12)中并未出现弹簧的弹性系数,容易测量和检验。

练习:实际做这个实验,测量并分析实验数据,验证或反驳本题的理论结果,并给出你的理由。

注解 1:这个过程的实验现象非常吸引眼球,但要用物理模型解释它,需要比较高深的数学物理,如波动方程,初始条件,边界条件,拉普拉斯变换,围道积分,留数定理等。

注解 2:弹簧上下两端还可以同时分别固定相同的网球,甚至再在中间固定一个网球。静止后释放,弹簧如何下落?

103 旋转弹簧的释放

问题:彩虹圈套在一根光滑的水平杆上,手掐住彩虹圈一端,带动杆一起稳定转动,然后释放掐住的一端,彩虹圈会如何运动?

解析:这个过程的物理模型是转动参考系离心力下弹簧的波动方程,转动参考系下的离心力可以看作重力(航天员训练时就是用离心装置模拟过载的)。对于此问题,只需要把上一个题目中弹簧波动方程右边项中的重力加速度用离心加速度代替就可以了,得

$$\frac{\partial^2 u(x,t)}{\partial t^2} = \frac{\partial^2 u(x,t)}{\partial x^2} + \omega^2(u(x,t) + x) \tag{1}$$

首先考虑转动参考系下静止平衡弹簧的位形,此时波动方程(1)中没有时间项,弹簧形变量满足以下方程:

$$\frac{\mathrm{d}u(x)}{\mathrm{d}x^2} + \omega^2(u(x) + x) = 0 \tag{2}$$

为讨论方便,设弹簧一端起始固定在原点(转轴处),另一端是自由的,所以边界条件为

$$u(0) = 0, \quad u_x(1) = 0 \tag{3}$$

式(2)的一般解为

$$u(x) = -x + \alpha\sin(\omega x) + \beta\cos(\omega x)$$

由边界条件(3),得

$$u(0) = \beta = 0, \quad u_x(1) = -1 + \omega\alpha\cos\omega - \omega\beta\sin\omega = 0$$

由此得到弹簧形变量的表达式为

$$u(x) = \frac{\sin(\omega x)}{\omega\cos\omega} - x$$

弹簧的总长度为

$$L = u(1) + 1 = \frac{\sin\omega}{\omega\cos\omega} = \frac{\tan\omega}{\omega}$$

这说明理论模型中,转速越大,在离心力作用下弹簧的总长度越长。

接下来考虑弹簧固定一端释放后的过程,该时刻,形变量还是保持原来静止状态时的位形,且速度为零,起始时

$$u(x,0)=u(x)=\frac{\sin(\omega x)}{\omega\cos\omega}-x, \quad u_t(x,0)=0 \tag{4}$$

释放后,弹簧两端是自由的,两端的弹性力为零,即形变量对坐标的一次偏导数为零,边界条件为

$$u_x(0,t)=u_x(1,t)=0$$

先考虑满足边界条件(3)波动方程(1)不含时的特解,猜测为

$$u_1(x,t)=a\cos(\omega x)+b\sin(\omega x)-x$$

代入边界条件(3),得到

$$\omega b-1=0,\ -a\omega\sin\omega+b\omega\cos\omega-1=0$$

由此得到特解的形式为

$$u_1(x,t)=\frac{\cos\omega-1}{\omega\sin\omega}\cos(\omega x)+\frac{\sin(\omega x)}{\omega}-x$$

通解 $u_2(x,t)$ 满足以下齐次方程:

$$\frac{\partial^2 u_2(x,t)}{\partial t^2}=\frac{\partial^2 u_2(x,t)}{\partial x^2}+\omega^2 u_2(x,t)$$

这可以用满足边界条件(3)的一组正交基函数 $\cos(n\pi x)$ 来展开,设通解 $u_2(x,t)$ 的形式为

$$u_2(x,t)=A_0\cosh(\omega t)+A_n\sum_{n=1}^{\infty}\cos(n\pi x)\cos(\sqrt{n^2\pi^2-\omega^2}\,t)$$

这样,满足边界条件(3)的解为

$$u(x,t)=A_0\cosh(\omega t)+A_n\sum_{n=1}^{\infty}\cos(n\pi x)\cos(\sqrt{n^2\pi^2-\omega^2}\,t)+\frac{\cos\omega-1}{\omega\sin\omega}\cos(\omega x)+\frac{\sin(\omega x)}{\omega}-x$$

这个解的初始值应当与初始条件(4)一致,即

$$A_0+A_n\sum_{n=1}^{\infty}\cos(n\pi x)+\frac{\cos\omega-1}{\omega\sin\omega}\cos(\omega x)+\frac{\sin(\omega x)}{\omega}-x=\frac{\sin(\omega x)}{\omega\cos\omega}-x \tag{5}$$

其中的待定系数 A_n 可以用正交级数展开计算,即式(5)两边乘以基函数 $\cos(n\pi x)$,再在区间 $[0,1]$ 上积分,计算得到转动参考系下"下落"弹簧形变量的表达式为

$$u(x,t)=\frac{1-\cos\omega}{\omega^2\cos\omega}\left(\cosh(\omega t)-2\omega^2\sum_{n=1}^{\infty}\frac{1}{n^2\pi^2-\omega^2}\cos(n\pi x)\cos(\sqrt{n^2\pi^2-\omega^2}\,t)\right)+$$
$$\frac{\cos\omega-1}{\omega\sin\omega}\cos(\omega x)+\frac{\sin(\omega x)}{\omega}-x$$

先考虑弹簧远离转轴的一端(下端),对应坐标是 $x=1$,此处弹簧的形变量为

$$u(1,t)=\frac{1-\cos\omega}{\omega^2\cos\omega}\left(\cosh(\omega t)-2\omega^2\sum_{n=1}^{\infty}\frac{(-1)^n}{n^2\pi^2-\omega^2}\cos(\sqrt{n^2\pi^2-\omega^2}\,t)\right)+\frac{\cos\omega-1}{\omega\sin\omega}\cos\omega+\frac{\sin\omega}{\omega}-1$$

利用无穷求和等式

$$\sum_{n=1}^{\infty}(-1)^n\frac{\cos(\sqrt{n^2\pi^2-\omega^2}\,t)}{n^2\pi^2-\omega^2}=\frac{\cosh(\omega t)}{2\omega^2}-\frac{1}{2\omega\sin\omega},\quad \omega<\frac{\pi}{2}$$

计算得

$$u(1,t) = \frac{\tan\omega}{\omega} - 1$$

与相对静止状态下弹簧末（下）端形变量的表达式完全一致,这说明释放上端,在转动参考系中,尾端仍然不动。

再考虑顶端（上端）,对应坐标是 $x=0$,此处弹簧的形变量为

$$u(0,t) = \frac{1-\cos\omega}{\omega^2\cos\omega}\left(\cosh(\omega t) - 2\omega^2\sum_{n=1}^{\infty}\frac{1}{n^2\pi^2-\omega^2}\cos\left(\sqrt{n^2\pi^2-\omega^2}\,t\right)\right) + \frac{\cos\omega-1}{\omega\sin\omega}$$

利用无穷求和等式

$$2\omega^2\sum_{n=1}^{\infty}\frac{\cos\left(\sqrt{n^2\pi^2-\omega^2}\,t\right)}{n^2\pi^2-\omega^2} = \cosh(\omega t) - \omega\frac{\cos\omega}{\sin\omega} - \omega(\sin(\omega t) + F(\omega t))$$

其中

$$F(z) = z\int_0^{\pi/2} I_1(z\sin\theta)\sin(z\cos\theta)\,\mathrm{d}\theta$$

计算得

$$u(0,t) = \frac{1-\cos\omega}{\omega\cos\omega}(\sin(\omega t) + F(\omega t))$$

这说明在转动参考系中,上端不是匀速下落的。

练习：实际做这个实验,测量并分析数据,验证或反驳本题中的理论结果。

注解 1：这个模型中,静止状态是运动状态的初始值,或者说,静止只是运动的一个很特殊的例子。静止和运动必须同时考虑到。

注解 2：静止和运动状态下,弹簧近轴一端的边界条件也是突变的,所以这两种状态下波动方程的特解是不一样的。

注解 3：本题和重力场中自由下落的弹簧波动方程求解不同,后者是利用拉普拉斯变换法,而本题是利用分离变量法。如本题用拉普拉斯变换法,会很麻烦。

104 圆形平板上的克拉尼图形

问题：圆形平板上固定边界和自由边界条件下的克拉尼图形（共振图形）是什么形状?

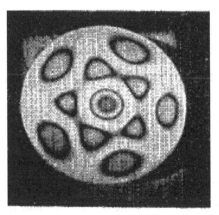

解析：由文献 1 中的式(4.1)，无外源驱动平板的振动方程为

$$D\nabla^2\nabla^2 w + \rho h \frac{\partial^2 w}{\partial t^2} = 0$$

式中，w 为垂直板所在平面的位移；ρ 为板的质量密度；h 为板的厚度；$D = Eh^3/12(1-\nu^2)$ 为板的抗弯强度，其中 ν 为泊松比，E 为杨氏弹性模量。在柱坐标下，拉普拉斯算符 ∇^2 有以下表达式：

$$\nabla^2 = \frac{\partial^2}{\partial r^2} + \frac{1}{r}\frac{\partial}{\partial r} + \frac{1}{r^2}\frac{\partial^2}{\partial \theta^2}$$

由分离变量法，垂直位移(振幅)w 可以写成以下函数的线性组合：

$$w(r,\theta,t) = J_n(kr)\exp(in\theta)\exp(i\omega t)$$

式中 $J_n(x)$ 是 n 阶的最一般的四类贝塞尔函数，$\omega^2 = Dk^4/\rho h$。考虑真实物理情景，由文献 1 可知，在圆盘的边界上，不仅垂直位移 w 为零，对径向坐标 r 的一次偏导也为零，振幅是第一类贝塞尔函数和第一类虚宗量贝塞尔函数的线性组合：

$$w(r,\theta,t) = (A_n J_n(kr) + C_n I_n(kr))\exp(in\theta)\exp(i\omega t)$$

在边界 $r=a$ 上，下面方程有解：

$$\begin{vmatrix} J_n(ka) & I_n(ka) \\ J_n'(ka) & I_n'(ka) \end{vmatrix}\begin{pmatrix} A_n \\ C_n \end{pmatrix} = \mathbf{0}$$

该方程有非零解的必要条件是系数行列式为零。由贝塞尔函数的性质

$$J_n'(x) = nJ_n(x) - J_{n+1}(x), \quad I_n'(x) = nI_n(x) + I_{n+1}(x)$$

可知本征矢量满足方程

$$J_n(ka)I_{n+1}(ka) + I_n(ka)J_{n+1}(ka) = 0$$

此时解的形式为

$$w(r,\theta,t) = (I_n(ka)J_n(kr) - J_n(ka)I_n(kr))\exp(in\theta)\exp(i\omega t)$$

题图中的实验图像具有 5 重对称性，$n=5$ 或者 $n=0$，Mathematica 数值计算发现 $k_{03}=9.44$，$k_{51}=9.53$。实验表明，这两个本征矢量接近，振动波形是两个本征振动模式的杂化，试探取组合系数为 ± 0.5，MMA 给出的等高线图如图 1 所示。

文献 1 给出自由边界条件为弯曲力矩、扭曲力矩和横向剪切力都为零，由此得本征矢量满足的方程：

$$\frac{k^2 J_n(k) + (1-\nu)(kJ_n'(k) - n^2 J_n(k))}{k^2 I_n(k) - (1-\nu)(kI_n'(k) - n^2 I_n(k))} = \frac{k^3 J_n'(k) + (1-\nu)(kJ_n'(k) - J_n(k))}{k^3 I_n'(k) - (1-\nu)(kI_n'(k) - I_n(k))}$$

其中 ν 为泊松比，对于铝合金，近似取为 1/3。题图中的实验图像具有 4 重对称性，$n=4$，数值求解给出 $k_{41}=4.71$，由此得到理论图形如图 2 所示。

图 2 中的理论共振图形，和实际实验图形相比，基本特征是一致的，某些细节不一致。主要原因为理论上圆盘振动是没有驱动源的，实际上，圆盘中心处是固定的，振动是有驱动源的。

注解：按文献 1，自由边界圆盘上本征振动模式的振幅，在原点处(圆盘中心)始终为零，即第一类贝塞尔函数和第一类虚宗量贝塞尔函数在原点处的值为零。但这个地方往往是驱动载入的地方，驱动下的共振模式理论上是这些本振模式的无限线性叠加。

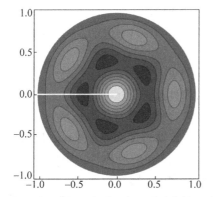

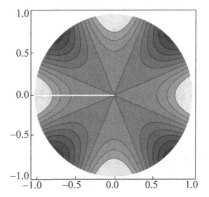

图 1 圆形平板上边界固定 5 重对称性理论　　　图 2 圆形平板上边界自由 4 重对称性
　　　杂化振动图形　　　　　　　　　　　　　　克拉尼理论图形

文献 1：CHAKRAVERTY S. Vibrations of Plates[M]. CRC Press，2009：109-115.

文献 2：POWELL R L，STETSON K A. Interferometric Vibration Analysis by Wavefront Reconstruction[J]. Journal of Optical Society of America，1965，55(12)：1593-1598.

105　正三角形平板上的克拉尼图形

问题：正三角形平板上固定边界和自由边界条件下的克拉尼图形（共振图形）是什么形状的？

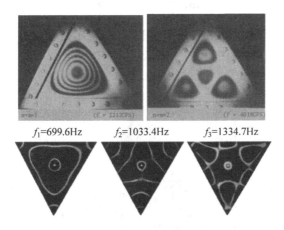

$f_1=699.6$Hz　　　$f_2=1033.4$Hz　　　$f_3=1334.7$Hz

解析：文献 3 给出无外源情况下质量均匀分布平板的振动方程

$$\frac{\partial^2 w}{\partial t^2}+\frac{D}{h\rho}\nabla^2\nabla^2 w=0$$

其中 w 为偏离平衡位置的位移（振幅），ρ 为板的质量密度，h 为板的厚度，D 为板的抗弯强度。其中偏微分算符 $\nabla^2\nabla^2$ 的具体表示为

$$\nabla^2\nabla^2=\left(\frac{\partial^2}{\partial x^2}+\frac{\partial^2}{\partial y^2}\right)\left(\frac{\partial^2}{\partial x^2}+\frac{\partial^2}{\partial y^2}\right)$$

设拉普拉斯算符形式的本征方程为

$$\nabla^2 \Psi_{m,n}(x,y) = -\lambda_{m,n}\Psi_{m,n}(x,y)$$

其中本征频率 $\omega_{m,n}$ 为 $\omega_{m,n} = \lambda_{m,n}\sqrt{D/\rho h}$。本征函数 $\Psi_{m,n}(x,y)$ 还满足一定的边界条件，那么平板的本征振动模式为

$$w_{m,n}(x,y,t) = \cos(\omega_{m,n}t + \phi_0)\Psi_{m,n}(x,y)$$

加外（驱动）源的解都可以写成这种本征形式的（无穷）线性组合。

这个问题的关键是得到满足三角形边上边界条件拉普拉斯算符的本征函数。正三角形具有 D_3 群对称性，即绕着三角形中心的三个旋转操作，转动角度为 0、$\pm 2\pi/3$，以及沿着三角形三条高（线）的反射操作。可以猜想，本征函数也满足这样的对称性。可以证明存在第一类（Dirichlet）和第二类（Neumann）边界条件的本征函数，分别对应于 D_3 群的两个一维表示。对于 B 表示（其两维表示矩阵的行列式），本征函数在三条边上的值为零，是第一类边界条件，本征函数分为实部和虚部，即 $\psi(n_1,n_2) = f(n_1,n_2) + \mathrm{i}g(n_1,n_2)$，其中 (n_1,n_2) 是整数对。计算得到（计算过程作为练习）

$$f(n_1,n_2) = 2\sin\left(\frac{2\pi}{a}n_1 x_1\right)\sin\left(\frac{2\pi}{\sqrt{3}a}(n_1+2n_2)x_2\right) - 2\sin\left(\frac{2\pi}{a}n_2 x_1\right)\sin\left(\frac{2\pi}{\sqrt{3}a}(n_2+2n_1)x_2\right) -$$

$$2\sin\left(\frac{2\pi}{a}(n_1+n_2)x_1\right)\sin\left(\frac{2\pi}{\sqrt{3}a}(n_1-n_2)x_2\right)$$

参数取值范围为 $n_1 > n_2 > 0$，以及

$$g(n_1,n_2) = 2\cos\left(\frac{2\pi}{a}n_1 x_1\right)\sin\left(\frac{2\pi}{\sqrt{3}a}(n_1+2n_2)x_2\right) - 2\cos\left(\frac{2\pi}{a}n_2 x_1\right)\sin\left(\frac{2\pi}{\sqrt{3}a}(n_2+2n_1)x_2\right) +$$

$$2\cos\left(\frac{2\pi}{a}(n_1+n_2)x_1\right)\sin\left(\frac{2\pi}{\sqrt{3}a}(n_1-n_2)x_2\right)$$

参数取值范围为 $n_1 > n_2 \geqslant 0$。取正三角形边长为 1，利用数学软件 MMA，分别画出 $g(1,0)$、$g(2,0)$ 和 $f(2,1)$ 的等高线图，如图 1 所示。

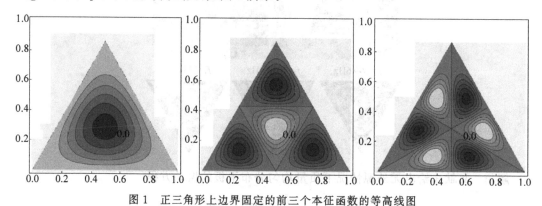

图 1　正三角形上边界固定的前三个本征函数的等高线图

图 1 中的理论图形和题图的实验图形基本一致，说明此题中的理论假设是基本正确的。

对于 A 表示（一维平庸表示，即所有的特征为 1），本征函数在三条边上的方向导数为零，是第二类边界条件，本征函数分为实部和虚部，即 $\psi(n_1,n_2) = f(n_1,n_2) + \mathrm{i}g(n_1,n_2)$，其中 (n_1,n_2) 是整数对。计算得

$$f(n_1,n_2) = 2\cos\left(\frac{2\pi}{a}n_1x_1\right)\cos\left(\frac{2\pi}{\sqrt{3}a}(n_1+2n_2)x_2\right) + 2\cos\left(\frac{2\pi}{a}n_2x_1\right)\cos\left(\frac{2\pi}{\sqrt{3}a}(n_2+2n_1)x_2\right) +$$

$$2\cos\left(\frac{2\pi}{a}(n_1+n_2)x_1\right)\cos\left(\frac{2\pi}{\sqrt{3}a}(n_1-n_2)x_2\right)$$

参数取值范围为 $n_1 > n_2 \geq 0$，以及

$$g(n_1,n_2) = -2\sin\left(\frac{2\pi}{a}n_1x_1\right)\cos\left(\frac{2\pi}{\sqrt{3}a}(n_1+2n_2)x_2\right) - 2\sin\left(\frac{2\pi}{a}n_2x_1\right)\cos\left(\frac{2\pi}{\sqrt{3}a}(n_2+2n_1)x_2\right) +$$

$$2\sin\left(\frac{2\pi}{a}(n_1+n_2)x_1\right)\cos\left(\frac{2\pi}{\sqrt{3}a}(n_1-n_2)x_2\right)$$

参数取值范围为 $n_1 > n_2 > 0$。取正三角形边长为 1，利用数学软件 MMA，分别画出 $f(1,0)$、$f(1,1)$ 和 $f(2,0)$ 的等高线图，如图 2 所示。

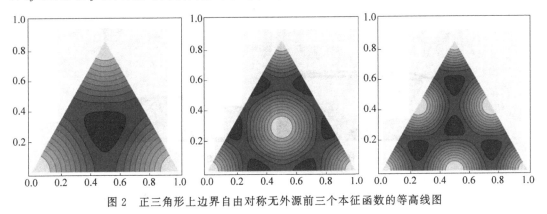

图 2　正三角形上边界自由对称无外源前三个本征函数的等高线图

图 2 中的理论图形和题图中的实验图形特征是趋同的，但不完全一样。中心驱动下，中心肯定不是节线（理论振幅为零的地方），排除了反对称的虚部表达式。中心驱动下的共振频率不可能是无驱下的本征频率。具体计算可参考文献 2。

文献 1：WILLIAMS R，YEOW Y T，BRINSON H F. An analytical and experimental study of vibrating equilateral triangular plates[J]. Experimental Mechanics，1975，15(9)：339-345.

文献 2：TUAN P H，WEN C P，CHIANG P Y，et al. Exploring the resonant vibration of thin plates：Reconstruction of Chladni patterns and determination of resonant wave numbers[J]. Journal of the Acoustical Society of America，2015，137(4)：2113-2123.

文献 3：朗道，粟弗席兹. 弹性理论[M]. 5 版. 北京：高等教育出版社，2009：117-119.

106　肥皂泡破裂的声音

问题：肥皂泡破裂的声音是怎么产生的？

解析：先看实验现象，如图 1 所示。

在肥皂泡的周围（譬如右边）均匀排列 8 个麦克风（声呐），收集并分析肥皂泡破裂产生的声音，实验装置如图 2 所示。

8 个声呐记录的声音强度（声强）随时间变化如图 3 所示。

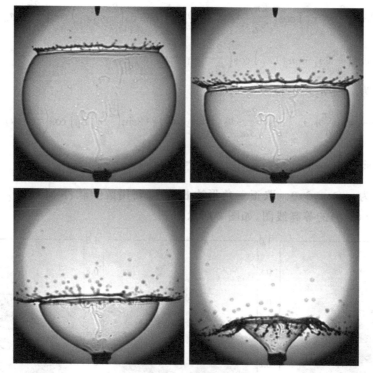

图 1   不同时刻肥皂泡破裂图像

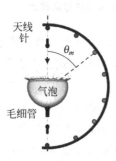

图 2   声呐阵列分布图

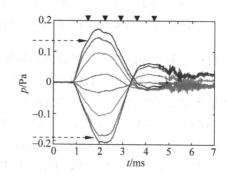

图 3   不同方向声音强度随时间变化图

由图 3 中的数据,可以分离出单极、偶极和四极声源的贡献,如图 4 所示。

由图 4 可以看出,偶极声音是最主要的,那么起因是什么?

看一下肥皂泡破裂的模型,如图 5 所示。

图 5 中的肥皂泡半径为 $R \approx 6\text{mm}$,由于表面张力作用,会产生一个附加压强

$$\Delta p_0 = 4\gamma_0/R \approx 30\text{Pa}$$

其中 γ_0 是肥皂膜的表面张力系数。破裂后,分界面的移动速度为

$$v_r = \sqrt{\frac{2\gamma_0}{\rho_f e_0}}$$

其中 ρ_f 为肥皂水的质量密度;e_0 为肥皂膜的厚度,一般在 $1\mu\text{m}$ 左右。由此可以估算破裂

时间为 5ms，与实验数据相符。

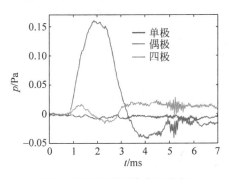

图 4 肥皂泡破裂声音的分解

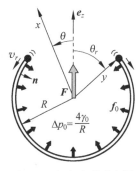

图 5 肥皂泡破裂示意图

当肥皂泡破裂时，表面张力张量不再平衡，产生一个向上的力（参考图 2）。这个力驱动空气排出，产生偶极声源。破裂后肥皂泡内空气流速线性化后的欧拉方程为

$$\rho_a \partial_t v = -\nabla p + f(y,t)\delta_y$$

其中 ρ_a 为空气密度，$f(y,t)$ 为表面张力张量，线性化后的（空气）质量守恒方程为

$$\partial_t(c^{-2}p) = -\rho_a \nabla \cdot v$$

其中 c 为声速。由以上两个方程，得到压强（波动）方程为

$$c^{-2}\partial_{tt}p - \Delta p = -\nabla \cdot (f(y,t)\delta_y)$$

由声学知识可知，当场点远离（声）源时，声音的压强扰动为

$$p_D(r,\theta,t) = \frac{1}{4\pi r}\cos\theta\left(\frac{1}{c}\dot{F}(t') + \frac{1}{r}F(t')\right)$$

其中延迟时间为

$$t' = t - r/c$$

$F(t)$ 为肥皂膜对空气的作用力，其形式为

$$F(t) = \iint_{film} f_z(y,t)\,dS$$

实验发现，破裂过程中气泡还是球面的一部分，由此假设肥皂膜里面的表面张力张量几乎不变，得到

$$F(t) = \Delta p_0 \pi R^2 \sin^2(\theta_r(t))$$

但这个理论和实验数据还是不符合，所以必须考虑肥皂膜的动力演化过程。实验发现，由于膜厚度不同，会引发冲击波（shock），未破裂的肥皂膜将分成两部分，以冲击波的波前为界面，如图 6 所示。

由图 6 可以看出，未破裂肥皂膜两部分的厚度不同，附加压强也不同。由图 6 给出的表达式，得到肥皂泡内空气受到的力为

$$F(t) = \pi R^2\left[\Delta p_1 \sin^2(\theta_r(t)) + (\Delta p_0 - \Delta p_1)\sin^2(\theta_s(t))\right]$$

这个动态破裂模型给出的声音强度变化基本与实验一致。

文献：BUSSONNIÈRE A，ANTKOWIAK A，OLLIVIER F，et al. Acoustic Sensing of Forces Driving Fast Capillary Flows[J]. Physical Review Letters，2020，124(8)：084502.

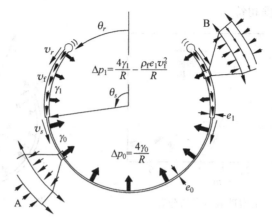

图 6　未破裂肥皂膜的两部分分解图

107　推杆为何不产生声音

问题：轻推一个钢杆，不会发出声音（人耳听不到），为什么？

解析：推杆的模型图如图 1 所示。

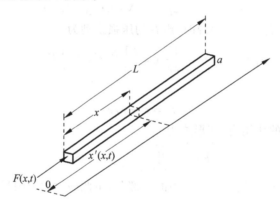

图 1　推杆模型示意图

假设杆的截面是正方形，杆上任意一个截面的纵向位移为

$$u(x,t)=x'(x,t)-x$$

这个偏移量满足杆内的波动方程：

$$\partial_t^2 u(x,t)-c_l^2\partial_x^2 u(x,t)=F(x,t)$$

其中 c_l 为杆内的纵向声波速度。边界条件为

$$\partial_x u(0,t)=\partial_x u(L,t)=0$$

杆一端边界处的推力表达式为

$$F(x,t)=\delta(x)F(t)=\frac{F(t)}{2L}\sum_{-\infty}^{\infty}\cos(k_n t),\quad k_n=\frac{\pi n}{L}$$

其中与时间有关的力 $F(t)$ 又有以下表达式：

$$\frac{F(t)}{2L} = \begin{cases} \dfrac{\Delta v}{2\tau}\Psi\left(\dfrac{t}{2\tau}\right), & 0 \leqslant t \leqslant 2\tau \\ 0, & t > 2\tau \end{cases}$$

式中 Δv 其实是质心获得的速度,2τ 为推(敲打)力持续的时间。特征函数满足归一化条件:

$$\int_0^1 \Psi(z)\mathrm{d}z = 1$$

推力特征函数是正弦函数的有理数次方,如图 2 所示。

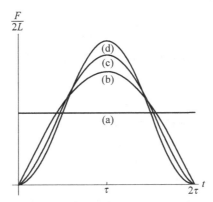

图 2　四种正弦函数有理数次方的推力

按照推力的分解形式,杆的纵向偏移量可以分解为

$$u(0,t) = \sum_{-\infty}^{\infty} \rho_n(t)\cos(k_n x)$$

其中时间振幅函数 $\rho_n(t)$ 满足以下微分方程:

$$\frac{\mathrm{d}^2\rho_n(t)}{\mathrm{d}t^2} + \omega_n^2\rho_n(t) = \frac{F(t)}{2L}, \quad \omega_n = k_n c_l$$

文献考虑单频率激发模式,方程为

$$\frac{\mathrm{d}^2\rho(t;\omega,\theta)}{\mathrm{d}t^2} + \omega^2\rho(t;\omega,\theta) = \frac{F(t)}{2L}$$

其中参数 $\theta = \omega\tau$,边界条件为

$$\rho(0;\omega,\theta) = 0, \quad \dot{\rho}(0;\omega,\theta) = 0$$

当时间超过敲打时间间隔 2τ 时,方程的解为

$$\rho_\infty(t;\omega,\theta) = \rho(2\tau;\omega,\theta)\cos(\omega t - 2\theta) + \frac{\dot{\rho}(2\tau;\omega,\theta)}{\omega}\sin(\omega t - 2\theta)$$

在敲打(推)时间范围内,如果特征函数有以下幂级数展开式:

$$\Psi(z) = \sum_{j=0}^{\infty} \Psi_{\alpha_j} z^{\alpha_j}$$

那么方程的解为

$$\rho(t;\omega,\theta) = \frac{\Delta v(\omega t)^2}{2\omega\theta}\sum_{j=0}^{\infty}\Psi_{\alpha_j}\left(\frac{t}{2\tau}\right)^{\alpha_j}\frac{F\left(1,\dfrac{3+\alpha_j}{2},\dfrac{4+\alpha_j}{2};-\dfrac{(\omega t)^2}{4}\right)}{(\alpha_j+1)(\alpha_j+2)}$$

$$\dot{\rho}(t;\omega,\theta) = \frac{\Delta v \omega t}{2\theta} \sum_{j=0}^{\infty} \Psi_{\alpha_j} \left(\frac{t}{2\tau}\right)^{\alpha_j} \frac{F\left(1, \frac{2+\alpha_j}{2}, \frac{3+\alpha_j}{2}; -\frac{(\omega t)^2}{4}\right)}{\alpha_j + 1}$$

考虑敲打结束以后杆内部（横截面）微元的相对（质心）速度：

$$v_{\text{in}}(x,t) = \sum_{-\infty}^{\infty} \rho_{\infty}(t;\omega_n,\theta_n)\cos(k_n x) - \Delta v$$

由时间振幅函数 $\rho(t)$ 解的表达式，文献分析发现，这个相对速度有个上限，其表达式为

$$v_{\text{M}}(\alpha_0, \Delta v, \tau) = \Delta v \left(\frac{\tau_l}{\tau}\right)^{\alpha_0 + 1} R(\alpha_0)$$

其中 τ_l 为纵向声波在杆中的穿越（传播）时间，函数 $R(\alpha_0)$ 的形式为

$$R(\alpha_0) = \frac{8}{\sqrt{\pi}} \frac{\Psi_{\alpha_0}\xi(\alpha_0+1)}{(\alpha_0+1)(\alpha_0+2)} \Gamma\left(\frac{3+\alpha_0}{2}\right)\Gamma\left(\frac{4+\alpha_0}{2}\right), \quad \alpha_0 > 0$$

杆两端快速振动，通过压力波的形式把能量传输到空气中，形成声音。由声学理论可以得到，单位时间单位面积输出的能量（声音强度）为

$$I_{\text{snd}}(t) \approx P_{\text{atm}} \frac{8}{\pi v_T}(v_{\text{in}}(0,t)^2 + v_{\text{in}}(L,t)^2)$$

其中 v_T 为空气分子的热运动速度。由此得到敲打杆声音的强度上限为

$$I_{\text{M}}(\alpha_0) = P_{\text{atm}} \frac{16}{\pi v_T}(\Delta v)^2 \left(\frac{\tau_l}{\tau}\right)^{2\alpha_0+2} R^2(\alpha_0)$$

对于持续时间为 0.08s、强度为 1N 的推力，文献发现声音强度与特征函数形式有关。对于图 2 中的四种形式的推力，计算得到对应的强度（dB）分别为 72、25、−5、−23。

对于人耳来说，后面两种形式推力产生的声音就不会听到。

文献：FERRARI L. Why pushing a bell does not produce a sound[J]. Am. J. Physc, 2019, 87(11)：901-909.

电　　磁

108　带电绳子的平衡位形

问题：一根均匀分布电荷的闭合绳子，围绕着一堆固定点电荷，平衡后绳子的形状是什么曲线？

解析：采用曲线的弧长坐标，即曲线上一点的坐标(x,y)是曲线长度s的函数，该点的切线与横轴的夹角θ也是曲线长度s的函数。由解析几何知识，可知

$$dx = \cos\theta ds, \quad dy = \sin\theta ds \tag{1}$$

长度在$(s,s+ds)$的绳子微元受力平衡，张力的两个分量为$T_x = T\cos\theta$，$T_y = T\sin\theta$，电荷体系对绳子微元力的分量为F_x、F_y，横轴方向的三个力的合力为零：

$$T(s+ds)\cos\theta(s+ds) - T(s)\cos\theta(s) + F_x = 0 \tag{2}$$

纵轴方向的三个力的合力为零：

$$T(s+ds)\sin\theta(s+ds) - T(s)\sin\theta(s) + F_y = 0 \tag{3}$$

忽略ds的高阶小量，得到绳子微元的平衡方程

$$d(T\cos\theta) + F_x = 0, \quad d(T\sin\theta) + F_y = 0 \tag{4}$$

我们先从固定在线段两端的点电荷开始分析，设线段两端的坐标为$(a,0)$，$(-a,0)$，固定电荷的电荷量为q，数学软件默认输入量是无量纲的，所以我们要进行量纲归一化。设绳子的电荷密度为σ，长度以a为单位，力以$\sigma q/4\pi\varepsilon_0 a$为单位，则式(4)化为

$$d(T\cos\theta) + \left\{ \frac{x+1}{[(x+1)^2 + y^2]^{3/2}} + \frac{x-1}{[(x-1)^2 + y^2]^{3/2}} \right\} ds = 0 \tag{5}$$

$$d(T\sin\theta) + \left\{ \frac{y}{[(x+1)^2 + y^2]^{3/2}} + \frac{y}{[(x-1)^2 + y^2]^{3/2}} \right\} ds = 0 \tag{6}$$

联立式(1)、式(5)、式(6)，就能数值求解。从对称性考虑，我们选择起始点为$x(0)=2$，$y(0)=0$，$\theta(0)=\pi/2$，$T(0)=T_0$。绳子的长度S不定，取一个大值，譬如48。如果张力的起始量T_0合适，由于绳子是闭合的，程序给出的图形应该是重叠的。我们选一个长度最小量，使图形正好绕一圈。程序运行结果表明，绳子图形非常敏感，依赖于张力初始值，即使是

万分之一的细微变化,整体图形也有很大的差别。数值计算发现,两电荷体系带电绳子平衡位形如图 1 所示。

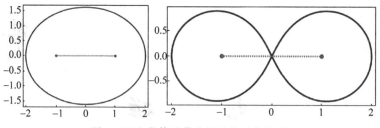

图 1　两电荷体系带电绳子的平衡位形

考虑正方形四个顶点上的电荷体系,设四个顶点的坐标分别为$(1,0)$、$(0,1)$、$(-1,0)$、$(0,-1)$,则带电绳子的平衡位形如图 2、图 3 所示,除了通常的近似圆形,还有"花生"形、两叶扭结形、四叶扭结形等。

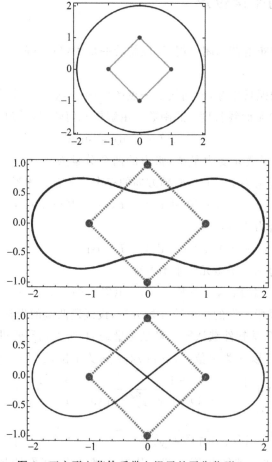

图 2　正方形电荷体系带电绳子的平衡位形(一)

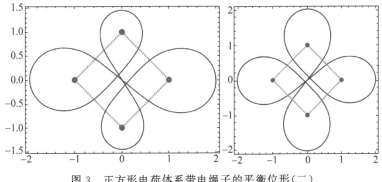

图 3 正方形电荷体系带电绳子的平衡位形(二)

109 匀强磁场中的异号双电荷运动

问题：等质量的异号电荷起始相互绕着作匀速圆周运动，在垂直圆周平面上加一个匀强磁场，双电荷会怎样运动？

解析：设电荷电量大小为 q，质量为 m，圆周运动的半径为 L。从加入匀强磁场时刻开始计时，以中心为原点，设电荷的位移分别为 $\boldsymbol{r}_1$、$\boldsymbol{r}_2$，则运动方程为

$$m\frac{\mathrm{d}^2\boldsymbol{r}_1}{\mathrm{d}t^2}=\frac{q^2}{4\pi\varepsilon_0}\frac{\boldsymbol{r}_2-\boldsymbol{r}_1}{|\boldsymbol{r}_1-\boldsymbol{r}_2|^3}+q\frac{\mathrm{d}\boldsymbol{r}_1}{\mathrm{d}t}\times\boldsymbol{B} \tag{1}$$

$$m\frac{\mathrm{d}^2\boldsymbol{r}_2}{\mathrm{d}t^2}=\frac{q^2}{4\pi\varepsilon_0}\frac{\boldsymbol{r}_1-\boldsymbol{r}_2}{|\boldsymbol{r}_1-\boldsymbol{r}_2|^3}-q\frac{\mathrm{d}\boldsymbol{r}_2}{\mathrm{d}t}\times\boldsymbol{B} \tag{2}$$

无论是解析分析还是数值计算，为方便起见，应将以上方程量纲归一化。设长度以 L 为单位，时间以 T_0 为单位，磁场以 B_0 为单位。式(1)和式(2)中的三项量纲相同，都是力的量纲，得到

$$\frac{mL}{T_0^2}=\frac{q^2}{4\pi\varepsilon_0L^2}=\frac{qLB_0}{T_0} \tag{3}$$

由此得到时间单位为 $T_0=\sqrt{4\pi\varepsilon_0mL^3/q^2}$，磁场单位为 $B_0=\sqrt{m/4\pi\varepsilon_0L^3}$。式(1)加上式(2)，得

$$\frac{\mathrm{d}^2(\boldsymbol{r}_1+\boldsymbol{r}_2)}{\mathrm{d}t^2}=\frac{\mathrm{d}(\boldsymbol{r}_1-\boldsymbol{r}_2)}{\mathrm{d}t}\times\boldsymbol{B} \tag{4}$$

将式(4)积分，并利用初始条件(两个电荷速度相反)，得

$$\frac{\mathrm{d}(\boldsymbol{r}_1+\boldsymbol{r}_2)}{\mathrm{d}t}=(\boldsymbol{r}_1-\boldsymbol{r}_2)\times\boldsymbol{B}-(\boldsymbol{r}_1(0)-\boldsymbol{r}_2(0))\times\boldsymbol{B} \tag{5}$$

式(1)减去式(2)，得

$$\frac{\mathrm{d}^2(\boldsymbol{r}_1-\boldsymbol{r}_2)}{\mathrm{d}t^2}=-2\frac{\boldsymbol{r}_1-\boldsymbol{r}_2}{|\boldsymbol{r}_1-\boldsymbol{r}_2|^3}+\frac{\mathrm{d}(\boldsymbol{r}_1+\boldsymbol{r}_2)}{\mathrm{d}t}\times\boldsymbol{B} \tag{6}$$

利用式(5)和矢量乘法法则

$$\boldsymbol{a}\times(\boldsymbol{b}\times\boldsymbol{c})=(\boldsymbol{a}\cdot\boldsymbol{c})\boldsymbol{b}-(\boldsymbol{a}\cdot\boldsymbol{b})\boldsymbol{c}$$

得

$$\frac{d^2(r_1 - r_2)}{dt^2} = -2\frac{r_1 - r_2}{|r_1 - r_2|^3} - B^2(r_1 - r_2) + B^2(r_1(0) - r_2(0)) \tag{7}$$

设两个电荷的相对位移为

$$r_1 - r_2 = r$$

则式(7)可以简化为

$$\frac{d^2r}{dt^2} = -2\frac{r}{r^3} - B^2 r + B^2 r_0 \tag{8}$$

式(8)两边点乘 $v = dr/dt$，并计算得

$$\frac{d}{dt}\left(\frac{1}{2}v^2 - \frac{2}{r} + \frac{1}{2}B^2 r^2\right) = B^2 r_0 \cdot \frac{dr}{dt}$$

积分得到"能量"守恒表达式

$$\frac{1}{2}v^2 - \frac{2}{r} + \frac{1}{2}B^2 r^2 = B^2 r_0 \cdot r + C_2 \tag{9}$$

式(8)两边叉乘 r，得到

$$r \times \frac{d^2r}{dt^2} = B^2 r \times r_0 \tag{10}$$

式(10)可以简化为

$$\frac{d}{dt}\left(r \times \frac{dr}{dt}\right) = B^2 r \times r_0 \tag{11}$$

式(11)左边是角动量的时间变化率，右边可以看作等效力矩。

接下来进行近似解析分析。如果磁场强度 B 是小量，则取一阶近似，两个电荷相对位移满足的方程(7)可以写为

$$\frac{d^2(r_1 - r_2)}{dt^2} = -2\frac{r_1 - r_2}{|r_1 - r_2|^3} \tag{12}$$

由初始条件，相对位移仍作"匀速圆周运动"，其解(复数形式)为

$$z = r_1 - r_2 = (r_1(0) - r_2(0))\exp(i\omega t), \quad \omega = 1/2 \tag{13}$$

将式(13)代入式(5)，得

$$\frac{dw}{dt} = -iB(r_1(0) - r_2(0))(\exp(i\omega t) - 1)$$

积分得到 2 倍质心位移的表达式

$$w = -iB(r_1(0) - r_2(0))\left(\frac{\exp(i\omega t) - 1}{i\omega} - t\right) \tag{14}$$

这个表达式就是常见的摆线方程，即匀速直线运动和匀速圆周运动的某种合成运动方程。

练习：直接数值求解电荷的运动方程，讨论随着参数的变化，质心的轨迹偏离摆线的趋势和程度。

110 正三角形线圈在磁场中的转动

问题：一个可以绕着中心轴自由转动的正三角形线圈，起始完全覆盖同样大小和形状

的匀强磁场,给线圈一个初始角速度,它什么时候会停下来?

解析:这个题目的关键是求出正三角形线圈转动 θ 角度后,线圈与原先正三角形磁场区域的重叠区域面积,进而计算出线圈中的感生电动势。先考虑第一阶段,即 $0<\theta<2\pi/3$。设原先正三角形三个顶点为 $r_1=(1,0)$,$r_2=(\cos(2\pi/3),\sin(2\pi/3))$,$r_3=(\cos(-2\pi/3)$,$\sin(-2\pi/3))$。线圈转动 θ 角度后,三个顶点为 $r_4=(\cos\theta,\sin\theta)$,$r_5=(\cos(\theta+2\pi/3)$,$\sin(\theta+2\pi/3))$,$r_6=(\cos(\theta-2\pi/3),\sin(\theta-2\pi/3))$。交点按逆时针顺序编号,计算得前两个点的坐标为

$$s_1=\frac{1}{2}\left(\frac{\sqrt{3}+\sqrt{3}\cos\theta-\sin\theta}{\sqrt{3}\cos\theta+\sin\theta},\frac{-\sqrt{3}+\sqrt{3}\cos\theta+\sin\theta}{\sqrt{3}\cos\theta+\sin\theta}\right)$$

$$s_2=\frac{1}{4}\left(1+\sqrt{3}\cot\theta-\sqrt{3}\csc\theta,\sqrt{3}-\cot\theta+\sqrt{3}\csc\theta\right)$$

由此计算得露出外面部分的一个三角形面积为

$$A_1=\frac{\tan(\theta/2)}{\tan(\theta/2+\pi/6)}A$$

其中 A 为原来三角形的面积。由对称性,整个重叠部分以外的磁通量为

$$\Phi=B\left(1-3\frac{\tan(\theta/2)}{\tan(\theta/2+\pi/6)}\right)A$$

对时间求导,得感生电动势的大小为

$$\varepsilon=\frac{\mathrm{d}\Phi}{\mathrm{d}t}=\frac{3}{2}AB\left(\frac{1}{\cos^2(\theta/2)\tan(\theta/2+\pi/6)}-\frac{\tan(\theta/2)}{\sin^2(\theta/2+\pi/6)}\right)\frac{\mathrm{d}\theta}{\mathrm{d}t}$$

化简得

$$\varepsilon=\frac{\mathrm{d}\Phi}{\mathrm{d}t}=\frac{3}{4}AB\frac{\cos(\theta+\pi/6)}{\cos^2(\theta/2)\sin^2(\theta/2+\pi/6)}\frac{\mathrm{d}\theta}{\mathrm{d}t}$$

从能量转化角度看,单位时间减少的动能转化为线圈上的焦耳热,即

$$\frac{\mathrm{d}}{\mathrm{d}t}\left(\frac{1}{2}L\omega^2\right)=-\frac{\varepsilon^2}{R}$$

计算得

$$\frac{\mathrm{d}\omega}{\mathrm{d}t}=-\frac{9}{16}\frac{A^2B^2}{LR}\frac{\cos^2(\theta+\pi/6)}{\cos^4(\theta/2)\sin^4(\theta/2+\pi/6)}\omega$$

或

$$\mathrm{d}\omega=-\frac{9}{16}\frac{A^2B^2}{LR}\frac{\cos^2(\theta+\pi/6)}{\cos^4(\theta/2)\sin^4(\theta/2+\pi/6)}\mathrm{d}\theta$$

由上式可以看出,存在一个临界初速角速度 ω_c,当线圈转过 $120°$ 时,正好停下来。令角速度参数为 $\omega_0=9A^2B^2/16LR$,则有

$$\omega_c=\omega_0\int_0^{2\pi/3}\frac{\cos^2(\theta+\pi/6)}{\cos^4(\theta/2)\sin^4(\theta/2+\pi/6)}\mathrm{d}\theta=\frac{32}{9\sqrt{3}}(8\ln2-3)\omega_0$$

以 ω/ω_c 为横坐标,$\theta/(2\pi/3)$ 为纵坐标,得到线圈停止之前转过的角度与初始角速度的关系如图 1 所示。

由图 1 可以看出,当初始角速度正好是临界角速度的一半时,线圈转过的角度为 $60°$。

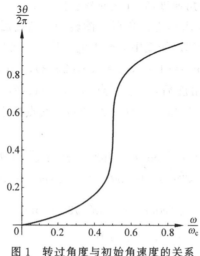

图 1　转过角度与初始角速度的关系

这个角速度附近,角度变化非常大。这说明这个状态是非常敏感的,初始角速度稍微增加一些,转过的角度就飞速增加。如果初始角速度表示为 $\omega(0) = (k+\lambda)\omega_c$,其中 k 是整数,λ 是小于 1 的小数,那么线圈先转过 k 个 120°,再转过以下角度,就停下来。

$$\lambda\omega_c = \omega_0 \int_0^\theta \frac{\cos^2(\theta + \pi/6)}{\cos^4(\theta/2)\sin^4(\theta/2 + \pi/6)} d\theta$$

练习:数值求解线圈转动方程,求线圈停止转动的时间。

111　转动的磁棒小球双棱锥

　　问题:用磁棒和小(钢)球组合成两个对称正五棱锥,悬挂起来,转动其中一个,另一个也转动起来,为什么?

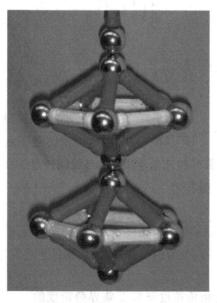

解析：实验（玩）的过程中发现，先转动下面的棱锥，上面的棱锥也会转动。下面棱锥的角速度会减小，上面棱锥的角速度会增大，直到两者相等，然后互换角速度。文献测量得到角速度与时间的关系如图 1 所示，其中黑粗线是总角速度。

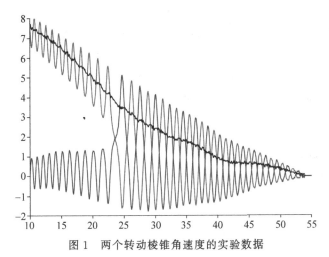

图 1　两个转动棱锥角速度的实验数据

这个问题的难点是如何给出两个棱锥之间的相互作用，或者说，把磁棒小球棱锥看作何种物理模型。文献把棱锥看作磁（偶极）矩，其方向垂直于转轴（垂直轴）。磁矩产生的磁场强度为

$$\boldsymbol{B} = \frac{\mu_0}{4\pi r^3}(3(\boldsymbol{m} \cdot \hat{\boldsymbol{r}})\hat{\boldsymbol{r}} - \boldsymbol{m})$$

由于磁矩垂直于位置矢量，所以磁矩 1 在磁矩 2 处产生的磁场为

$$\boldsymbol{B}_1 = -\frac{\mu_0}{4\pi r^3}\boldsymbol{m}_1$$

对磁矩 2 产生的力矩为

$$\boldsymbol{\tau}_2 = \boldsymbol{m}_2 \times \boldsymbol{B}_1 = -\frac{\mu_0}{4\pi r^3}\boldsymbol{m}_2 \times \boldsymbol{m}_1$$

由于两个磁矩大小相同，所以有

$$\tau_2 = -\frac{\mu_0}{4\pi r^3}m^2\sin(\theta_1 - \theta_2) = I\frac{\mathrm{d}^2\theta_2}{\mathrm{d}t^2}$$

假设阻力力矩为常数，两个棱锥的转动方程可以写为

$$\frac{\mathrm{d}^2\theta_2}{\mathrm{d}t^2} = -\beta\sin(\theta_1 - \theta_2) - b \mid \mathrm{d}\theta_2/\mathrm{d}t \mid /(\mathrm{d}\theta_2/\mathrm{d}t)$$

$$\frac{\mathrm{d}^2\theta_1}{\mathrm{d}t^2} = -\beta\sin(\theta_2 - \theta_1) - b \mid \mathrm{d}\theta_1/\mathrm{d}t \mid /(\mathrm{d}\theta_1/\mathrm{d}t)$$

其中 $\beta = \mu_0 m^2/4\pi r^3 I$。以上方程是没有解析解的，只能数值求解。取合适的参数，文献发现数值解和实验数据符合得很好。

注解：实际模型中，摩擦（阻尼）力和力矩必须考虑到，不然无法与实验现象拟合。

文献：NORRIS T, DIAMOND B, AYARS E. Magnetically coupled rotors［J］.

American Journal of Physics,2006,74(74)：806-808.

112   三角形杆电荷体系的电势分布

问题：电荷均匀分布在三角形的三条边上，电场为零的点在哪里？

解析：可以猜测，这个点如果存在，应该在三角形所在的平面内，且此点处电势有极小值。假设这个平面是 x-y 平面，三角形三个顶点 1 坐标分别为 (x_1,y_1)，(x_2,y_2)，(x_3,y_3)。12 线段上电荷在平面上任意一点的电势为

$$\Phi_{12}=\sigma l_{12}\int_0^1 \frac{1}{\left[x-x_1s-x_2(1-s)\right]^2+\left[y-y_1s-y_2(1-s)\right]^{1/2}}\mathrm{d}s$$

我们用一个特例来说明如何计算，取 $r_1=(0,0)$，$r_2=(1,0)$，$r_3=(2/5,3/10)$，并将物理量纲归一化，那么数学软件计算给出

$$\Phi(x,y)=\ln\left(2x+2\sqrt{x^2+y^2}\right)-\ln\left(2x-2+2\sqrt{1-2x+x^2+y^2}\right)+$$
$$\ln\left(\frac{8x}{5}+\frac{6y}{5}+2\sqrt{x^2+y^2}\right)-$$
$$\ln\left(\frac{8x}{5}+\frac{6y}{5}-2+2\sqrt{1-\frac{8x}{5}+x^2-\frac{6y}{5}+y^2}\right)+$$
$$\ln\left(\frac{2}{5}-\frac{2x}{5}+\frac{6y}{5}+2\sqrt{\frac{2}{5}}\sqrt{1-2x+x^2+y^2}\right)-$$
$$\ln\left(-\frac{2}{5}-\frac{2x}{5}+\frac{6y}{5}+2\sqrt{\frac{2}{5}}\sqrt{1-\frac{8x}{5}+x^2-\frac{6y}{5}+y^2}\right)$$

这个电势分布在 x-y 面上的等高线图如图 1 所示。

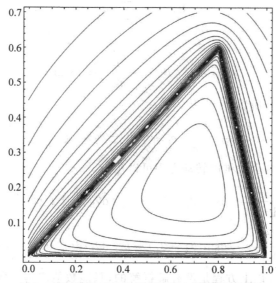

图 1   均匀带电三角形杆在平面上的等高（势）线

由图 1 大致可以判断出这个极值点在 $(0.68,0.22)$ 附近。再利用 MMA 的求极小值指令，得到电势极小值点的坐标为 $(0.68,0.23)$，对应的电势是 8.16 个单位。极值点附近的等

势线形状如图 2 所示。

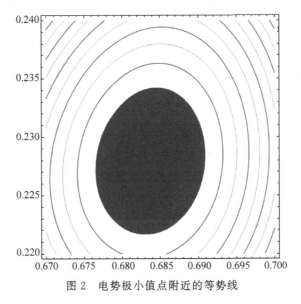

图 2　电势极小值点附近的等势线

由图 2 可以看出,越靠近极值点,等势线越接近椭圆。那么,这个椭圆的方程是什么? 在这个极值点展开电势到坐标的两阶,得到等势线的近似方程:

$$\Phi(x,y) = \Phi_C + 21.39(x - x_C)^2 + 28.10(y - y_C)^2 - 5.03(x - x_C)(y - y_C)$$

所以这些椭圆方程为

$$21.39(x - x_C)^2 + 28.10(y - y_C)^2 - 5.03(x - x_C)(y - y_C) = \Delta\Phi$$

练习 1：在三角形所在平面以及整个空间,画出等势线和电场线。

练习 2：四面体四个面均匀带电,求电场强度为零的点。

注解：虽然各个物理表达式写出来(看起来)很烦琐,但是只要将其写出,数学软件就能处理(求解画图)。

113　带电正多边形盘轴线上的电(磁)场

问题：均匀带电正多边形金属盘,轴线上一点的电场强度是多少?匀速转起来后,轴线上的磁场强度多大?

解析：设 Q 为正多边形盘的总电荷,R 为正多边形盘外接圆半径,ρ 为电荷密度。正多边形可以分为 N 个顶角 $\theta_N = 2\pi/N$ 的等腰三角形。三角形内部一点 $\mathbf{r}$ 和轴线上一点 $\mathbf{r}'$ 的坐标分别为

$$\mathbf{r} = R t_1 \mathbf{e}_1 + R t_2 \mathbf{e}_2, \quad \mathbf{r}' = z \mathbf{e}_3 \tag{1}$$

其中 $\mathbf{e}_3$ 为轴线方向上的单位矢量,$\mathbf{e}_1$、$\mathbf{e}_2$ 分别为三角形两边的单位矢量,满足 $\mathbf{e}_1 \cdot \mathbf{e}_2 = \cos\theta_N$。

参数 t_1、t_2 的积分区域为 Ω：$0 < t_1 < 1, 0 < t_2 < 1, 0 < t_1 + t_2 < 1$。三角形的面元为 $\mathrm{d}A = 2A \mathrm{d}t_1 \mathrm{d}t_2$,其中 A 为三角形的面积,满足 $Q = N\rho A$。电荷体系所产生电场的积分表达式为

$$E(r') = \frac{\rho}{4\pi\epsilon_0} \iint \frac{(r'-r)\,\mathrm{d}A}{|r-r'|^3} \tag{2}$$

由式(1)得

$$|r-r'| = [R^2(t_1^2 + t_2^2 + 2t_1 t_2 \cos\theta_N) + z^2]^{1/2} \tag{3}$$

将式(1)和式(3)代入式(2)，由对称性，轴线上一点产生的电场方向为轴线方向，只对一个三角形积分，可得电场大小为

$$E_N(z) = \frac{Qz}{2\pi\epsilon_0 R^3} \int_\Omega \frac{1}{(t_1^2 + t_2^2 + 2t_1 t_2 \cos\theta_N + z^2/R^2)^{3/2}} \mathrm{d}t_1 \mathrm{d}t_2 \tag{4}$$

均匀带电的正多边形盘绕轴线匀速旋转，角速度为 ω，总电量为 Q，电荷密度为 ρ。这时电流密度为 $j = \rho\omega e_3 \times r$。电流密度产生的磁场强度积分表达式为

$$B(r') = \frac{\mu_0}{4\pi} \int_\Omega \frac{j \times (r'-r)\,\mathrm{d}A}{|r-r'|^3} \tag{5}$$

由以下矢量乘法法则：

$$(e_3 \times e_1) \times e_3 = e_1, \quad (e_3 \times e_2) \times e_3 = e_2 \tag{6}$$

$$(e_3 \times e_1) \times e_1 = -e_3, \quad (e_3 \times e_2) \times e_2 = -e_3 \tag{7}$$

$$(e_3 \times e_1) \times e_2 = (e_3 \times e_1) \times e_2 = -\cos(\theta_N)e_3 \tag{8}$$

以及式(1)，计算得到

$$j \times (r'-r) = zRt_1 e_1 + zRt_2 e_2 + R^2(t_1^2 + t_2^2 + 2t_1 t_2 \cos\theta_N)e_3 \tag{9}$$

将式(9)和式(3)代入式(5)，由对称性，轴线上一点产生的磁感应强度方向为轴线方向，只对一个三角形积分，可得磁场强度大小为

$$B_N(z) = \frac{\mu_0 Q\omega}{2\pi R} \int_\Omega \frac{t_1^2 + t_2^2 + 2t_1 t_2 \cos\theta_N}{(t_1^2 + t_2^2 + 2t_1 t_2 \cos\theta_N + z^2/R^2)^{3/2}} \mathrm{d}t_1 \mathrm{d}t_2 \tag{10}$$

带电正多边形盘轴线上电场强度和磁场强度式(4)式(10)有解析表达式，令

$$I(\theta, z) = \int_\Omega \frac{1}{(t_1^2 + t_2^2 + 2t_1 t_2 \cos\theta + z^2)^{3/2}} \mathrm{d}t_1 \mathrm{d}t_2 \tag{11}$$

$$J(\theta, z) = \int_\Omega \frac{1}{(t_1^2 + t_2^2 + 2t_1 t_2 \cos\theta + z^2)^{1/2}} \mathrm{d}t_1 \mathrm{d}t_2 \tag{12}$$

连续作两次变量代换 $s_1 = t_2 - t_1$，$s_2 = t_1 + t_2$，$s_1 = s$，$s_2 = ks$，式(11)式(12)化为

$$I(\theta, z) = \int_0^1 \int_0^1 \frac{2\sqrt{2}\,s\,\mathrm{d}s\,\mathrm{d}k}{[(1-\cos\theta)s^2 + (1+\cos\theta)k^2 s^2 + 2z^2]^{3/2}} \tag{13}$$

$$J(\theta, z) = \int_0^1 \int_0^1 \frac{\sqrt{2}\,s\,\mathrm{d}s\,\mathrm{d}k}{[(1-\cos\theta)s^2 + (1+\cos\theta)k^2 s^2 + 2z^2]^{1/2}} \tag{14}$$

先对变量 s 积分，再对变量 k 积分，得

$$I(\theta, z) = \frac{2}{z\sin\theta}\left(\frac{\theta}{2} - \arctan\left(\frac{z}{\sqrt{1+z^2}}\tan(\theta/2)\right)\right) \tag{15}$$

$$J(\theta, z) = \frac{2z}{\sin\theta}\left(\frac{\theta}{2} - \arctan\left(\frac{z}{\sqrt{1+z^2}}\tan(\theta/2)\right)\right) + \frac{1}{\sin(\theta/2)}(\ln(\sin(\theta/2) +$$

$$\sqrt{1+z^2}) - \frac{1}{2}\ln(z^2 + \cos^2(\theta/2))) \tag{16}$$

$I(\theta,z)$和$J(\theta,z)$在$\theta=0$的和$z\to\infty$处的表达式为

$$I(0,z)=\frac{1}{z}-\frac{1}{\sqrt{1+z^2}},\quad I(\theta,z)=\frac{1}{2z^3}-\frac{2+\cos\theta}{8z^5}+\cdots \tag{17}$$

$$J(0,z)=\sqrt{1+z^2}-z,\quad J(\theta,z)=\frac{1}{2z}-\frac{2+\cos\theta}{24z^3}+\cdots \tag{18}$$

由以上数学公式,特别是式(15)和式(16),得到带电正多边形盘轴线上电场和磁场式(4)和式(10)的解析表达式

$$E_N(z)=\frac{Qz}{2\pi\varepsilon_0 R^3}I(\theta_N,z/R) \tag{19}$$

$$B_N(z)=\frac{\mu_0 Q\omega}{2\pi R}\left(J(\theta_N,z/R)-\frac{z^2}{R^2}I(\theta_N,z/R)\right) \tag{20}$$

当正多边形的边数N趋向于无穷大时,式(19)和式(20)化为

$$E_\infty(z)=\frac{Q}{2\pi\varepsilon_0 R^2}\left(1-\frac{z}{\sqrt{R^2+z^2}}\right) \tag{21}$$

$$B_\infty(z)=\frac{\mu_0 Q\omega}{2\pi R}\left(\frac{R^2+2z^2}{R\sqrt{R^2+z^2}}-\frac{2z}{R}\right) \tag{22}$$

这两个结果就是圆盘轴线上电场或磁场的表达式。当轴线上一点趋向无穷大时,式(19)和式(20)化为

$$E_N(z)=\frac{1}{4\pi\varepsilon_0}\left[\frac{Q}{z^2}-\frac{QR^2(2+\cos\theta_N)}{4z^4}+\cdots\right] \tag{23}$$

$$B_N(z)=\frac{\mu_0}{4\pi}\left[\frac{Q\omega R^2}{6z^3}(2+\cos\theta_N)+\cdots\right] \tag{24}$$

这与电荷体系电场和磁场多极矩展开式一致:

$$E_N(z)=\frac{1}{4\pi\varepsilon_0}\left(\frac{Q}{z^2}-\frac{3D_{xx}}{z^4}+\cdots\right),\quad B_N(z)=\frac{\mu_0}{4\pi}\left(\frac{\boldsymbol{m}\cdot\boldsymbol{e}_3}{z^3}+\cdots\right) \tag{25}$$

其中D_{xx}为带电正N边形盘的电四极矩:

$$D_{xx}=D_{yy}=\frac{1}{2}\rho\iint(x^2+y^2)\mathrm{d}A=\frac{QR^2}{12}(2+\cos\theta_N) \tag{26}$$

$\boldsymbol{m}$为匀速旋转带电正N边形盘的磁偶极矩:

$$\boldsymbol{m}=\iint\boldsymbol{j}\times\boldsymbol{r}\,\mathrm{d}A=\frac{Q\omega R^2}{6}(2+\cos\theta_N)\boldsymbol{e}_3 \tag{27}$$

114　分形线圈轴线上的磁场

问题:科赫雪花载流线圈轴线上的磁场是怎样分布的?

解析:科赫雪花是分形物体的经典例子。先从一个正三角形开始,每一条边中间1/3为底边向外作一个等边三角形,边长为原来边长的1/3。然后把等边三角形的底边去掉,再对每一条边作同样的操作,依次迭代下去,直至无穷,最终得到的图形就是科赫雪花。图1

所示为一到三次迭代操作的图形。

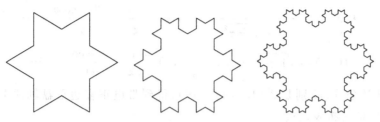

图 1　科赫雪花一级到三级近似

这个分形操作可以推广到正多边形,在正多边形的每一条边的 1/3 为底边向外作一个底角为 $\theta_n = \pi/n$ 的等腰三角形,腰长与正多边形的边长之比为 $1:2(1+\cos\theta_n)$;把等腰三角形的底边截掉,对正多边形每一边上得到的四个相等的线段继续进行同样操作,依次迭代下去,直至无穷,最终得到的图形就是推广科赫雪花。图 2 所示为对正五边形进行零到三次迭代操作的图形。

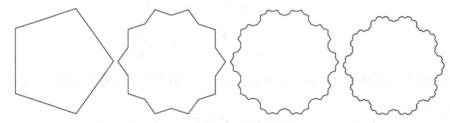

图 2　基于正五边形的推广科赫雪花零级到三级近似

设正 n 边形内接于单位圆,则推广科赫雪花的面积为

$$A_n = n\sin\theta_n\cos\theta_n\left[1 + \frac{\sin\theta_n^2}{(1+\cos\theta_n)^2 - 1}\right] \tag{1}$$

由式(1)可知,当正多边形的边数趋向无穷大时,推广科赫雪花的面积趋向于单位圆的面积。

用数学软件编程很容易得到各级近似分形物体所有顶点的坐标,由线性叠加原理,分形线圈在轴线(垂直通过分形物体中心)上的磁场等于各个电流元线段磁场的叠加。设 $\mu_0 I/4\pi = 1$,电流元产生的磁场表达式为

$$\boldsymbol{B}(\boldsymbol{r}') = \int \frac{\mathrm{d}\boldsymbol{l} \times (\boldsymbol{r}' - \boldsymbol{r})}{|\boldsymbol{r} - \boldsymbol{r}'|^3} \tag{2}$$

其中 $\boldsymbol{r}'$ 为场点的坐标,$\boldsymbol{r}$ 为电流元线段上的坐标。设电流元线段在 x-y 平面上,两端坐标分别为 $(x_1, y_1, 0)$,$(x_2, y_2, 0)$,线段上一点的参数表达式为

$$\boldsymbol{r}(s) = (1-s)(x_1, y_1, 0) + s(x_2, y_2, 0), \quad 0 < s < 1 \tag{3}$$

电流元线段矢量微元为

$$\mathrm{d}\boldsymbol{l} = (x_2 - x_1, y_2 - y_1, 0)\mathrm{d}s \tag{4}$$

轴线上一点坐标为 $\boldsymbol{r}' = (0, 0, z)$,将式(3)和式(4)代入式(2),计算得到轴线上磁场的 z 轴分量为

$$B(x_1, y_1; x_2, y_2; z) = \left(\frac{x_2^2 + y_2^2 - x_1 x_2 - y_2 y_1}{\sqrt{z^2 + x_2^2 + y_2^2}} + \frac{x_1^2 + y_1^2 - x_1 x_2 - y_2 y_1}{\sqrt{z^2 + x_1^2 + y_1^2}}\right) \times$$

$$\frac{x_1 y_2 - x_2 y_1}{(z^2 + x_1^2 + y_1^2)[(x_2 - x_1)^2 + (y_2 - y_1)^2] - (x_1 x_2 + y_2 y_1 - x_1^2 - y_1^2)^2} \tag{5}$$

式(5)虽然看起来麻烦,但数值计算特别简单。设各级分形物体顶点的坐标为$(x_i, y_i, 0)$,那么轴线上的磁场为所有线段产生磁场式(5)的叠加:

$$B(z) = \sum_{i=1}^{N-1} B(x_i, y_i; x_{i+1}, y_{i+1}; z) \tag{6}$$

其中 N 为顶点数。每增加一个级数 n,分形物体的顶点数 N 以指数翻倍,计算量指数上升,所以我们只计算到第四级近似分形线圈在轴线上的磁场。对于皮亚诺曲线,物理上要求线圈闭合,所以我们再反方向叠加一个皮亚诺曲线,首尾相接。注意到正反皮亚诺曲线不完全重合,但是顶点坐标相反,且轴线上磁场 z 轴分量有性质 $B(x_1, y_1; x_2, y_2; z) = B(-x_2, -y_2; -x_1, -y_1; z)$,即闭合皮亚诺线圈轴线上的磁场是对应皮亚诺曲线轴线上磁场的两倍。由电磁学知识可知,一个平面线圈的磁矩等于线圈包围的面积 A 乘以电流强度。以磁矩为单位,数值计算得到在远处轴线上的磁场渐近表达式为

$$B'(z) = \frac{B(z)}{A} \sim \frac{2C}{z^3} \tag{7}$$

其中 C 为待定常数,其含义是磁矩面积比例系数,即物理上的磁矩面积与线圈的数学面积之比。如果 C 接近于 1,说明线圈包围面积与数学意义上的面积有同样大小。如果 C 接近于 0,说明线圈包围面积为 0。

推广科赫雪花的基底正多边形内接于一个单位圆,以磁矩(面积)为单位的圆形线圈在轴线上的磁场为

$$B'_0(z) = \frac{2}{(z^2 + 1)^{3/2}} \tag{8}$$

数值计算得到推广科赫雪花在轴线上的磁场如图 3 和图 4 所示,其中虚线代表圆形线圈的磁场。

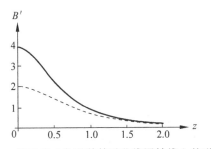

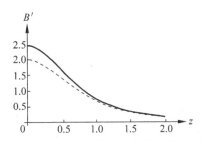

图 3　基于正三角形科赫雪花线圈轴线上的磁场　　图 4　基于正五边形科赫雪花线圈轴线上的磁场

由图 3 和图 4 可以看出,推广科赫雪花在轴线上的磁场和圆形线圈磁场的分布一样,距离越大,强度越小。当距离很大时,这两种磁场接近。数值计算时,为在计算时间和计算精度之间保持平衡,我们取大距离 $L = 50, C \approx L^3 B'(L)/2$。对于不同边数的正多边形,数值计算发现推广科赫雪花磁矩面积比例系数可以看作 1,即线圈的磁矩面积等于它的数学面积,这也意味着这些分形曲线包围的面积是有限的。

115 三角形截面上的感生电场线

问题：三角形截面区域上随时间线性变化匀强磁场产生的感生电场线是什么形状的？

解析：我们将用复（变函）数法来处理这个问题，设三角形一个顶点在复平面的原点，另两个顶点坐标为 z_1、z_2。设感生电场的分量为 E_x、E_y，并设 $\partial B/\partial t = k$，由文献 1 可知

$$E_x = -\frac{k}{2\pi}\iint \frac{y-y'}{(x-x')^2+(y-y')^2}\mathrm{d}A, \quad E_y = \frac{k}{2\pi}\iint \frac{x-x'}{(x-x')^2+(y-y')^2}\mathrm{d}A$$

设 $z=x+\mathrm{i}y$，$z'=x'+\mathrm{i}y'$，$f(z)=E_y+\mathrm{i}E_x$，先暂时忽略以上积分前面的系数 $k/2\pi$，则有

$$f(z) = \iint \frac{(x-\mathrm{i}y)-(x'-\mathrm{i}y')}{(z-z')(z^*-z'^*)}\mathrm{d}A = \iint \frac{1}{z-z'}\mathrm{d}A$$

电场线的方程为

$$\frac{\mathrm{d}y}{\mathrm{d}x} = \frac{E_y}{E_x}$$

或者化简为

$$(\mathrm{i}E_x)(\mathrm{i}\mathrm{d}y) + E_y\mathrm{d}x = 0$$

由复变函数可知

$$\mathrm{d}x = \frac{1}{2}(\mathrm{d}z+\mathrm{d}z^*), \quad \mathrm{i}\mathrm{d}y = \frac{1}{2}(\mathrm{d}z-\mathrm{d}z^*)$$

$$E_y = \frac{1}{2}(f+f^*), \quad \mathrm{i}E_x = \frac{1}{2}(f-f^*)$$

感生电场线方程化为

$$(\mathrm{d}z+\mathrm{d}z^*)(f+f^*) + (\mathrm{d}z-\mathrm{d}z^*)(f-f^*) = 0$$

化简得

$$f\mathrm{d}z + f\mathrm{d}z^* = 0$$

积分得

$$F(z) + F^*(z) = C$$

或者

$$\mathrm{Re}F(z) = \mathrm{Re}F(w) \tag{1}$$

其中 w 为感生电场线上的任意一点，$F(z)$ 称为感生电场的母函数。

下面先分析圆形截面感生电场线的复数形式。当点在圆外时，可知

$$E_x = -\frac{k}{2}\frac{R^2}{\rho}\sin\theta, \quad E_y = \frac{k}{2}\frac{R^2}{\rho}\cos\theta, \quad \rho > R$$

$$f(z) = E_y+\mathrm{i}E_x = \frac{k}{2}\frac{R^2}{\rho}(\cos\theta-\mathrm{i}\sin\theta) = \frac{k}{2}\frac{R^2}{zz^*}z^* = \frac{k}{2}\frac{R^2}{z}$$

感生电场线方程为 $\mathrm{Re}\ln z = C$，即 $\ln(x^2+y^2) = C$，是一个圆。

当点在圆内时，

$$E_x = -\frac{k}{2}\rho\sin\theta, \quad E_y = \frac{k}{2}\rho\cos\theta, \quad \rho < R$$

$$f(z) = E_y + iE_x = \frac{k}{2}\rho(\cos\theta - i\sin\theta) = \frac{k}{2}z^*$$

感生电场线方程为

$$z^* dz + z dz^* = d(zz^*) = 0$$

其解为 $x^2 + y^2 = C$，也是一个圆。

对于三角形内任意一点，有参数坐标

$$z' = sz_1 + tz_2, \quad 0 < s < 1, \quad 0 < t < 1, \quad 0 < s + t < 1$$

则复数形式的感生电场为

$$f(z) = 2A\int_0^1 ds \int_0^{1-s} dt \, \frac{1}{z - sz_1 - tz_2}$$

忽略以上积分符号前面的系数 $2A$，当点 z 在三角形外面时，计算得到复数形式的感生电场为

$$f(z) = \frac{1}{z_1(z_1 - z_2)z_2}\left[(z_1 - z_2)z\ln z + z_2(z - z_1)\ln(z - z_1) - z_1(z - z_2)\ln(z - z_2)\right]$$

$$(2)$$

当点 z 在三角形内部时，计算得到复数形式的感生电场为

$$g(z) = f(z) + 2\pi i \frac{z_1^* - z_2^*}{z_1 - z_2} \frac{z}{z_1 z_2^* - z_2 z_1^*} + \frac{2\pi i}{z_1 - z_2} + 2\pi z^* \tag{3}$$

积分一次，得到三角形外面感生电场线的母函数为

$$F(z) = \frac{1}{z_1(z_1 - z_2)z_2}\left[(z_1 - z_2)z^2\ln z + z_2(z - z_1)^2\ln(z - z_1) - z_1(z - z_2)^2\ln(z - z_2)\right]$$

$$(4)$$

内部感生电场线的母函数为

$$G(z) = F(z) + 2\pi i \frac{z_1^* - z_2^*}{z_1 - z_2} \frac{z^2}{z_1 z_2^* - z_2 z_1^*} + \frac{2\pi i z}{z_1 - z_2} + 2\pi zz^* \tag{5}$$

首先看一下无穷远处的电场线。从无穷远处看，三角形截面和圆形截面其实一样，其感生电场线就是一个圆。当 $z \to \infty$ 时，复数形式的感生电场 $f(z)$ 有渐近展开式

$$f(z) \to \frac{1}{2z} + \frac{z_1 + z_2}{6z^2} + \cdots$$

积分一次的函数 $F(z)$ 有这样的表达式：

$$F(z) \to \frac{1}{2}\ln z - \frac{z_1 + z_2}{3z} + \cdots$$

所以感生电场线的近似表达式为

$$\frac{1}{4}\ln(x^2 + y^2) - \frac{1}{3}\text{Re}\left(\frac{z_1 + z_2}{x + iy}\right) = C$$

取 $z_1 = 1, z_2 = (1+i)/2$，化简得到电场线方程

$$x^2 + y^2 = C\exp\left(\frac{2x + 2y/3}{x^2 + y^2}\right)$$

对于圆形截面的感生电场，我们都知道，在圆内部，感生电场的大小正比于场点到圆心的距

离。在圆心,感生电场为零。那么,在任意的三角形内部,哪一点使感生电场也为零。或者说,有没有这样一个点 z_C,使 $f(z_C)=0$?

举一个例子,取 $z_1=1,z_2=(1+i)/2$,数值计算求式(3)的零点,得到在 $z_C=0.50+0.18i$ 处,感生电场为零。这个点并不是三角形内部任何数学上有意义的点。在这个点附近展开感生电场 $f(z)$ 到一阶,得

$$f(z)=2\pi(z-z_C)^* - \lambda(z-z_C)$$

其中一阶系数 $\lambda=1.41$,积分一次,得到感生电场零点附近电场线方程为椭圆:

$$\pi\left[(x-x_C)^2+(y-y_C)^2\right]-\frac{\lambda}{2}\left[(x-x_C)^2-(y-y_C)^2\right]=C$$

我们也可以数值求解感生电场线方程,譬如以弧长为参数,则感生电场线满足

$$\frac{\mathrm{d}x}{\mathrm{d}s}=\frac{E_x}{\sqrt{E_x^2+E_y^2}}, \quad \frac{\mathrm{d}y}{\mathrm{d}s}=\frac{E_y}{\sqrt{E_x^2+E_y^2}} \tag{6}$$

注:数值计算过程中发现,感生电场线的母函数式(4)、式(5)在大部分区域是正确的。部分区域不正确的可能原因是,复数形式的对数函数需要确定主值和复平面上的分割线,这需要很仔细地进行分类讨论。

练习:数值求解电场线方程(6),与本题的解析解作对比。

文献 1:姜付锦,郎军. 矩形轴向有界磁场均匀变化时激发的涡旋电场的电场线方程[J]. 物理教师,2019,40(6):52-54.

文献 2:郎军,董洪琼. 用 Mathcad 研究轴向有界磁场变化时激发的涡旋电场[J]. 物理教师,2017,38(9):71-73.

116　两维电流的分布

问题:两维电流分别从圆盘、正方形盘、正三角形盘一个顶点流入,另外一个顶点流出。这些区域内,电流是怎么分布的?

解析:两维电流满足拉普拉斯方程,可以用复变函数中保角变换来求解。为统一符号,设区域 D 上的坐标为 $z=x+iy$,上半复平面 W 上的坐标为 $w=u+iv$。存在一个保角变换 $w=f(z)$,把区域 D 映射到上半复平面 W,把区域 D 的边界 B 映射为 W 平面上的实轴,电流注入点 z_0 映射到 $w_0=f(z_0)$。电流注入(流出)位置为 $z_a=x_a+iy_a$,电流强度为 I_a(正号代表注入,负号代表流出),取电流密度和其他物理常数为归一单位,那么满足垂直边界电流分量为零的复势为

$$\Phi_2(x,y)=-\frac{1}{2\pi}\sum_a I_a\ln\left[(f(x+iy)-f(x_a+iy_a))(f(x+iy)-\overline{f(x_a+iy_a)})\right]$$

$$\tag{1}$$

式(1)的实部为常数的就是等势线,虚部为常数的就是电流线。我们直接用数学软件表示和处理式(1),一是因为数值运算的对象本来就是复数,所有的函数都能对复数作运算;二是因为给出 $f(z)$ 的表达式,在纸面上写出式(1)的实部和虚部会用很大篇幅,而用数学软件一行代码就能处理,这也是本书中很少给出具体表达式的原因;三是因为不少数学软件有画等值线的直接指令,方便拿过来使用。我们给出一个简单例子,电流从圆盘边界上一点

$z_1=1$ 注入，电流强度为 $I_1=1$；在边界上两点 $z_2=\exp(2\pi i/3)$ 和 $z_3=\exp(-2\pi i/3)$ 流出，电流强度为 $I_2=I_3=-1/2$。取单位圆到上半复平面的保角映射为 $f(z)=\mathrm{i}(1-z)/(1+z)$，代入式(1)，得到圆盘上的等势线（虚线）和电流线（带箭头）如图1所示。

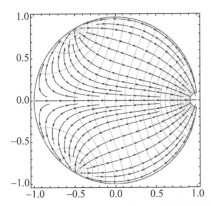

图 1　边界上有电流注入(流出)圆盘上的等势线和电流线

由图 1 可以看出，靠近圆盘边界处，电流平行于边界，即垂直边界的电流分量为零，等势线垂直于电流线，这符合电流分布的物理规律。

如从上半复平面 W 到区域 D 上的保角变换存在解析表达式，这样，只要给出上半复平面 W 上的等势线（电场线）的参数表达式，利用保角变换就能把它们映射到区域 D 上的等势线和电流线。如果上半复平面 W 上电流源只分布在实轴上，那么等势线上的点到两个镜像电源所在两点距离之比为常数，电流线上的点到两个镜像电源所在点辐角之差为常数。由中学解析几何知识可知，这两组线是正交的圆。假定镜像电流所在点的坐标为 $(-a,0)$，$(a,0)$，那么等势线的参数方程为

$$u(\lambda,t)=-\frac{1+\lambda}{1-\lambda}a+\frac{2\sqrt{\lambda}\,a}{1-\lambda}\cos t,\quad v(\lambda,t)=\frac{2\sqrt{\lambda}\,a}{1-\lambda}\sin t \tag{2}$$

其中 λ 为等势线的参数，$0<t<\pi$ 为参数角。电流线的参数方程为

$$u(\theta,t)=\frac{a\sin t}{\sin\theta},\quad v(\theta,t)=-\frac{a}{\tan\theta}+\frac{a\cos t}{\sin\theta} \tag{3}$$

其中 θ 为电流线的参数，t 是参数角取值范围，$t\in[-\theta;\theta]$。

先讨论上半复平面到矩形的保角变换：

$$z=\int_0^w\frac{1}{\sqrt{(1-t^2)(1-k^2t^2)}}\mathrm{d}t=\mathrm{F}(\arcsin w,k) \tag{4}$$

其中 $\mathrm{F}(\phi,k)$ 是第一类不完全椭圆积分。这个变换把上半复平面 W 变换为 z 平面上的矩形，特别是把上半复平面 W 实轴上 $(-1,1,1/k,-1/k)$ 四点变换为 $(-K,K,K+\mathrm{i}K',-K+\mathrm{i}K')$，即矩形的四个顶点，其中 $K=\mathrm{F}(\pi/2,k)$，$K'=\mathrm{F}(\pi/2,\sqrt{1-k^2})$。这个变换还把 0 映射为 $0,\mathrm{i}/\sqrt{k}$ 映射为 $\mathrm{i}K'/2$，无穷远点映射为 $\mathrm{i}K'$。

正方形的顶点上注入和流出电流，设注入点为 $(-K,0)$，流出点为 $(K,0)$ 或 (K,K')，取 $a=1$ 或 $a=\sqrt{2}+1$，把式(2)、式(3)代入式(4)，得到正方形上电流产生的等势线和电场线如图 2、图 3 所示。

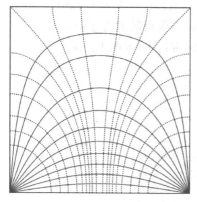 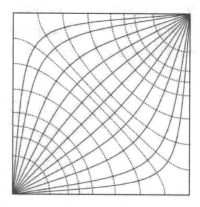

图 2　正方形上电流产生的等势线和电流线(一)　　图 3　正方形上电流产生的等势线和电流线(二)

由图 2 和图 3 可以看出,越靠近电流流入(出)点,等势线越接近圆形,在边界处,等势线垂直于边界;越靠近边界,电流线越接近于边界,电流线与等势线垂直,电流线具有对称轴镜像对称性。这些图形性质符合从顶点流入流出正方形上的电流(势)分布规律。

接下来讨论上半复平面到三角形的保角变换:

$$z = \int_0^w t^{\alpha_1/\pi - 1}(1-t)^{\alpha_2/\pi - 1}\,\mathrm{d}t = \mathrm{B}(w, \alpha_1/\pi, \alpha_2/\pi) \tag{5}$$

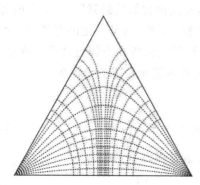

图 4　正三角形上电流产生的等势线和电流线

把 w 上半复平面变换为 z 平面上的三角形,把 w 复平面上两点(0,1)变换为 z 复平面上两点 $(0, \mathrm{B}(\alpha_1/\pi, \alpha_2/\pi))$,三个内角分别为 $(\alpha_1, \alpha_2, \pi - \alpha_1 - \alpha_2)$,其中 $\mathrm{B}(w, p, q)$ 是不完全贝塔函数。为简单、美观起见,我们取正三角形,此时 $\alpha_1 = \alpha_2 = \pi/3$,保角变换 $\mathrm{B}(w, 1/3, 1/3)$ 把点 $\exp(\mathrm{i}\pi/3)$ 映射到正三角形的中心。

设电流从正三角形一个顶点注入,从另一个顶点流出。把式(2)、式(3)代入式(5),得到正三角形上电流产生的等势线和电流线如图 4 所示。

由图 4 可以看出,越靠近电流流入(出)点,等势线越接近圆形,在边界处,等势线垂直于边界;越靠近边界,电流线越接近于边界,电流线与等势线垂直,电流线具有对称轴镜像对称性。这些图形性质符合从顶点流入流出正三角形上的电流(势)分布规律。

117　无限迭代分形正三角形网络电阻

问题:三角形有两种无限分形结构,其基本组分是中点三角形和相似三角形。如将三角形看作电阻网络,那么边上任意两点之间的等效电阻如何计算?

解析:首先考虑中点三角形无限迭代后的分形网络,为了便于与最特殊的正三角形分形网络对比,把图画得接近于正三角形的分割,如图 1 所示。

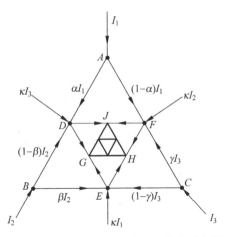

图 1　中点三角形分形网络电流分布示意图

图 1 中，A、B、C 为三个顶点，EFD（注意排序）是它的中点三角形。A 点流入的电流为 I_1，分成两部分，AD 边上的电流为 αI_1，AF 边上的电流为 $(1-\alpha)I_1$。B 点流入的电流为 I_2，分成两部分，BE 边上的电流为 βI_2，BD 边上的电流为 $(1-\beta)I_2$。C 点流入的电流为 I_3，分成两部分，CF 边上的电流为 γI_3，CE 边上的电流为 $(1-\gamma)I_3$。所有层三角形三个顶点流入的电流都满足这样的分配关系。第一层中点三角形 EFD 与第二层起始的三角形 $A'B'C'$（图 1 中未标记）地位相等，从对应点，比如 E 点和 A' 点，流入的电流的分配系数是一样的。图 1 中的每个顶点既属于上一层，又属于下一层。规定以这个顶点字母为下标的电流为上一层通过这个顶点注入下一层的电流。E、F、D 三个顶点注入的电流正比于上一层对应顶点 A、B、C 注入的电流，比例系数为 κ。由图 1 标示的电流分配系数和电流大小及走向，得到

$$I_E = \beta I_2 + (1-\gamma)I_3 = \kappa I_1 \tag{1}$$

$$I_F = \gamma I_3 + (1-\alpha)I_1 = \kappa I_2 \tag{2}$$

$$I_D = \alpha I_1 + (1-\beta)I_2 = \kappa I_3 \tag{3}$$

三角形 EFD 边上的电流分配与三角形 ABC 边上的电流分配相同，EH 边上的电流为 E 点注入电流的 α 倍，EG 边上的电流为 E 点注入电流的 $1-\alpha$ 倍；FJ 边上的电流为 F 点注入电流的 β 倍，FH 边上的电流为 F 点注入电流的 $1-\beta$ 倍；DG 边上的电流为 D 点注入电流的 γ 倍，DJ 边上的电流为 D 点注入电流的 $1-\gamma$ 倍，即

$$I_{EH} = \alpha I_E, \quad I_{EG} = (1-\alpha)I_E \tag{4}$$

$$I_{FJ} = \beta I_F, \quad I_{FH} = (1-\beta)I_F \tag{5}$$

$$I_{DG} = \gamma I_D, \quad I_{DJ} = (1-\gamma)I_D \tag{6}$$

为计算方便，设单位长度的电阻为 1，电流和电压都是无量纲的量（实际计算时可以使用单位）。

三角形 ADF 上，$U_{AF} = U_{AD} + U_{DF}$，即

$$(1-\alpha)I_1 L_{AF} = \alpha I_1 L_{AD} + (1-\gamma)I_D L_{DJ} - \beta I_F L_{JF} \tag{7}$$

三角形 BED 上，$U_{BD} = U_{BE} + U_{ED}$，即

$$(1-\beta)I_2 L_{BD} = \beta I_2 L_{BE} + (1-\alpha)I_E L_{EG} - \gamma I_D L_{GD} \tag{8}$$

三角形 CFE 上，$U_{CE} = U_{CF} + U_{FE}$，即

$$(1-\gamma)I_3 L_{CE} = \gamma I_3 L_{CF} + (1-\beta)I_F L_{FH} - \alpha I_E L_{HE} \tag{9}$$

由电流守恒，即注入三角形电流之和为零，得到

$$I_1 + I_2 + I_3 = 0 \tag{10}$$

给定三角形边长，有一个电流比例系数 κ，三个电流分配系数 (α, β, γ)，以及三个注入电流 (I_1, I_2, I_3) 共 7 个量未知，通过以上方程组求解。电阻电路是线性的，即注入电流成比例增加，电流比例系数和分配系数是不变的。为方便讨论，可以设任何一个顶点的注入电流为一个单位。

先计算一下正三角形中点三角形无限迭代网络的电流分配系数。由对称性可知，$I_1 = 1, I_2 = I_3 = -1/2, \alpha = 1/2, \beta = 1 - \gamma$。由式(1)~式(3)可知 $\kappa = -\beta$。由式(8)计算得

$$\beta^2 - 6\beta + 2 = 0 \tag{11}$$

由此可知中点正三角形分形网络上的电流分配系数和比例系数为

$$\alpha = 1/2, \quad \beta = 3 - \sqrt{7}, \quad \gamma = \sqrt{7} - 2, \quad \kappa = \sqrt{7} - 3 \tag{12}$$

对于一般的三角形，设 A 点注入的电流为 1，那么式(1)~式(10)化简后最终形式是某个未知量，譬如说电流比例系数 κ 的 5 次代数方程。5 次代数方程没有初等函数解析表达式，所以我们采用数值解。通过数学软件发现，这个 5 次方程有 5 个实根，但只有两个是有物理意义的。取三角形的边长为 $AB = 3, BC = 5, CA = 4$，数值计算得到两组解，分别为

$$I_{12} = -0.70, \quad I_{13} = -0.30, \quad \alpha_1 = 0.47, \quad \beta_1 = 0.51, \quad \gamma_1 = 0.83, \quad \kappa_1 = -0.41$$

$$I_{22} = 3.37, \quad I_{23} = -4.37, \quad \alpha_2 = 0.21, \quad \beta_2 = 0.68, \quad \gamma_2 = 0.41, \quad \kappa_2 = -0.29$$

由电阻电路的线性性，把上面的两组解相减，这样 A 点流入的电流为零，效果相当于电流从 B 点流入(流出)，从 C 点流出(流入)，可以计算 BC 两端的等效电阻。上面两式相减，得到流入、流出的电流为 $I_2 = -I_3 = -4.07$，BE 段的电流为

$$I_{BE} = \beta_1 I_{12} - \beta_2 I_{22} = -2.65 \tag{13}$$

CE 段的电流为

$$I_{CE} = (1-\gamma_1)I_{13} - (1-\gamma_2)I_{23} = 2.54 \tag{14}$$

BC 段的电压降为

$$U_{BC} = I_2 R_{BC} = I_{BE} r_{BE} - I_{CE} r_{CE} \tag{15}$$

由此计算得到 BC 两端的等效电阻为 $R_{BC} = 3.19$。采用同样的方法，得到 CA 两端的等效电阻为 $R_{CA} = 2.18$，AB 两端的等效电阻为 $R_{AB} = 1.40$。

其次考虑相似缩小正三角形的无限迭代形成的分形网络，如图 2 所示。

与三角形 ABC 相似的是三角形 DEF，同样设 A 点流入的电流为 I_1，B 点流入的电流为 I_2，C 点流入的电流为 I_3。依据电流比例系数和分配系数不变性，得到以下三个方程：

$$\alpha I_1 + (1-\beta)I_2 = \kappa I_1 \tag{16}$$

$$\beta I_2 + (1-\gamma)I_3 = \kappa I_2 \tag{17}$$

$$\gamma I_3 + (1-\alpha)I_1 = \kappa I_3 \tag{18}$$

设第一层正三角形 ABC 的边长为 1，$AD = h$，$DF = l = \sqrt{h^2 + (1-h)^2 - h(1-h)}$。由三个三角形 ADF、BED、CFE 上的基尔霍夫定律，得到以下三个方程：

$$\alpha I_1 h + \kappa(1-\alpha)I_1 l(1-h) = (1-\alpha)I_1(1-h) + \kappa\gamma I_3 lh \tag{19}$$

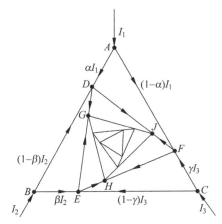

图 2　相似正三角形分形网络上的电流分布示意图

$$\beta I_2 h + \kappa(1-\beta)I_2 l(1-h) = (1-\beta)I_2(1-h) + \kappa\alpha I_1 lh \tag{20}$$

$$\gamma I_3 h + \kappa(1-\gamma)I_3 l(1-h) = (1-\gamma)I_3(1-h) + \kappa\beta I_2 lh \tag{21}$$

联立式(16)～式(21)和电流守恒方程(10),就能得到电流比例系数和分配系数的值。数值求解发现存在两组共轭的复数解。复数解出现的原因可能是三个端点都有电流流入是中间虚拟过程,实际测量电阻要求只有两个端点电流流入(流出)。即使两个端点之间电流是复数,电压降也是复数,它们的比例是实数,电阻还是实数,这个解释为实际数值计算所验证。

我们举一个具体例子来说明这个分形网络 BC 两段实数电阻的计算方法,取 $I_1=1$ 和 $h=1/3$,数值计算得到

$$I_{12} = -\frac{1}{2} - \frac{\sqrt{3}}{2}i, \quad I_{13} = -\frac{1}{2} + \frac{\sqrt{3}}{2}i, \quad \alpha_1 = \beta_1 = \gamma_1 = 0.62 + 0.09i, \quad \kappa_1 = 0.35 - 0.20i$$

$$I_{22} = -\frac{1}{2} + \frac{\sqrt{3}}{2}i, \quad I_{13} = -\frac{1}{2} - \frac{\sqrt{3}}{2}i, \quad \alpha_2 = \beta_2 = \gamma_2 = 0.62 - 0.09i, \quad \kappa_2 = 0.35 + 0.20i$$

由电阻电路的线性性,流入 B 点的总电流为 $I = I_{12} - I_{22} = -\sqrt{3}i$,$BC$ 边上总的电压降为

$$U = \frac{1}{3}(\beta_1 I_{12} - \beta_2 I_{22}) - \frac{2}{3}\left[(1-\gamma_1)I_{13} - (1-\gamma_2)I_{23}\right] = -0.89i \tag{22}$$

所以 BC 两端的等效电阻为 $R = U/I = 0.51$。

练习:利用本题中的方法,求其他无限分形网络的格点之间的等效电阻。

118　正四面体对称性的等势面和电场线

问题:同样大小的四个正的点电荷,固定在正四面体的四个顶点上,等势面是什么形状?

解析:首先取两个极限分析一下,一种是离开电荷体系很大距离,此时电荷体系一级近似可以看作点电荷,等势面是很大的球面;一种是非常靠近正四面体的顶点,顶点上的点电荷产生的电势是主要部分,等势面也可以看作近似球面,不过这个球面的半径非常小。此时的等势面就是四个分离的非常小的球面。其他区域只能通过数学软件来描绘。

为了计算简单和方便,设长度以 a 为单位,电势以 $1/(4\pi\varepsilon a)$ 为单位,取正四面体四个顶点坐标为 $(1,1,1),(-1,-1,1),(-1,1,-1),(1,-1,-1)$,则空间电势为

$$\Phi(x,y,z)=\frac{1}{\sqrt{(x-1)^2+(y-1)^2+(z-1)^2}}+\frac{1}{\sqrt{(x+1)^2+(y+1)^2+(z-1)^2}}+$$
$$\frac{1}{\sqrt{(x+1)^2+(y-1)^2+(z+1)^2}}+\frac{1}{\sqrt{(x-1)^2+(y+1)^2+(z+1)^2}}$$

数值计算给出 $\Phi(x,y,z)=\Phi(r,r,r)$ 的等势面如图 1 所示。

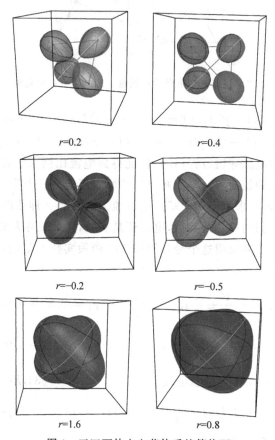

图 1 正四面体点电荷体系的等势面

从图 1 中可以看出,越靠近顶点(点电荷),等势面越像一个球面,且是分离的四个球面。当离开 $(1,1,1)$ 顶点的距离反方向超过 $\sqrt{3}$ 时,等势面就从四个分离的曲面融合为一个整体的曲面。无论等势面分离还是成为一个整体,都具有正四面体的对称性。从等势面演化趋势看,分离和融合的分界点在原点,此时的临界等势面看起来像扎在一起的四个气球,如图 2 所示。

使用数学软件画等势面容易,但画电场线比较困难。从数学上讲,电场线是这样的曲线,曲线上每一点处的切线,都与经过这个点的电场强度平行,即有下面形式的微分方程:

$$\frac{\mathrm{d}x}{\mathrm{d}t}=\lambda E_x,\qquad\frac{\mathrm{d}y}{\mathrm{d}t}=\lambda E_y,\qquad\frac{\mathrm{d}z}{\mathrm{d}t}=\lambda E_z$$

其中 t 为某种参数。如果参数是弧长参数,那么有

$$(\mathrm{d}x)^2 + (\mathrm{d}y)^2 + (\mathrm{d}z)^2 = (\mathrm{d}s)^2$$

此时比例系数为

$$\lambda = \frac{1}{\sqrt{E_x^2 + E_y^2 + E_z^2}}$$

我们希望这个参数就是电势,这样就有一个极大的好处,从同一个等势面上出发的不同电场线,经过相同的参数(电势差),还是落在同一等势面上。此时有

$$\mathrm{d}\Phi = \frac{\partial \Phi}{\partial x}\mathrm{d}x + \frac{\partial \Phi}{\partial y}\mathrm{d}y + \frac{\partial \Phi}{\partial z}\mathrm{d}z$$

$$= -\left(E_x \frac{\mathrm{d}x}{\mathrm{d}\Phi} + E_y \frac{\mathrm{d}y}{\mathrm{d}\Phi} + E_z \frac{\mathrm{d}z}{\mathrm{d}\Phi}\right)\mathrm{d}\Phi$$

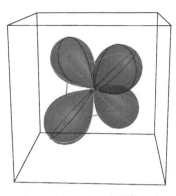

图 2　正四面体点电荷体系的
临界等势面

此时的比例系数为

$$\lambda = -\frac{1}{E_x^2 + E_y^2 + E_z^2}$$

如果电荷均匀分布在正四面体的六条棱上,三维空间的等势面是什么样的? 首先推导一下以 r_1、r_2 为两端坐标的线段所产生的电势,线段上任意一点可以表示为

$$r'(s) = (1-s)r_1 + s r_2$$

空间任意一点的电势为

$$\Phi = \frac{\sigma}{4\pi\varepsilon}\int_0^1 \frac{\mathrm{d}s}{|r - r'(s)|}$$

经过计算(作为练习),可得其表达式为

$$\Phi = \frac{\sigma}{4\pi\varepsilon}\frac{1}{|r_1 - r_2|}\Bigg(\ln\Big(|r - r_2| + |r_1 - r_2| + \frac{(r - r_1)\cdot(r_1 - r_2)}{|r_1 - r_2|}\Big) - \ln\Big(|r - r_1| + \frac{(r - r_1)\cdot(r_1 - r_2)}{|r_1 - r_2|}\Big)\Bigg)$$

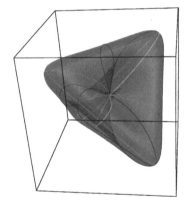

图 3　正四面体棱电荷体系的
临界等势面

这样把六条棱上电势加起来,所得结果就是电荷体系所产生的电势。数值计算发现 $\Phi(x,y,z)=\Phi(0,0,0)$ 的等势面如图 3 所示。

练习:利用数学软件,画出穿过以上等势面的电场线。

119　带电半球面之间的库仑吸引力

问题:金属带电球壳,上、下两部分用一个极细的绝缘圆环隔开,它们具有相反的电势。那么半球壳上的电荷量多大? 两个半球壳的吸引力多大?

解析:设球的半径为 a,由于体系的对称性,可以直接写出球内外的电势表达式:

$$\Phi = \sum_{l=0}^{\infty} C_l \left(\frac{r}{a}\right)^l P_l(\cos\theta), \quad r < a$$

$$\Phi = \sum_{l=0}^{\infty} C_l \left(\frac{a}{r}\right)^{l+1} P_l(\cos\theta), \quad r > a$$

在球面上有

$$\sum_{l=0}^{\infty} C_l P_l(\cos\theta) = \begin{cases} +U, & \theta < \pi/2 \\ -U, & \theta > \pi/2 \end{cases}$$

利用勒让德函数的正交性,得到展开系数 C_l 的积分表达式

$$C_l = (2l+1)U \int_0^1 P_l(x)\, \mathrm{d}x$$

其中 l 为奇数,计算可得(作为练习)

$$C_{2n+1} = (-1)^n \frac{(2n+1)!!}{(2n+2)!!} \frac{4n+3}{2n+1}$$

这样,整个空间的电势分布可以写为勒让德函数的无穷求和表达式,但是用这种表达式,用数学软件 Mathematica 计算,求和项至少 30 项,才能给出大致满意的结果(等势面的形状等)。对于数学软件来说,定积分的计算比无穷求和的计算快速且容易。令 $z = \min(a,r)/\max(a,r)$,设无穷求和有以下表达式:

$$\sum_{l=1}^{\infty} (2l+1) P_l(x) P_l(y) z^{2l+1} = F(x,y,z)$$

勒让德函数有母(产生函数)函数表达式:

$$\frac{1}{\sqrt{1-2xt+t^2}} = \sum_{l=0}^{\infty} P_l(x) t^l$$

$$\frac{1-t^2}{(1-2yt+t^2)^{3/2}} = \sum_{l=0}^{\infty} (2l+1) P_l(y) t^l$$

由勒让德函数的奇偶性,得到

$$f(x,t) = \frac{1}{2}\left(\frac{1}{\sqrt{1-2xt+t^2}} - \frac{1}{\sqrt{1+2xt+t^2}}\right) = \sum_{l=1,3,5,\cdots}^{\infty} P_l(x) t^l$$

$$g(y,t) = \frac{1}{2}\left(\frac{1-t^2}{(1-2yt+t^2)^{3/2}} - \frac{1-t^2}{(1+2yt+t^2)^{3/2}}\right) = \sum_{l=1,3,5,\cdots}^{\infty} (2l+1) P_l(y) t^l$$

再令 $t = \sqrt{z}\exp(\mathrm{i}\alpha)$ 和 $t = \sqrt{z}\exp(-\mathrm{i}\alpha)$,上面两式相乘,得

$$f(x,\sqrt{z}\exp(\mathrm{i}\alpha)) g(y,\sqrt{z}\exp(-\mathrm{i}\alpha)) = \sum_l \sum_{l'} (2l'+1) P_l(x) P_{l'}(y) z^{(l+l')/2} \exp(\mathrm{i}(l-l')\alpha)$$

上式在 $[0,2\pi]$ 区间积分,由函数的正交性,得

$$\int_0^{2\pi} f(x,\sqrt{z}\exp(\mathrm{i}\alpha)) g(y,\sqrt{z}\exp(-\mathrm{i}\alpha))\, \mathrm{d}\alpha = 2\pi \sum_{l=1,3,5,\cdots} (2l+1) P_l(x) P_l(y) z^l$$

以球半径 a 为长度单位,以 U 为电势单位,则球内的电势分布可以写为

$$\Phi = \frac{1}{2\pi} \int_0^1 \int_0^{2\pi} f(x,\sqrt{r}\exp(\mathrm{i}\alpha)) g(\cos\theta,\sqrt{r}\exp(-\mathrm{i}\alpha))\, \mathrm{d}\alpha\, \mathrm{d}x$$

由电势的勒让德函数求和表达式,可以得到球内外两侧电场径向分量的表示:

$$E_{r-} = -\frac{\partial \Phi}{\partial r} = -\sum_{l=0}^{\infty} l C_l \mathrm{P}_l(\cos\theta)$$

$$E_{r+} = -\frac{\partial \Phi}{\partial r} = \sum_{l=0}^{\infty} (l+1) C_l \mathrm{P}_l(\cos\theta)$$

由高斯定理,球面的电荷密度等于这两者之差,即

$$\sigma = \sum_{l=0}^{\infty} (2l+1) C_l \mathrm{P}_l(\cos\theta)$$

仿照以上思路,得到以下的无穷求和:

$$\int_0^{2\pi} g(x,\sqrt{z}\exp(\mathrm{i}\alpha)) g(y,\sqrt{z}\exp(-\mathrm{i}\alpha))\,\mathrm{d}\alpha = 2\pi \sum_{l=1,3,5,\cdots} (2l+1)^2 \mathrm{P}_l(x)\mathrm{P}_l(y) z^l$$

于是,球面的电荷密度为

$$\sigma = \frac{1}{2\pi} \int_0^1 \int_0^{2\pi} g(x,\exp(\mathrm{i}\alpha)) g(\cos\theta,\exp(-\mathrm{i}\alpha))\,\mathrm{d}\alpha\,\mathrm{d}x$$

半球表面的电荷量为

$$Q = 2\pi \int_0^{\pi/2} \sigma\sin\theta\,\mathrm{d}\theta = \int_0^1 \int_0^1 \int_0^{2\pi} g(x,\exp(\mathrm{i}\alpha)) g(y,\exp(-\mathrm{i}\alpha))\,\mathrm{d}\alpha\,\mathrm{d}x\,\mathrm{d}y$$

用无穷求和表示就是

$$Q = 2\pi \sum_{l=1,3,5,\cdots}^{\infty} (2l+1)^2 \left(\int_0^1 \mathrm{P}_l(x)\,\mathrm{d}x \right)^2 = 2\pi \sum_{n=0}^{\infty} C_{2n+1}^2$$

下面推导当 n 趋向于无穷大时,系数 C_{2n+1} 的渐近展开式。首先把双阶乘表示为伽马函数:

$$|C_{2n+1}| = \frac{\frac{1}{2} \times \frac{3}{2} \times \left(n+\frac{1}{2}\right)}{1 \times 2 \times 3 \times (n+1)} \frac{4n+3}{2n+1}$$

然后利用伽马函数的乘积公式

$$\lambda(\lambda+1)\cdots(\lambda+n) = \frac{\Gamma(\lambda+n+1)}{\Gamma(\lambda)}$$

得到系数的表达式

$$|C_{2n+1}| = \frac{\Gamma\left(n+\frac{3}{2}\right)}{\Gamma(n+2)} \frac{4n+3}{2n+1}$$

由伽马函数的渐近展开式,得

$$|C_{2n+1}| \to 2n^{-1/2} - \frac{3}{4}n^{-3/2} + \frac{37}{64}n^{-5/2}$$

所以

$$|C_{2n+1}|^2 \to \frac{4}{n}$$

这个求和形式是发散的,积分形式的数值计算结果也验证了这一点。即半球面上的电荷量为无穷大,但整个电荷量为零。

注解:球壳上的电势是有限值,但电荷量为无穷大。对此不经过仔细的计算,是不可能预先知道的。

文献:江俊勤. Mathematica 10. 3 与数字化大学物理[M]. 北京:科学出版社,2019:37-45.

120 两个金属圆盘的电容

问题：两个共轴平行金属圆盘之间的电容（矩阵）系数如何计算？

解析：设圆盘所在平面与 x-y 平面平行，圆心在 z 轴上。为讨论方便，设第一个圆盘圆心在原点，半径为 R_1，电势为 V_1，第二个圆盘圆心在 $z=L$ 处，半径为 R_2，电势为 V_2，在两个圆盘之外，电势 $\Phi(\rho,z)$ 所满足的泊松方程为

$$\frac{1}{\rho}\frac{\partial}{\partial\rho}\left(\rho\frac{\partial\Phi}{\partial\rho}\right)+\frac{1}{\rho^2}\frac{\partial^2\Phi}{\partial z^2}=0 \tag{1}$$

这个方程满足圆柱对称性和无穷远边界条件的一般解为

$$J_0(k\rho)\exp(-k|z|) \tag{2}$$

由体系的几何形状以及电势的连续性，假设电势 $\Phi(\rho,z)$ 为

$$\Phi(\rho,z)=\int_0^\infty\left[g_1(k)\exp(-k|z|)+g_2(k)\exp(-k|z-L|)\right]\frac{J_0(k\rho)}{k}dk \tag{3}$$

其中 $g_1(k)$ 和 $g_2(k)$ 为两个未知的待定函数。两个金属圆盘是等势体，所以有

$$V_1=\int_0^\infty\left[g_1(k)+g_2(k)\exp(-kL)\right]J_0(k\rho)/k\,dk，\quad \rho<R_1 \tag{4}$$

$$V_2=\int_0^\infty\left[g_1(k)\exp(-kL)+g_2(k)\right]J_0(k\rho)/k\,dk，\quad \rho<R_2 \tag{5}$$

在圆盘以外平面上，电场的 z 分量连续，当 $z>L$ 时，计算得

$$E_z=\int_0^\infty\left[g_1(k)\exp(-kz)+g_2(k)\exp(-k(z-L))\right]J_0(k\rho)dk \tag{6}$$

当 $0<z<L$ 时，电场的 z 分量为

$$E_z=\int_0^\infty\left[g_1(k)\exp(-kz)-g_2(k)\exp(-k(L-z))\right]J_0(k\rho)dk \tag{7}$$

当 $z<0$ 时，电场的 z 分量为

$$E_z=\int_0^\infty\left[-g_1(k)\exp(kz)-g_2(k)\exp(-k(L-z))\right]J_0(k\rho)dk \tag{8}$$

由电场 z 分量在 $z=0$ 平面上的连续条件，得

$$0=\int_0^\infty g_1(k)J_0(k\rho)dk，\quad \rho>R_1 \tag{9}$$

由电场 z 分量在 $z=L$ 平面上的连续条件，得

$$0=\int_0^\infty g_2(k)J_0(k\rho)dk，\quad \rho>R_2 \tag{10}$$

将式(4)、式(5)、式(9)、式(10)联立，理论上解出 $g_1(k)$ 和 $g_2(k)$ 的表达式，就能确定电势 $\Phi(\rho,z)$。

由积分恒等式

$$\int_0^\infty k\cos(kR)J_0(k\rho)dk=0，\quad \rho>R \tag{11}$$

可设

$$g_1(k)=k\int_0^{R_1}f_1(r)\cos(kr)dr \tag{12}$$

$$g_2(k) = k\int_0^{R_2} f_2(r)\cos(kr)\mathrm{d}r \tag{13}$$

将式(12)、式(13)反代回式(4)、式(5),定义关联函数 $G(r,\rho,L)$ 为

$$G(\rho,r,L) = \int_0^\infty \cos(kr)\mathrm{J}_0(k\rho)\exp(-kL)\mathrm{d}k \tag{14}$$

且有

$$G(\rho,r,0) = (\rho^2 - r^2)^{-1/2}\theta(\rho - r) \tag{15}$$

其中 $\theta(x)$ 为阶梯函数。计算得

$$V_1 = \int_0^\rho \frac{f_1(r)}{\sqrt{\rho^2 - r^2}}\mathrm{d}r + \int_0^{R_2} G(\rho,r,L)f_2(r)\mathrm{d}r, \quad \rho < R_1 \tag{16}$$

$$V_2 = \int_0^{R_1} G(\rho,r,L)f_1(r)\mathrm{d}r + \int_0^\rho \frac{f_2(r)}{\sqrt{\rho^2 - r^2}}\mathrm{d}r, \quad \rho < R_2 \tag{17}$$

由积分方程的阿贝尔转换公式:

$$g(x) = \int_0^x \frac{f(t)}{\sqrt{x^2 - t^2}}\mathrm{d}t, \quad f(t) = \frac{2}{\pi}\frac{\mathrm{d}}{\mathrm{d}t}\int_0^t \frac{xg(x)}{\sqrt{t^2 - x^2}}\mathrm{d}x \tag{18}$$

经过复杂的计算,得

$$\frac{\pi}{2}f_1(r) = V_1 - \int_0^{R_2} K(r,r',L)f_2(r')\mathrm{d}r' \tag{19}$$

$$\frac{\pi}{2}f_2(r) = V_2 - \int_0^{R_1} K(r,r',L)f_1(r')\mathrm{d}r' \tag{20}$$

其中积分核 $K(r,r',L)$ 为

$$K(r,r',L) = \int_0^\infty \cos(kr)\cos(kr')\exp(-kL)\mathrm{d}k \tag{21}$$

或

$$K(r,r',L) = \frac{L}{2}\left[\frac{1}{(r+r')^2 + L^2} + \frac{1}{(r-r')^2 + L^2}\right] \tag{22}$$

式(19)、式(20)为积分方程,理论上确定 $f_1(r)$ 和 $f_2(r)$,就能确定两个圆盘上的电荷 Q_1 和 Q_2。

由高斯定理和电场的表达式(6)~式(8),计算得

$$Q_1 = 4\pi\varepsilon_0 \int_0^{R_1}\int_0^\infty g_1(k)\mathrm{J}_0(k\rho)\rho\mathrm{d}\rho\mathrm{d}k \tag{23}$$

$$Q_2 = 4\pi\varepsilon_0 \int_0^{R_2}\int_0^\infty g_2(k)\mathrm{J}_0(k\rho)\rho\mathrm{d}\rho\mathrm{d}k \tag{24}$$

由 $g_1(k)$ 和 $g_2(k)$ 的积分表示式(12)、式(13),经过复杂的计算,得

$$Q_1 = 4\pi\varepsilon_0 \int_0^{R_1} f_1(r)\mathrm{d}r, \quad Q_2 = 4\pi\varepsilon_0 \int_0^{R_2} f_2(r)\mathrm{d}r \tag{25}$$

电容系数矩阵 C_{ij} 定义为

$$\begin{pmatrix} Q_1 \\ Q_2 \end{pmatrix} = \begin{pmatrix} C_{11} & C_{12} \\ C_{21} & C_{22} \end{pmatrix}\begin{pmatrix} V_1 \\ V_2 \end{pmatrix} \tag{26}$$

实际数值计算过程中,采用数值积分中的 Gauss-Lobatto 公式。对于两个相同圆盘,其间距 L 等于圆盘半径,设电容以 $4\varepsilon_0 L$ 为单位,数值计算得到 $C_{11} = 1.26, C_{12} = -0.56, C = C_{11} - C_{12} = 1.82$,与文献的数值结果 1.82 一致,说明本题所用的数值积分方法是正确、有效的。

文献:CARISON G T,ILLMAN B L. The circular disk parallel plate capacitor [J]. Am. J. Phys,1994,62 (12):1099-1105.

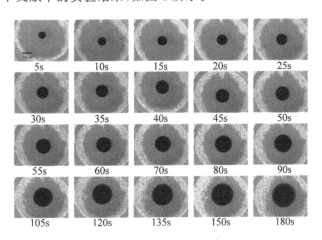

热　　学

121　水中墨水液滴的扩散

问题：把一滴墨水滴进水中，墨团的大小（半径）是如何随时间变化的？

解析：先看一下文献中的实验结果，如图 1 所示。

图 1　墨水液滴在水中的扩散

由图 1 可以看出，随着时间的增加，墨水液滴的半径也增大。这个实验的理论模型是扩散方程：

$$D\left(\frac{\partial^2 C}{\partial r^2} + \frac{1}{r}\frac{\partial C}{\partial r}\right) = \frac{\partial C}{\partial t}$$

其中 D 为墨水在水中的扩散系数；C 可以认为是墨水液滴的浓度分布，起始条件为

$$C(r \leqslant a, t = 0) = C_0$$
$$C(r > a, t = 0) = 0$$

扩散方程的含时格林函数为

$$G(r, r', t) = \left(\frac{1}{\sqrt{4\pi t}}\right)^3 \exp\left(-\frac{|r - r'|^2}{4Dt}\right)$$

由此得到墨水液滴浓度分布函数：

$$C(r,t) = \iiint G(r,r',t)C(r',0)\mathrm{d}^3 r'$$

在球坐标中具体写出来，就是

$$C(r,t) = 2\pi C_0 \left(\frac{1}{\sqrt{4\pi t}}\right)^3 \int_0^a r'^2 \mathrm{d}r' \int_0^\pi \sin\theta \exp\left(-\frac{r^2 - 2rr'\cos\theta + r'^2}{4Dt}\right)\mathrm{d}\theta$$

积分得

$$C(r,t) = 8\pi Dt C_0 \left(\frac{1}{\sqrt{4\pi t}}\right)^3 \frac{1}{r} \exp\left(-\frac{r^2}{4Dt}\right)\int_0^a r' \exp\left(-\frac{r'^2}{4Dt}\right)\sinh\left(\frac{rr'}{2Dt}\right)\mathrm{d}r'$$

设长度以起始墨水液滴半径 a 为单位，时间以 a^2/D 为单位，上式可以简化为

$$C(r,t) = C_0 \times 8\pi \left(\frac{1}{\sqrt{4\pi t}}\right)^3 \frac{t}{r}\exp\left(-\frac{r^2}{4t}\right)\int_0^1 r'\exp\left(-\frac{r'^2}{4t}\right)\sinh\left(\frac{rr'}{2t}\right)\mathrm{d}r'$$

积分得到墨水液滴浓度分布的解析表达式

$$\frac{C(r,t)}{C_0} = 4\pi \left(\frac{1}{\sqrt{4\pi t}}\right)^3 \frac{t}{r}\exp\left(-\frac{2+2r^2}{4t}\right)F(r,t)$$

其中

$$F(r,t) = 2t\left(\exp\left(\frac{(1-r)^2}{4t}\right) - \exp\left(\frac{(1+r)^2}{4t}\right)\right) + r\sqrt{\pi t}\exp\left(\frac{1+r^2}{2t}\right)\left(\mathrm{erf}\left(\frac{1-r}{2\sqrt{t}}\right) + \mathrm{erf}\left(\frac{1+r}{2\sqrt{t}}\right)\right)$$

其中误差积分函数 $\mathrm{erf}(z)$ 定义为

$$\mathrm{erf}(z) = \frac{2}{\sqrt{\pi}}\int_0^z \exp(-t^2)\mathrm{d}t$$

不同时刻墨水液滴浓度分布如图 2 所示。

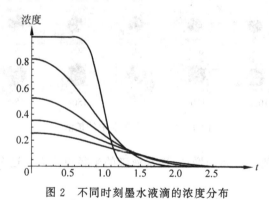

图 2　不同时刻墨水液滴的浓度分布

由墨水液滴分布的解析表达式，得到不同时刻中心部分的浓度为

$$\frac{C(0,t)}{C_0} = \mathrm{erf}\left(\frac{1}{2\sqrt{t}}\right) - \frac{1}{\sqrt{\pi t}}\exp\left(-\frac{1}{4t}\right)$$

当边缘浓度是中心浓度的 1/10 时，可以认为边缘距离是此刻的墨水液滴半径。理论上可以得到该半径与时间的关系曲线图。但是本题的结果与文献结果不一样。

练习：实际做这个实验，测量分析数据，验证文献和本题的理论结果，看看哪个结论比较符合实验。

注解：文献中计算墨水液滴浓度分布函数时，漏掉了球坐标中体积元角度部分的 $\sin\theta$ 项，得到了零级虚宗量贝塞尔函数的表达式。

文献：LEE S，LEE H Y，LEE I F，et al. Ink diffusion in water[J]. European Journal of Physics，2004，25(2)：331-336.

122　密封罐内水结冰时产生的压强

问题：水桶装满水，结冰时桶壁受到的压强有多大？与什么物理量有关？

解析：假设桶是圆柱形的，水结冰膨胀对桶内壁产生的压强，在桶壳里面引起应力张力张量，如图 1 所示。

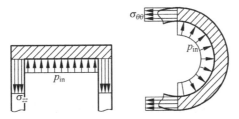

图 1　圆柱桶内的压强和应力分布

根据桶上表面受力平衡（忽略大气压和自重），得

$$p_{\text{in}}\pi R^2 = 2\pi R h\sigma_{zz}$$

$$p_{\text{in}}R\int_{-\pi/2}^{\pi/2}\cos\theta\,\mathrm{d}\theta = 2p_{\text{in}}R = 2h\sigma_{\theta\theta}$$

其中 R 为圆柱的半径，h 为桶壳的厚度。桶壁厚度相对半径很小，所以忽略径向分量的应力张量分量，整体的应力张量为

$$\boldsymbol{\sigma} = \frac{p_{\text{in}}R}{h}\begin{pmatrix} 0 & 0 & 0 \\ 0 & 1 & 0 \\ 0 & 0 & 1/2 \end{pmatrix}$$

这个张量可以分解为

$$\boldsymbol{\sigma} = \frac{1}{3}\mathrm{tr}(\boldsymbol{\sigma})\boldsymbol{I} + \mathrm{dev}(\boldsymbol{\sigma})$$

其中 $\boldsymbol{I}$ 为单位矩阵。

文献 1 定义一个应力为

$$\sigma_{\text{HVM}} = \left(\frac{3}{2}\mathrm{dev}(\boldsymbol{\sigma}):\mathrm{dev}(\boldsymbol{\sigma})\right)^{1/2} = \frac{\sqrt{3}}{2}\frac{p_{\text{in}}R}{h} \tag{1}$$

这个应力要小于极限应力 σ_{u}，由此得到桶壁的极限厚度

$$h \geqslant \frac{\sqrt{3}}{2}\frac{p_{\text{in}}R}{\sigma_{\text{u}}} \tag{2}$$

把冰看作各向同性的弹性材料，其应力张量为

$$\boldsymbol{\sigma}_{\text{ice}} = p_{\text{in}}\begin{pmatrix} 0 & 0 & 0 \\ 0 & 1 & 0 \\ 0 & 0 & 1 \end{pmatrix} \tag{3}$$

由冰的张力-应力(strain-stress)关系式：

$$\sigma = \frac{E\varepsilon}{1+\nu} + \frac{\nu E}{(1+\nu)(1-2\nu)}\mathrm{tr}(\varepsilon)I$$

其中 E 为杨氏模量，ν 为泊松比，以及

$$\varepsilon = \frac{1}{3}\mathrm{tr}(\varepsilon)I = \frac{1}{3}(J-1)I$$

其中 J 是体积变化比：

$$J = \frac{\mathrm{d}V_{\mathrm{ice}}}{\mathrm{d}V} = \frac{\rho}{\rho_{\mathrm{ice}}} = \frac{1000}{917}$$

由此得

$$\sigma = \frac{E(J-1)}{3(1-2\nu)}I \tag{4}$$

对比式(3)和式(4)，得

$$p_{\mathrm{in}} = \frac{E(J-1)}{3(1-2\nu)}$$

冰的杨氏模量为 9330MPa，泊松比为 0.3，由此得到水结冰时产生的(内)压强为 704MPa。

文献：LEXCELLENT C, VIGOUREUX D, VIGOUREUX J M. Pressure in a tank due to water-ice phase transformation[J]. European Journal of Physics, 2017, 38：065002.

123 冰棱锥的形状

问题：冰棱锥底部近似圆锥的半径和高度有什么关系？

解析：先看一下冰棱锥的形状，如图 1 所示。

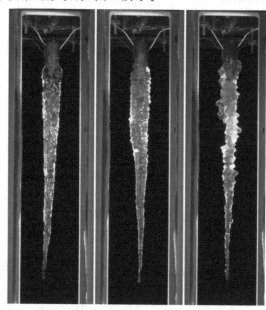

图 1 实验室中的冰棱锥

一些物理参数如下：冰棱锥表面水的流量 $Q = 0.01\,\mathrm{cm}^3/\mathrm{s}$，半径为 $1 \sim 10\,\mathrm{cm}$。简单的模型如图 2 所示。

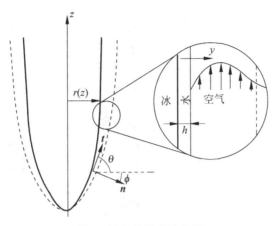

图 2　冰棱锥形成示意图

以 v_g 表示垂直冰锥表面的生长速度，v_t 表示冰锥顶点的生长速度，则有

$$v_\mathrm{g} = v_\mathrm{t}\cos\theta = v_\mathrm{t}\sin\phi \tag{1}$$

冰锥表面一层流水结冰时会放出潜热，加热冰锥表面的一薄层空气。文献发现，这一薄层空气的厚度为

$$\delta = Cl(z/l)^{1/4} \tag{2}$$

其中 C 为常数，特征长度 l 定义为

$$l = \left(\frac{\nu_\mathrm{a}^2}{g\beta\Delta T}\right)^{1/3} \tag{3}$$

其中 ν_a 为空气的黏滞系数，β 为空气的体积膨胀系数。对于 $10\,^\circ\!\mathrm{C}$ 的温差，这个特征长度在 $0.01 \sim 0.1\,\mathrm{cm}$ 之间。假设垂直冰锥表面的生长速度等于薄层空气的热流 $J = k_\mathrm{a}\Delta T/\delta$ 比上水的单位体积的潜热 L，即

$$v_\mathrm{g} = \frac{k_\mathrm{a}\Delta T}{\delta L} = v_\mathrm{c}(l/z)^{1/4}, \quad v_\mathrm{c} \equiv \frac{k_\mathrm{a}\Delta T}{LCl} \tag{4}$$

设长度以 $a = l(v_\mathrm{c}/v_\mathrm{t})$ 为单位，结合式(1)和式(4)，得

$$\cos\theta = z^{-1/4}$$

由于

$$\mathrm{d}r/\mathrm{d}z = \tan\theta$$

由此得

$$\frac{\mathrm{d}r}{\mathrm{d}z} = \frac{1}{\sqrt{z^{1/2} - 1}}$$

积分得

$$r = \frac{4}{3}(z^{1/2} + 2)\sqrt{z^{1/2} - 1}$$

理论和实际形状对比如图 3 所示。

文献：SHORT M B，BAYGENTS J C，GOLDSTEIN R E. A free-boundary theory for

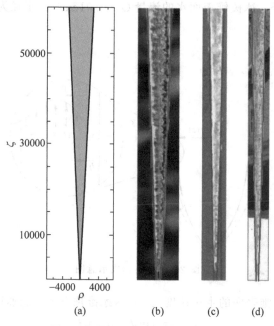

图 3　冰锥理论和实际形状对比图

the shape of the ideal dripping icicle[J]. Physics of Fluids, 2006, 18：083101.

124　冰棱锥上的特征波长

问题：冬天室外屋檐下的冰棱锥上有螺旋状波纹,波长(螺距)与哪些物理量有关(图 1)?

图 1　屋檐下的冰棱锥

解析：从量纲考虑,以往文献给出了最大波长的表达式

$$\lambda_{\max} = 2\pi\sqrt{3 l_d d_0}$$

其中热扩散特征长度 l_d 为

$$l_d = \kappa_l / \bar{V}$$

其中 κ_l 为热扩散系数(thermal diffusivity);$\bar{V}$ 为晶体(冰)的生长速度。这个长度是宏观

尺度。表面特征长度 d_0 为

$$d_0 = T_m \Gamma C_{pl}/L^2$$

其中 T_m 为熔点, Γ 为冰水界面的表面张力(系数), C_{pl} 为水的等压热容, L 为单位体积的潜热。这个尺度是微观尺度。但这个理论预言与实验不大符合,文献提出了一个新的模型,如图 2 所示。

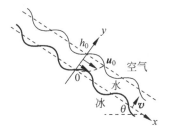

图 2　斜面上的冰-水-空气三相流动模型

这个模型中有两个基本参数,一个是水流的平均厚度 h_0,其表达式为

$$h_0 = \left(\frac{2\nu}{g\sin\theta}\right)^{1/3}\left(\frac{3Q}{2l}\right)^{1/3}$$

其中 ν 为黏性系数, Q 为水的流量, l 为水流的宽度。另一个参数是水流表面的流速 u_0,其表达式为

$$u_0 = \left(\frac{2\nu}{g\sin\theta}\right)^{-1/3}\left(\frac{3Q}{2l}\right)^{2/3}$$

这个模型的基本方程是冰、水和空气中的热传导方程和流体(水)中的流速的 NS 方程,其形式为

$$\frac{\partial T_1}{\partial t} + u\frac{\partial T_1}{\partial x} + v\frac{\partial T_1}{\partial y} = \kappa_1\left(\frac{\partial^2 T_1}{\partial x^2} + \frac{\partial^2 T_1}{\partial y^2}\right)$$

$$\frac{\partial T_s}{\partial t} - \bar{V}\frac{\partial T_s}{\partial y} = \kappa_s\left(\frac{\partial^2 T_s}{\partial x^2} + \frac{\partial^2 T_s}{\partial y^2}\right)$$

$$\frac{\partial T_a}{\partial t} - \bar{V}\frac{\partial T_a}{\partial y} = \kappa_a\left(\frac{\partial^2 T_a}{\partial x^2} + \frac{\partial^2 T_a}{\partial y^2}\right)$$

其中 T_1、T_s 和 T_a 分别为水、冰和空气中的温度(波), u 和 v 分别为沿着斜面和垂直斜面方向的水流速度分量。水流速度满足的 NS 方程为

$$\frac{\partial u}{\partial t} + u\frac{\partial u}{\partial x} + v\frac{\partial u}{\partial y} = -\frac{1}{\rho_1}\frac{\partial p}{\partial x} + \nu\left(\frac{\partial^2 u}{\partial x^2} + \frac{\partial^2 u}{\partial y^2}\right) + g\sin\theta$$

$$\frac{\partial v}{\partial t} + u\frac{\partial v}{\partial x} + v\frac{\partial v}{\partial y} = -\frac{1}{\rho_1}\frac{\partial p}{\partial y} + \nu\left(\frac{\partial^2 v}{\partial x^2} + \frac{\partial^2 v}{\partial y^2}\right) - g\cos\theta$$

这些物理量还要满足流体动力学和热学边界条件。在线性微扰近似下,微扰项有以下共同"平面"波函数因子:

$$\exp((\sigma_r + i\sigma_i)t + ikx)$$

其中 σ_r 为增加速率。文献采用两个近似——长波近似和准静态近似,经过非常复杂的运算,得到增加速率 σ_r 的近似表达式:

$$\sigma_r \approx \frac{\overline{V}}{h_0}\mu\left(1 - \frac{1}{24}\alpha Pe\right)$$

其中 $\mu = kh_0$，Peclet 数为 $Pe = u_0 h_0/\kappa_1$，

$$\alpha = 2\cot\theta\mu + \frac{2}{\sin\theta}\left(\frac{a}{h_0}\right)^2\mu^3$$

其中 $a = \sqrt{\gamma/\rho_l g}$ 为水-空气表面的表面特征长度。当斜面倾角为 90°时，对应最大增加速率的波长为

$$\lambda_{\max} = 2\pi\left(\frac{a^2 h_0 Pe}{3}\right)^{1/3} \approx 0.17\left(\frac{Q}{l}\right)^{4/9}$$

这个理论公式与实验比较符合。

文献：UENO K. Characteristics of the wavelength of ripples on icicles[J]. Physics of Fluids,2007,19(9)：021603.

125　低温平板上水滴冰水分界面的演化

问题：低温金属平板上起始近似球冠的水滴，最终形成的冰滴有个尖点。这个尖点是怎么形成的？

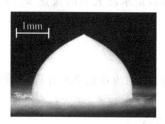

解析：先考虑重力和表面张力系数对液滴形状的影响，这个影响可以用 Bond 数来表示，其定义为

$$Bo = \frac{\rho g a^2}{\gamma}$$

其中 a 为水滴看作（半）球形的半径大小，γ 为水的表面张力系数。对于 3～4mm 大小的水滴，Bond 数在 0.3～0.6 之间，小于 1，说明重力影响较小，液滴近似看作球形（部分）。

文献说明，实验发现，在水滴结冰末期，冰水分界面是个曲面，如图 1 所示。图 1 中顶部水由两部分组成，如图 2 所示。

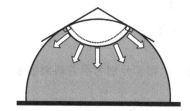

图 1　水滴结冰末期冰水分界面示意图

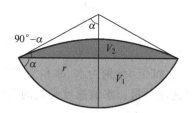

图 2　水滴顶部液体部分分布示意图

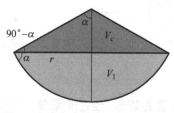

图 3　水滴完全结冰时顶部的构型

当水滴顶部的液体完全结冰时，构型如图 3 所示。

图 2 中，液态水由 V_1 和 V_2 组合而成。图 3 中，固态水（冰）由 V_1 和 V_c 构成。其中 V_c 是圆锥体，底部圆的半径为 r，顶角为 α，很容易得到它的体积

$$V_c = \frac{\pi}{3}r^3\frac{\cos\alpha}{\sin\alpha}$$

图 3 中，冰的体积是球的一部分，顶点（尖点）就是球

心,球半径为

$$R = r/\sin\alpha$$

冰的体积为

$$V_c + V_1 = \frac{2\pi}{3} R^3 (1 - \cos\alpha) = \frac{2\pi}{3} r^3 \frac{1 - \cos\alpha}{\sin^3\alpha}$$

由此得到液态水第一部分的体积为

$$V_1 = \frac{2\pi}{3} r^3 \frac{(1 - \cos\alpha)^2 (2 + \cos\alpha)}{\sin^3\alpha}$$

图 2 中的上部球冠和下部球冠是"对称"的,只不过对于球心张开的角度变为 $\pi/2 - \alpha$,所以第二部分 V_2 的体积为

$$V_2 = \frac{2\pi}{3} r^3 \frac{(1 - \sin\alpha)^2 (2 + \sin\alpha)}{\cos^3\alpha}$$

这样,水滴顶部结冰前后的体积之比为

$$\nu = \frac{V_1(\alpha) + V_2(\alpha)}{V_1(\alpha) + V_c(\alpha)} = 0.917$$

由此计算得到冰滴顶部角度为 65°,文献通过实验测量得到的顶角为 63.7°,二者基本吻合。

练习:具体求解冰滴形状曲线。

文献:SCHETNIKOV A,MATIUNIN V,CHERNOV V. Conical shape of frozen water droplets[J]. American Journal of Physics,2015,83(1):36-38.

126　水滴结冰时分界面的推进速度

问题:低温金属平板上起始近似球冠的水滴,结冰过程中,冰水分界面是什么形状? 如何随时间推进?

解析:从最简单的模型考虑,假设水滴起始是个半球形,底面与一恒(低)温平板接触。文献假设水滴中形成冰水分界面有两个阶段:第一阶段是平面,第二阶段是球面,如图 1 所示。

这两个阶段在竖直方向的坐标 $z = z_0$ 处衔接起来。先考虑第一阶段,采取准静态近似,冰部分温度分布满足以下方程:

$$\frac{\partial^2 T}{\partial^2 z} = 0$$

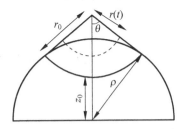

图 1　水滴中的冰水分界面演化示意图

其底部温度为 T_i,上部温度是冰水分界面的温度,也是冰的熔点温度 T_m,由边界条件,可得冰里面的温度分布为

$$T = T_i + (T_m - T_i) \frac{z}{z(t)}$$

其中 $z(t)$ 为冰水分界面的高度。由相变理论,分界面处的热流等于单位时间吸收(释放)的潜热,即

$$vL = k_i \frac{\partial T}{\partial z}$$

其中 v 为冰水分界面的推进速度,L 为单位体积的潜热,k_i 为冰的热传导系数,由此得

$$\frac{dz(t)}{dt} = \frac{k_i(T_m - T_i)}{z(t)}$$

以水滴的半径 ρ 为长度单位,$t_1 = L\rho^2/2k_i(T_m - T_i)$ 为时间单位,可得冰水分界面高度与时间的关系为

$$t = z^2$$

现在确定衔接高度 z_0,由图 1 可以看出

$$z_0 = \frac{1}{\sin\theta} - \frac{\cos\theta}{\sin\theta} = \frac{1 - \cos\theta}{\sin\theta}$$

其中圆锥顶角 θ 由水滴结冰前后总质量不变确定,对于冰水密度之比 $\nu = 0.917$,顶角约为 $\theta \approx 65°$,对应的衔接高度约为 $z_0 \approx 0.64$。

考虑水中的温度分布,仍采取准静态近似,水中温度满足以下方程:

$$\frac{\partial^2 T}{\partial^2 r} + \frac{2}{r}\frac{\partial T}{\partial r} = 0$$

其解为

$$T = \frac{\alpha}{r} + \beta$$

边界条件为

$$r = r(t), T = T_m; \quad r = r_0, T = T_0$$

其中

$$T_0 = T_i + \frac{z_0}{z_0 + r_0 - r(t)}(T_m - T_i)$$

由此计算得

$$\alpha = \frac{r(t)r_0}{r_0 - r(t)}(T_m - T_0), \quad \beta = \frac{1}{r_0 - r(t)}(T_0 r_0 - T_m r(t))$$

同样,考虑分界面处的相变理论,得

$$L\frac{dr(t)}{dt} = k_i \frac{\partial T}{\partial r} = -k_i \frac{r_0}{(z_0 + r_0 - r(t))r(t)}$$

在这个阶段,设长度以 r_0 为单位,时间以 $t_2 = Lr_0^2/2k_i(T_m - T_i)$ 为单位,可得分界面演化方程为

$$\frac{dr}{dt} = -\frac{1}{2(1 + \eta - r)r}$$

其中 $\eta = z_0/r_0 = 1/\cos\theta - 1$。积分得

$$t(r) = t(1) + \eta + \frac{1}{3} - r^2\left(\eta + 1 - \frac{2r}{3}\right)$$

其中

$$t(1) = \frac{t_1}{t_2}\left(\frac{1 - \cos\theta}{\sin\theta}\right)^2 = \left(\frac{\sin\theta}{\cos\theta}\right)^2\left(\frac{1 - \cos\theta}{\sin\theta}\right)^2 = \left(\frac{1 - \cos\theta}{\cos\theta}\right)^2$$

水滴完全结冰时间对应 $r=0$，其表达式为

$$t_\mathrm{f} = \frac{1}{1+\cos\theta} + \frac{\cos^2\theta}{3\sin^2\theta}$$

以上的理论结果和实验符合得非常好。

练习：如有条件，实际做这个实验，测量冰水分界面随时间演化变化曲线，并与本题的理论结果进行对比。

注解：这个模型最关键之处是分界面的形式有两个阶段：第一阶段是平面，第二阶段是球面。虽然没有严格的理论基础，但是模型的结果与实验数据比较吻合。

文献：MICHAEL N. Theory and experiments on the ice-water front propagation in droplets freezing on a subzero surface[J]. European Journal of Physics, 2016, 37(4): 045102.

弹　性

127　肥皂膜中泪滴状鱼线

问题：把一根鱼线两端捻在一起，浸没在肥皂水中，再小心提出来，会看到以下曲线。其物理机理是什么？

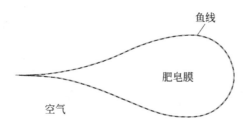

解析：这个实验的理论模型是，质量均匀分布有弹性的线，在肥皂膜的表面张力（常数）下，形成一条封闭的有尖点的曲线。从能量角度看，这种曲线形状，使鱼线的弯曲弹性势能和所围成的肥皂膜表面张力势能之和取极小值。微元受力分析示意图如图1所示。

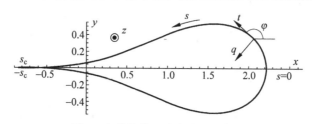

图1　鱼线的微元受力分析示意图

从量纲上看，弯曲弹性势能等于弯曲模量 $B = \pi\rho^4 E/4$（ρ 是鱼线半径，E 是杨氏模量）乘以曲率平方再乘以长度，表面势能等于表面张力系数 σ 乘以面积，由此得到一个弹性-毛细长度单位

$$l_{ec} = \left(\frac{B}{2\sigma}\right)^{1/3}$$

图1中曲线的切向向量为

$$t = (\cos\varphi, \sin\varphi)$$

法向向量为

$$\boldsymbol{q} = (-\sin\varphi, \cos\varphi)$$

鱼线中有内力 $f(s)$ 和弯矩 $m(s)$，满足微元的力矩平衡条件

$$\frac{\mathrm{d}m(s)}{\mathrm{d}s} + t(s) \times f(s) = 0 \tag{1}$$

解得

$$f(s) = T(s)t(s) - q(s)\frac{\mathrm{d}m(s)}{\mathrm{d}s}$$

其中 $T(s)$ 为待定函数，可以看作鱼线切向方向的内力（张力）。弹性材料中，弯矩大小正比于曲率（量纲归一化后二者相等），于是有

$$f(s) = T(s)t(s) - q(s)\frac{\mathrm{d}\kappa(s)}{\mathrm{d}s} \tag{2}$$

微元在内力差和表面张力下平衡，表面张力方向与曲线的法向相同，由此得

$$\frac{\mathrm{d}f(s)}{\mathrm{d}s} + q(s) = 0 \tag{3}$$

利用以下关系式：

$$\frac{\mathrm{d}t}{\mathrm{d}s} = \kappa q, \qquad \frac{\mathrm{d}q}{\mathrm{d}s} = -\kappa t$$

可得式（3）在切向方向 $t(s)$ 的方程为

$$\frac{\mathrm{d}T}{\mathrm{d}s} + \kappa\frac{\mathrm{d}\kappa}{\mathrm{d}s} = 0 \tag{4}$$

积分得

$$T(s) = -\frac{\kappa^2(s)}{2} + \mu \tag{5}$$

将式（5）代入式（3）在法向方向 $q(s)$ 的方程，得

$$-\frac{\mathrm{d}^2\kappa}{\mathrm{d}s^2} - \frac{1}{2}\kappa^3 + \mu\kappa + 1 = 0 \tag{6}$$

　　从物理角度考虑，在鱼线的交会处，曲率为零，沿鱼线切向内力的分量也为零，这样，常数 μ 也为零，式（6）有椭圆函数形式的解：

$$\kappa(c, s) = c_1 + \frac{c_2}{c_3 + \mathrm{cn}(c_4 s - 2\mathrm{K}(c_5), c_5)}$$

其中 K 是第一类完全椭圆积分。其中的 5 个待定常数和封闭鱼线长度，需要 6 个条件来确定。文献选鱼线上的四个点，满足式（2）。第五个条件是角度的变化

$$\int_0^{s_c} \kappa(c, s)\,\mathrm{d}s = \frac{\pi}{2}$$

第六个边界条件是鱼线交会处，曲率为零：

$$\kappa(c, s_c) = 0$$

其中 s_c 为鱼线长度的一半。还有一种方法是数值求解角度为自变量的式（6），形式为

$$-\frac{\mathrm{d}^3\varphi}{\mathrm{d}s^3} - \frac{1}{2}\left(\frac{\mathrm{d}\varphi}{\mathrm{d}s}\right)^3 + 1 = 0$$

由文献的数值解,可以猜测起始条件为

$$\varphi(0)=\frac{\pi}{2}, \quad \varphi'(0)=h, \quad \varphi''(0)=0$$

边界条件为

$$\varphi(s_c)=\pi, \quad \varphi'(s_c)=0$$

以及

$$\int_0^{s_c}\sin\varphi\,\mathrm{d}s=0$$

这样,正好有三个边界条件(有一个是多余的),可以确定两个待定常数 h 和 s_c。

练习 1:做这个实验,把鱼线的实际形状与理论形状作比较。

练习 2:利用数学软件,数值求解鱼线的形状方程。

注解:鱼线是有弹性的,所以内力不仅有切向分量,也有法向分量。这是弹性绳子与非弹性绳子的最大区别。

文献:MORA S,PHOU T,FROMENTAL J M,et al. Shape of an elastic loop strongly bent by surface tension: Experiments and comparison with theory[J]. Phys. Rev. E,2012,86(2):7450-7474.

128　甩(响)鞭的形状

问题:杂技表演中,甩鞭中那个交错的圈圈是如何演化的?

解析:把鞭子看作不可伸长、没有剪切形变、均匀的平面弹性杆,同时忽略重力的影响。这个杆的横截面是圆形,半径 R 随鞭子的弧长 s 而变化。质量密度和弹性系数是常量。其几何特征如图 1 所示。

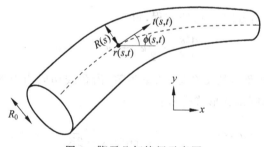

图 1　鞭子几何特征示意图

鞭子的中心线方程为

$$\boldsymbol{r}(s,t)=(x(s,t),y(s,t))$$

切向量为

$$\boldsymbol{t}=\mathrm{d}\boldsymbol{r}/\mathrm{d}s=(\cos\varphi,\sin\varphi)$$

曲率由以下公式定义:

$$\mathrm{d}\boldsymbol{t}/\mathrm{d}s=\mathrm{d}\varphi/\mathrm{d}s(-\sin\varphi,\cos\varphi)=\kappa\boldsymbol{n}$$

鞭子中有(内)力 $\boldsymbol{F}=(F,G)$ 和(内)力矩 M。由鞭子微元的牛顿方程,得到以下方程:

$$\rho A \frac{\mathrm{d}^2 x}{\mathrm{d}t^2} = \frac{\mathrm{d}F}{\mathrm{d}s}, \quad \rho A \frac{\mathrm{d}^2 y}{\mathrm{d}t^2} = \frac{\mathrm{d}G}{\mathrm{d}s}$$

其中 A 为鞭子的横截面面积。内力弯矩正比于曲率：

$$M = EI \frac{\mathrm{d}\varphi}{\mathrm{d}s}$$

其中 E 为杨氏模量，I 为横截面的转动惯量。由微元的转动方程，得到

$$\rho I \frac{\mathrm{d}^2 \varphi}{\mathrm{d}t^2} = \frac{\mathrm{d}}{\mathrm{d}s}\left(EI \frac{\mathrm{d}\varphi}{\mathrm{d}s}\right) + G\cos\varphi - F\sin\varphi$$

对于圆形截面，有

$$A = \pi R^2, \quad I = \frac{\pi}{4}R^4$$

设长度以 $R_0/2$ 为单位，时间以 $R_0/2c$ 为单位，速度以 $c = \sqrt{\rho/E}$ 为单位，力以 $\pi E R_0^2$ 为单位。定义横截面面积之比为

$$\varepsilon(s) = R^2(s)/R_0^2$$

则以上方程简化为

$$\frac{\mathrm{d}^2 \cos\varphi}{\mathrm{d}t^2} = \frac{\mathrm{d}}{\mathrm{d}s}\left(\frac{1}{\varepsilon}\frac{\mathrm{d}F}{\mathrm{d}s}\right), \frac{\mathrm{d}^2 \sin\varphi}{\mathrm{d}t^2} = \frac{\mathrm{d}}{\mathrm{d}s}\left(\frac{1}{\varepsilon}\frac{\mathrm{d}G}{\mathrm{d}s}\right)$$

$$\varepsilon^2 \frac{\mathrm{d}^2 \varphi}{\mathrm{d}t^2} = \frac{\mathrm{d}}{\mathrm{d}s}\left(\varepsilon^2 \frac{\mathrm{d}\varphi}{\mathrm{d}s}\right) + G\cos\varphi - F\sin\varphi$$

　　考虑一个最简单的情况，截面不变的无限长弹性杆，寻找波动形式的解，即令 $\xi = s - ct$，那么杆的方程转化为

$$\varepsilon c^2 \frac{\mathrm{d}^2 \cos\varphi}{\mathrm{d}\xi^2} = \frac{\mathrm{d}^2 F}{\mathrm{d}\xi^2}, \quad \varepsilon c^2 \frac{\mathrm{d}^2 \sin\varphi}{\mathrm{d}\xi^2} = \frac{\mathrm{d}^2 G}{\mathrm{d}\xi^2}$$

$$\varepsilon^2(c^2 - 1)\frac{\mathrm{d}^2 \varphi}{\mathrm{d}\xi^2} = G\cos\varphi - F\sin\varphi$$

边界条件为

$$\varphi = G = 0, \quad F = \alpha, \quad s \to -\infty$$

满足边界条件方程的解为

$$F = \alpha - \varepsilon c^2(1 - \cos\varphi), \quad G = \varepsilon c^2 \sin\varphi$$

$$\varphi = 4\arctan(\exp(\pm(\xi - \xi_0)/\gamma))$$

其中

$$\gamma^2 = \frac{\varepsilon^2(c^2 - 1)}{\varepsilon c^2 - \alpha}$$

由杆直角坐标满足的微分方程

$$\partial x/\partial s = \cos\varphi, \quad \partial y/\partial s = \sin\varphi$$

积分得到有一个扭结鞭子形状的参数表达式

$$x(s,t) = s - 2\gamma\tanh((s - ct)/\gamma)$$

$$y(s,t) = 2\gamma\mathrm{sech}((s - ct)/\gamma)$$

其形状如图 2 所示。

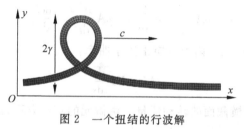

图 2　一个扭结的行波解

假设鞭子的横截面缓慢变化,直接离散数值求解鞭子运动方程,给出鞭子形状演化图,如图 3 所示。

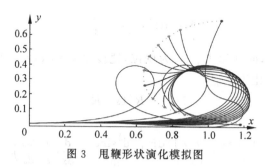

图 3　甩鞭形状演化模拟图

文献 2 指出,物理上要说明这种有趣现象,必须结合四种物理机制:起始的扭结状行波解,自由边界条件,鞭子横截面的变化(细)和鞭子固定端的张力。

文献 1:GORIELY A,MCMILLEN T. Shape of a Cracking Whip[J]. Physical Review Letters,2002,88(24):244301.

文献 2:MCMILLEN T,GORIELY A. Whip waves[J]. Physica,2003,184(1-4):192-225.

129　饲进长弹性绳子的空间位形

问题:一根不可伸长但是有弹性的绳子(长度很长),上端以固定的速度向下饲进,底下是光滑的地板。绳子在空中会形成一条什么样的曲线?

解析:理论模型中有 7 个物理量,分别为密度 ρ,杨氏模量 E,绳子的横截面积 A,横截面的转动惯量 $I = A^2/2\pi$,饲进速度 v,下落高度 h 和重力加速度 g。由这 7 个物理量可以得到三个无量纲的数

$$F = \frac{v^2}{gh}, \quad \gamma = \frac{\rho A g h^3}{EI}, \quad \zeta = \frac{A}{h^2}$$

其中 F 为 Froude 数,其物理意义是动能与重力势能的比值;γ 为重力势能与弹性势能的比值。实验发现绳子形状是三维螺旋线,螺旋半径 R 可以写成这三个无量纲量的函数:

$$R = h f(F, \gamma, \zeta)$$

对于典型的尼龙绳子:

$$E \sim 10^{10}, \quad A \sim 10^{-6}, \quad \rho \sim 10^3$$

如取饲进速度为 1m/s,高度为 1m,那么三个无量纲数的量级为

$$F \sim 10^{-1}, \quad \gamma \sim 1, \quad \zeta \sim 10^{-6}$$

设绳子的中心线有以下表示形式：

$$\boldsymbol{r}(s,t)=(x(s,t),y(s,t),z(s,t))$$

在这一点的正交标架场为 $d_i(s,t)$，它与固定的正交基的转换形式为

$$d_i(s,t)=\sum_{j=1}^{3}l_{ij}(s,t)e_j \tag{1}$$

　　把弹性绳子看作不可伸长的细弹性杆，中心线对于弧长的偏导数就是标架场的第三分量（右下标表示对这个变量的偏导）

$$r_s=d_3$$

应变矢量为

$$\boldsymbol{k}=\kappa^{(1)}d_1+\kappa^{(2)}d_2+\tau d_3 \tag{2}$$

应变力 n 和力矩 m 有以下表达式：

$$n(s,t)=\sum_{j=1}^{3}n^{(i)}(s,t)d_i(s,t),\quad m(s,t)=\sum_{j=1}^{3}m^{(i)}(s,t)d_i(s,t) \tag{3}$$

其中系数 $n^{(1)}$ 和 $n^{(2)}$ 为剪切力，$n^{(3)}$ 为拉伸力；$m^{(1)}$ 和 $m^{(2)}$ 为弯曲惯量，$m^{(3)}$ 为扭转惯量。
由杆微元的运动和转动方程，得到

$$n_s+\rho Ag=\rho Ar_{tt} \tag{4}$$

$$m_s+r_s\times n=\rho I\sum_{i=1}^{2}(d_{i,tt}\times d_i) \tag{5}$$

弯曲（扭转）惯量与曲率矢量的关系式为

$$m(s,t)=EI(\kappa^{(1)}d_1+\kappa^{(2)}d_2)+GJ\tau d_3 \tag{6}$$

其中 G 为剪切模量，J 为杆截面的转动惯量。

　　对于稳定的饲进速度和沿垂直轴的转动速度，中心线位移矢量和标架场对时间的两次偏导数为

$$r_{tt}=-(v^2r_{ss}-2v\Omega\times r_s+\Omega\times(\Omega\times r))$$

$$d_{i,tt}=-(v^2d_{i,ss}-2v\Omega\times d_{i,s}+\Omega\times(\Omega\times d_i)),\quad i=1,2$$

如要继续计算，需要知道式(1)中两组正交基的转化矩阵，这可以用欧拉参数和欧拉角表示。
设章动角为 ψ，进动角为 θ，自转角为 ϕ，那么四个欧拉参数为

$$q_1=\sin(\theta/2)\sin((\phi-\psi)/2)$$
$$q_2=\sin(\theta/2)\cos((\phi-\psi)/2)$$
$$q_3=\cos(\theta/2)\sin((\phi+\psi)/2)$$
$$q_0=\cos(\theta/2)\cos((\phi+\psi)/2)$$

式(1)中的转移矩阵为

$$\boldsymbol{L}=\begin{pmatrix} q_1^2-q_2^2-q_3^2+q_0^2 & 2(q_1q_2+q_0q_3) & 2(q_1q_3-q_0q_2) \\ 2(q_1q_2-q_0q_3) & -q_1^2+q_2^2-q_3^2+q_0^2 & 2(q_2q_3+q_0q_1) \\ 2(q_1q_3+q_0q_2) & 2(q_2q_{23}-q_0q_1) & -q_1^2-q_2^2+q_3^2+q_0^2 \end{pmatrix}$$

式(2)中的三个曲率为

$$\kappa^{(1)}=2(q_0q_{1,s}+q_3q_{2,s}-q_2q_{3,s}-q_1q_{0,s})$$

$$\kappa^{(2)} = 2(-q_3q_{1,s} + q_0q_{2,s} + q_1q_{3,s} - q_2q_{0,s})$$

$$\tau = 2(q_2q_{1,s} - q_1q_{2,s} + q_0q_{3,s} - q_3q_{0,s})$$

杆中心线的直角坐标对弧长的微分为

$$x_s = 2(q_1q_3 - q_0q_2), \quad y_s = 2(q_2q_3 + q_0q_1)$$

$$z_s = -q_1^2 - q_2^2 + q_3^2 + q_0^2$$

再取合适的边界条件就能进行数值计算,具体细节请参考文献。理论模拟如图 1 所示。

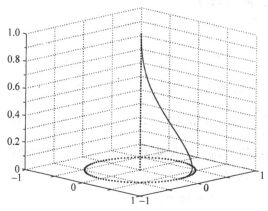

图 1　上端饲进螺旋状弹性绳子

文献：MAHADEVAN L，KELLER J B. Coiling of Flexible Ropes[J]. Proc. R. Soc. Lond，A，1996，452：1679-1694.

130　头发的自我卷曲

问题：不同长度的头发,拎起来后,会看到不同的形状,一般不是直线,为什么?

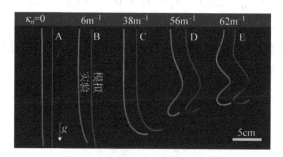

解析：把头发看作具有自然曲率的弹性杆,实验中曲率是可以调节变化的。杆上端固定,下端在重力和弹性内力作用下自然下垂(卷曲)。题图中杆的总长度 L 是固定的,当自然曲率变大时,头发尾部会出现三维卷曲现象,进而整体卷曲。头发下垂模型如图 1 所示。

长度以自然曲率倒数为单位,图 1 中,$(d_1(s), d_2(s), d_3(s))$ 是一组正交标架,曲率定义为 $\kappa_i = \frac{1}{2}\epsilon_{ijk}d'_jd_k$(上标带撇号表示对弧长求导)。杆的能量为弹性势能加上重力势能：

$$E = \int_0^L \left\{ \frac{1}{2}\left[(\kappa_1 - 1)^2 + \kappa_2^3 + C\kappa_3^3\right] - ws\cos\beta \right\} \mathrm{d}s \tag{1}$$

其中 $C=2/3$，为卷曲模量与弯曲模量之比；$w=\rho\pi r^2 g/B\kappa_n^3$；$B=EI$，为弯曲刚性。头发的形状特征由总长度 L 和自重 w 两个参数确定。数值求解，文献发现头发形状分为三种，一是平面曲线，二是三维局域螺旋，三是三维整体螺旋。考虑第二种类型，三维局域螺旋的简化模型如图 2 所示。

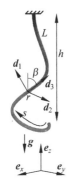

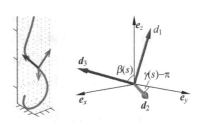

图 1 头发下垂模型示意图   图 2 头发的三维局域螺旋模型示意图

图 2 中，正交标架场表示为

$$\boldsymbol{d}_1 = \cos\beta(-\sin\gamma\boldsymbol{e}_x + \cos\gamma\boldsymbol{e}_y) + \sin\beta\boldsymbol{e}_z$$

$$\boldsymbol{d}_3 = -\sin\beta(-\sin\gamma\boldsymbol{e}_x + \cos\gamma\boldsymbol{e}_y) + \cos\beta\boldsymbol{e}_z$$

$$\boldsymbol{d}_2 = -\cos\gamma\boldsymbol{e}_x - \sin\gamma\boldsymbol{e}_y$$

则曲率表示为

$$\kappa_1 = \sin\beta\gamma', \quad \kappa_2 = -\beta', \quad \kappa_3 = \cos\beta\gamma'$$

代入式（1），计算得到

$$\gamma' = \frac{\sin\beta}{\sin^2\beta + C\cos^2\beta}$$

以及

$$E = \int_0^L \left(f(ws,\beta(s)) + \frac{1}{2}\beta'(s)^2 \right) \mathrm{d}s \tag{2}$$

其中

$$f(u,\beta) = \frac{1}{2}(1+\tan^2\beta/C)^{-1} - u\cos\beta$$

由实验图像看，头发从上往下，大部分是直的，即 $\beta\approx 0$，可以认为这个角度是缓慢变化的，式（2）中的角度变化项（第二个曲率平方）可以忽略不计，文献中称为局域螺旋（LH）近似。这时：

$$f(ws,\beta(s)) \approx \frac{1}{2} - ws + (ws - C^{-1})\beta^2$$

由此定义一个长度转折点，即头发直的部分和卷曲部分的分界点：

$$s_{\mathrm{LH}} = (wC)^{-1}$$

在卷曲部分（角度变化比较大和快），第二曲率平方项不能忽略，采用内部分层（IL）近似，即

$$f(ws,\beta(s)) \approx f_0 + \frac{1}{2}f_2\beta^2 + \frac{1}{24}f_4\beta^4$$

其中

$$f_2 = w(s - s_{\mathrm{LH}}), \quad f_4 = 3 \times \frac{4 - 3C}{C^2}$$

作变量替换：

$$S = \frac{s - s_{\mathrm{LH}}}{w^{-1/3}}, \quad B = \sqrt{\frac{f_4}{12}} \, w^{-1/3} \beta$$

由式（2）得到的欧拉-拉格朗日方程为

$$B''(S) = SB(S) + 2B^3(S)$$

这个方程的（解析）解与数值模拟（实验数据）的一部分符合得很好。

文献：MILLER J T，LAZARUS A，AUDOLY B，et al. Shapes of a Suspended Curly Hair[J]. Physical Review Letters，2014，112(6)：068103.

131　橡皮筋释放后的运动模式

问题：把橡皮筋套在大拇指上，拉开后释放，橡皮筋在空中是怎么运动的？

解析：这个过程很短暂，经过 6ms 就会结束，必须借助高速摄像机，慢放以后才能看清楚细节，如图 1 所示。图中 l_0 为橡皮筋原长的一半，$(\varepsilon + 1)l_0$ 为拉伸后的长度，2ϕ 为拉伸后的张角，$\lambda(t)$ 为末端（尾部）的特征（波）长度。时间间隔相同（1.75ms）的 4 幅图片上，橡皮筋的末端在同一斜线上，说明末端作匀速（直线）运动，这与单个橡皮筋端点的运动模式是一样的。

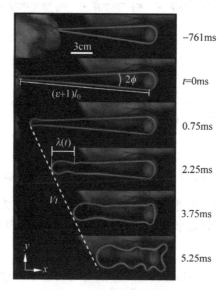

图 1　拉伸橡皮筋释放后形状演化（一）

文献的作者还做了较为理想的实验，他不是把橡皮筋放在大拇指上，而是套在圆柱上，即把大拇指理想化为圆柱模型，经高速摄影得到不同时刻橡皮筋的形状，如图 2 所示。

由图 2 可以看出，橡皮筋上还存在一种纵向冲击波，如图 2 中竖的虚线段所示，其传播

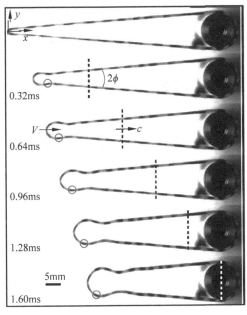

图 2　拉伸橡皮筋释放后形状演化(二)

速度(波速)为 c。橡皮筋有杨氏模量 E 和质量密度 ρ，由量纲分析可以得出特征速度为 $\sqrt{E/\rho} \approx 33\text{m/s}$。图 2 中给出冲击波速度为 $c \approx 43\text{m/s}$。这两个速度不一样，冲击波速度大于特征速度。

图 2 中把不同时刻的橡皮筋画在一起，用原始刻度和跑动刻度(以 ct 为单位)，得到的图形如图 3 所示。

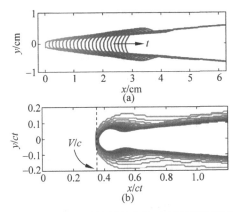

图 3　橡皮筋释放后原始刻度和跑动刻度下的形状演化

由图 3 可以看出，橡皮筋末端收缩速度和冲击波速度之比是个常数，这个实验中，两种速度之比为 0.4，其理论值为

$$\frac{V}{c} = \frac{\varepsilon}{1+\varepsilon}\frac{1}{1-\sin\phi}$$

接下来对这个实验进行理论建模，以冲击波(前)为分解面，前面部分保持紧绷，后面部分认为是不可伸长的杆，宽度为 b，厚度为 h。采用微元分析法以及弧长切角坐标得

$$\frac{\partial x}{\partial s} = \cos\theta(s,t), \qquad \frac{\partial y}{\partial s} = \sin\theta(s,t)$$

假设微元(之间)只有内力 n_x、n_y 和弯矩。弹性杆微元受力和力矩分析如图 4 所示。

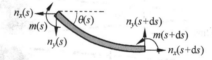

图 4　冲击波扫过部分的弹性杆模型

弹性杆微元的牛顿方程为

$$\frac{\partial n_x}{\partial s} = \rho b h \frac{\partial^2 x}{\partial t^2}, \qquad \frac{\partial n_y}{\partial s} = \rho b h \frac{\partial^2 y}{\partial t^2}$$

弯矩正比于曲率,有

$$m = EI \frac{\partial \theta}{\partial s}, \quad I = \frac{1}{12} b h^3$$

微元的力矩平衡方程式为

$$\frac{\partial m}{\partial s} + n_y \cos\theta - n_x \sin\theta = 0$$

合力沿弧长方向为弹性力,正比于形变 ε,即

$$n_x \cos\theta + n_y \sin\theta = E\varepsilon b h$$

　　这些方程没有解析解,文献采用近似分析,分为两种情况考虑,即以拉伸项为主还是弯曲项为主,得到相应的波动方程和弯曲弹性波方程,基于不同的跑动长度标度,寻找自相似解,由此得到梯形形状和尾部特征波长的解析表示。具体推导和计算请参考文献。

　　注解:文献没有给出尾部圆形蝌蚪状的圆满解释,可能是模型有问题,也可能需要严格数值计算模型方程的解。

　　文献:ORATIS A T,BIRD J C. Shooting Rubber Bands:Two Self-Similar Retractions for a Stretched Elastic Wedge[J]. Physical Review Letters,2019,122(1):014102.

132　卷曲滚动的弹性钢条

　　问题:把自然卷的弹性钢条强制摊平,铺在地面上。将其一端固定,释放另一端,你会看到什么现象?如何解释?

　　解析:首先我们给出实验图像,如图 1 所示(来自文献)。

　　钢条的物理量为,长度 $L = 635\,\mathrm{mm}$,厚度 $a = 0.13\,\mathrm{mm}$,宽度 $b = 9.5\,\mathrm{mm}$,自然曲率半径 $\kappa_0^{-1} = 9.3\,\mathrm{mm}$,线质量密度 $\rho = 9.732\,\mathrm{g/m}$,杨氏模量 $E = 193\,\mathrm{GPa}$,泊松比 $\nu = 0.25$,弯曲模量 $B = 0.358 \times 10^{-3}\,\mathrm{N \cdot m^2}$。理论模型中,假设钢条长度远远大于自然曲率半径,且重力影响可以忽略。设长度以自然曲率半径 κ_0^{-1} 为单位,时间以 $\kappa_0^{-2}\sqrt{\rho/B}$ 为单位,质量以 $\rho\kappa_0^{-1}$ 为单位。从侧面看钢条的中心线位置矢量为 $r(s,t)$,切线与水平面的夹角为 $\theta(s,t)$,曲率定义为 $\kappa(s,t) = \partial_s\theta(s,t)$,两个单位正交矢量为

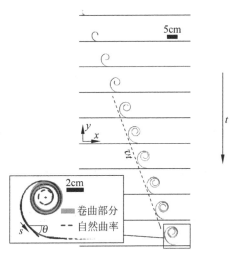

图 1　弯曲滚动的钢条

$$\boldsymbol{\tau} = \cos\theta \boldsymbol{e}_x + \sin\theta \boldsymbol{e}_y, \quad \boldsymbol{n} = -\sin\theta \boldsymbol{e}_x + \cos\theta \boldsymbol{e}_y$$

设钢条中内力分布为 $\boldsymbol{f}$，外力分布为 $\boldsymbol{p}$，弯矩为 $m = \kappa - 1$，那么运动钢条的方程为

$$\partial_s \boldsymbol{f} + \boldsymbol{p} = \partial_t^2 \boldsymbol{r}, \quad \partial_s m + \boldsymbol{e}_z \cdot (\boldsymbol{\tau} \times \boldsymbol{f}) = 0 \tag{1}$$

由此可得内力分布为

$$\boldsymbol{f} = T\boldsymbol{\tau} - \partial_s \kappa \boldsymbol{n}$$

起始时刻钢条是静止的，笔直地紧贴在桌面上。卷在空中的自由端上内力、弯矩和弯矩对弧长的一次导数为零。与地面的移动接触分界端点上，切角为零，曲率也为零。

先考虑起始一段时间，作个线性近似估计，$\theta \ll 1$，$s \approx x$，$\theta \approx \partial_s y$，$\kappa \approx \partial_s^2 y$，$\boldsymbol{f} \approx -\partial_s \kappa \boldsymbol{n}$，弯曲钢条的形状方程近似为

$$\partial_t^2 y + \partial_s^4 y = 0$$

按照文献，设这个方程解的形式为

$$y(s,t) = t f(s / \sqrt{2\pi t})$$

那么待定函数 $f(z)$ 满足的微分方程为

$$\frac{1}{\pi^2} \frac{\mathrm{d}^4 f}{\mathrm{d}z^4} + z^2 \frac{\mathrm{d}^2 f}{\mathrm{d}z^2} - z \frac{\mathrm{d}f}{\mathrm{d}z} = 0 \tag{2}$$

利用数学软件可以求出式（2）的解析解，表达为指数函数和误差函数的组合。满足起始和边界条件的解为

$$y(s,t) = \frac{t}{S(1)} (C(1) - C(\sigma) + \pi^2 (S(1) - S(\sigma)) - \sigma \cos(\pi \sigma^2 / 2))$$

其中参数 $\sigma = s / \sqrt{2\pi t}$，Fresnel 函数定义为

$$C(\sigma) = \int_0^\sigma \cos(\pi t^2 / 2) \mathrm{d}t, \quad S(\sigma) = \int_0^\sigma \sin(\pi t^2 / 2) \mathrm{d}t$$

注意到这段时间内的近似是线性梁（杆）近似，所以并不能完整模拟钢条卷起来的过程。完整模拟的话，不需要作近似，须直接求解钢条运动方程（1）。

对于长时间后的稳定运动，文献做了以下假设，滚动接触点的位移是时间的幂次方：

$$x(s_c(t),t)=vt^\alpha$$

以这个滚动接触点为参照,卷曲钢条上一点的位移为

$$r(s,t)=vt^\alpha e_x+t^\beta R(u)$$

其中 $R(u)$ 是卷曲部分的形状曲线,其自相似变量 u 定义为

$$u=\frac{vt^\alpha-s}{t^\beta}$$

从动能和卷曲弹性势能量纲和接触点的动量交换(力)考虑,文献得到这两个指数为 $\alpha=1$ 和 $\beta=1/3$,数值计算也验证了这个结果。由这个自相似假设和钢条的运动方程,可以得到卷曲部分的形状(曲率)方程,得到转动部分角速度、质心移动速度的近似表达式,详细分析请参考文献。

　　文献:CALLAN-JONES A C,BRUN P T,AUDOLY B. Self-Similar Curling of a Naturally Curved Elastica[J]. Physical Review Letters,2012,108(17):174302.

133　压缩弹性环的起跳

　　问题:把弹性圆环在竖直方向上压扁,再释放,反弹高度与哪些物理量有关?

　　解析:先看一下实验现象,如图 1 所示。

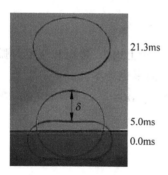

弹性环的材料是钢,杨氏模量为 $Y=196\mathrm{GPa}$,密度为 $\rho=8.00\times10^3\mathrm{kg/m^3}$,应力为 $\sigma_y=612\mathrm{MPa}$。厚度 τ 在 $75\sim125\mu\mathrm{m}$ 之间,半径 R 在 $10\sim30\mathrm{mm}$ 之间,宽度 w 固定为 $3\mathrm{mm}$。实验发现,半径 R 越小时,厚度 τ 越大,形变 δ 越大,那么弹跳的最大高度 H 也越大。

　　从能量角度考虑,原先压缩储存的弹性能量 E_b 一部分传递到桌面 E_s,一部分转化为质心的平动动能 $E_{t,0}$,还有一部分转化为振动动能 $E_{v,0}$。起先质心平动动能 $E_{t,0}$ 在跳跃过程中转化为平动动能 E_t、重力势能 E_g,以及空气阻力消耗的能量 E_d。把压缩圆环近似看作弹簧,弹性系数为

图 1　压缩弹性环的起跳

$$k=\eta Yw\tau^3/R^3,\qquad \eta=\pi/[3(\pi^2-8)]$$

所以弹性势能为

$$E_b=\frac{1}{2}k\delta^2=0.28Yw\tau^3\delta^2/R^3$$

文献发现,当圆环压缩到极限,上下两端接触时,弹簧(线性力)模型仍然成立。此时形变为 $\delta=2R-\tau$。

　　考虑空中起跳后形变振动的环,如图 2 所示。

　　环上各点的速度分解为质心速度和相对质心速度:

$$U(\theta,t)=U_C(t)k+U_r(\theta,t)$$

假设环的形变主要是二阶形变,即径向方向的变化为

$$f(\theta,t)=-2B\cos2\theta\cos(\omega_2t+\varepsilon)$$

切向方向的变化为

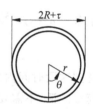

图 2　环几何量示意图

$$R(\theta,t) = B\sin2\theta\cos(\omega_2 t + \varepsilon)$$

那么环上一点相对质心的速度(大小)为

$$U_r(\theta,t) = ((\mathrm{d}f/\mathrm{d}t)^2 + R^2(\mathrm{d}g/\mathrm{d}t)^2)^{1/2}$$
$$= B\omega_2(4\cos^2 2\theta + \sin^2 2\theta)^{1/2}\cos(\omega_2 t + \varepsilon)$$

假设

$$U_r(\pi,0) = 2B\omega_2 = U_C(0)$$

那么起始时刻相对质心的振动动能为

$$E_{v,0} = \frac{1}{2}\int U_r^2(0)\mathrm{d}m = \frac{5}{16}mU_C^2(0)$$

振动频率满足以下关系:

$$\omega \sim \sqrt{Y/\rho}\,\tau/R^2$$

振动速度满足以下关系:

$$U_r \sim \omega\delta \sim \sqrt{Y/\rho}\,\tau\delta/R^2$$

振动动能满足以下关系:

$$E_b \sim mU_r^2 \sim mY\tau^2\delta^2/\rho R^4 \sim Yw\tau^3\delta^2/R^3$$

即振动动能、质心的平动动能和弹性势能有相同的量级。文献发现,起跳反弹阶段,弹性能量有 57% 转化为质心的平动动能,36% 转化为相对质心的振动动能,还有约 7% 传递给了桌面。假设质心平动势能完全转化为重力势能,即

$$0.57Yw\tau^3\delta^2/R^3 = mgH$$

这样起跳最大高度满足以下关系:

$$\frac{H}{h_C} = 0.57\frac{\tau^2\delta^2}{R^4}$$

其中 $h_C = Y/\rho g$。对于小的最大高度,文献发现实验数据和理论直线符合得很好。

文献:KIM Y H Y. Jumping hoops[J]. American Journal of Physics, 2012, 80(1): 19-23.

134 平板之间的圆形弹性板的形变

问题:弹性板卷成的圆柱夹在两个平行板之间。用力压圆柱,会"感觉到"压缩弹簧产生的弹性力,这个力与两板之间距离有什么关系?

解析:模型图如图 1 所示。

这个模型可以看作一维弹性杆,忽略重力,其弹性势能为

$$W = \frac{\kappa h}{2}\int (\mathrm{d}\theta/\mathrm{d}s)^2\mathrm{d}s \tag{1}$$

其中 h 为圆柱的长度,κ 为弯曲刚性。杆的形状如图 2 所示。

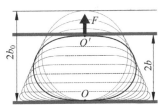

图 1 平行板之间的变形弹性圆柱

杆的直角表示和弧长切角表示有以下关系:

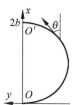

图 2 弹性杆形状示意图

$$\mathrm{d}x/\mathrm{d}s = \cos\theta, \quad \mathrm{d}y/\mathrm{d}s = \sin\theta \qquad (2)$$

边界条件为

$$\theta(s=0) = -\pi/2, \quad \theta(s=\pi b_0) = \pi/2 \qquad (3)$$

两板之间的距离 $2b$ 表示为

$$2b = \int_0^{\pi b_0} \cos\theta \, \mathrm{d}s \qquad (4)$$

这个约束可以加入到弹性势能表达式,得到拉氏量的表示

$$L = \int_0^{\pi b_0} \left(\frac{1}{2}\left(\frac{\mathrm{d}\theta}{\mathrm{d}s}\right)^2 + \omega^2\cos\theta - \omega^2\frac{2b}{\pi b_0} \right) \mathrm{d}s$$

其中拉氏因子系数 ω^2 与上板施加(受到)的力 F 有以下关系:

$$F = 2\kappa h\omega^2$$

由拉氏量的形式,可以得到变形圆柱的形状方程

$$\frac{\mathrm{d}^2\theta}{\mathrm{d}s^2} + \omega^2\sin\theta = 0 \qquad (5)$$

初始条件参数为 $\mathrm{d}\theta/\mathrm{d}s = K, s = 0$。两个未知参数 K、ω^2 由边界条件(3)和(4)确定。

式(5)有个初始积分:

$$\frac{1}{2}\left(\frac{\mathrm{d}\theta}{\mathrm{d}s}\right)^2 = \frac{1}{2}K^2 + \omega^2\cos\theta \qquad (6)$$

由图 1 可以看出,两板之间距离存在一个极限距离 $2b_c$。小于这个距离时,上下两板中间都有一部分是完全平的,贴在板上。板间距离小于极限距离时,$K=0$,式(6)化为

$$\frac{\mathrm{d}\theta}{\sqrt{\cos\theta}} = \sqrt{2}\,\omega\,\mathrm{d}s$$

积分得

$$\int_{-\pi/2}^{\pi/2} \frac{\mathrm{d}\theta}{\sqrt{\cos\theta}} = F(\pi/2) - F(-\pi/2) = \sqrt{2}\,\omega s \qquad (7)$$

其中,$F(\theta) = \int_0^\theta \frac{\mathrm{d}\theta}{\sqrt{\cos\theta}}$。

接下来具体求这种情况下变形圆柱的形状曲线,此时有

$$\mathrm{d}x = \cos\theta\,\mathrm{d}s = \frac{1}{\sqrt{2}\,\omega}\sqrt{\cos\theta}\,\mathrm{d}\theta$$

$$\mathrm{d}y = \sin\theta\,\mathrm{d}s = \frac{1}{\sqrt{2}\,\omega}\frac{\sin\theta}{\sqrt{\cos\theta}}\,\mathrm{d}\theta$$

由边界条件,得

$$x = \frac{1}{\sqrt{2}\,\omega}(G(\theta) - G(-\pi/2)) \qquad (8)$$

$$y = \pm\frac{1}{\sqrt{2}\,\omega}\sqrt{\cos\theta}$$

其中,$G(\theta) = \int_0^\theta \sqrt{\cos\theta}\,\mathrm{d}\theta$。

对于极限情形,有 $s = \pi b_0$,代入式(7),把 ω 解出来,再代入式(8),得

$$2b_c = \pi b_0 \frac{G(\pi/2) - G(-\pi/2)}{F(\pi/2) - F(-\pi/2)}$$

板间距离小于极限距离时，由式(8)得

$$\omega = \frac{1}{2\sqrt{2}\,b}(G(\pi/2) - G(-\pi/2)) \tag{9}$$

由式(9)得到弹性力的表达式

$$F = \kappa h \frac{1}{4b^2}(G(\pi/2) - G(-\pi/2))^2$$

当两板之间距离大于极限距离时，式(6)化为

$$\frac{\mathrm{d}\theta}{\mathrm{d}s} = \omega\sqrt{K^2/\omega^2 + 2\cos\theta}$$

得到形状曲线的坐标方程为

$$\mathrm{d}x = \cos\theta\,\mathrm{d}s = \frac{1}{\omega}\frac{\cos\theta}{\sqrt{K^2/\omega^2 + 2\cos\theta}}\mathrm{d}\theta$$

积分前两个方程，得

$$H(K/\omega) = \int_{-\pi/2}^{\pi/2} \frac{1}{\sqrt{K^2/\omega^2 + 2\cos\theta}}\mathrm{d}\theta = \omega\pi b_0 \tag{10}$$

$$J(K/\omega) = \int_{-\pi/2}^{\pi/2} \frac{\cos\theta}{\sqrt{K^2/\omega^2 + 2\cos\theta}}\mathrm{d}\theta = 2\omega b \tag{11}$$

以上两式相除，得

$$\frac{2b}{\pi b_0} = \frac{J(K/\omega)}{H(K/\omega)}$$

理论上可以把 K/ω 求出来，再代回式(10)，得到 ω 的值，进而得到弹性力 F 的值。我们考虑很小的形变，这时式(10)和式(11)化为

$$\pi b_0 = \int_{-\pi/2}^{\pi/2} \frac{1}{\sqrt{K^2 + 2\omega^2\cos\theta}}\mathrm{d}\theta = \frac{1}{K}\left(\pi - 2\frac{\omega^2}{K^2}\right)$$

$$2b = \int_{-\pi/2}^{\pi/2} \frac{\cos\theta}{\sqrt{K^2 + 2\omega^2\cos\theta}}\mathrm{d}\theta = \frac{1}{K}\left(2 - \frac{\pi}{2}\frac{\omega^2}{K^2}\right)$$

由此解得

$$\frac{b_0 - b}{b_0} \sim \left(\frac{\pi}{4} - \frac{2}{\pi}\right)\frac{\omega^2}{K^2},\ \frac{1}{K} \sim b_0$$

这时的弹性力是线性力

$$F = 2\kappa h\omega^2 = 2\kappa h\frac{b_0 - b}{b_0^3}\frac{4\pi}{\pi^2 - 8}$$

注解：本题所用数学没有用到椭圆积分，小量展开就能得到近似线性关系式。

文献：VYACHESLAVAS K. Exact non-Hookean scaling of cylindrically bent elastic sheets and the large-amplitude pendulum[J]. American Journal of Physics, 2011, 79(6): 657-661.

135　自行车轮胎的形变

问题：自行车的载重与轮胎的形变有什么关系？

解析：首先看一下轮胎载重前后的示意图，如图 1 所示。

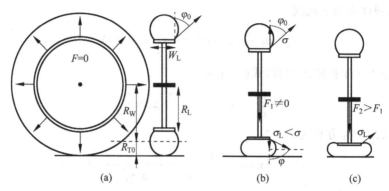

图 1　自行车轮胎受载示意图

假设轮胎的厚度 h 很小，那么轮胎里面空气压强的表达式为

$$P = h\left(\frac{\sigma_1}{R_1} + \frac{\sigma_2}{R_2}\right)$$

其中 σ 和 R 分别为主曲率方向上的应力分量和曲率半径。对于细长的轮胎来说，近似有（参见图 1）

$$R_2 \approx R_W, \quad R_{T0} \approx R_1$$

其中 R_W 为轮胎中心线所在圆的半径，R_{T0} 为充气轮胎横截面圆的半径。由此得

$$\sigma_1 = \frac{R_{T0}P}{h} \tag{1}$$

图 1 中的几何特征量满足以下关系式：

$$\cos\varphi_0 = W_L / 2R_{T0}$$

$$H_0 = R_{T0} + R_W - R_L$$

$$C = W_L + R_{T0}(2\varphi_0 + \pi)$$

其中 W_L 为自行车钢圈的宽度，H_0 为轮胎的高度，C 为轮胎加钢圈横截面周长。

轮胎载重时的示意图如图 2 所示。

图 2(a) 中的临界角 θ_c 的表达式为

$$\cos\theta_c = 1 - \frac{d(0)}{R_W + R_{T0}}$$

当角度 θ 大于这个临界角时，假设轮胎没有形变。当角度 θ 小于这个临界角时，参考图 2(c)，轮胎横截面周长为

$$C = W_L + R_T(\theta)(2\varphi(\theta) + \pi) + W_C(\theta)$$

其中 $W_C(\theta)$ 是轮胎与地面接触线的横截宽度，有

$$W_C(\theta) = W_L - 2R_T(\theta)\cos\varphi(\theta)$$

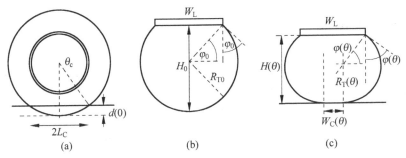

图 2　载重轮胎几何特征

轮胎的高度 $H(\theta)$ 的表达式为

$$H(\theta) = R_T(\theta)(1 + \sin\varphi(\theta)) \tag{2}$$

由此计算得

$$\frac{\pi + 2\varphi(\theta) - 2\cos\varphi(\theta)}{1 + \sin\varphi(\theta)} = \frac{C - 2W_L}{H(\theta)} \tag{3}$$

其中

$$H(\theta) = H_0 - d(\theta) \tag{4}$$

$d(\theta)$ 是轮子中心沿角度 θ 到地面长度的变化量,表示为

$$d(\theta) = -\frac{R_W + R_{T0} - d(0)}{\cos\theta} + R_W + R_{T0} \tag{5}$$

轮胎上的负载可以表示为

$$F = -2R_L h \int_0^{2\pi} \sigma_1(\theta)\cos\varphi(\theta)\cos\theta\, d\theta$$

考虑到负载轮胎的形变特性以及未负载时的形变,得到

$$F = -4R_L h \int_0^{\theta_c} (\sigma_1(\theta)\cos\varphi(\theta) - \bar{\sigma}_1\cos\varphi_0)\cos\theta\, d\theta$$

再利用轮胎里面空气压强和应力分量的表达式(1),得

$$F = 4R_L P \int_0^{\theta_c} (R_{T0}\cos\varphi_0 - R_T(\theta)\cos\varphi(\theta))\cos\theta\, d\theta$$

所以载重 F 是轮胎压缩深度 $d(0)$ 的(数值)函数。文献发现,当形变(压缩深度)比较小的时候,负载与它的 3/2 次方成正比。这也可以从另一角度分析,负载等于轮胎空气压强 P 乘以轮胎与地面接触面积 A,其形状如图 3 中的虚线所示。

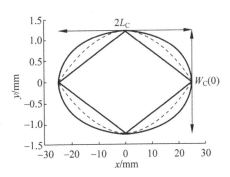

图 3　轮胎与地面的接触面形状

这个形状介于筝形和椭圆之间。分析发现,这个面积确实正比于形变的 3/2 次方,具体分析请参阅文献。

文献:RENART J,ROURA-GRABULOSA P. Deformation of an inflated bicycle tire when loaded[J]. American Journal of Physics,2019,87(2):102-109.

136　摇晃的乐高塔

问题：把乐高积木一层一层叠起来，再轻微摇晃。实验发现，超过一个极限高度以后，摇晃是不稳定的，会塌下来，这个极限高度是多大？

解析：首先看一下实验现象，如图 1 所示。

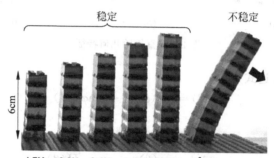

图 1　乐高玩具塔的晃动频率

由实验可以看出，塔的高度越大，晃动的频率越小，直到一个极限高度，晃动频率是纯虚数，即晃动振幅是随时间指数增大的。由弹性力学的 Euler-Bernoulli 线性梁（杆）理论，杆的弯矩正比于曲率，比例系数是杨氏模量 E 和横截面矩 $I = w^3 d/12$ 的乘积，其中 w 为宽度，d 为长度。从能量角度考虑，弹性势能正比于曲率的平方，其比例系数就是 EI。杆的弹性势能与重力势能相抗衡时，杆的高度就是杆的特征高度，即有

$$\frac{EI}{L^2} = \rho g A L$$

这样，得到弹性杆的特征长度

$$L_c = \left(\frac{EI}{\rho g A}\right)^{1/3}$$

由弹性力学（133 题）知识可知，弯曲杆的形状方程为

$$\frac{\mathrm{d}^2 \theta}{\mathrm{d}s^2} = (s - s_1)\sin\theta \tag{1}$$

其中 s_1 为杆的长度。边界条件是曲率在端点为零，即 $\theta'(s_1) = 0$。对弧长自变量作代换 $s \to s_1 - s$，并作小量近似 $\theta \approx \sin\theta$，此时杆的形状方程转化为

$$\frac{\mathrm{d}^2 \theta}{\mathrm{d}s^2} + s\theta = 0 \tag{2}$$

这个方程有通解

$$\theta = A\sqrt{s}\,\mathrm{J}_{1/3}(2s^{3/2}/3) + B\sqrt{s}\,\mathrm{J}_{-1/3}(2s^{3/2}/3)$$

由于弹性杆的曲率在自由端为零，上式第一项应去掉，即物理上的解为

$$\theta = B\sqrt{s}\,\mathrm{J}_{-1/3}(2s^{3/2}/3) \tag{3}$$

在底端固定端，杆是竖直的，所以

$$\sqrt{s_1}\,\mathrm{J}_{-1/3}(2s_1^{3/2}/3) = 0$$

设 $j_{1/3} = 1.87$ 为 $J_{-1/3}(x) = 0$ 的第一个零点,则有

$$s_1 = \left(\frac{3j_{1/3}}{2}\right)^{2/3} \approx 1.99$$

与 133 题的严格数值解 1.99 相等,即极限高度近似为特征长度的 2 倍。

假设晃动杆的波动近似方程为

$$\frac{\partial^2 \theta}{\partial t^2} = \frac{\partial^2 \theta}{\partial s^2} + s\theta$$

并设角度 θ 有本征振动解 $\theta(s,t) = \exp(i\omega t) f(s)$,则波动方程转化为

$$\frac{d^2 f}{ds^2} + (s + \omega^2)f = 0$$

令 $a = \omega^2$,可得这个方程的解为

$$f = A\sqrt{s+a}\, J_{1/3}(2(s+a)^{3/2}/3) + B\sqrt{s+a}\, J_{-1/3}(2(s+a)^{3/2}/3)$$

利用以下数学结果:

$$\frac{d}{ds}\left(\sqrt{s}\, J_{1/3}(2s^{3/2}/3)\right) = s J_{-2/3}(2s^{3/2}/3)$$

$$\frac{d}{ds}\left(\sqrt{s}\, J_{-1/3}(2s^{3/2}/3)\right) = -s J_{2/3}(2s^{3/2}/3)$$

可得在自由端对弧长的导数为

$$\frac{df}{ds} = a\left(A J_{-2/3}(2a^{3/2}/3) - B J_{2/3}(2a^{3/2}/3)\right) = 0$$

在底端(固定端),角度始终为零:

$$f = \sqrt{s_1+a}\left(A J_{1/3}(2(s_1+a)^{3/2}/3) + B J_{-1/3}(2(s_1+a)^{3/2}/3)\right) = 0$$

系数 A 和 B 有非零解的条件是系数行列式为零,即

$$J_{-2/3}(2a^{3/2}/3) J_{-1/3}(2(s_1+a)^{3/2}/3) + J_{2/3}(2a^{3/2}/3) J_{1/3}(2(s_1+a)^{3/2}/3) = 0$$

对于不同的杆长 s_1,可以数值求解第一(基态)的本征频率。数值计算发现,随着杆的长度增加,杆晃动的第一激发频率减小,直到极限长度,本征振动频率为零,即

$$\lim_{a \to 0} J_{-2/3}(2a^{3/2}/2) J_{-1/3}(2(s_1+a)^{3/2}/2) = 0$$

这个极限长度与稳态方法得到的结果一致。

接下来讨论杆晃动频率与杆高度的近似关系。对于一个高度为 H 的柱(杆),只考虑弹性引起的振动,振动频率的平方为

$$\omega_e^2 = \left(\frac{\beta_1}{H}\right)^4 \frac{EI}{\rho A}$$

其中 β_1 为 $1 + \cos(x)\cosh(x) = 0$ 的第一个零点。只考虑重力(以及内部的张力)引起的振动,振动频率的平方为

$$\omega_g^2 = \left(\frac{j_0}{2}\right)^2 \frac{g}{H}$$

其中 j_0 为零阶贝塞尔函数 $J_0(x) = 0$ 的第一个零点。假设乐高塔的晃动频率的平方是这两个振动频率的平方之差,则有

$$\omega^2 = \omega_e^2 - \omega_g^2 = \left(\frac{\beta_1}{H}\right)^4 \frac{EI}{\rho A} - \left(\frac{j_0}{2}\right)^2 \frac{g}{H}$$

图1中的实验数据与这个近似理论公式符合得很好。

练习：数值严格计算杆的晃动本征频率，与近似公式作对比，看看哪些地方误差最大。

注解：有时候物理模型（方程）的解，严格数值计算值和近似解析解相差不大，从物理处理手段来看，我们更欣赏后者。

文献：TABERLET N，FERRAND J，CAMUS É，et al. How tall can gelatin towers be? An introduction to elasticity and buckling[J]. American Journal of Physics，2017，85(12)：908-914.

137　眼镜蛇波的波形和速度

问题：把扁平的冰糕棒交错编织成一条带子，两端先压在地面上。从一端抽出一根冰糕棒，会看到什么现象？如何解释？

解析：先看一下实验装置和图像，如图1所示。

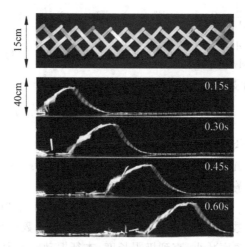

图1　眼镜蛇波的装置和实验图像

把长方形弹性木头片按一定角度交替叠放，形成一个栅。释放图2中左边端点中标号为1的木片，散开后的木片被弹开，未散开的部分昂起，并以一定的速度移动，看起来像一条眼镜蛇，故称为眼镜蛇波。文献把这个装置抽象为以下的理想物理模型，如图2所示。

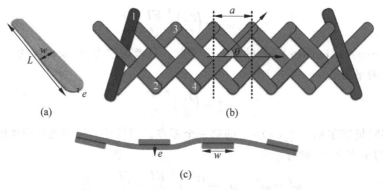

图2　交替木片叠放形成的栅

木片的长度为 L，宽度为 w，厚度为 e，质量密度为 ρ，质量为 M，杨氏模量为 E。从能量转化角度考虑，弹开木片的动能由木片的弹性势能提供，即

$$Mv^2 = \rho Lew = Ewe^5/L^3$$

由此得到特征速率为

$$v_c = \sqrt{E/\rho}\,(e/L)^2 = c\,(e/L)^2$$

其中 c 为木片中的声速。我们作个假设，木片弹开速率 v、眼镜蛇波传播速度 v_0 与这个特征速率成正比，比例（系数）函数只与木片交错角 θ 有关，即

$$v \approx v_0 = b(\theta)c\,(e/L)^2$$

接下来对弹性波形部分建立模型。从侧面看，栅片是一维的弹性杆，质量密度为

$$\mu = M/(a/2) = 6M/(L\cos\theta)$$

假设一维弹性杆的弹性模量和单个木片的弹性模量相等，记为 K，那么这个杆中内部应力 $\boldsymbol{F}$ 和力矩分布 $\boldsymbol{C}$ 为

$$\boldsymbol{F} = -K\partial_s^3\boldsymbol{r}, \quad \boldsymbol{C} = -K\partial_s\boldsymbol{r}\times\partial_s^2\boldsymbol{r} \tag{1}$$

杆的最上端（自由端）的应力和力矩把单个的木片弹开，如图 3 所示。

对杆上的微元写出牛顿运动方程为

$$\mu\partial_t^2\boldsymbol{r} = \mu\boldsymbol{g} + \partial_s\boldsymbol{F} + \partial_s(T\boldsymbol{\tau})$$

其中 T 为微元之间的切向张力。当眼镜蛇波波速稳定时，模型杆上的坐标有如下表达式：

$$\boldsymbol{r}(s,t) = \boldsymbol{r}(s' = s - v_0 t)$$

所以稳定波形空中部分杆的形状方程为

$$\mu v_0^2\partial_{s'}^2\boldsymbol{r} = \mu\boldsymbol{g} - K\partial_{s'}^4\boldsymbol{r} + \partial_{s'}(T\boldsymbol{\tau}) \tag{2}$$

暂时忽略两个弧长坐标 s' 和 s 的记号区别，杆上一点的切向矢量为

$$\boldsymbol{\tau} = \partial_s\boldsymbol{r} = (\cos\alpha, \sin\alpha)$$

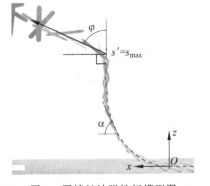

图 3　眼镜蛇波弹性杆模型图

切向矢量继续对弧长求导，得

$$\partial_s\boldsymbol{\tau} = \partial_s^2\boldsymbol{r} = \frac{d\alpha}{ds}(-\sin\alpha, \cos\alpha) = \Gamma(-\sin\alpha, \cos\alpha) = \Gamma\boldsymbol{n}$$

其中 Γ 为杆曲线上一点的曲率。继续对弧长参数求导，得

$$\partial_s^3\boldsymbol{r} = \frac{d\Gamma}{ds}(-\sin\alpha, \cos\alpha) - \Gamma^2(\cos\alpha, \sin\alpha) = \frac{1}{2}\frac{d\Gamma^2}{d\alpha}(-\sin\alpha, \cos\alpha) - \Gamma^2(\cos\alpha, \sin\alpha)$$

再次对弧长参数求导，得

$$\partial_4^3\boldsymbol{r} = \frac{1}{2}\frac{d^2\Gamma^2}{d^2\alpha}\Gamma(-\sin\alpha, \cos\alpha) - \frac{1}{2}\frac{d\Gamma^2}{d\alpha}\Gamma(\cos\alpha, \sin\alpha) -$$

$$\frac{d\Gamma^2}{d\alpha}\Gamma(\cos\alpha, \sin\alpha) - \Gamma^3(-\sin\alpha, \cos\alpha)$$

代入杆的形状方程(2)，对比切向矢量和法向矢量的系数，得到

$$\mu v_0^2\Gamma = -\mu g\cos\alpha + T\Gamma - K\left(\frac{1}{2}\frac{d^2\Gamma^2}{d^2\alpha}\Gamma - \Gamma^3\right) \tag{3}$$

$$0 = -\mu g\sin\alpha + \frac{3}{2}K\frac{d\Gamma^2}{d\alpha}\Gamma + \frac{dT}{ds} \tag{4}$$

由以上两式得到杆微元之间切向力 T 的表达式

$$\mu v_0^2 + \frac{\mu g \cos\alpha}{\Gamma} + K\left(\frac{1}{2}\frac{\mathrm{d}^2 \Gamma^2}{\mathrm{d}^2 \alpha} - \Gamma^2\right) = T \tag{5}$$

以及 T 对切向角度 α 的导数

$$\frac{\mathrm{d}T}{\mathrm{d}\alpha} = \frac{\mu g \sin\alpha}{\Gamma} - \frac{3}{2}K\frac{\mathrm{d}\Gamma^2}{\mathrm{d}\alpha} \tag{6}$$

由微元之间切向力 T 的表达式(5),对切向角度 α 求导,得

$$\frac{\mathrm{d}T}{\mathrm{d}\alpha} = -\frac{\mu g \sin\alpha}{\Gamma} - \frac{\mu g \cos\alpha}{\Gamma^2}\frac{\mathrm{d}\Gamma}{\mathrm{d}\alpha} + K\left(\frac{1}{2}\frac{\mathrm{d}^3 \Gamma^2}{\mathrm{d}^3 \alpha} - \frac{\mathrm{d}\Gamma^2}{\mathrm{d}\alpha}\right) \tag{7}$$

对比式(6)和式(7),得到曲率满足的微分方程

$$\frac{1}{2}\left(\frac{\mathrm{d}^3 \Gamma^2}{\mathrm{d}\alpha^3} + \frac{\mathrm{d}\Gamma^2}{\mathrm{d}\alpha}\right) = \frac{\mu g}{K}\left(\frac{2\sin\alpha}{\Gamma} + \frac{\cos\alpha}{\Gamma^2}\frac{\mathrm{d}\Gamma}{\mathrm{d}\alpha}\right)$$

接下来考虑边界条件(参考图 3),杆与地面接触点对应 $\alpha=0$,曲率也为零。随着弧长增大,切向角度也增加,在最高点(也是自由端)的受到的力为

$$\boldsymbol{F}_0 = -\frac{1}{2}\frac{\mathrm{d}\Gamma^2}{\mathrm{d}\alpha}\boldsymbol{n} + (T - \Gamma^2)\boldsymbol{\tau}$$

这个力也可以依据弹出的单个杆与栅之间的动量转移(交换)来估算。

眼镜蛇波还有一个很明显的昂起高度 H,依据量纲分析,它正比于特征高度 $\sqrt{K/\mu v v_0}$,且是无量纲参数 $g\sqrt{K/\mu v^3 v_0^3}$ 的函数。近似分析和详细推导请参阅文献。

注解:文献中一个关键假设是杆模型中的应力和力矩分布式(1),但是没有给出来源。

文献:BOUCHER J P,CLANET C,QUERE D,et al. Popsicle-Stick Cobra Wave[J]. Physical Review Letters,2017,119(8):084301.

138 斜面上弓状滑动的地毯

问题:斜面上的地毯先折成一个弓状物,然后再释放滑行,会看到什么现象?如何解释?

解析:先看斜面上弓状突起的地毯模型,如图 1 所示。

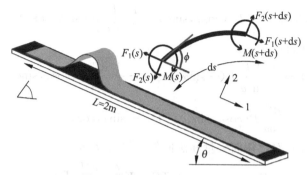

图 1　斜面上弓状突起的地毯

从侧面看,设地毯上一点的直角坐标为 $(x(s,t),y(s,t))$,满足

$$\partial_s x = \cos\phi, \quad \partial_s y = \sin\phi$$

其中 ϕ 为切向角度。微元的牛顿方程为

$$\partial_s F_1 + \rho g h \sin\phi + f_1 = \rho h \partial_{tt} x$$

$$\partial_s F_2 - \rho g h \cos\phi + f_2 = \rho h \partial_{tt} y$$

其中 h 为毯子的厚度，F 为毯子的内应力，f 为外力。微元的转动方程为

$$\partial_s M - F_1 \sin\phi + F_2 \cos\phi + m = 0$$

其中 M 为内弯矩，m 为外力矩。把毯子看作黏性弹性材料，可得内弯矩的表达式为

$$M = EI\partial_s \phi + \mu I \partial_{st}\phi$$

其中 E 为杨氏模量，I 为毯子截面上的转动惯量，μ 为黏滞系数。两个接触点(线)的边界条件为

$$x(0) = y(0) = \phi(0) = \partial_s \phi(0) = y(S) = \phi(S) = 0$$

考虑几乎平坦小角度弓起的地毯，定义一个延长量为 $\varepsilon = S - l$，其中 S 为突起的长度，l 为突起两个端线沿斜面方向的距离。由量纲分析，估算一些物理(几何)量，突起的高度 $\Delta \approx \sqrt{\varepsilon l}$，其曲率 $\kappa \approx \Delta / l^2$，转动惯量 $I \approx h^3$，弯曲弹性能量 $U_e \approx EI\kappa^2 l$，重力势能 $U_g \approx \rho g h l \Delta$。两种能量量纲相同，由此得到以下关系式：

$$l \approx \varepsilon^{1/7}(Eh^2/\rho g)^{2/7}, \quad \Delta \approx \varepsilon^{4/7}(Eh^2/\rho g)^{1/7}$$

对于大角度突起，必须数值求解地毯的形状方程。数值求解时，要无量纲化，长度以重力弹性特征长度为单位，其值为 $l_g = (Eh^2/\rho g)^{1/3}$。

文献 2 给出的平面上弓形地毯的理论形状如图 2 所示。

斜面上运动的弓形地毯形状如图 3 所示。

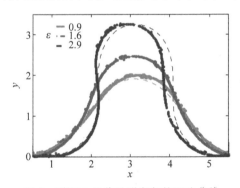

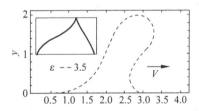

图 2　平面上地毯弓形突起的理论曲线　　图 3　斜面上运动的地毯弓形部分理论曲线

图 3 中的插图是弓形部分某固定点的运动轨迹。对于斜面上滚动的地毯，重力功率约等于空气阻力功率：

$$\rho h l V \sin\theta \approx \rho_f V^3 \Delta$$

由此估算出地毯弓状突起滑下速度 V 的近似表达式

$$V \approx (\rho g h \sin\theta / \rho_f)^{1/2}(l_g/\varepsilon)^{3/14}$$

文献 1：VELLA D，BOUDAOUD A，ADDA-BEDIA M. Statics and inertial dynamics of a ruck in a rug[J]. Physical Review Letters，2009，103(17)：174301.

文献 2：KOLINSKI J M，AUSSILLOUS P，MAHADEVAN L，et al. Shape and motion of a ruck in a rug[J]. Physical Review Letters，2009，103(17)：174302.

139 晴雯撕扇中的物理

问题：晴雯(《红楼梦》中的人物)撕过的扇页上,裂纹是什么曲线?

解析：把扇子看作纸张,先看一下撕纸的示意图,如图 1 所示。

忽略重力,假设图 1 中的两个握点 A、B 和撕裂点 C 近似在同一条直线上。当撕裂点移动一小段位移 ΔS 时,撕纸施加的力 F 落在撕裂点移动位移 ΔS 和两个撕纸点所确定的平面上。纸张上有天然的两个方向——纸张纤维方向及其垂直方向,撕纸力和撕裂点位移分解如图 2 所示。

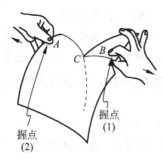

图 1 撕纸示意图

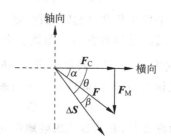

图 2 撕纸力和撕裂点位移分解示意图

假设撕裂力有以下分解:

$$F_C = k_C \cos\theta, \quad F_M = k_M \cos\theta$$

则撕纸力的大小为

$$F = k_M (\sin^2\theta + K\cos^2\theta)^{1/2}$$

图中角度之间的关系为

$$\tan\theta = \sqrt{K} \tan\alpha$$

其中 $K = k_C^2 / k_M^2$ 为常数。

撕裂点移动时,撕纸力做的功为

$$\Delta W = \boldsymbol{F} \cdot \Delta \boldsymbol{S} = k_M (\sin^2\theta + K\cos^2\theta)^{1/2} \Delta S \cos\beta$$

由于撕纸力两个分力大小几乎相等,即 $K \approx 1$,或者 $\theta \approx \alpha$,则上式可以简化为

$$\Delta W = \boldsymbol{F} \cdot \Delta \boldsymbol{S} = k_M (\sin^2\theta + K\cos^2\theta)^{1/2} \Delta S$$

撕裂点的实际走向是使得这个功取极小值。

把撕完的纸摊平还原,如图 3 所示。

考虑两个握点距离的变化

$$\Delta r = |\Delta \boldsymbol{r}_1 + \Delta \boldsymbol{r}_2| = \Delta r_1 + \Delta r_2$$

这些位移(距离)变化与撕裂点和握点的相对角度之间满足以下关系,如图 4 所示:

$$\Delta r_1 = \Delta S \sin(\phi_1 + \theta), \quad \Delta r_2 = \Delta S \sin(\phi_2 - \theta)$$

由此得到撕纸力做功与握点距离变化的关系式

$$\frac{\Delta W}{\Delta r} = \frac{k_M (\sin^2\theta + K\cos^2\theta)^{1/2}}{\sin(\phi_1 + \theta) + \sin(\phi_2 - \theta)}$$

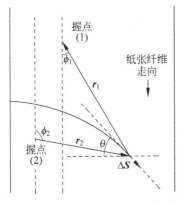

图 3　撕裂点和握点还原示意图

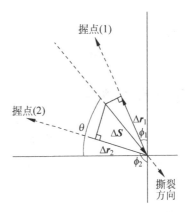

图 4　撕裂点和握点的相对角度

撕纸分析过程中要考虑下一步(时间),撕裂点要往哪个方向走。这个方向角(走向角)就是撕裂点的移动方向与纸张自然(纤维组合方向)的夹角,文献 1 没有给出这个角度满足的解析方程,而是直接数值(迭代)求解。

文献 2 给出了各向同性纸张撕裂轨迹的微分方程,分析如图 5 所示。

纸张中裂纹的扩展须符合 Grififth 标准,本质是能量守恒,即撕纸做的功和裂纹形成所需的能量相等。裂纹的扩展方向还要满足最大能量释放标准。如图 5 所示,Grififth 标准形式为

$$G(\theta)h\,\mathrm{d}s = F\,\mathrm{d}l_T = F(\mathrm{d}l_1 + \mathrm{d}l_2)$$

其中 h 为纸的厚度,l_1 为 AC 的长度,l_2 为 BC 的长度。设 T_1 为 AC 方向的单位矢量,T_2 为 BC 方向的单位矢量,t 是裂纹传播方向单位矢量,则有

$$\mathrm{d}l_1 = T_1 \cdot t\,\mathrm{d}s, \quad \mathrm{d}l_2 = T_2 \cdot t\,\mathrm{d}s$$

由此得

$$G(\theta)h\,\mathrm{d}s = F(T_1 + T_2) \cdot t\,\mathrm{d}s$$

当裂纹传播方向单位矢量 t 与 $T_1 + T_2$ 方向相同时,能量释放率最大。

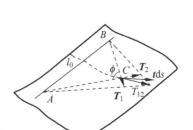

图 5　撕纸点和撕裂点相对位置
(位移)示意图

取合适的坐标,设 A 和 B 两点的坐标分别为 $(a,0)$ 和 $(-a,0)$,C 的坐标为 (x,y),那么上述等式(方程)为

$$\frac{\mathrm{d}x}{\mathrm{d}s} = k\left(\frac{x-a}{\sqrt{(x-a)^2+y^2}} + \frac{x+a}{\sqrt{(x+a)^2+y^2}}\right)$$

$$\frac{\mathrm{d}y}{\mathrm{d}s} = k\left(\frac{y}{\sqrt{(x-a)^2+y^2}} + \frac{y}{\sqrt{(x+a)^2+y^2}}\right)$$

这个方程目前看起来没有解析解,但总是能数值求解。文献 2 还讨论了各向异性纸张上的撕裂纹轨迹。

练习:数值求解撕纸裂纹的扩散方程,将得到的曲线与实际曲线作对比。

文献 1:Robert O K. Modeling the tearing of paper[J]. American Journal of Physics,

1994,62(4)：299-304.

　　文献2：IBARRA A,FUENTEALBA J F,ROMAN B,et al. Predicting tearing paths in thin sheets[J]. PHYSICAL REVIEW E,2019,023002.

140　两个钢球碰撞形变

　　问题：两个钢球相互挤压，其接触面大小与形变深度有什么关系？

　　解析：先看一下两个钢球接触未形变和形变的示意图，如图1和图2所示。

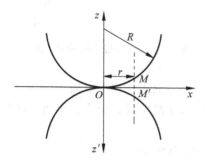 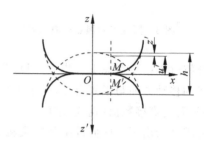

图1　接触但未形变的钢球　　　　　　　图2　接触并形变的钢球

　　图1中，两个球上关于 x 轴对称的点 M 和 M' 与两个坐标轴的（近似）关系为

$$z = r^2/2R \tag{1}$$

施加外力 F 后，两个弧线 OM 和 OM' 重合，假设 $OM(OM')$ 是直线（平的）。由图2可以看出，距离 h 与形变 u 的关系为

$$u + z + u' + z' = h \tag{2}$$

对于两个相同的钢球，则有

$$2u = h - r^2/R \tag{3}$$

　　假设形变接触面是个圆，半径为 a。接触面上（由于外力引起）的压强为 p。假设形变是弹性形变，形变尺度约为 pa/E，其中 E 为杨氏模量。形变弹性力做的功约为

$$(pa/E) \times pa^2 = a^3(p^2/E) \tag{4}$$

即形变弹性势能局限于 a^3 的区域内，这意味着超过这个区域，形变（指数）就衰减为零。由式（3）可以（估计）得

$$u \approx h \approx a^2/R \tag{5}$$

假设外力 F 是均匀分布的，那么由 Hook 定律，相对形变正比于应力：

$$\frac{u}{a} \approx \frac{h}{a} \approx \frac{F}{Ea^2} \tag{6}$$

由式（5）和式（6）得到接触面半径 a 和压缩深度 h 的近似表达式为

$$a \approx (FR/E)^{1/3}, \quad h \approx F^{2/3}/(RE^2)^{1/3} \tag{7}$$

Hertz 给出严格的解析表达式为

$$a = (FR/E)^{1/3} [3(1-\sigma^2)/4]^{1/3}$$
$$h = (F^2/RE^2)^{1/3} [9(1-\sigma^2)^2/2]^{1/3}$$

对于一个钢球和平面的接触形变，上面的估算，量纲、量级和表达式是正确的。钢球的杨氏模量 $E=200\text{GPa}$，对于一个半径为 2.5cm 的钢球而言，接触面的半径约为 0.1mm，压缩深度约为 $1\mu\text{m}$。

现在考虑钢球的碰撞。动能近似表达式为

$$T \approx M(\mathrm{d}h/\mathrm{d}t)^2$$

假设静止时的形变公式(7)还成立，那么形变弹性势能约为

$$U \approx Fh \approx h^{5/2}R^{1/2}E$$

由能量守恒，得

$$Mv^2 = M(\mathrm{d}h/\mathrm{d}t)^2 + h^{5/2}R^{1/2}E \tag{8}$$

由此得最大压缩深度为

$$h_{\max} = \left[Mv^2/(R^{1/2}E)\right]^{2/5}$$

由式(8)解得

$$\frac{\mathrm{d}h}{\mathrm{d}t} = (v^2 - h^{5/2}R^{1/2}E/M)^{1/2}$$

定义特征时间为

$$\tau_{\mathrm{c}} = \left[M^2/(RE^2v)\right]^{1/5}$$

再定义一个无量纲参数 $x=h/h_{\max}$，则得碰撞时间为

$$T = 2\tau_{\mathrm{c}}\int_0^1 (1-x^{5/2})^{-1/2}\mathrm{d}x \approx 3\tau_{\mathrm{c}}$$

赫兹理论给出的严格解为

$$T_{\mathrm{exact}} = 3.29(1-\sigma^2)^{2/5}\tau_{\mathrm{c}}$$

文献 1：BERNARD L. Collision between two balls accompanied by deformation：A qualitative approach to Hertz's theory[J]. American Journal of Physics，1985，53（4）：346-349.

文献 2：GUGAN D. Inelastic collision and the Hertz theory of impact[J]. American Journal of Physics，2000，68(10)：920-924.

流 体 力 学

141 硬币下压下的水面形状

问题：由于表面张力作用，一个硬币可以"漂浮"在水面上而不下沉，那么这个被硬币压着凹陷的水面形状是什么？

解析：先看一下模型示意图，如图 1 所示。

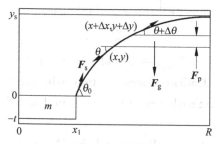

图 1 凹陷水面的受力分析示意图

考虑图 1 中处于 $(y, y+\mathrm{d}y)$ 的一层水微元，它受到三种力，分别为重力 F_g，上下两个界面的压力差 F_p 和上下两侧边界表面张力的垂直分量之差 F_s。这三种力的表达式为

$$F_g = -\rho g \pi (R^2 - x^2) \mathrm{d}y$$

$$F_p = -\mathrm{d}(\rho g (y_s - y) \pi (R^2 - x^2))$$

$$F_s = \mathrm{d}(2\pi \gamma x \sin\theta)$$

其中 γ 为表面张力系数。这三种力加起来为零，由此得到凹陷水面的控制（形状）方程

$$\rho g (y_s - y) x \mathrm{d}x + \gamma \mathrm{d}(x \sin\theta) = 0 \tag{1}$$

微分几何上还有以下关系：

$$\mathrm{d}x = \cos\theta \mathrm{d}s, \quad \mathrm{d}y = \sin\theta \mathrm{d}s \tag{2}$$

边界条件是，硬币所受重力等于硬币上下表面的压力差和硬币上表面的表面张力垂直分量，即

$$\rho g (y_s + t) \pi x_1^2 + 2\pi \gamma x_1 \sin\theta_0 = mg = \rho_c g t \pi x_1^2 \tag{3}$$

其中 x_1 为硬币的半径，t 为硬币的厚度，ρ_c 为硬币的密度。式（3）可以简化为

$$\left(y_{s}+t\right) \frac{x_{1}}{t^{2}}+\frac{2\gamma}{\rho g t^{2}}\sin\theta_{0}=\frac{\rho_{c}}{\rho}\frac{x_{1}}{t} \tag{4}$$

设长度以硬币的厚度 t 为单位,并令 $k=\gamma/\rho g t^{2}$,则式(1)可以化简为

$$\left(y_{s}-y\right)x\,\mathrm{d}x+k\,\mathrm{d}(x\sin\theta)=0 \tag{5}$$

文献给出以下例子(实际单位是 mm),$t=1,x_{1}=10,\rho_{c}=5,y_{s}\approx3.625,\theta_{0}\approx\arctan 2.5$,由此计算得到 $k\approx2.02$。数值求解式(2)和式(4),未知参数是水面的凹陷深度 y_{s},硬币右上表面水面与水平面的起始切角 θ_{0} 和水面与水杯交接处的弧长参数 s_{1}。确定这三个未知参数的条件恰好也是三个,$x(s_{1})=R,y(s_{1})=y_{s},\theta(s_{1})=0$。经过耐心反复调试,可以找到符合实际水面形状的三个待定参数值。

练习:实际数值求解水面凹陷形状方程,将得到的理论曲线与实际曲线作对比。

文献:PENNER A R. Suspension of a disk on a surface of water[J]. American Journal of Physics,2000,68(6):549-551.

142　喷泉上旋转的大理石球

问题:一些商厦门口喷泉上的大理石球是怎么悬浮旋转的?

解析:先从简单的大理石圆柱开始分析,可以简化为二维问题,模型如图1所示。

水流中的压强大于大气压,对大理石圆柱而言,总的向上的"压力"等于"浮力",可以托起整个圆柱。水流中的速度分布 u 及压强分布 p 满足 Navier-Stokes 方程

$$\rho\left(\frac{\partial u}{\partial t}+(u\cdot\nabla)u\right)=\rho g-\nabla p+\mu\nabla^{2}u \tag{1}$$

其中 μ 为黏滞系数。假设水膜中水流速度主要为 $x=R\theta$ 方向,水膜厚度很小,可以忽略式(1)右边的第一项(图2)。

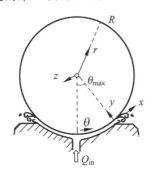

图1　喷泉上的大理石圆柱

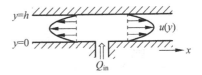

图2　水膜中的速度分布

一般情况下,流速是稳定的,不随时间变化,式(1)左边为零。于是式(1)可以简化为以下方程:

$$-\nabla p+\mu\nabla^{2}u=0 \tag{2}$$

或者

$$\frac{\mathrm{d}p}{\mathrm{d}x}=\mu\frac{\mathrm{d}^{2}u}{\mathrm{d}y^{2}}$$

两个自变量 x、y 是不相关的,所以上式转化为

$$\frac{\mathrm{d}p}{\mathrm{d}x} = \frac{1}{R}\frac{\mathrm{d}p}{\mathrm{d}\theta} = -\mu K, \qquad \frac{\mathrm{d}^2 u}{\mathrm{d}y^2} = -K \tag{3}$$

满足边界条件的解为

$$p(\theta) = p(0) - \mu R K \theta$$

$$u(y) = \frac{1}{2}Ky(h-y)$$

其中 h 为水膜的厚度。水流量为

$$Q = 2L\int_0^h u(y)\mathrm{d}y = \frac{1}{6}LKh^3$$

在水流最大角度处压强等于空气压强:

$$p_{\mathrm{atm}} = p(0) - \mu R K \theta_{\max}$$

由此得到水流中压强和大气压强之差为

$$p - p_{\mathrm{atm}} = \mu R K(\theta_{\max} - |\theta|)$$

这样水流向上产生总的"压力"为

$$F = LR\int_{-\theta_{\max}}^{\theta_{\max}} (p - p_{\mathrm{atm}})\mathrm{d}\theta = \frac{12\mu Q R^2}{h^3}(1 - \cos\theta_{\max})$$

这个力与大理石圆柱所受的重力相等,由此得到

$$\frac{12\mu Q R^2}{h^3}(1 - \cos\theta_{\max}) = \rho g\pi R^2 L$$

估算一下这个水膜的厚度 h:水流最大角度为 $35°$,圆柱高度 L 为 $30\mathrm{cm}$,大理石密度为 $\rho = 2.75\mathrm{g/cm^3}$,水的黏滞系数为 $\mu = 1.00\times10^{-3}$,喷泉的流量为 $0.3\mathrm{L/s}$,则水膜厚度约为 $0.3\mathrm{mm}$。

　　接下来分析实际的大理石球。文献通过实验测量发现水膜厚度也是 $0.3\mathrm{mm}$ 左右。理论模型如图 3 所示。

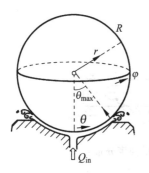

图 3　喷泉上的大理石球

假设式(2)仍成立,且水膜中的速度分布为

$$u = u(y,\theta)e_\theta = \frac{1}{2}K(\theta)y(h-y)e_\theta$$

那么水膜中的流量为

$$Q = 2\pi R\sin\theta\int_0^h u(y,\theta)\mathrm{d}\theta = \frac{1}{6}\pi R\sin\theta K(\theta)h^3$$

由此计算得

$$K(\theta) = \frac{6Q}{\pi R h^3 \sin\theta}$$

假设式(3)仍成立,有

$$\frac{\mathrm{d}P}{\mathrm{d}\theta} = -\mu R K = -\frac{6\mu Q}{\pi h^3 \sin\theta}$$

由边界条件,积分计算得到水膜中的压强分布为

$$P(\theta) - P_{\mathrm{atm}} = \frac{6\mu Q}{\pi h^3}\ln\frac{(1 - \cos\theta_{\max})\sin\theta}{(1 - \cos\theta)\sin\theta_{\max}}$$

由此计算得到水流对大理石球的"托力"为

$$F = 2\pi R^2 \int_0^{\theta_{\max}} (P(\theta) - P_{\text{atm}}) \cos\theta \sin\theta \, \mathrm{d}\theta = \frac{6\mu Q R^2}{h^3} (1 - \cos\theta_{\max})$$

这个力等于大理石球的重量,假设球直径为 $1\mathrm{m}$,经估算得到水膜的厚度为 $0.18\mathrm{mm}$。

再考虑大理石圆柱在喷泉水膜上的转动,如图 4 所示。

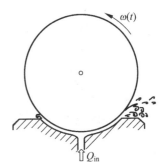

此时水膜里面的速度分布,在原先静止层流分布上,叠加一个转速引起的线性项,形式如下:

$$u(y) = \frac{1}{2} K y(h - y) + \omega R \frac{y}{h}$$

圆柱与水流接触面上,由于纵向速度变化,引起剪切(阻力),其形式为

$$\tau = \mu \frac{\mathrm{d}u}{\mathrm{d}y} = \tau_0 + \mu\omega R / h$$

由于静止层流的左右对称性,它引起的剪切力总的效果为零。所以我们只考虑转速引起的剪切阻力力矩:

图 4　喷泉水膜上的转动大理石圆柱

$$M = -\int_{-\theta_{\max}}^{\theta_{\max}} R \frac{\mu R \omega}{h} L R \, \mathrm{d}\theta = -\frac{2\theta_{\max} \mu L R^3}{h} \omega$$

这个力矩与转速成正比,由转动方程

$$\frac{1}{2} \rho \pi L R^4 \frac{\mathrm{d}\omega}{\mathrm{d}t} = -\frac{2\theta_{\max} \mu L R^3}{h} \omega$$

得到转速是指数衰减的:

$$\omega(t) = \omega_0 \exp(-t / t_r)$$

其中特征衰减时间为

$$t_r = \frac{\pi}{4\theta_{\max}} \frac{\rho R h}{\mu}$$

对于本题中的物理量,其衰减时间约为 $412\mathrm{s}$,说明衰减很慢,几乎是匀速转动的。

对于大理石球,由于转动是三维转动,对于水膜中附加的速度分布解析求解很麻烦,我们改用量纲分析。水膜上的剪切阻力引起的阻力力矩有以下形式:

$$M \approx -\frac{\mu R^4}{h} \omega$$

转动方程为

$$\rho R^5 \frac{\mathrm{d}\omega}{\mathrm{d}t} \approx -\frac{\mu R^4}{h} \omega$$

由此得到衰减时间为

$$t_r \approx \frac{\rho R h}{\mu}$$

对于本题给出的数据,其值约为 $400\mathrm{s}$。文献经过实验发现,实际衰减时间为 $220\mathrm{s}$,量级相同。

文献:SNOEIJER J H,DER WEELE K V. Physics of the granite sphere fountain[J]. American Journal of Physics,2014,82(11):1029-1039.

143　滚动水瓶的撞墙反弹

问题：矿泉水瓶中装了半瓶水，在地面横放滚动撞向墙壁。反弹后，矿泉水瓶会怎样滚动？

解析：作个最简单的假设（模型），将水在瓶中的转动看作刚体的转动，如图 1 所示。

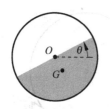

图 1 中，G 为水的质心，$OG=l=4R/3\pi$。瓶子的质量为 M，转动惯量为 J。水的质量为 m，绕质心的转动惯量为 I_G。系统的动能为

$$T=\frac{1}{2}Mv^2+\frac{1}{2}J(v/R)^2+\frac{1}{2}m(v+l\omega)^2+\frac{1}{2}I_G\omega^2$$

图 1　半瓶水的转动模型　其中瓶的质心速度 v 和水的转动角速度 ω 分别为

$$v=\mathrm{d}x/\mathrm{d}t,\quad \omega=\mathrm{d}\theta/\mathrm{d}t$$

水的势能为

$$V=mgl(1-\cos\theta)$$

忽略各种能量损耗，在小角度近似下，由系统的作用量（动能减去势能），得到欧拉-拉格朗日运动方程

$$(M+J/R^2)\frac{\mathrm{d}^2x}{\mathrm{d}t^2}+m\left(\frac{\mathrm{d}^2x}{\mathrm{d}t^2}+l\frac{\mathrm{d}^2\theta}{\mathrm{d}t^2}\right)=0$$

$$(I_G+ml^2)\frac{\mathrm{d}^2\theta}{\mathrm{d}t^2}+mgl\theta+ml\frac{\mathrm{d}^2x}{\mathrm{d}t^2}=0$$

质心加速度和转动角加速度有三角函数形式的周期解：

$$a(t)=-A\left(\frac{m}{m+M_{\text{eff}}}\right)l\sin(\Omega t+\varphi)$$

$$\alpha(t)=A\sin(\Omega t+\varphi)$$

其中

$$M_{\text{eff}}=M+J/R^2$$

$$\Omega^{-2}=\frac{l}{g}\left(\frac{I_O}{ml^2}-\frac{m}{M_{\text{eff}}+m}\right)$$

实际上，水在静止瓶中的转动并不是刚体的整体转动，瑞利得到这种情况下，水绕瓶中心的转动惯量为

$$I_s=\rho\pi R^4 L\left(\frac{4}{\pi^2}-\frac{1}{4}\right)\approx 0.31mR^2$$

把这个转动惯量看作刚体模型中的转动惯量，把瓶看作没有厚度的圆柱，则得水晃动的频率表达式为

$$\Omega^{-2}=\frac{l}{g}\left(\frac{I_s}{ml^2}-\frac{m}{2M+m}\right)$$

假设撞墙过程中，水的平动动能完全转化为水的转动动能，即

$$\frac{1}{2}mv_0^2=\frac{1}{2}I_s\omega_O^2$$

那么瓶质心速度和水转动角速度的表达式分别为

$$\omega = \omega_0 \cos(\Omega t)$$

$$v = k v_0 \frac{m}{m + 2M}(1 - \cos(\Omega t))$$

其中

$$k = \sqrt{m l^2 / I_s} \approx 1.32$$

半瓶水撞墙反弹的过程模型如图 2 所示。

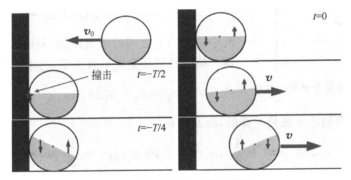

图 2　半瓶水撞墙反弹示意图

文献中的实验数据也验证了这个理论模型的大致正确性。

文献 1：BOURGES A，CHARDAC A，CAUSSARIEU A，et al. Oscillations in a half-empty bottle[J]. American Journal of Physics，2018，86(2)：119-125.

文献 2：IBRAHIM R. Liquid Sloshing Dynamics：Theory and Applications[M]. UK：Cambridge，2005.

144　旋转双层液体分界面

问题：盛有油和水的烧杯，开始转起来时，油水分界面是如何变化的？

解析：实验发现转起来某个时刻，分界面轮廓线是往上凸的曲线，如图 1 所示。

图 1　旋转油水凸起的分界面

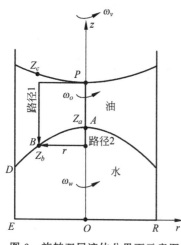

图 2　旋转双层液体分界面示意图

理论模型图如图 2 所示。

在转动参考系中,液体的压强有这样的变化趋势:沿重力方向是增加的,其变化量与垂直距离成正比;沿离心力(等效重力)方向是增加的,其变化量与水平距离的平方差成正比。如图 2 所示,设上层液体标号为 1,下层液体标号为 2,从 P 点开始,计算 B 点的压强。第一种路径是先水平向左,再垂直向下,则有

$$p_b = p_0 + \rho_1 g(h+z) + \frac{1}{2}\rho_1 \omega_1^2 r^2$$

其中 h 是 OA 之间的垂直距离,z 是 AB 之间的垂直距离。第二种路径是先垂直向下,再水平向左,则有

$$p_b = p_0 + \rho_1 gh + \rho_2 gz + \frac{1}{2}\rho_2 \omega_2^2 r^2$$

这两种路径计算得到的压强是一样的,由此得到

$$\rho_1 g(h+z) + \frac{1}{2}\rho_1 \omega_1^2 r^2 = \rho_1 gh + \rho_2 gz + \frac{1}{2}\rho_2 \omega_2^2 r^2 \tag{1}$$

设长度以烧杯的半径 R 为单位,时间以 $\sqrt{R/g}$ 为单位,并设两种液体的密度比为 $\lambda = \rho_2/\rho_1 > 1$,则式(1)化为

$$z + \frac{1}{2}\omega_1^2 r^2 = \lambda z + \frac{1}{2}\lambda \omega_2^2 r^2$$

继续化简得

$$(\lambda - 1)z = \frac{1}{2}(\omega_1^2 - \lambda \omega_2^2) r^2$$

要保证此时液体分界面的曲线是向上凸起的,要求 $z > 0$,即 $\omega_1^2 > \lambda \omega_2^2$。文献也发现,起先油很快达到烧杯的转动速度,下层的水相对比较慢地达到烧杯的转动速度,所以能在起先一段时间内看到这种凸起的分界面。理论上讲,两层液体转速相同时,分界面的方程为

$$z = -\frac{1}{2}\omega^2 r^2$$

即开口向上的抛物线。

文献:YAN Z,SUN L,XIAO J,et al. The profile of an oil-water interface in a spin-up rotating cylindrical vessel[J]. American Journal of Physics,2017,85(4):271-276.

145　下落黏性液柱的形状

问题:在重力作用下流动的黏性液柱,越往下越细。液柱的下降高度随半径是怎么变化的?

解析:先看模型示意图,如图 1 所示。

无黏性流体中的流速、压强和高度的伯努利方程,是从能量角度得到的。考虑到黏性引起的能量损失,文献提出这种情况下的伯努利方程为

$$P + \frac{\alpha}{2}\rho v^2 + \rho g z + \gamma\left(\frac{\partial A}{\partial V}\right) + w_{\text{loss}} = \text{const} \qquad (1)$$

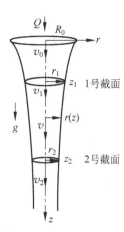

图 1　下落液柱示意图

其中 α 是与横截面上流速分布有关的常数，γ 为表面张力系数。对于圆柱形截面流动液柱，有

$$dV = \pi r^2 \, dz, \quad dA = 2\pi r \, dz$$

由此得到 $\partial A / \partial V = 3/r$，对于图 1 中表示为 1 和 2 的两个截面，压强是一样的（大气压强），式（1）化为（注意 z 坐标的方向）

$$\frac{\alpha}{2}\rho v_1^2 - \rho g z_1 + \frac{3\gamma}{r_1} = \frac{\alpha}{2}\rho v_2^2 - \rho g z_2 + \frac{3\gamma}{r_2} + \Delta w_{\text{loss}}$$

设黏性引起的能量损失差为

$$\Delta w_{\text{loss}} = \frac{8\delta\eta v}{r^2}(z_1 - z_2)$$

小量展开下落高度坐标和半径：

$$z_{1,2} = z \mp \Delta z / 2, \quad r_{1,2} = r \pm \Delta r / 2, \quad v_{1,2} = v \mp \Delta v / 2$$

再取极限，得到液柱中流速、下降高度和半径的关系：

$$\alpha v \frac{dv}{dz} = g - \frac{3\gamma}{\rho}\frac{1}{r^2}\frac{dr}{dz} - \frac{8\delta\eta}{\rho}\frac{v}{r^2} \qquad (2)$$

设长度以起始圆柱半径 R_0 为单位，流速以起始流速 v_0 为单位，再定义三个无量纲的数——Froude 数、Weber 数、Reynolds 数如下：

$$Fr = \frac{v_0^2}{2R_0 g}, \quad We = \frac{2R_0\rho v_0^2}{\gamma}, \quad Re = \frac{2R_0\rho v_0}{\eta}$$

利用流速守恒方程

$$r^2(z)v(z) = 1 \qquad (3)$$

将式（2）化为

$$\alpha v \frac{dv}{dz} = \frac{1}{2Fr} + \frac{1}{We}\frac{3}{\sqrt{v}}\frac{dv}{dz} - \frac{16\delta}{Re}v^2 \qquad (4)$$

流速和半径在无穷"远处"有渐近表达式：

$$v_\infty = (\Lambda / 32\delta)^{1/2}, \quad r_\infty = (32\delta / \Lambda)^{1/4}$$

其中 $\Lambda = Re / Fr$。把式（3）代入式（4），得到液柱半径和下落高度的关系为

$$-2\alpha\frac{1}{r^5}\frac{dr}{dz} = \frac{1}{2Fr} - \frac{1}{We}\frac{6}{r^2}\frac{dr}{dz} - \frac{16\delta}{Re}\frac{1}{r^4}$$

积分得

$$z = \frac{3}{B_0 r_\infty}\left(2\arctan\frac{r_\infty}{r} - 2\arctan r_\infty - \ln\left(\frac{r - r_\infty}{r + r_\infty}\frac{1 + r_\infty}{1 - r_\infty}\right)\right) - \frac{\alpha Fr}{r_\infty^4}\ln\frac{1 - (r_\infty / r)^4}{1 - r_\infty^4}$$

其中 $B_0 = We / Fr$。

如果重力因素比黏性因素影响大，即 $\Lambda \gg 32\delta$，$r_\infty < 1$，那么小量展开后有

$$z = \frac{12}{B_0}\left(\frac{1}{r} - 1\right) + \alpha Fr\left(\frac{1}{r^4} - 1\right)$$

如果同时重力因素也比表面因素影响大，即 $B_0 \gg 1$，则有

$$z = \alpha Fr\left(\frac{1}{r^4} - 1\right)$$

文献发现实验结果与以上的理论公式符合得很好。

练习：实际做这个实验，测量分析数据，验证本小节的理论结果是否成立。

文献：MASSALHA T, DIGILOV R M. The shape function of a free-falling laminar jet: Making use of Bernoulli's equation[J]. American Journal of Physics, 2013, 81(10): 733-737.

146　下落蜂蜜尾部旋转的物理机制

问题：下落的蜂蜜液柱尾部会快速转动，其物理机制是什么？

解析：从物理模型角度，把下落的蜂蜜（流体柱）看作有弹性的绳子（杆），绳子的几何模型如图 1 所示。

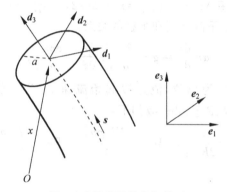

图 1　弹性绳子的几何模型

绳子的中心线位置用 $x(s,t)$ 表示，半径用 $a(s,t)$ 表示。局域正交标架为 (d_1, d_2, d_3)，其中

$$d_3(s,t) = \partial_s x(s,t) = x'$$

标架随弧长参数 s 的演化由 Frenet 方程描述：

$$d_i' = \kappa \times d_i, \quad \kappa = \kappa_i d_i$$

引入绳子中流体的速度场：

$$V = V_i d_i = \frac{Dx}{Dt}$$

绳子（轴线）的拉伸率为

$$\Delta = V' \cdot d_3$$

由质量守恒，可得绳子横截面变化率等于横截面面积乘以拉伸率，即

$$\frac{DA}{Dt} = -A\Delta, \quad A = \pi a^2$$

标架转动角速度（分量）定义为

$$\omega_1 = -V' \cdot d_2, \quad \omega_2 = -V' \cdot d_1$$

绳子中的应力分布为

$$N = N_i \boldsymbol{d}_i = \iint \boldsymbol{\sigma} \cdot \boldsymbol{d}_3 \, \mathrm{d}A$$

其中 σ 为应力张量。弯(扭)矩为

$$\boldsymbol{M} = M_i \boldsymbol{d}_i = \iint \boldsymbol{y} \times \boldsymbol{\sigma} \cdot \boldsymbol{d}_3 \, \mathrm{d}A$$

由流体微元的动量守恒(牛顿方程),得到

$$\rho A \frac{\mathrm{D}V}{\mathrm{D}t} = N' + \rho A g$$

由流体微元的角动量守恒(转动方程),得到

$$0 = M' + \boldsymbol{d}_3 \times \boldsymbol{N}$$

文献给出了纤细绳近似下各个物理参数的关系:

$$N_3 = 3\eta A \Delta$$

$$M_1 = 3\eta I \boldsymbol{\omega}' \cdot \boldsymbol{d}_1, \quad M_2 = 3\eta I \boldsymbol{\omega}' \cdot \boldsymbol{d}_2, \quad M_3 = 2\eta I \boldsymbol{\omega}' \cdot \boldsymbol{d}_3$$

其中 η 为黏滞系数,$I = \pi a^4 / 4$ 为绳子截面的转动惯量。数值
求解转动绳子方程,就能定量得到尾部转速与各种物理量的
关系。

下落蜂蜜(黏性)流体模型图如图 2 所示。

文献发现了下落黏性流体(硅油)柱尾部稳定旋转的四个
状态,如图 3 所示。

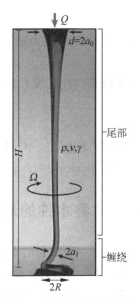

图 2　下落黏性流体尾部
旋转示意图

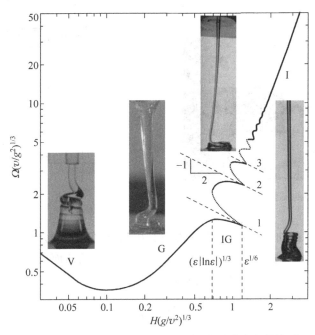

图 3　下落黏性流体柱尾部旋转速率与下落高度的关系

随着下落高度从小变大,第一区域是黏性区域 V,尾部转动速度与高度成反比:

$$\Omega \approx \frac{U_0}{H}$$

第二区域是重力区域 G,尾部转动速度表示为

$$\Omega \approx \frac{U_1}{\delta}\ln\left(\frac{H}{\delta}\right)^{-1/2}, \quad \delta \approx \left(\frac{\nu Q}{g}\right)^{1/4}$$

第三区域是惯性-重力区域 IG,尾部转动速度表示为

$$\Omega \approx (g/H)^{1/2}$$

第四区域是惯性区域 I,尾部转动速度表示为

$$\Omega \approx \left(\frac{Q^4}{\nu a_1^{10}}\right)^{1/3}$$

文献:RIBE N M,HABIBI M,BONN D. Liquid Rope Coiling[J]. Annual Review of Fluid Mechanics,2012,44(1):249-266.

147 对称水钟的形状

问题:一股细长的水流撞击到锥形顶上,有时飞溅出的水膜会弯折过来,形成一个封闭的曲面,这个曲面的轮廓线是什么曲线?

解析:水膜从侧面看上去像一个钟,故称为水钟,实验图像如图 1 所示。

忽略重力和黏稠性,水钟的理想模型如图 2 所示。

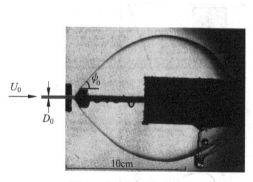

图 1 水钟的实验图像

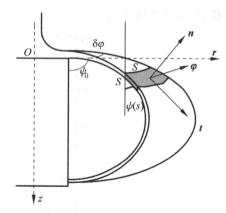

图 2 水钟的模型示意图

对于稳定水流下的曲面,假设水钟内外没有压强差,但是弯曲的曲面会产生附加的压强差,其值等于表面张力系数乘以平均曲率。对于一个流动的曲面微元,这个附加压力差提供曲线运动的向心力。具体用数学公式表示,就是

$$M\frac{U^2}{R_1} = 2\sigma S\left(\frac{1}{R_1} + \frac{1}{R_2}\right) \tag{1}$$

其中 σ 为表面张力系数,流动微元质量 M 等于密度 ρ 乘以微元面积 S 和水膜厚度 b:

$$M = \rho S b$$

假设切向的流速不变,由流量守恒,水膜的厚度 b 会变化,即

$$Q = 2\pi r b U$$

则式(1)化为

$$\left(\frac{\rho Q U_0}{2\pi r}-1\right)\frac{1}{R_1}=\frac{1}{R_2} \tag{2}$$

由(微分)几何知识可知

$$\frac{1}{R_1}=-\frac{\mathrm{d}\psi}{\mathrm{d}s},\quad \frac{1}{R_2}=\frac{\cos\psi}{r}$$

设长度单位为 $L=\rho Q U_0/2\pi$，则式(2)化为

$$(1-r)\frac{\mathrm{d}\psi}{\mathrm{d}s}=-\cos\psi \tag{3}$$

利用微分几何关系

$$\mathrm{d}r=\sin\psi\,\mathrm{d}s$$

式(3)积分得

$$\frac{\cos\psi}{\cos\psi_0}=\frac{1-r_0}{1-r}$$

由此可得水钟侧面最大半径($\psi=0$)为

$$r_{\max}=1-(1-r_0)\cos\psi_0$$

利用微分几何关系

$$\mathrm{d}z=\cos\psi\,\mathrm{d}s=-(1-r)\mathrm{d}\psi=-(1-r_0)\cos\psi_0\,\frac{\mathrm{d}\psi}{\cos\psi}$$

或者

$$\mathrm{d}z=\cos\psi\,\mathrm{d}s=-(1-r)\mathrm{d}\psi=-(1-r_{\max})\,\frac{\mathrm{d}\psi}{\cos\psi}$$

积分得到

$$z-z_{\max}=(1-r_{\max})\ln\tan\left(\frac{\pi}{4}-\frac{\psi}{2}\right)$$

把角度 ψ 消去，得到水钟的曲线表达式为

$$\frac{1-r}{1-r_{\max}}=\cosh\left(\frac{z_{\max}-z}{1-r_{\max}}\right)$$

这是双曲余弦函数，也是悬链线的形状。图1中的水钟用这样的双曲函数拟合，结果如图3所示。

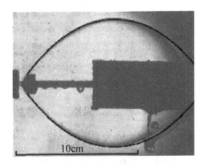

图3　水钟的实验和理论曲线对比

由图3可以看出，水钟的实验和理论形状曲线基本吻合，说明忽略重力和黏稠性的近似还是基本正确的。如考虑到重力影响，水钟就不是"上下"对称的了，下部较长。更多的讨论请参阅文献2。

文献1：TAYLOR G，HOWARTH L. The Dynamics of Thin Sheets of Fluid. I. Water Bells[J]. Proceedings of the Royal Society A Mathematical Physical ＆ Engineering Sciences,1959,253(1274)：289-295.

文献2：CHRISTOPHE C. Waterbells and Liquid Sheets[J]. Annual Review of Fluid Mechanics,2007,39(1)：469-496.

148 天花板上的水幕

问题：竖直水流从下往上冲击天花板，水膜会贴在天花板上，形成一个圆盘，然后再落下来。那么圆盘半径与哪些物理量有关？落下的水膜从侧面看是什么形状？

解析：先看一下不同流速下，水流从下往上冲击天花板，形成的不同形状（侧面）的水幕，如图 1 所示。

图 1   不同形状的天花板下的水幕

图 1 中有两个明显的几何特征，一个是天花板上水幕的半径 R，另一个是侧面掉下来的水幕与天花板的夹角 ϕ。文献中的流体是丙三醇和水的混合物，实验中测量得的水幕半径 R 和水流量 Q 的关系如图 2 所示。

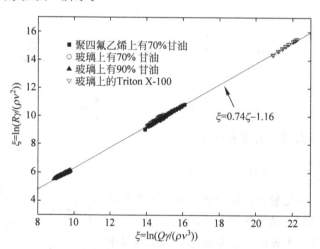

图 2   水幕半径 R 与水流量 Q 的实验数据图

由图 2 中的实验数据，线性拟合得到的水幕半径 R 与水流量 Q 的关系为

$$R = 0.31 \frac{\rho^{0.26} Q^{0.74}}{\gamma^{0.26} \nu^{0.23}} \tag{1}$$

式中 ρ 为水的密度；γ 为水的表面张力系数；ν 为水的黏滞系数。

简单的水流流速分布物理模型如图 3 所示。

在水幕半径附近，动量流和表面张力相抗衡。动量流使水膜向外扩张，表面张力使之收缩，在分离界面，这两者相等，即

$$\gamma = \int_0^{h(R)} \rho u^2(R, z) \, \mathrm{d}z \tag{2}$$

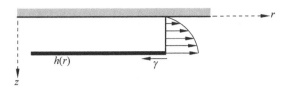

图 3　天花板下水膜的流速分布图

假设图 3 中的水的流动是层流,流速径向分量 u 和垂直方向分量 w 满足以下方程:

$$\frac{\partial(ru)}{\partial r}+\frac{\partial(rw)}{\partial z}=0$$

$$u\frac{\partial u}{\partial r}+w\frac{\partial u}{\partial z}=\nu\frac{\partial^2 u}{\partial z^2}-g\frac{\mathrm{d}h}{\mathrm{d}r}$$

分析表示,重力因素可以忽略不计。满足边界条件的自相似解为

$$u=U(r)f(\eta),\quad \eta=z/h(r)$$

其中

$$U(r)=\frac{27c^2}{8\pi^4}\frac{Q^2}{\nu(r^3+l^3)}$$

$$h(r)=\frac{2\sqrt{3}\pi^2}{9}\frac{\nu(r^3+l^3)}{Qr}$$

式中 l 为某个特征长度。函数 $f(\eta)$ 满足以下方程:

$$(\mathrm{d}f/\mathrm{d}\eta)^2=c^2(1-f^3)$$

其中

$$c=\int_0^1(1-x^3)^{1/2}\mathrm{d}x\approx 1.40$$

将以上表达式代入式(2),计算得水幕半径 R 满足的方程为

$$R(R^3+l^3)=\frac{27\sqrt{3}c^3\rho Q^3}{16\pi^6\nu\gamma}\equiv\lambda$$

考虑到 $l\ll R$,可得零阶近似后的水幕半径表达式为

$$R_0=\left(\frac{81c^3\rho Q^3}{16\sqrt{3}\pi^6\nu\gamma}\right)^{1/4}\approx 0.30\left(\frac{\rho Q^3}{\nu\gamma}\right)^{1/4}$$

这个理论近似表达式与实验拟合公式(1)吻合得很好。

　　文献:JAMESON G J,JENKINS C E,BUTTON E C,et al. Water bells formed on the underside of a horizontal plate. Part 1. Experimental investigation[J]. Journal of Fluid Mechanics,2010,649:19-43.

149　匀速行驶的船引起的水面波动

　　问题:小船在水面上匀速行驶,水面的起伏如何随时间演化?

　　解析:考虑一个近似理想物理模型,假设水中的速度分布(场)是无旋的,可以写成某个势函数 φ 的梯度,那么势函数满足以下方程:

$$\left(\frac{\partial^2}{\partial x^2} + \frac{\partial^2}{\partial y^2} + \frac{\partial^2}{\partial z^2}\right)\varphi(x,y,z,t) = 0$$

这个势函数可以写成积分形式：

$$\varphi(x,y,z,t) = \iint \frac{\mathrm{d}k_x}{2\pi}\frac{\mathrm{d}k_y}{2\pi}A(k_x,k_y)\mathrm{expi}(k_x(x+vt)+k_y y)\exp(kz) \tag{1}$$

其中

$$k^2 = k_x^2 + k_y^2$$

根据文献 2，可得水面上的边界条件为

$$\rho g \frac{\partial \varphi}{\partial z} + \rho \frac{\partial^2 \varphi}{\partial t^2} - \sigma \frac{\partial}{\partial z}\left(\frac{\partial^2 \varphi}{\partial x^2} + \frac{\partial^2 \varphi}{\partial y^2}\right) = -\frac{\partial}{\partial t}P \tag{2}$$

其中 P 是外加压强分布，满足

$$P(x,y,t) = P(x+vt,y)$$

即把匀速行驶的小船看作移动的压强（源）。把积分形式的势函数（1）代入边界条件（2），得到

$$[\sigma k(k^2+\rho g/\sigma) - \rho v^2 k_x^2]A(k_x,k_y) = -\mathrm{i}k_x v P(k_x,k_y)$$

其中

$$P(k_x,k_y) = \iint \frac{\mathrm{d}x}{2\pi}\frac{\mathrm{d}y}{2\pi}P(x,y)\mathrm{expi}(k_x x + k_y y)$$

水面的垂直位移 $z=\xi(x,y,t)$ 满足自由边界条件（垂直方向上的速度相等）

$$\frac{\partial \xi}{\partial t} = \frac{\partial \varphi}{\partial z}\bigg|_{z=0}$$

由此可得水面位移（波动形式）的积分表达式为

$$\xi(x,y,t) = \iint \frac{\mathrm{d}k_x}{2\pi}\frac{\mathrm{d}k_y}{2\pi}\frac{k}{\mathrm{i}k_x}A(k_x,k_y)\mathrm{expi}[k_x(x+vt)+k_y y]$$

文献 2 只考虑重力波，忽略水的表面张力系数，并取压强分布函数为

$$P(k_x,k_y) = P(k) = \exp(-k^2/4\pi)$$

数值计算（积分）得到的水面波形如图 1 所示。

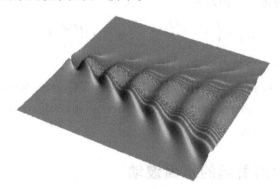

图 1　船波的数值模拟

练习：数值计算水面形状，重现图 1 中的船波。

文献 1：RAPHAE L E,DE GENNES P G. Capillary gravity waves caused by a moving disturbance：Wave resistance[J]. Physical Review E,1996,53(4)：3448-3455.

文献 2：DARMON A,BENZAQUEN M,RAPHAE L E. Kelvin wake pattern at large Froude numbers[J]. Journal of Fluid Mechanics,2013,738(738)：347-354.

150　流水中溶化变形的糖果

问题：糖果在流水中溶蚀，其形状如何随时间演化？

解析：实验中用的是圆柱泥土，最终腐蚀掉的时间是 140min，间隔 8min，柱截面形状如图 1 所示。

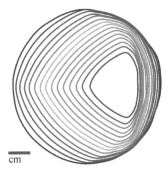

图 1　泥土圆柱在水流中腐蚀截面的演化图

文献根据实验现象和数据作了假设：水流是二维的，泥土表面的腐蚀率正比于表面流体的截切张量的模。腐蚀速率相对流体速率很小，假设水流是恒定的。这样，水的流速（分布）满足以下 Navier-Stokes 方程：

$$\frac{\partial \boldsymbol{u}}{\partial t} + (\boldsymbol{u} \cdot \nabla)\boldsymbol{u} = -\frac{1}{\rho}\nabla P + \nu\nabla^2\boldsymbol{u}, \quad \nabla \cdot \boldsymbol{u} = 0$$

以及边界条件

$$u = 0, \quad x \in \partial B, \quad u \to (U_0, 0), \quad |x| \to \infty$$

文献还假设水流分为内外两层，外层是无旋无黏的，流速可以表示为势的梯度：

$$u_o = U_0 \nabla \phi$$

边界条件为

$$\nabla\phi \cdot \boldsymbol{n} = 0, \quad x \in \partial B, \quad \nabla\phi \to (1,0), \quad |x| \to \infty$$

在边界存在切向流速

$$U(s) = s \cdot u_o \big|_{\partial B}$$

内层是很薄的包围柱体表面的一层，如图 2 所示。

这层水流中，设切向和法向的流速分别为 u、v，那么流速满足

$$u\frac{\partial u}{\partial s} + v\frac{\partial u}{\partial n} - \nu\frac{\partial^2 u}{\partial n^2} = UU'$$

$$\frac{\partial u}{\partial s} + \frac{\partial v}{\partial n} = 0$$

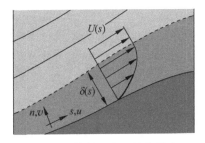

图 2　柱体截面表面的薄层流

这一层流的厚度 δ 正比于圆柱截面的特征宽度 $a(t)$：

$$\delta = \sqrt{\frac{\nu a}{U_0}}$$

流速的边界条件为

$$u(s,0) = v(s,0) = 0$$
$$u(s,n) \to U, \quad n/\delta \to \infty$$

柱表面水流的截切张量为

$$\tau(s) = \nu\rho\, \frac{\partial u}{\partial n}(s,0)$$

截面形状演化分为三步计算：第一步，由现在的截面形状，计算出稳定水流分布；第二步，计算出柱体表面的剪切张量；第三步，由腐蚀定律，计算腐蚀后的截面形状。具体计算需要很高级的专业程序，请参阅文献。

文献的实验中，圆柱起始半径为 $a_0 = 1.8\,\text{cm}$，雷诺数为

$$Re = 2U_0 a_0/\nu = 3 \times 10^4$$

柱表面层流的固定厚度为

$$\delta_0 = \sqrt{\frac{\nu a_0}{U_0}}$$

柱表面水流的特征剪切张量为

$$\tau_0 = \nu\rho\, \frac{U_0}{\delta_0} = \rho\sqrt{\frac{\nu a_0^3}{a_0}}$$

现在假设剪切张量中的柱体特征长度 a 依赖于时间。设柱体截面积为 A，由腐蚀定律：

$$\frac{\mathrm{d}A}{\mathrm{d}t} \approx -\tau a \approx -a^{1/2} \approx -A^{1/4}$$

积分得

$$A(t) \approx A_0 (1 - t/t_f)^{4/3}$$

这个面积变化关系也被文献中的实验数据所验证。

文献：MOORE M N J, RISTROPH L, CHILDRESS S, et al. Self-similar evolution of a body eroding in a fluid flow[J]. Physics of Fluids, 2013, 25(11)：1755-1770.

参 考 书 目

常规的中学生物理竞赛辅导读物,按编者个人兴趣,推荐以下书籍:

1. 江四喜.奥林匹克物理一题一议[M].合肥:中国科学技术大学出版社,2020.
2. 黄晶.俄罗斯物理奥林匹克[M].合肥:中国科学技术大学出版社,2020.
3. GNADIG P,HONYEK G,RILEY K F. 200 道物理学难题(中文翻译版)[M].北京:北京理工大学出版社,2004.
4. 袁张瑾.俄罗斯中学物理赛题新解 500 例[M].杭州:浙江大学出版社,2008.
5. GNADIG P,HONYEK G,RILEY K F. 200 Puzzling Physics Problems[M]. UK,Cambridge:Cambridge University Press,2001.
6. GNADIG P,HONYCK G,RILEY K F. 200 More Puzzling Physics Problems[M]. UK,Cambridge:Cambridge University Press,2016.
7. LASZLO H. 300 creative physics problems with solutions[M]. London:Anthem Press,2011.

一些有趣的高级物理科普读物,推荐以下书籍:

1. GUYON É,BICO J,REYSSAT É,et al. Hidden Wonders-The subtle dialogue bwtween physics and elegance[M]. USA,Hassachusetts:MIT University Press,2021.
2. BAKER G L,BLACKBURN J A. The Pendulum:a case study in physics[M]. London:Oxford University Press,2005.
3. GREGORY J G.下落小猫和基本物理学(中文翻译版)[M].北京:中信出版社,2020.
4. CHRISTOPH D.趣味物理的诱惑(中文翻译版)[M].南昌:江西教育出版社,2015.
5. JEARL W.物理马戏团(中文翻译版)[M].北京:电子工业出版社,2012.
6. 赵凯华.定性与半定量物理学[M].2 版.北京:高等教育出版社,2008.
7. 刘延柱.趣味振动力学[M].北京:高等教育出版社,2012.
8. 刘延柱.趣味刚体动力学[M].2 版.北京:高等教育出版社,2018.
9. 邱为钢.奇妙的物理世界[M].北京:清华大学出版社,2016.

后　记

虽然本书只讨论了 150 个题目,但是我看过的相关文献接近 300 篇,因此只能按我的兴趣、能力、口味来选取。书虽然写完了,但是积累的问题越来越多。有些问题的数学计算细节和软件程序没有给出,所需要的基础知识没有介绍,我会在后续读物中继续完成。在写作过程中,不少灵感与点子来自在物理通报 QQ 群和慕理书屋微信群与各位老师的讨论。特别是和江俊勤老师讨论弹簧摆最高水平线的飞跃,和江四喜老师讨论异号双电荷在磁场中的质心轨迹,和姜付锦老师讨论三维绕柱问题的数学编程。也有几个精彩镜头永留脑海中,慕亚楠为 2020 年的竞赛学生鸣不平,踢出并痛斥利益相关者;我在龙之梦红磨坊舞台前,完成了三维绕柱运动方程的推导;我和不少老师相识于风清扬的 QQ 群中,谢谢这位神龙见首不见尾的教主!

本书得到湖州师范学院学术著作出版基金(KYL50021)的资助,特此感谢。